Ius Romanum
Beiträge zu Methode und Geschichte des römischen Rechts

herausgegeben von
Martin Avenarius, Christian Baldus,
Richard Böhr, Wojciech Dajczak, Massimo Miglietta
und José-Domingo Rodríguez Martín

11

Mitteleuropa und das römische Recht

Methodische Herausforderungen an die Romanistik im Kontext der neuen politischen Ordnung nach dem Ersten Weltkrieg

herausgegeben von

Wojciech Dajczak, Martin Avenarius und Christian Baldus

Mohr Siebeck

Wojciech Dajczak ist Professor am Lehrstuhl für Römisches Recht, Rechtstraditionen und Kulturgüterrecht der Adam-Mickiewicz-Universität in Poznań (Posen), Polen.
orcid.org/0000-0002-1565-0319

Martin Avenarius ist Professor für Bürgerliches Recht, Römisches Recht und Neuere Privatrechtsgeschichte an der Universität zu Köln.
orcid.org/0000-0002-3352-0630

Christian Baldus ist Professor für Bürgerliches Recht und Römisches Recht der Ruprecht-Karls-Universität Heidelberg.
orcid.org/0000-0002-4740-0410

Gedruckt mit Unterstützung der Juristischen Fakultät der Adam-Mickiewicz-Universität, Poznań (Posen).

ISBN 978-3-16-163956-2 / eISBN 978-3-16-163957-9
DOI 10.1628/978-3-16-163957-9

ISSN 2197-8573 / eISSN 2569-409X (Ius Romanum)

Die Deutsche Nationalbibliothek verzeichnet diese Publikation in der Deutschen Nationalbibliographie; detaillierte bibliographische Daten sind über *https://dnb.dnb.de* abrufbar.

© 2025 Mohr Siebeck Tübingen. www.mohrsiebeck.com

Das Werk einschließlich aller seiner Teile ist urheberrechtlich geschützt. Jede Verwertung außerhalb der engen Grenzen des Urheberrechtsgesetzes ist ohne Zustimmung des Verlags unzulässig und strafbar. Das gilt insbesondere für die Verbreitung, Vervielfältigung, Übersetzung und die Einspeicherung und Verarbeitung in elektronischen Systemen.

Das Buch wurde von epline in Bodelshausen aus der Minion gesetzt, von AZ Druck in Kempten auf alterungsbeständiges Werkdruckpapier gedruckt und gebunden.

Mohr Siebeck GmbH & Co. KG, Wilhelmstraße 18, 72074 Tübingen, Deutschland
www.mohrsiebeck.com, info@mohrsiebeck.com

Inhaltsverzeichnis

Abkürzungsverzeichnis VII
Einleitung 1
Introduzione 11
Wprowadzenie 21

Joanna Kruszyńska-Kola
Römisches Recht an den mittelosteuropäischen Universitäten
in der Zwischenkriegsperiode (1918–1939) 31

Bulgarien

Konstantin Tanev
The Beginning of History of Law and Roman Law Studies and the
Changes of Scientific Method during the Interwar Period in Bulgaria 57

Estland

Hesi Siimets Gross/Marju Luts Sootak
Methodenwechsel durch Generationenwechsel –
Romanistik an der estnischen Universität zu Tartu 71

Lettland

Janis Lazdins/Sanita Osipova
Das Studium des römischen Rechts in der Lettischen Republik
in der Zwischenkriegsperiode (1919–1940):
Professor Benedikt Cornelius Georg Frese, Professor Vassily Sinaisky
und sein Schüler Voldemars Kalninsch 109

Polen

Wojciech Dajczak
Franciszek Bossowski – ein Privatrechtler, der sich im
wiedergeborenen Polen dem römischen Recht widmete 127

Franciszek Longchamps de Bérier
Borys Łapicki: Marxism as a Remedy for the Crisis in Roman Law 149

Rumänien

Mihnea-Dan Radu
Ștefan Longinescu and Constantin Stoicescu –
Important Romanists of the Interwar Period 173

Sowjetrussland

Martin Avenarius
Bürgerliches Recht im revolutionären Russland.
Verteidigung und Fortentwicklung des bedrohten Privatrechtsdenkens
bei Pokrovskij und Kantorovič 189

Tschechoslowakei

Jakub Razim
Miroslav Boháček: Ein tschechoslowakischer Wissenschaftler
von europäischem Rang 213

Pavel Salák jr.
Heyrovský und Sommer – Gründer und Nachfolger 233

Ungarn

Gergely Deli
Der Grosschmid-Effekt – oder ein Paradigmenwechsel
in der ungarischen Romanistik 253

Emese Újvári
Methodenkonformität der ungarischen Romanistik?
Anhaltspunkte aus der ersten Hälfte des 20. Jahrhunderts
in den Werken von Géza Kiss und Kálmán Személyi 277

Verzeichnis der Autorinnen und Autoren 309
Namensregister 311
Sachregister 315

Abkürzungsverzeichnis

I. Allgemeine Abkürzungen für Zeitschriften

ARSP	Archiv für Rechts- und Sozialphilosophie
BIDR	Bulletino dell'Istituto di Diritto Romano
FP	Forum Prawnicze
GPR	Zeitschrift für Gemeinschaftsprivatrecht
QLSD	Quaderni Lupiensi di Storia e Diritto
SZ (GA)	Zeitschrift der Savigny-Stiftung für Rechtsgeschichte. Germanistische Abteilung
SZ (RA)	Zeitschrift der Savigny-Stiftung für Rechtsgeschichte. Romanistische Abteilung
ZEuP	Zeitschrift für Europäisches Privatrecht
ZfO	Zeitschrift für Ostmitteleuropa-Forschung
ZNR	Zeitschrift für Neuere Rechtsgeschichte

II. Beitragsspezifische Abkürzungen

AAV/AAV Prag	Masarykův ústav a Archiv Akademie věd České republiky [Masaryk-Institut und Archiv der Akademie der Wissenschaften der Tschechischen Republik]
Acta Jurid Pol	Acta Universitatis Szegediensis – FORUM – Acta Juridica et Politica
ArchBürgR	Archiv für bürgerliches Recht
AUK	Ústav dějin Univerzity Karlovy a Archiv Univerzity Karlovy
CPH	Czasopismo Prawno-Historyczne
CPiE	Czasopismo Prawnicze i Ekonomiczne
EzR	Enzyklopädie zur Rechtsphilosophie
F	Fonds/Archivbestand
FORUM	Acta Juridica et Politica – Acta Universitatis Szegediensis – FORUM – Acta Juridica et Politica
GSW	Gazeta Sądowa Warszawska
HKK	Historisch-Kritischer Kommentar
HRG	Handwörterbuch zur deutschen Rechtsgeschichte
HRP	Handbuch des Römischen Privatrechts
IAS	Iustum Aequum Salutare
JherJb	Jherings Jahrbücher für Dogmatik des bürgerlichen Rechts
JV	Jurista Vārds
LCVA	Litauisches Zentralstaatsarchiv
LECP	Liv-, Est-, und Kurländisches Privatrecht
LQR	Law Quarterly Review

LVVA	Historisches Staatsarchiv Litauens
MTA	Az MTA elhunyt tagjai fölött tartott emlékbeszédek
MÚA	Masaryk-Institut und Archiv der Tschechischen Akademie der Wissenschaften in
NA	Estnisches Nationalarchiv
NA Praha	Národní archiv Praha
NP	Nauka Polska
NĖP	Neue Ökonomische Politik
PHP	Przewodnik Historyczno-Prawny
PPiA	Przegląd Prawa i Administracji
PR	Pandectele Române
RC	Revista Clasică, Secţia de Drept roman
RPEiS	Ruch Prawniczy Ekonomiczny i Socjologiczny
RP	Pandectele Române
RPW	Rocznik Prawniczy Wileński

III. Allgemeine Abkürzungen

a. a. O.	am angegebenen Orte
Abbrev.	Abbreviation
ABGB	Allgemeines bürgerliches Gesetzbuch
AD	anno domini
Anm.	Anmerkung
Aufl.	Auflage
BC	before Christ
Bd.	Band
BGB	Bürgerliches Gesetzbuch
Bl.	Blatt
bzw.	beziehungsweise
ca.	circa
c.	century
Cf./Cfr.	confer
CIC	Corpus iuris civilis
ders.	derselbe
d. h.	das heißt
dies.	dieselbe
Dr. iur.	Doctor iuris
ebd.	ebenda
ed.	edition
E. g.	exempli gratia
Erw.	erweitert
Esp.	especially
etc.	et cetera
fasc.	fascicolo
f./ff.	folgende
Fn.	Fußnote

III. Allgemeine Abkürzungen

FS	Festschrift
Hrsg.	Herausgeber
ibid.	ibidem
i. e.	id est
Jg.	Jahrgang
Jh.	Jahrhundert
Jr.	Junior
Kap.	Kapitel
k. k.	kaiserlich und königlich
KZ	Konzentrationslager
m. w. N.	mit weiteren Nachweisen
n. Chr.	nach Christus
No.	numero
Np. (poln)	z. B.
Nr.	Nummer
NSDAP	Nationalsozialistische Deutsche Arbeiterpartei
op.cit.	opus citatum
Prof.	Professor
Resp.	respective
Sez.	sezione
sog.	sogenannt
s. o.	siehe oben
s.	siehe
Tsch.	Tschechisch
u. Ä.	und Ähnliches
u. a.	unter anderem
USA	United States of America
u.	und
verb.	verbessert
Vgl.	vergleiche
v./vol.	volumen
z. B.	zum Beispiel
ZGB	Zivilgesetzbuch
Zob. (poln.)	vergleiche

Einleitung

Der Ausbruch des Ersten Weltkriegs im Jahr 1914 war eine Zäsur in der gesellschaftspolitischen Geschichte Europas, die in den betroffenen Staaten und Völkern sehr unterschiedliche Entwicklungen anstieß. Der Schritt führte zum Untergang des aus der Ordnung des Wiener Kongresses hervorgegangenen „goldenen Zeitalters der Sicherheit".[1] Die Nachkriegsordnung ermöglichte verschiedenen Völkern, auf Gebieten, die zuvor zum Deutschen Reich, zur Habsburgermonarchie oder zum russischen Zarenreich gehört hatten, nationale Bestrebungen mit völkerrechtlicher Souveränität zu verbinden und Staaten zu begründen oder wiederzuerrichten. Für die romanistische Forschung in diesen Ländern hatte dieser Schritt spezifische Folgen, weil die unter neuen Bedingungen geforderte Einordnung der jeweils eigenen Privatrechtskultur in den Kontext der europäischen Tradition die Wahrnehmung des römischen Rechts beeinflusste. Unter diesen Bedingungen brachten Gelehrte der neu- und wiedererstandenen Staaten eigene und originelle Beiträge zur Romanistik hervor. Teilweise bedienten diese das auf das historische Recht und seine Wirkungsgeschichte gerichtete Verstehensinteresse, teilweise förderten sie die Dogmatik der neu entstehenden Privatrechtsordnungen. Für den geographischen Bereich, in dem sich die Romanistik nach 1918 unter den genannten Bedingungen entwickelte, verwenden wir hier die Bezeichnung „Mitteleuropa".

Die Wortwahl bedeutet nicht, dass in der Sache eine spezifisch deutsche Perspektive eingenommen würde. Den an den Arbeiten Beteiligten ist bekannt, dass der Ausdruck „Mitteleuropa" im 19. Jahrhundert in die deutsche Sprache für einen geopolitischen Begriff eingeführt worden ist, der die hier behandelten Staaten und Völker mit deutschen Expansionsinteressen konfrontierte.[2] Zahlreiche Menschen in den hier behandelten Ländern sind sich dessen bis heute bewusst. Im Unterschied zu dem genannten Konzept nehmen die hier versammelten Beiträge, soweit irgend möglich, die Binnenperspektive der behandelten Rechtsordnungen ein und erörtern die Frage, auf welche Weise jeweils nationale Erwägungen und Interessen die Bezugnahme auf das römische Recht in den verschiedenen Ländern beeinflussten.

In ganz Europa hatten das Ende der unmittelbaren Geltung des römischen Rechts und seine Ersetzung durch Kodifikationen bewirkt, dass sich die wissen-

---

[1] *Stolleis*, Der lange Abschied von 19. Jahrhundert. Die Zäsur von 1914 aus rechtshistorischer Perspektive, 1997, 5. Für eine Gesamtschau mit Forschungsdiskussion seither *Kocka*, Kampf um die Moderne. Das lange 19. Jahrhundert in Deutschland, 2021.
[2] *Naumann*, Mitteleuropa, 1916.

schaftliche Ausrichtung der juristischen Romanistik grundsätzlich von der Dogmatik des Privatrechts und seiner Anwendung trennte: Römisches Recht wurde nunmehr primär historisch und philologisch studiert, die Verbindung zum geltenden Recht nahm ab. Allerdings verlief dieser Prozess in jedem Land auf verschiedene Weise und mit unterschiedlicher Konsequenz. Noch am längsten hielt sich die „romanistisch-zivilistische" Ausrichtung der Wissenschaft in Italien als dem nunmehr mit Deutschland wichtigsten Zentrum romanistischer Forschung und Lehre.[3]

An den damals in Mitteleuropa bestehenden juristischen Fakultäten war das römische Recht ein fester Bestandteil der *curricula*. In der Zwischenkriegszeit wurde dies nicht aufgegeben, obwohl sich die Lehrpläne insgesamt änderten. Das Wissen über dieses Thema ist begrenzt, eine Gesamtdarstellung existiert bisher nicht; daher wird es im ersten Kapitel des Bandes instruktiv dargestellt.[4] Die Beibehaltung des römischen Rechts an den Universitäten in neuem politischem Kontext stellte die Rechtsromanisten[5] vor die Entscheidung, ob sie etwas an ihrer Lehr- und Forschungsmethode ändern müssten oder sollten – und was dies ggf. wäre. Die rechtsgeschichtlich interessierten Juristen der jüngeren Generation standen vor der Frage, ob, wie und warum sie das Studium und die Lehre des römischen Rechts in Angriff nehmen sollten. In Deutschland und Italien war dies eine Zeit intensiver Auseinandersetzung mit der Methode der romanistischen Forschungen. Das Inkrafttreten des BGB bedeutete auch in Deutschland den Verlust der Leistungsfähigkeit der praxisorientierten[6] Pandektistik. Seit den letzten Jahren des 19. Jh. wurde der wissenschaftliche Fortschritt in der deutschen Romanistik zunehmend mit der Interpolationenforschung an römischen Rechtstexten verbunden.[7] Die Trennung von der Privatrechtsdogmatik begünstigte vom Beginn des 20. Jh. an diese Entwicklungslinie der Romanistik. Seit den 1920er Jahren erhob sich jedoch eine wachsende Kontroverse darüber, welches Gewicht und welchen Zweck man der Interpolationenforschung (bisweilen

---

[3] *Nardozza,* Tradizione romanistica e ‚dommatica' moderna. Percorsi della romano-civilistica italiana nel primo Novecento, 2007, und dazu *Baldus,* SZ (RA), 128 (2011), 725–732; zur Zeit insgesamt *Ranieri,* Das Europäische Privatrecht des 19. und 20. Jahrhunderts. Studien zur Rechtsgeschichte und Rechtsvergleichung, 2007, und dazu *Dajczak,* GPR, 2008, 1 (17).

[4] *Kruszyńska-Kola,* Römisches Recht an den mittelosteuropäischen Universitäten in der Zwischenkriegsperiode (1918–1939), in diesem Band, S. 31–56.

[5] Im Folgenden wird vereinfachungshalber durchgängig das generische Maskulinum gebraucht. Dass die Rolle von Frauen in der hier untersuchten Epoche marginal war, sollte freilich nicht lediglich vermerkt werden, sondern für künftige Forschungen den Blick auf die Frage lenken, ob das Römische Recht in den untersuchten Ländern (und nicht nur dort) länger als andere Teilbereiche der Rechtswissenschaft eine Männerdomäne blieb oder ob im Gegenteil kritische Fragen an die Strukturen der Rechtswissenschaft zu einem gesteigerten Interesse an den historischen Grundlagen führten.

[6] Bekanntlich gab es auch eine eher historische Strömung; vgl. zu Vangerow *Haferkamp,* ZEuP, 16 (2008), 813–844.

[7] Zur Genese v. a. *Varvaro,* QLSD, 7 (2017), 251–335.

griffig als Interpolationenjagd bezeichnet) beimessen sollte. Ein plastischer Ausdruck dieser methodischen Debatte ist das Verhältnis zwischen Otto Gradenwitz (1860–1935) und seinem Schüler Salvatore Riccobono (1864–1958).[8] Die seit dem 19. Jh. entwickelten Studien des provinzialen römischen Rechts auf der Grundlage von Papyri bildeten keine Lösung für die methodischen Probleme der Romanistik in der Zwischenkriegsperiode.[9] Die These von der Krise dieses Bereichs der Rechtswissenschaft wurde in den späten 30er Jahren von Paul Koschaker vorgetragen und popularisiert.[10] Die methodischen Innovationen von Riccobono zielten auf die Überwindung der Schwächen der Interpolationenjagd ab. Seine Lehren und Paul Koschakers These von der Krise der juristischen Romanistik spiegelten die Erwartungen dieser Gelehrten an den Platz und die Bedeutung des römischen Rechts in der europäischen Rechtswissenschaft wider. Ein weithin bekanntgewordener Ausdruck der Überzeugung von der Verbindung zwischen dem römischen Recht und der europäischen Rechtsidentität war das kurz nach dem Zweiten Weltkrieg von Koschaker publizierte Buch „Europa und das römische Recht", das er „Salvatore Riccobono, dem unermüdlichen Vorkämpfer für das Studium des römischen Rechts" gewidmet hat.[11]

Der tiefgreifende soziale und politische Wandel in den mitteleuropäischen Ländern nach 1918 wirft die Frage auf, inwieweit die Erwartungen und Bestrebungen der Romanisten aus dieser Region den Faktoren der damaligen Diskussionen über die romanistische Methode im westlichen Teil des Kontinents ähneln oder sich von diesen unterscheiden. In dieser Art und Weise ersetzen wir die Frage nach der östlichen Grenze Europas – wie sie in der einen oder anderen Interpretation von Koschaker gestellt worden ist –[12] durch andere Fragen: die nach Kontinuitäten, Transfers oder ursprünglichen Merkmalen romanistischer Methoden in den wiederbelebten oder neu gegründeten mitteleuropäischen Ländern nach 1918. Diese Frage haben wir an ausgewählte Romanisten und Rechtshistoriker aus Bulgarien, Estland, Lettland, Litauen,[13] Polen, Rumänien,

---

[8] Vgl. *Avenarius/Baldus/Lamberti/Varvaro* (Hrsg.), Gradenwitz, Riccobono und die Entwicklung der Interpolationenkritik: Methodentransfer unter europäischen Juristen im späten 19. Jahrhundert, 2018; *Varvaro* (Hrsg.), L'eredità di Salvatore Riccobono. Atti dell'Incontro Internazionale di Studi (Palermo, 29–30 marzo 2019), 2020.

[9] Zu diesem Thema ist der Druck der Beiträge eines gemeinsamen Projekts der Universitäten Heidelberg und Trient („Sammeln im Prestigewettbewerb") in Vorbereitung. Dort wird für Deutschland, Frankreich und Italien untersucht, welche Rolle Papyri für die Forschung und Lehre des Römischen Rechts seit dem späten 19. Jh. spielten.

[10] *Koschaker,* Die Krise des römischen Rechts und die romanistische Rechtswissenschaft, 1938. Vgl. *Beggio,* Paul Koschaker (1879–1951). Rediscovering the Roman Foundations of European Legal Tradition, 2019.

[11] *Koschaker,* Europa und das römische Recht, 1947.

[12] Vgl. *Giaro,* in: Beggio/Grebieniow (Hrsg.), Methodenfragen der Romanistik im Wandel. Paul Koschakers Vermächtnis 80 Jahre nach seiner Krisenschrift, 2020, 147–164.

[13] Leider haben wir keinen Forscher gefunden, der Quellen in litauischer und deutscher Sprache für die Darstellung des Studiums des römischen Rechts an der Universität Kaunas in der Zwischenkriegszeit nutzen konnte. Ein Beispiel für eine wertvolle Quelle für solche

der Tschechischen Republik und Ungarn gerichtet. Wir baten die Projektteilnehmer, ins Zentrum ihrer Forschungen das methodische Profil eines oder mehrerer in der Zwischenkriegszeit tätiger Romanisten aus ihrem jeweiligen Heimatland zu stellen. Es wurde also nicht der Versuch einer Gesamtdarstellung unternommen. Ein solcher Versuch setzte eine Erschließung von Materialien und Diskussionen voraus, die bisher nicht erfolgt ist. Vielmehr sollten anhand einzelner, vermutlich prägender Personen Perspektiven entwickelt und bereits erschlossene Wege aufgezeigt werden.

Die hier vorgestellten Studien sind das Ergebnis dieser Forschungsinitiative. Ihr Neuigkeitswert ergibt sich aus der Tatsache, dass sie auf Veröffentlichungen in den lokalen Sprachen und in einigen Fällen auch auf bisher unpubliziertem Archivmaterial beruhen.

Prima facie sind zwei allgemeine Bemerkungen vorauszuschicken. Beide haben sich für die Initiatoren erst im Laufe der Projektdurchführung ergeben und mögen künftigen Forschungen dienlich sein. Erstens: So wie die Vielfalt der methodischen Profile der hier analysierten Juristen aus der Zeit vor etwa einem Jahrhundert deutlich wird, so sind auch die Unterschiede in der methodischen Herangehensweise der Autoren dieses Bandes bemerkbar. Hier haben die Initiatoren nachgefragt, aber nicht eingegriffen, um einerseits Synergien zu fördern, andererseits das Potential der Vielfalt zu erhalten. Zweitens: Entsprechend der allgemeinen Entwicklung der romanistischen Methode um die Wende vom 19. zum 20. Jh. ist bei den hier präsentierten Romanisten zu unterscheiden zwischen denen, die in den 1840er bis 1860er Jahren geboren wurden, und denen, die ab den späten 1870er Jahren geboren wurden (und daher ihre Ausbildung seit der Jahrhundertwende erhielten). Die hier verwendete Unterscheidung zwischen der älteren und der jüngeren Generation von Romanisten beruht auf dem Kriterium der akademischen Laufbahn. Zur jüngeren Generation gehören also Romanisten, die sich nach dem Ende des Ersten Weltkriegs in der frühen Phase ihrer akademischen Karriere befanden oder erst in der Zwischenkriegszeit akademische Aktivitäten entfalteten. Zwar bildet keine dieser beiden Gruppen aus der Perspektive der Methode des Studiums des römischen Rechts ein einheitliches Ganzes. Innerhalb der so identifizierten älteren Generation mitteleuropäischer Romanisten lässt sich jedoch das Bild von der Bedeutung der Pandektistik, der historischen Schule und der Offenheit für methodische Neuerungen des späten 19. Jh. weiter präzisieren. In der jüngeren Generation der Romanisten gilt dies auch für die methodischen Kontroversen der 1920er und 1930er Jahre. Regionale Besonderheiten kommen hinzu: Bei der Rekonstruktion der methodischen

---

Forschungen ist die Korrespondenz zwischen Otakar Sommer, Professor für römisches Recht in Prag, und Elemer Balogh, der von 1922 bis 1928 römisches Recht in Kaunas lehrte. Die Briefe sind in deutscher Sprache verfasst und liegen im Masaryk-Institut und im Archiv der Tschechischen Akademie der Wissenschaften in Prag; ihre Auswertung durch eine Person, die sowohl die tschechischen als auch die litauischen Verhältnisse gut kennt, bleibt Desiderat.

Landschaft in Bulgarien[14] und den mitteleuropäischen Ländern, die in der Zwischenkriegszeit auf den Trümmern des russischen Zarenreichs entstanden sind, sollte der auf die in Russland ausgebildeten Romanisten zurückgehende Methodentransfer berücksichtigt werden.[15] Der starke Einfluss der deutschen Pandektistik auf die Rechtswissenschaft in Russland von der zweiten Hälfte des 19. Jahrhunderts an war eine Voraussetzung für die Modernisierung des Rechts im Zarenreich gewesen.[16] Dies führte in der russischen Wissenschaft aber auch zu einer spezifischen Entwicklung einer „metadogmatischen" Haltung zum römischen Recht und zum Privatrecht, die sich vielleicht – hätte es die bolschewistische Revolution nicht gegeben – zu einer spezifisch russischen Rechtstradition hätte entwickeln können.[17] Die Betonung des großen Gewichts anthropologischer Argumente,[18] der sozioökonomischen Dimension von Rechtsbegriffen[19] oder der Suche nach „etwas Größerem" im römischen Recht zur Legitimierung der geförderten sozialen Ideen[20] kann als Ausdruck der erwähnten metadogmatischen Perspektive bei vielen in Russland ausgebildeten (und hier präsentierten) Romanisten angesehen werden. Das Kapitel über Sowjetrussland soll dies an Schriften zweier ausgewählter Autoren aufzeigen, deren Wirkungsmöglichkeiten unter den politischen Rahmenbedingungen ihrer Zeit äußerst begrenzt waren.[21]

Das allgemeine Bild der methodischen Profile der beiden Generationen mitteleuropäischer Romanisten macht deutlich, dass es sich nicht um eine von den romanistischen Studien im westlichen Teil des Kontinents isolierte Wissenschaft handelte. Deutlich wird jedoch die unterschiedliche Akzeptanz, Begründung und Rezeption der im Westen entwickelten Methoden der romanistischen Forschung.

Unter den im Band vorgestellten Romanisten, die der Generation aus der Blütezeit der Pandektistik angehören, wurden diese Methoden in Ungarn – wenn auch auf unterschiedliche Weise – von Lajos Farkas (1841–1921) und Béni Grosschmid (1852–1938) kritisiert. Die dieser Kritik zugrundeliegende

---

[14] Bulgarien erlangte bereits im Jahr 1908 seine volle Souveränität wieder.
[15] Dies gilt für mehrere der in diesem Band vorgestellten Romanisten: in Bulgarien Stefan *Bobčev* und Ivan Basanov; in Estland Karl Wilhelm von Seeler und David Johann Friedrich Grimm; in Lettland Benedict Cornelius Georg Frese und Prof. Vasily Sinaisky und in Polen Borys Łapicki.
[16] Vgl. *Avenarius*, Fremde Traditionen des römischen Rechts. Einfluß, Wahrnehmung und Argument des „rimskoe pravo" im russischen Zarenreich des 19. Jahrhunderts, 2014.
[17] Vgl. *Dajczak,* FP, 74 (2022), Heft 6, 83–85.
[18] *Tanev,* The Beginning of History of Law And Roman Law Studies And The Changes of Scientific Method During The Interwar Period In Bulgaria, in diesem Band, S. 62.
[19] *Siimets-Gross/Luts-Sootak,* Methodenwechsel durch den Generationenwechsel – Romanistik an der estnischen Universität zu Tartu, in diesem Band, S. 85.
[20] *Longchamps de Bérier,* Borys Łapicki: Marxism as a Remedy for the Crisis in Roman Law, in diesem Band, S. 168.
[21] *Avenarius,* Bürgerliches Recht im revolutionären Russland. Verteidigung und Fortentwicklung des bedrohten Privatrechtsdenkens bei Pokrovskij und Kantorovič, in diesem Band, S. 189–212.

antideutsche und antiösterreichische Haltung führte die genannten Autoren zu dem Vorschlag, das Interesse am römischen Recht auf dessen allgemeine Grundsätze zu beschränken und dabei den Geist des ungarischen Rechts getreu zu bewahren.[22] Anders verlief die Entwicklung in Bulgarien bei Stefan Bobčev (1853–1940) und Ivan Basanov (1867–1943)[23] sowie in Rumänien bei Ștefan G. Longinescu (1865–1931),[24] die die Methode der Pandektistik und der historischen Schule mit der Entwicklung des lokalen Rechts verbanden, um dieses als ein weiteres Glied des Einflusses des römischen oder byzantinischen Rechts zu zeigen. In ähnlicher Weise kombinierten in Lettland und Estland, nachdem diese Länder ihre staatliche Unabhängigkeit erreicht hatten, Wilhelm von Seeler (1861–1925)[25] und David Grimm (1864–1941)[26] die pandektistische Vision des römischen Rechts mit lokalen Gesetzen in der Überzeugung, dass dies der Entwicklung des Rechts der neu gegründeten Staaten diene. Die „Interpolationenjagd" hat sich in der mitteleuropäischen Romanistik nicht schnell und weit verbreitet, aber Beispiele für die schlichte Anerkennung dieser methodischen Haltung waren Ivan Basanov in Bulgarien[27] oder der in Lettland tätige Deutschbalte Benedikt Cornelius Georg Frese (1866–1942).[28] Der tschechische Romanist Leopold Heyrovský (1852–1924) hingegen kann als einfühlsamer Beobachter der Schwächen und Möglichkeiten der Methoden der westlichen Romanistik bezeichnet werden. Er betonte die Bedeutung von Forschungsaufenthalten in führenden westlichen Zentren der Romanistik für nachfolgende Generationen von Römischrechtlern. Das Ergebnis solcher Erfahrungen von Heyrovský selbst war die Abkehr von der ahistorischen Pandektistik hin zur historischen Quellenforschung: Heyrovský akzeptierte zwar die interpolationistische Forschung, trat aber für einen vorsichtigen Umgang mit ihren Ergebnissen ein.[29] Für die nächste Generation von Romanisten, die seit den späten 70er Jahren des 19. Jh. geboren wurden, war die Entscheidung, ob und wie sie das römische Recht in den mitteleuropäischen Ländern studieren sollten, von größerer Unsicherheit geprägt. Pandektenwissenschaftliche Modelle konnten sie, wie gesehen, jedenfalls nicht mehr unhinterfragt zugrunde legen; stattdessen begegneten sie in der Zwischenkriegszeit der Krisendiskussion. Auch in diesem Fall geben die im Band ver-

---

[22] *Deli,* Der Grosschmid-Effekt – oder ein Paradigmenwechsel in der ungarischen Romanistik, in diesem Band, S. 260 u. 267.

[23] *Tanev,* The Beginning, op. cit., S. 64.

[24] *Radu,* Ștefan Longinescu and Constantin Stoicescu – Important Romanists of the Interwar Period, in diesem Band, S. 179.

[25] *Lazdins/Osipova,* Das Studium des römischen Rechts in der Lettischen Republik in der Zwischenkriegsperiode (1919–1940): Professor Benedikt Cornelius Georg Frese, Professor Vassily Sinaisky und sein Schüler Voldemars Kalninsch, in diesem Band, S. 77.

[26] *Siimets-Gross/Luts-Sootak,* Methodenwechsel, op. cit., S. 80.

[27] *Tanev,* The Beginning, op. cit., S. 64.

[28] *Lazdins/Osipova,* Das Studium, op. cit., S. 115.

[29] *Salák,* Heyrovský und Sommer – Gründer und Nachfolger, in diesem Band, S. 238–239.

sammelten Beiträge die Möglichkeit, den Umfang der methodischen Vielfalt, aber auch gemeinsame Prämissen und Berührungspunkte zu erkennen.

Ein Ausdruck der methodischen Kontinuität, aber auch der Betonung des europäischen Charakters der nationalen Rechtskulturen war der Vergleich der Quellen des römischen Rechts mit dem historischen oder zeitgenössischen lokalen Recht. Beispiele für diese Haltung finden sich bei dem Polen Franciszek Bossowski (1879–1940),[30] dem Rumänen Constantin C. Stoicescu (1881–1944),[31] dem Ungarn Géza Kiss (1882–1970)[32] oder dem Bulgaren Petko Venedikov (1905–1995).[33] Eine spezifische Enklave für das Studium des römischen Rechts in der Region war Lettland, wo in den Arbeiten von Wassili Sinaisky (1876–1949) und seinem Schüler Voldemars Kalninsch (1907–1981) die wichtigsten bibliographischen Referenzen noch während der gesamten Zwischenkriegszeit auf die deutschen Pandektisten und die russischen Zivilisten der Zeit vor der bolschewistischen Revolution entfielen.[34] Auch der Romanist Borys Łapicki (1889–1974) positionierte sich außerhalb des methodischen Kanons der europäischen Romanistik der Zwischenkriegszeit. Er ignorierte das Problem der Interpolationen, lehnte die dogmatische Methode ab und suchte, isoliert vom Christentum, in den römischen Texten nach der ethischen Dimension des Rechts, wobei er mit der Zeit den Marxismus akzeptierte.[35]

Die vor allem in der italienischen Romanistik der ersten Jahrzehnte des 20. Jh. erstmals aufgeworfene Frage nach dem Zweck und der Rationalität der Anwendung der interpolationistischen Methode prägte die wissenschaftlichen Grundentscheidungen einiger Romanisten aus der hier untersuchten Region. Die Forschungsaufenthalte des Polen Franciszek Bossowski[36] und des Tschechen Miroslav Boháček (1899–1982)[37] in Palermo bei Salvatore Riccobono waren ausschlaggebend dafür, dass sie das Studium der Interpolationen nicht als Selbstzweck, sondern als Instrument zur Rekonstruktion der organischen Entwicklung des römischen Rechts verstanden. Sie blieben in ständigem Kontakt mit ihrem Meister aus Palermo und manifestierten mehrmals ihre Dankbarkeit und Wertschätzung für ihn. Auch der mehrjährige Studienaufenthalt des estnischen Romanisten Ernst Ein (1898–1956) in Rom bei Pietro Bonfante war ausschlaggebend dafür, dass sich Ein die interpolationistische Methode zu eigen

---

[30] *Dajczak*, Franciszek Bossowski – ein Privatrechtler, der sich im wiedergeborenen Polen dem römischen Recht widmete, in diesem Band, S. 138.
[31] *Radu*, Ştefan Longinescu, op. cit., S. 180.
[32] *Újvári*, Methodenkonformität der ungarischen Romanistik? Anhaltspunkte aus der ersten Hälfte des 20. Jahrhunderts im Werk von Géza Kiss und Kálmán Személyi, in diesem Band, S. 291.
[33] *Tanev*, The Beginning, op. cit., S. 65.
[34] *Lazdins/Osipova*, Das Studium, op. cit., S. 121–122.
[35] *Longchamps de Bérier*, Borys Łapicki, op. cit., S. 156.
[36] *Dajczak*, Franciszek Bossowski, op. cit., S. 132.
[37] *Razim*, Miroslav Boháček: Ein tschechoslowakischer Wissenschaftler von europäischem Rang, in diesem Band, S. 218–220.

machte und zum Ziel setzte, die römischen Quellen nach dem Vorbild seines Lehrers zu erforschen.[38] Eine besondere Ergänzung zu diesem Bild des Transfers methodischer Ideen war die im Jahr 1929 von Kálmán Személyi (1884–1946) in ungarischer Sprache veröffentlichte Monografie unter dem Titel „Die Methode der Interpolationenforschung". Das Buch präsentierte detailliert die Arten der Interpolationen sowie die Kriterien für die Bewertung ihrer Zuverlässigkeit und endete in einer Schlussfolgerung, die im Einklang mit der Position von Salvatore Riccobono stand.[39] Die in unserem Band gesammelten Beiträge zeigen überdies, dass die interpolationistische Methode – unabhängig von der ungarischen Monografie – ein Thema der Korrespondenz zwischen Bossowski und Boháček war.[40]

Die Feststellungen zur Auswirkung der methodologischen Ansichten von Riccobono und Bonfante berücksichtigen auch plausible außerwissenschaftliche Gründe für eine Offenheit gegenüber den Innovationen der italienischen Romanistik. Nicht ohne Bedeutung war hier die Begeisterung für bestimmte politische Entwicklungen in Italien[41] und die Anerkennung der Bedeutung der christlichen Gemeinschaft auch für die Entwicklung der Rechtskultur.[42] Hier liegen Forschungsaufgaben: Die Gründe dafür, dass die Interpolationenkritik nur in eingeschränktem Maß aus geographischer Nähe, namentlich aus Deutschland, rezipiert wurde, hingegen in weit größerem aus Italien, bedürfen weiterer Untersuchung ebenso wie die Folgen gerade dieser Rezeption. Es fällt auf, dass die bei Gradenwitz und Eisele zugrundegelegten früheren Stufen dieser Methode oftmals praktisch übersprungen wurden: Die Textkritik wurde von vielen ostmitteleuropäischen Romanisten erst in ihrer italienischen Weiterentwicklung vor allem durch Riccobono rezipiert, obwohl diese Gelehrten Deutsch lesen konnten. Die Gründe hierfür bleiben zu erforschen.

Die hier vorgelegte Skizze der methodischen Landschaft der mitteleuropäischen Romanistik in der Zwischenkriegszeit soll nur eine erste Orientierung geben und zur Lektüre der einzelnen Kapitel anregen. Es ist zu hoffen, dass eine kritische Lektüre des Bandes die laufende Diskussion über die methodischen Kontroversen der Romanistik der ersten Hälfte des 20 Jh.[43] sowie über das Verhältnis zwischen den Forschungen zum römischen Recht in ebendiesem Jahrhundert und der kulturellen Identität Europas bereichern kann.[44]

---

[38] *Siimets-Gross/Luts-Sootak,* Methodenwechsel, op. cit., S. 95.
[39] *Újvári,* Methodenkonformität, op. cit., S. 292–296.
[40] *Dajczak,* Franciszek Bossowski, op. cit., S. 134–135.
[41] Vgl. *Varvaro,* in: Migliario, Santucci (Hrsg.), „Noi figli di Roma". Fascismo e miti della romanità, 2022, 223–262.
[42] *Dajczak,* Franciszek Bossowski, op. cit., S. 140–141; *Újvári,* Methodenkonformität, op. cit., S. 298.
[43] Vgl. *Avenarius/Baldus/Lamberti/Varvaro* (Hrsg.), Gradenwitz, Riccobono, op. cit.; *Beggio/Grebieniow* (Hrsg.), Methodenfragen, op. cit.
[44] Vgl. *Buongiorno/Gallo/Mecella* (Hrsg.), Segmenti della ricerca antichistica e giusanti-

Die Erschließung der jeweiligen lokalen Traditionen des romanistischen Denkens durch sprachkompetente Autoren hat gezeigt, dass vom methodischen Gesichtspunkt aus gesehen die Romanistik in der Region unterschiedliche Geschwindigkeiten hatte. Freilich sind die mitteleuropäischen Romanisten, die sich der methodischen Probleme und Innovationen der 20er und 30er Jahre des letzten Jahrhunderts bewusst waren, in der Romanistik nur deshalb weniger erkennbar, weil ein Teil oder der größte Teil ihrer Veröffentlichungen in ihren lokalen Sprachen veröffentlicht wurde und nicht in den romanistischen Konferenzsprachen. Für diese Periode kann daher die einzige überzeugende Verbindung zwischen der Untersuchung des römischen Rechts und der Frage nach den Grenzen Europas in der Feststellung bestehen, dass die Entwicklung der Romanistik in den Sprachen Mitteleuropas ein wesentliches Hindernis für ein einheitliches Bild der kulturellen Identität Europas im 20. Jh. bildete.

Die in dem Band versammelten Beiträge zeigen Spuren des Glaubens an eine schöpferische Zukunft der römischen Rechtswissenschaft, den viele mitteleuropäische Romanisten der Zwischenkriegszeit mit der Entwicklung der europäischen Rechtskultur assoziierten. Als solche Spuren können K. Személyis Ablehnung von Koschakers allgemeiner These von der Krise des römischen Rechts,[45] der von O. Sommer unterstützte Erwerb der Bibliothek Mitteis' für die Tschechische Universität in Prag[46] oder F. Bossowskis Begeisterung von der Idee, in Rom einen Lehrstuhl „*moderni usus pandectarum*" einzurichten,[47] angesehen werden. Der deutsche Nationalsozialismus wurde von Személyi ausdrücklich als Bedrohung für eine solche Entwicklung herausgestellt.[48] Von den in dem Band präsentierten Romanisten erfuhr den Abbruch der erwarteten Entwicklung der romanistischen Forschung am schmerzlichsten Bossowski, der nach seiner Gefangenschaft im KZ Sachsenhausen an Erschöpfung starb.[49]

Damit sind, so hoffen wir, einige Entwicklungslinien aufgezeigt, die der weiteren Untersuchung lohnen. Das betrifft sowohl die hier untersuchten Romanisten, namentlich soweit von ihnen und über sie noch unedierte Texte in Archiven liegen, als auch andere Gelehrte, die aus der Sicht unserer Autoren weniger paradigmatisch waren, aber ebenfalls Einfluss auf die Wissenschaft ihrer Zeit hatten. Nach dem Zweiten Weltkrieg stellten sich die Rahmenbedingungen im östlichen Teil Mitteleuropas ganz anders dar. Diese Länder standen fast ein halbes Jahrhundert lang unter der Herrschaft des kommunistischen Totalitarismus. Die Auswirkungen dieses Umbruchs auf die mitteleuropäische Romanistik

---

chistica negli anni trenta, 2022; *Gallo/Colomba Perchinunno/Dionigi/Buongiorno* (Hrsg.), Ordinamento giuridico, mondo universitario e scienza antichistica di fronte alla normativa razziale (1938 – 1945), 2022.

[45] *Újvári,* Methodenkonformität, op. cit., S. 300.
[46] *Salák,* Heyrovský, op. cit., S. 248 Fn. 76.
[47] *Dajczak,* Franciszek Bossowski, op. cit., S. 142.
[48] *Újvári,* Methodenkonformität, op. cit., S. 300.
[49] *Dajczak,* Franciszek Bossowski, op. cit., S. 145.

konnten hier nicht erörtert werden. In all diesen Punkten bleibt Raum für viele Einzelstudien und perspektivisch auch für eine vertiefte Bestandsaufnahme auf der Grundlage solcher Studien. Anliegen des Bandes ist es, ein Forschungsfeld zu umreißen. Eine kritische Auseinandersetzung mit diesem Ansatz, Fortführung und Kontrapunkte wären sehr erwünscht.

Ein Sammelband zu einer Tagung ist immer ein Gemeinschaftswerk. In diesem Fall waren besondere Leistungen zu erbringen, da die meisten Texte nicht in der jeweiligen Muttersprache der Autorinnen und Autoren vorgetragen und publiziert wurden – die sprachliche Diversität Mittelosteuropas gegenüber den romanistischen linguae francae, die sich bereits für die untersuchte Zeit als ein wichtiger Faktor von Rezeption oder Nichtrezeption erwies, wird auch heute spürbar. Umso mehr hoffen wir auf weitere Arbeiten auch in den einzelnen Landessprachen, auf Rezensionen und Rezeption über Sprachgrenzen hinweg.

Wir danken zunächst den Referentinnen und Referenten, sodann allen Mitarbeiterinnen und Mitarbeitern unserer Lehrstühle, die redaktionell und organisatorisch zum Gelingen beigetragen haben: in Posen Herrn Dr. Jan Andrzejewski; in Köln Frau stud. iur. Linda Krampe, Frau stud. iur. Pia Pape und Frau stud. iur. Johanna Pfundt sowie namentlich Herrn Akademischem Mitarbeiter Simon Loheide, der den gesamten Band redigiert und die Arbeiten koordiniert hat; in Heidelberg den Akademischen Mitarbeiterinnen Nóra Szabó, LL.M., und Lisa Weck sowie Frau cand. iur. Maria Fillmann und Herrn stud. iur. Johannes Staats. Ein Teil der englischen Texte wurde von Frau Roxana Mândruțiu und Herrn Vladimir Vladov sprachlich durchgesehen. Die italienischen Versionen der Einleitung und der Abstracts hat Herr Dr. Dr. hab. Filippo Bonin, Università degli Studi di Siena, verfasst. Der Band ist das Ergebnis eines Projekts, das im Rahmen des Programms „Exzellenzinitiative – Forschungsuniversität" der Fakultät für Rechts- und Verwaltungswissenschaften der Adam-Mickiewicz-Universität in Poznań gefördert wurde. Seitens des Verlages Mohr Siebeck wurde das Projekt von Frau Daniela Taudt, LL.M. Eur., mit gewohnter Sorgfalt betreut. Die Mitherausgeber von IusRom haben sich der bei Manuskripten aus dem Herausgeberkreis besonders delikaten Aufgabe kritischer Qualitätsprüfung unterzogen. Verbleibende Fehler fallen, wie immer, Autor(inn)en und Herausgebern zur Last.

Poznań (Posen), Köln, Heidelberg, im Herbst 2023
Wojciech Dajczak/Martin Avenarius/Christian Baldus

Introduzione[1]

Lo scoppio della prima guerra mondiale nel 1914 segnò una svolta nella storia socio-politica in Europa, cui seguirono sviluppi molto diversi presso i vari Stati e popoli interessati dal fenomeno. Questo passaggio condusse al collasso dell'"età d'oro della sicurezza", scaturita dall'ordine del Congresso di Vienna[2]. L'assetto politico del dopoguerra permise a diversi popoli di fondere le aspirazioni nazionali con la sovranità internazionale in territori precedentemente appartenenti al Reich tedesco, alla monarchia asburgica o all'impero russo, e di fondare o ricostituire Stati. Ciò ha avuto conseguenze specifiche per la ricerca romanistica in questi paesi, in quanto l'inserimento, sotto nuove condizioni, di una cultura giuridica privatistica propria nel contesto della tradizione europea influì sulla percezione del diritto romano. È sotto queste nuove condizioni che studiosi degli Stati nuovi e di quelli ricostituiti apportarono contributi propri e originali alla romanistica. In parte servivano all'interesse di comprensione del diritto storico e della storia della sua effettività, in parte favorivano la dogmatica dei nuovi ordinamenti di diritto privato. Per indicare l'area geografica in cui si sviluppò la romanistica dopo il 1918 in queste condizioni impieghiamo qui il termine "Mitteleuropa".

Tale scelta terminologica non significa che in questo contributo venga assunta una prospettiva tipicamente tedesca. Coloro che hanno partecipato ai lavori sanno che il termine "Mitteleuropa" è stato introdotto nella lingua tedesca nel XIX secolo per indicare un concetto geopolitico che poneva di fronte agli interessi espansionistici tedeschi gli Stati qui trattati[3], ove ancora oggi molti uomini ne sono consapevoli. Discostandosi dal concetto appena richiamato i contributi qui raccolti, per quanto possibile, assumono la prospettiva interna dei rispettivi ordinamenti giuridici e affrontano la questione del modo in cui le istanze e gli interessi nazionali abbiano influenzato nei vari teritori il riferimento al diritto romano.

In tutta Europa la fine della vigenza diretta del diritto romano e la sua sostituzione con le codificazioni avevano cagionato la separazione tra l'orientamento scientifico della romanistica giuridica e la dogmatica del diritto privato, nonché la sua applicazione: il diritto romano venne studiato ora principalmente in maniera

---
[1] Traduzione in italiano – Dr. Filippo Bonin.
[2] *Stolleis,* Der lange Abschied von 19. Jahrhundert. Die Zäsur von 1914 aus rechtshistorischer Perspektive, 1997, 5. Per uno sguardo d'insieme sulla discussione scientifica successiva cf: *Kocka,* Kampf um die Moderne. Das lange 19. Jahrhundert in Deutschland, Stuttgart 2021.
[3] *Naumann,* Mitteleuropa, 1916.

storica e filologica, e i legami con il diritto vigente diminuirono. Nondimeno, tale processo si è svolto in modo e con conseguenze diverse in ciascun paese. Ancora più a lungo, l'Italia, il principale centro per la ricerca romanistica insieme con la Germania, mantenne l'orientamento "romano-civilistico" della scienza[4].

Nelle facoltà di giurisprudenza allora esistenti nella Mitteleuropa, il diritto romano era parte integrante dei *curricula*. Nel periodo tra le due guerre non vi si rinunciò, anche se i programmi di studio nel complesso cambiarono. La conoscenza dell'argomento è limitata e non esiste ancora una panoramica globale, per cui il primo capitolo del volume risulta istruttivo[5]. Il mantenimento del diritto romano nelle università in un nuovo contesto politico spinse i giusromanisti[6] a decidere se cambiare o meno il loro metodo di insegnamento e di ricerca. I giuristi più giovani, interessati alla storia del diritto, dovettero chiedersi se, come e perché intraprendere lo studio e l'insegnamento del diritto romano. In Germania e in Italia fu un periodo di intenso confronto con riguardo al metodo delle ricerche romanistiche. L'entrata in vigore del BGB significò anche in Germania la perdita dell'efficienza della Pandettistica e del suo orientamento alla prassi[7]. A partire dagli ultimi anni del diciannovesimo secolo il progresso scientifico nella romanistica tedesca è stato sempre più associato alla ricerca di interpolazioni nei testi giuridici romani[8]. La separazione dalla dogmatica giuridica privatistica ha favorito questa linea di sviluppo della romanistica dall'inizio del XX secolo. A partire dagli anni '20, tuttavia, sorse una crescente controversia sull'importanza e lo scopo da attribuire alla ricerca interpolazionistica (talvolta chiamata anche "caccia alle interpolazioni"). Un'espressione plastica di questo dibattito metodologico è rappresentata dal rapporto tra Otto Gradenwitz (1860–1935) e il suo allievo Salvatore Riccobono (1864–1958)[9]. Gli studi sul diritto provinciale

---

[4] *Nardozza*, Tradizione romanistica e 'dommatica' moderna. Percorsi della romano-civilistica italiana nel primo Novecento, 2007, su cui si veda *Baldus*, SZ (RA), 128 (2011), 725–732; sull'epoca nel suo complesso cfr. *Ranieri*, Das Europäische Privatrecht des 19. und 20. Jahrhunderts. Studien zur Rechtsgeschichte und Rechtsvergleichung, 2007, su cui si veda *Dajczak*, GPR, 5 (2008) 1 (17).

[5] *Kruszyńska-Kola*, Römisches Recht an den mittelosteuropäischen Universitäten in der Zwischenkriegsperiode (1918–1939), in questo volume, 31–56.

[6] Di seguito, per semplicità, viene utilizzato il maschile generico. Il ruolo marginale delle donne nell'epoca oggetto di questo studio non dovrebbe tuttavia essere solo evidenziato, ma dovrebbe anche servire, per le ricerche future, a chiedersi se il diritto romano sia rimasto un dominio maschile nei paesi qui considerati (e non solo) più a lungo di altri settori della scienza giuridica o se, al contrario, questioni critiche inerenti alle strutture della scienza giuridica abbiano portato ad un maggiore interesse per i fondamenti storici.

[7] Come è noto, c'è stata anche una tendenza piuttosto storica; cfr. *Haferkamp*, ZEuP, 16 (2008), 813–844.

[8] Sulla genesi si veda *Varvaro*, QLSD, 7 (2017), 251–335.

[9] Cfr. *Avenarius/Baldus/Lamberti/Varvaro* (Hrsg.), Gradenwitz, Riccobono und die Entwicklung der Interpolationenkritik: Methodentransfer unter europäischen Juristen im späten 19. Jahrhundert, 2018; *Varvaro* (Hrsg.), L'eredità di Salvatore Riccobono. Atti dell'Incontro Internazionale di Studi (Palermo, 29–30 marzo 2019), 2020.

romano, basati sui papiri e condotti a partire dal XIX secolo, non risolsero i problemi metodologici della romanistica nel periodo tra le due guerre[10]. La tesi della crisi di questo settore della scienza giuridica è stata evidenziata e resa popolare alla fine degli anni '30 da Paul Koschaker[11]. Le innovazioni metodologiche di Riccobono miravano a superare i punti deboli della caccia alle interpolazioni. I suoi insegnamenti e la tesi di Paul Koschaker sulla crisi degli studi romanistici rispecchiano le aspettative di questi studiosi circa il posto e l'importanza del diritto romano nella scienza giuridica europea. Un'espressione ampiamente conosciuta della convinzione del legame tra il diritto romano e l'identità giuridica europea è stata il libro "L'Europa e il diritto romano", pubblicato da Koschaker poco dopo la seconda guerra mondiale e dedicato a "Salvatore Riccobono, instancabile precursore dello studio del diritto romano"[12].

I profondi cambiamenti sociali e politici verificatisi nei paesi mitteleuropei dopo il 1918 inducono a domandarsi quanto le aspettative e le aspirazioni dei romanisti di quella regione siano simili o differiscano da quelle dei fattori del dibattito sul metodo nella parte occidentale del continente. Sostituiamo così la questione della frontiera orientale dell'Europa – così come è stata posta in una o nell'altra interpretazione da Koschaker –[13] con altre questioni: la continuità, i trasferimenti o le caratteristiche originali dei metodi romanistici nei paesi mitteleuropei ricostituiti o fondati poco dopo il 1918. Abbiamo rivolto questa domanda a romanisti e storici del diritto selezionati provenienti da Bulgaria, Estonia, Lettonia, Lituania[14], Polonia, Repubblica Ceca, Romania e Ungheria. Abbiamo chiesto ai partecipanti al progetto di mettere al centro delle loro ricerche il profilo metodologico di uno o più romanisti del loro paese d'origine in attività nel periodo tra le due guerre. Non si è quindi tentato di presentare un quadro d'insieme. Un simile esperimento ha richiesto un approfondimento di materiali e discussioni che finora non si erano avute. Bisognerebbe, inoltre, sviluppare prospettive individuali e indicare le strade già percorse.

---

[10] Su questo tema è in preparazione un volume frutto di un progetto comune delle Università di Heidelberg e Trento („Sammeln im Prestigewettbewerb"). Vi si studia il ruolo che i papiri rivestivano nella ricerca e nell'insegnamento del diritto romano a partire dalla fine del XIX secolo in Germania, Francia e Italia.
[11] *Koschaker,* Die Krise des römischen Rechts und die romanistische Rechtswissenschaft, 1938. Cfr. *Beggio,* Paul Koschaker (1879–1951). Rediscovering the Roman Foundations of European Legal Tradition, 2019.
[12] *Koschaker,* Europa und das römische Recht, 1947.
[13] Cfr. *Giaro,* in: Beggio/Grebieniow (Hrsg.), Methodenfragen der Romanistik im Wandel. Paul Koschakers Vermächtnis 80 Jahre nach seiner Krisenschrift, 2020, 147–164.
[14] Purtroppo non abbiamo trovato nessun ricercatore che potesse utilizzare fonti in lituano e tedesco per presentare lo studio del diritto romano presso l'Università di Kaunas nel periodo tra le due guerre. Un esempio di fonte preziosa per tale ricerca è la corrispondenza tra Otakar Sommer, professore di diritto romano a Praga, ed Elemer Balogh, che insegnò diritto romano a Kaunas dal 1922 al 1928. Le missive sono scritte in tedesco e si trovano nell'Istituto Masaryk e negli archivi dell'Accademia ceca delle scienze a Praga; la loro valutazione da parte di una persona che conosce bene sia la situazione ceca che quella lituana rimane auspicabile.

Gli studi qui presentati sono il risultato di questa iniziativa di ricerca. La loro attualità deriva dal fatto che si basano su pubblicazioni nelle lingue locali e, in alcuni casi, su materiale d'archivio inedito.

Prima facie sono necessarie due osservazioni generali. Entrambe si sono imposte all'attenzione dei promotori solo nel corso dell'attuazione del progetto e potrebbero essere utili per ricerche future. In primo luogo, così come è evidente la diversità dei profili metodologici dei giuristi di circa un secolo fa qui analizzati, lo sono anche le differenze negli approcci metodologici degli autori di questo volume. Qui i curatori hanno posto domande ma non sono intervenuti per promuovere, da un lato, le sinergie e, dall'altro, per preservare il potenziale della diversità. In secondo luogo, in conformità con lo sviluppo generale del metodo romanistico a cavallo tra il XIX e il XX secolo, tra gli studiosi qui presentati occorre distinguere coloro che nacquero negli anni Quaranta e Sessanta dell'Ottocento da coloro che invece vennero al mondo a partire dalla fine degli anni '70 dell'Ottocento (e quindi ricevettero la loro educazione all'inizio del secolo scorso). La distinzione tra la vecchia e la nuova generazione di romanisti si basa sul criterio della carriera accademica. Quest'ultimo gruppo comprende quei romanisti che si trovavano nella fase iniziale della loro carriera accademica dopo la fine della prima guerra mondiale o che condussero attività accademiche nel periodo tra le due guerre. Dal punto di vista del metodo di studio del diritto romano, nessuno di questi due gruppi forma un insieme unitario. Tuttavia, all'interno della generazione più anziana dei romanisti della Mitteleuropa così identificata, l'immagine della Pandettistica, della Scuola storica e dell'apertura alle innovazioni metodologiche della fine del XIX secolo può essere ulteriormente precisata. Presso la generazione più giovane, ciò vale anche per le controversie metodologiche degli anni '20 e '30. Esistono anche peculiarità regionali: nella ricostruzione del panorama metodologico sorto in Bulgaria[15] e nei paesi mitteleuropei sulle macerie dell'Impero russo nel periodo tra le due guerre, si dovrebbe tenere conto del trasferimento di metodi che risale ai romanisti formatisi in Russia[16]. La forte influenza della Pandettistica tedesca sugli studi giuridici condotti in Russia dalla seconda metà del XIX secolo in poi fu un prerequisito per la modernizzazione del diritto nell'impero zarista[17]. Tuttavia, ciò portò anche allo sviluppo specifico di un atteggiamento "metadogmatico" nei confronti del diritto romano e del diritto privato negli studiosi russi, che forse –

---

[15] La Bulgaria riacquistò la piena sovranità nel 1908.

[16] Ciò vale per molti dei romanisti presenti in questo volume: in Bulgaria, Stefan Bobčev e Ivan Basanov; in Estonia, Karl Wilhelm von Seeler e David Johann Friedrich Grimm; in Lettonia Benedict Cornelius Georg Frese e Prof. Vasily Sinaisky e in Polonia Borys Łapicki.

[17] Cfr. *Avenarius,* Fremde Traditionen des römischen Rechts. Einfluß, Wahrnehmung und Argument des »rimskoe pravo« im russischen Zarenreich des 19. Jahrhunderts, 2014.

se la rivoluzione bolscevica non fosse esistita – avrebbe potuto contribuire allo sviluppo di una tradizione giuridica specificamente russa[18].

L'enfasi sul grande peso delle argomentazioni antropologiche[19], sulla dimensione socio-economica dei concetti giuridici[20] o sulla ricerca di "qualcosa di più" nel diritto romano per legittimare le idee sociali promosse[21] può essere vista come espressione della suddetta prospettiva metadogmatica in molti dei romanisti formatisi in Russia (e qui presentati). Il capitolo sulla Russia sovietica intende dimostrarlo utilizzando gli scritti di due autori selezionati, il cui impatto fu estremamente limitato in ragione delle condizioni politiche del loro tempo[22].

Il quadro generale dei profili metodologici delle due generazioni di romanisti mitteleuropei rende evidente che non si trattò di una scienza isolata dagli studi romanistici nella parte occidentale del continente. Risultano chiare, tuttavia, la diversa accettazione, giustificazione e recezione dei metodi della ricerca romanistica sviluppati in Occidente.

Tra i romanisti presentati nel volume, che appartengono alla generazione dei tempi d'oro della Pandettistica, questo metodo ha ricevuto critiche in Ungheria – sia pure in modi diversi – da Lajos Farkas (1841–1921) e Béni Grosschmid (1852–1938). L'atteggiamento antitedesco e antiaustriaco a esse sotteso ha portato i suddetti autori a proporre di limitare l'interesse per il diritto romano ai suoi principi generali preservando fedelmente lo spirito del diritto ungherese[23]. Lo sviluppo fu diverso in Bulgaria con Stefan Bobčev (1853–1940) e Ivan Basanov (1867–1943)[24] e in Romania con Ștefan G. Longinescu (1865–1931)[25], che coniugarono il metodo della Pandettistica e della Scuola storica con lo sviluppo del diritto locale, indicando il primo come un altro elemento dell'influenza del diritto romano o bizantino. Allo stesso modo in Lettonia ed Estonia, dopo il raggiungimento dell'indipendenza, Wilhelm von Seeler (1861–1925)[26] e David

---

[18] Cfr. *Dajczak,* FP, 74 (2022), z. 6, 83–85.
[19] *Tanev,* The Beginning Of History Of Law And Roman Law Studies And The Changes Of Scientific Method During The Interwar Period in Bulgaria, in questo volume, 62.
[20] *Siimets-Gross/Luts-Sootak,* Methodenwechsel durch den Generationenwechsel – Romanistik an der estnischen Universität zu Tartu, in questo volume, 85.
[21] *Longchamps de Bérier,* Borys Łapicki: Marxism as a Remedy for the Crisis in Roman Law, in questo volume, 168.
[22] *Avenarius,* Bürgerliches Recht im revolutionären Russland. Verteidigung und Fortentwicklung des bedrohten Privatrechtsdenkens bei Pokrovskij und Kantorovič, in questo volume, 189–212.
[23] *Deli,* Der Grosschmid-Effekt – oder ein Paradigmenwechsel in der ungarischen Romanistik, in questo volume, 260 e 267.
[24] *Tanev,* The Beginning, op. cit., 64.
[25] *Radu,* Ștefan Longinescu and Constantin Stoicescu – Important Romanists of the Interwar Period, in questo volume, 179.
[26] *Lazdins/Osipova,* Das Studium der römischen Rechte in der Lettischen Republik in der Zwischenkriegs Periode (1919–1940): Professor Benedikt Cornelius Georg Frese, Professor Vassily Sinaisky und sein Schüler Voldemars Kalninsch, in questo volume, 77.

Grimm (1864–1941)[27] combinarono la visione pandettistica del diritto romano con le leggi locali, convinti che ciò contribuisse allo sviluppo del diritto degli Stati di nuova fondazione. La "caccia alle interpolazioni" non si diffuse rapidamente e ampiamente nella romanistica mitteleuropea, ma esempi di un semplice riconoscimento di questo approccio metodologico sono rinvenibili nel bulgaro Ivan Basanov[28] o nel tedesco baltico attivo in Lettonia, Benedikt Cornelius Georg Frese (1866–1942)[29]. Il romanista ceco Leopold Heyrovský (1852–1924), invece, può essere considerato come un sensibile osservatore delle debolezze e delle possibilità dei metodi degli studi romanistici occidentali. Egli evidenziò l'importanza dei soggiorni di ricerca nei principali centri occidentali di studi romanistici per le future generazioni di studiosi di diritto romano. Il risultato di tali esperienze fu il passaggio dalla Pandettistica astorica alla ricerca storica sulle fonti, che riguardò lo stesso Heyrovský, il quale, pur approvando la ricerca interpolazionistica, sostenne un approccio cauto ai risultati di quest'ultima[30]. Per la successiva generazione di romanisti, composta da quelli nati dalla fine degli anni Settanta in poi, la questione relativa all'opportunità e al metodo di studio del diritto romano è stata caratterizzata da una maggiore incertezza. Come visto, essi non potevano più basarsi indiscutibilmente su modelli scientifici pandettistici, mentre ebbero modo di affrontare la discussione sulla crisi nel periodo tra le due guerre. Anche in questo caso, i contributi raccolti nel volume offrono l'occasione per riconoscere l'ampiezza delle diversità metodologiche, ma anche premesse e punti di contatto comuni.

Espressione della continuità metodologica, ma anche dell'enfasi sul carattere europeo delle culture giuridiche nazionali, è stato il confronto tra le fonti del diritto romano e il diritto locale storico o contemporaneo. Esempi di questo atteggiamento si possono trovare nel polacco Franciszek Bossowski (1879–1940)[31], nel rumeno Constantin C. Stoicescu (1881–1944)[32], nell'ungherese Géza Kiss (1882–1970)[33] e nel bulgaro Petko Venedikov (1905–1995)[34]. Un'enclave specifica per lo studio del diritto romano nella regione fu la Lettonia, dove, nelle opere di Vassili Sinaisky (1876–1949) e del suo allievo Voldemars Kalninsch (1907–1981), ancora durante tutto il periodo tra le due guerre i riferimenti bibliografici più importanti furono quelli ai pandettisti tedeschi e ai civilisti russi

---

[27] *Siimets-Gross/Luts-Sootak,* Methodenwechsel, op. cit., 80.

[28] *Tanev,* The Beginning, op. cit., 64.

[29] *Lazdins/Osipova,* Das Studium, op. cit., 115.

[30] *Salák,* Heyrovský und Sommer – Gründer und Nachfolger, in questo volume, 238–239.

[31] *Dajczak,* Franciszek Bossowski – Privatrechtler, der sich im wiedergeborenen Polen dem römischen Recht widmete, in questo volume, 138.

[32] *Radu,* Ştefan Longinescu, op. cit., 180.

[33] *Újvári,* Methodenkonformität der ungarischen Romanistik? Anhaltspunkte aus der ersten Hälfte des 20. Jahrhunderts im Werk von Géza Kiss und Kálmán Személyi, in questo volume, 291.

[34] *Tanev,* The Beginning, op. cit. 65.

del periodo precedente la rivoluzione bolscevica[35]. Anche il romanista Borys Łapicki (1889–1974) si posizionò al di fuori del canone metodologico della romanistica europea del periodo tra le due guerre. Egli ignorava il problema delle interpolazioni, rifiutava il metodo dogmatico e cercava nei testi romani, isolati dal Cristianesimo, la dimensione etica del diritto, accettando col tempo il marxismo[36].

La questione dello scopo e della razionalità dell'impiego del metodo interpolazionistico, sorta per la prima volta nella romanistica italiana del primo decennio del XX secolo, plasmò le decisioni di fondo di alcuni studiosi provenienti dalla regione qui presa in considerazione. I soggiorni di ricerca del polacco Franciszek Bossowski[37] e del ceco Miroslav Boháček (1899–1982)[38] a Palermo presso Salvatore Riccobono furono fondamentali, in quanto fece sì che questi ultimi intendessero lo studio delle interpolazioni non come un mero scopo, bensì come uno strumento per la ricostruzione dello sviluppo organico del diritto romano. Essi rimasero costantemente in contatto con il maestro palermitano e manifestarono più volte la loro gratitudine e apprezzamento nei suoi confronti. Fondamentale fu anche il soggiorno di studio di alcuni anni a Roma del romanista estone Ernst Ein (1898–1956) presso Pietro Bonfante, il quale consentì che egli adottasse il metodo interpolazionista e si ponesse l'obiettivo di condurre la ricerca sulle fonti romane seguendo l'esempio del suo maestro[39]. Un ulteriore particolare esempio di trasferimento di idee metodologiche fu la monografia pubblicata in lingua ungherese da Kálmán Személyi (1884–1946), uscita con il titolo "il metodo della ricerca interpolazionistica". Il libro presentava nel dettaglio i tipi di interpolazione così come i criteri per la valutazione della loro affidabilità e terminava in armonia con la posizione di Salvatore Riccobono[40]. I contributi raccolti nel nostro volume a tal proposito mostrano che il metodo interpolazionistico – indipendentemente dalla monografia ungherese – fu tema della corrispondenza tra Bossowski e Boháček[41].

Le prese di posizione a favore dell'impatto degli indirizzi metodologici di Riccobono e Bonfante hanno alla base anche plausibili motivi extrascientifici per una apertura alle innovazioni della romanistica italiana. Da questo punto di vista fu significativa la partecipazione entusiastica a taluni avvenimenti politici italiani[42] e il riconoscimento dell'importanza della comunità cristiana anche

---

[35] *Lazdins/Osipova,* Das Studium, op. cit., 121–122.
[36] *Longchamps de Bérier,* Borys Łapicki, op. cit., 156.
[37] *Dajczak,* Franciszek Bossowski, op. cit., 132.
[38] *Razim,* Miroslav Boháček: Ein tschechoslowakischer Wissenschaftler von europäischem Rang, in questo volume, 218–220.
[39] *Siimets-Gross/Luts-Sootak,* Methodenwechsel, op. cit., 95.
[40] *Újvári,* Methodenkonformität, op. cit. 292–296.
[41] *Dajczak,* Franciszek Bossowski, op. cit., 134–135.
[42] Su questi sviluppi cfr. *Varvaro,* w: Migliario/Santucci (Hrsg.), „Noi figli d Roma". Fascismo e miti della romanità, 2022, 223–262.

per lo sviluppo della cultura giuridica.[43] Le ragioni per cui la critica interpolazionistica è stata recepita solo in misura limitata dalla regioni più vicine geograficamente, in particolare dalla Germania, e invece in misura molto maggiore dall'Italia, devono essere ulteriormente indagate, così come le conseguenze di tale recezione. È interessante notare come le prime istanze di questo metodo, che risalgono a Gradenwitz e Eisele, siano state spesso nei fatti ignorate: la critica testuale è stata recepita da molti romanisti dell'Europa centro-orientale solo nel suo sviluppo italiano, soprattutto attraverso Riccobono, sebbene questi studiosi sapessero leggere il tedesco. Restano da studiare le ragioni di ciò.

La breve panoramica, qui presentata, sui metodi della romanistica mitteleuropea nel periodo tra le due guerre fornisce solo un primo orientamento e un incoraggiamento alla lettura dei singoli capitoli. È auspicabile che una lettura critica del volume possa arricchire la discussione in corso sulle controversie metodologiche della romanistica nella prima metà del XX secolo[44], nonché sul rapporto tra ricerche sul diritto romano nel XX secolo e l'identità culturale europea[45].

L'esplorazione delle rispettive tradizioni locali del pensiero romanistico da parte di autori competenti nella relativa lingua ha dimostrato che, da un punto di vista metodologico, gli studi romanistici si sono mossi a velocità diverse nella regione. I romanisti mitteleuropei, che erano consapevoli dei problemi metodologici e delle innovazioni degli anni '20 e '30 del secolo scorso, sono poco noti nella romanistica solo per il fatto che una parte, o la maggior parte, delle loro pubblicazioni impiegano la loro lingua locale e non le lingue parlate nelle conferenze romanistiche. Per questo periodo dunque la sola connessione convincente che può esistere tra la ricerca sul diritto romano e la questione relativa ai confini europei consiste nel fatto che lo sviluppo della romanistica nelle lingue della Mitteleuropa costituì un impedimento essenziale al raggiungimento di una immagine unitaria dell'identità culturale europea nel XX secolo.

I contributi raccolti nel volume mostrano tracce della fede in un futuro creativo della giurisprudenza romana, che molti romanisti mitteleuropei del periodo tra le due guerre associarono allo sviluppo della cultura giuridica europea. Tali tracce includono il rifiuto da parte di K. Személyi della tesi generale di Koschaker sulla crisi del diritto romano[46], l'acquisizione della biblioteca di

---

[43] *Dajczak,* Franciszek Bossowski, op. cit., 140–141; *Újvári,* Methodenkonformität, op. cit. 298.

[44] *Avenarius/Baldus/Lamberti/Varvaro* (Hrsg.), Gradenwitz, Riccobono, op. cit.; *Beggio/Grebieniow* (Hrsg.), Methodenfragen, op. cit.

[45] Cfr. *Buongiorno/Gallo/Mecella* (Hrsg.), Segmenti della ricerca antichistica e giusantichistica negli anni trenta, 2022; *Gallo/Colomba Perchinunno/Dionigi/Buongiorno* (Hrsg.), Ordinamento giuridico, mondo universitario e scienza antichistica di fronte alla normativa razziale (1938–1945), 2022.

[46] *Újvári,* Methodenkonformität, op. cit. 300.

Mitteis per l'Università ceca di Praga, sostenuta da O. Sommer[47], o l'entusiasmo di F. Bossowski per l'idea di istituire una cattedra a Roma di *"usus modernus pandectarum"*[48].

Il nazionalsocialismo tedesco fu esplicitamente indicato da Személyi come una minaccia a tale sviluppo[49]. Tra i romanisti presentati nel volume, l'arresto dell'atteso sviluppo della ricerca romanistica fu vissuto più dolorosamente da Bossowski, che morì di sfinimento dopo la sua prigionia nel campo di concentramento di Sachsenhausen[50].

Ci auguriamo che ciò evidenzi alcune linee di sviluppo meritevoli di ulteriori approfondimenti. Ciò vale sia per i romanisti qui esaminati, soprattutto nella misura in cui si trovano ancora negli archivi testi inediti di e su di loro, sia per altri studiosi che, dal punto di vista dei nostri autori, sono stati meno paradigmatici, ma hanno anche influenzato la scienza del loro tempo. Dopo la seconda guerra mondiale le condizioni generali nella parte orientale della Mitteleuropa erano completamente diverse. Questi paesi sono stati sotto il dominio del totalitarismo comunista per quasi mezzo secolo. Gli effetti di tale sconvolgimento sugli studi romanistici mitteleuropei non possono essere discussi in questa sede. Su tutti questi punti resta spazio per molti studi individuali e, in futuro, anche per una ricognizione più approfondita, basata su tali studi. Scopo del volume è quello di delineare un campo di ricerca. Sarebbe molto auspicabile un esame critico di questo approccio, della sua continuazione e dei suoi contrappunti.

Una raccolta di atti di un convegno presuppone sempre uno sforzo collettivo. In questo caso esso è stato particolarmente intenso in quanto la maggior parte dei testi non sono stati presentati e pubblicati nella lingua madre degli autori – la differenza tra le lingue della Mitteleuropa e le linguae francae romanistiche, che si era già rivelata un fattore importante per la recezione nel periodo in esame, è ancora oggi riscontrabile. Auspichiamo la comparsa di ulteriori lavori nelle diverse lingue nazionali, nonché di recensioni, per una recezione che superi i confini linguistici. Ringraziamo, innanzitutto, i relatori e, poi, tutti i collaboratori delle nostre cattedre che hanno contribuito al successo editoriale e organizzativo dell'iniziativa: il Dr. Jan Andrzejewski dell'Università di Poznań; Linda Krampe, Pia Pape, Johanna Pfundt e, in particolare, Simon Loheide dell'Università di Colonia, che ha curato l'intero volume e coordinato i lavori; Nóra Szabó, Lisa Weck, Maria Fillmann e Johannes Staats dell'Università di Heidelberg. Una parte del testo inglese è stata revisionata da Roxana Mândruțiu e Vladimir Vladov. La versione italiana dell'introduzione e dell'abstract è stata redatta dal Dr. Dr. Filippo Bonin dell'Università degli Studi di Siena. Il volume costituisce il risultato di un progetto finanziato nell'ambito del programma "Iniziativa di eccellenza

---

[47] *Salák,* Heyrovský, op. cit. 248 n. 76.
[48] *Dajczak,* Franciszek Bossowski, op. cit. 142.
[49] *Újvári,* Methodenkonformität, op. cit. 300.
[50] *Dajczak,* Franciszek Bossowski, op. cit. 145.

dell'Università di ricerca" della Facoltà di Giurisprudenza dell'Università di Poznań. Dal lato della casa editrice Mohr Siebeck, il progetto è stato seguito con la consueta cura da Daniela Taudt. I curatori della Collana Ius Romanum hanno sottoposto tutti i manoscritti a un controllo qualitativo critico, particolarmente delicato. Gli errori ricadono, come sempre, nella responsabilità degli autori e dei redattori.

Poznań, Colonia, Heidelberg, in autunno 2023
Wojciech Dajczak/Martin Avenarius/Christian Baldus

Wprowadzenie[1]

Wybuch w roku 1914 pierwszej wojny światowej, był cezurą, która dla dotkniętych nią państw i narodów otworzyła różne drogi dalszego rozwoju. Wyznaczała upadek „złotych czasów pewności"[2] opartej na porządku ustalonym na Kongresie Wiedeńskim. Dla wielu narodów, które żyły pod panowaniem dawnej Rzeczy Niemieckiej, Monarchii Habsburskiej i Carskiej Rosji, nowy powojenny porządek otworzył drogę ku zwieńczeniu narodowych ambicji poprzez odrodzenie lub stworzenie własnego suwerennego państwa. Stworzyło to też szczególną sytuację dla nauki prawa rzymskiego, bo w jej ramach akcentowano związki narodowych tożsamości praw prywatnych z powstałą pod wpływem prawa rzymskiego europejską tradycją prawną. Stając wobec tego wyzwania romaniści w nowych i odrodzonych państwach wnieśli do nauki wkład mający cechy oryginalności. W części łączył się on z badaniami wpływu dawnego prawa, a w części z wspieraniem rozwoju narodowych dogmatyk prawa prywatnego. W niemieckim tytule książki używamy określenia 'Mitteleuropa' (Europa Środkowa) dla oznaczenia obszaru geograficznego, w którym miały miejsce omawiane procesy w nauce prawa rzymskiego. Użycie tego słowa nie oznacza przyjęcia jego specyficznego znaczenia, które przypisywano mu w Niemczech. Pamiętamy jednak o tym, że słowo 'Mitteleuropa' zostało wprowadzone do języka niemieckiego w XIX w. jako pojęcie geopolityczne określające państwa i narody poddane niemieckiej ekspansji. Czynimy to zastrzeżenie, bo takie rozumienie tego pojęcia pozostaje do dziś w pamięci wielu zamieszkujących te kraje[3]. W odróżnieniu od wskazanego, specyficznego rozumienia słowa 'Mitteleuropa' traktujemy zebrane w tomie rozdziały – na ile to możliwe – jako wychodzące z wewnętrznej perspektywy na omawiane tu porządki prawne. Stawiamy pytanie, jak na podejście do prawa rzymskiego wpłynęła specyfika narodowych dyskusji w poszczególnych krajach.

Koniec bezpośredniego stosowania prawa rzymskiego i zastąpienie go przez kodyfikacje sprawił, że w całej Europie doszło zasadniczo do oddzielenia badań romanistycznych od dogmatyki prawa prywatnego. Prawo rzymskie badano przede wszystkim historycznie i językowo, ograniczając powiązanie tych badań z prawem obowiązującym. Proces ten przebiegał jednak różnorodnie w poszczególnych krajach i przyniósł różne rezultaty. W europejskiej perspektywie cen-

---

[1] Polską wersję językową przygotował Wojciech Dajczak.
[2] *Stolleis,* Der lange Abschied von 19. Jahrhundert. Die Zäsur von 1914 aus rechtshistorischer Perspektive, 1997, 5. Szerzej z uwzględnieniem dyskusji naukowej zob.: *Kocka,* Kampf um die Moderne. Das lange 19. Jahrhundert in Deutschland, Stuttgart 2021.
[3] *Naumann,* Mitteleuropa, tłum. K. Markiewicz, 2022.

trami badań i dydaktyki reprezentujących nurt „romanistyczno-cywilistyczny" pozostały najdłużej Włochy wspólnie z Niemcami[4].

W krajach, które w Środkowej Europie odzyskały suwerenność lub uzyskały ją po raz pierwszy prawo rzymskie było zastanym elementem uniwersyteckiego kształcenia prawniczego. W okresie międzywojennym tego nie odrzucono, choć programy studiów prawniczych się zmieniały. Wiedza na temat nauki i nauczania prawa rzymskiego w krajach Środkowej Europy, w okresie międzywojennym jest bardzo ograniczona, dlatego pierwszy rozdział tomu prezentuje to w syntetyczny, poglądowy sposób[5]. Pozostawienie prawa rzymskiego na uniwersytetach wymagało w nowym kontekście politycznym decyzji profesorów, czy i co zmienią w swoim podejściu do jego uczenia i badania. Zainteresowani historią prawnicy młodszego pokolenia stanęli wobec pytania, czy, jak i po co zajmować się badaniem i uczeniem prawa rzymskiego. W Niemczech i Włoszech był to czas intensywnej dyskusji o romanistycznej metodzie prawniczej. Kiedy wszedł w życie niemiecki kodeks cywilny zorientowana praktycznie pandektystyka utraciła w Niemczech swoją doniosłość[6]. W końcu XIX w. w nauce niemieckiej wielką wagę przypisano badaniu modyfikacji czyli interpolacji rzymskich tekstów prawnych[7]. Oddzielenie od dogmatyki prawa prywatnego sprzyjało od początku XX stulecia łączeniu postępu naukowego w romanistyce z odkrywaniem interpolacji. Jednak od lat 20. minionego stulecia wyraźnie rosła kontrowersja co do tego, jaką wagę i cel przypisać badaniu interpolacji rzymskich tekstów prawnych (określonych obrazowo jako polowanie na interpolacje). Plastycznym tego wyrazem była rozbieżność postaw metodologicznych Otto Gradenwitza (1860–1935) i jego ucznia Salvatore Riccobono (1864–1958)[8]. Rozwijane także od wieku XIX badania prowincjonalnego prawa rzymskiego w oparciu o papirusy nie stanowiły antidotum na metodologiczne problemy romanistyki międzywojennej[9]. Tezę o kryzysie tego obszaru prawoznawstwa postawił i spopularyzował w końcu lat 30. Paul Koschaker[10]. Innowacyjne poglądy Salvatore

---

[4] *Nardozza*, Tradizione romanistica e 'dommatica' moderna. Percorsi della romano-civilistica italiana nel primo Novecento, 2007. Zob. rec. *Baldus*, SZ (RA), 128 (2011), 725–732. Zob. też: *Ranieri*, Das Europäische Privatrecht des 19. und 20. Jahrhunderts. Studien zur Rechtsgeschichte und Rechtsvergleichung, 2007. Zob. rec. *Dajczak*, GPR, 5 (2008) 1 (17).

[5] *Kruszyńska-Kola*, Römisches Recht an den mittelosteuropäischen Universitäten in der Zwischenkriegsperiode (1918–1939), poniżej, 31–56.

[6] I tu już wcześniej pojawił się nurt bardziej historyczny, zob.: *Haferkamp,* ZEuP, 16 (2008), 813–844.

[7] Co do genezy zob.: *Varvaro*, QLSD, 7 (2017), 251–335.

[8] Zob.: *Avenarius/Baldus/Lamberti/Varvaro* (Hrsg.), Gradenwitz, Riccobono und die Entwicklung der Interpolationenkritik: Methodentransfer unter europäischen Juristen im späten 19. Jahrhundert, 2018; *Varvaro* (Hrsg.), L'eredità di Salvatore Riccobono. Atti dell'Incontro Internazionale di Studi (Palermo, 29–30 marzo 2019), 2020.

[9] Ten aspekt romanistyki niemieckiej, francuskiej i włoskiej jest przedmiotem projektu realizowanego w ramach współpracy Uniwersytetu w Heidelbergu i Trydencie.

[10] *Koschaker,* Die Krise des römischen Rechts und die romanistische Rechtswissenschaft,

Riccobono zmierzające do przełamania metodologicznej słabości polowań na interpolacje oraz teza Paula Koschakera o kryzysie nauki prawa rzymskiego ukazywały oczekiwania tych uczonych co do miejsca i znaczenia prawa rzymskiego w europejskiej nauce prawa. Znanym wyrazem przekonania o powiązaniu prawa rzymskiego z europejską tożsamością prawną jest opublikowana krótko po II Wojnie Światowej książka Paula Koschakera „Europa i prawo rzymskie", którą dedykował „Salvatore Riccobono, niestrudzonemu liderowi walki o naukę prawa rzymskiego"[11].

Głębia zmian społecznych i politycznych w krajach Europy Środkowej po roku 1918 prowokuje pytania o podobieństwa lub odmienności oczekiwań i aspiracji romanistów z tego regionu w porównaniu do postawy badaczy prawa rzymskiego, którzy wówczas w zachodniej części kontynentu wytyczali kierunki dyskusji o metodzie badania prawa rzymskiego i ich przyszłości. Pytanie o wschodnią granicę Europy opartą na takiej czy innej interpretacji Koschakera[12] zastąpiliśmy pytaniami o kontynuację, transfery czy oryginalne cechy metod badania prawa rzymskiego w odrodzonych lub nowoutworzonych krajach Europy Środkowej po roku 1918. Pytanie to skierowaliśmy do wybranych romanistów i historyków prawa z Bułgarii, Republiki Czeskiej, Estonii, Litwy[13], Łotwy, Polski, Rumunii i Węgier. Poprosiliśmy, uczestników projektu, aby rdzeń ich badań tworzył profil metodologiczny jednego lub kilku aktywnych w okresie międzywojennym badaczy prawa rzymskiego z ich ojczyzny. Nie jest to zatem próba dania obrazu ogólnego. To wymagałoby dyskusji, które jeszcze nie miały miejsca. Wymagałoby też, aby refleksję nad poszczególnymi, prawdopodobnie wyciskającymi swe piętno osobami przedstawić w szerszej perspektywie i przy uwzględnieniu tego, co już zostało odkryte.

Prezentowane tu opracowania są wynikiem takiej inicjatywy badawczej. Ich unikatowość wynika z tego, że opierają się na szerokim wykorzystaniu publikacji w językach lokalnych, a w części rozdziałów uwzględnione zostały także archiwalia.

Prima facie, tom uzasadnia dwa spostrzeżenia ogólne. Oba nasunęły się nam w toku realizacji projektu i mogą być użyteczne dla przyszłych badań. Po pierwsze, tak jak wyraźna jest wielość metodologicznych profili analizowanych tu jurystów sprzed około stu lat, tak wyraźne są odmienności w podejściu meto-

---

1938. Zob.: *Beggio,* Paul Koschaker (1879–1951). Rediscovering the Roman Foundations of European Legal Tradition, 2019.

[11] *Koschaker,* Europa und das römische Recht, 1947.

[12] Zob.: *Giaro,* w: Beggio/Grebieniow (Hrsg.), Methodenfragen der Romanistik im Wandel. Paul Koschakers Vermächtnis 80 Jahre nach seiner Krisenschrift, 2020, 147–164.

[13] Niestety, nie znaleźliśmy badacza, który mógłby wykorzystać źródła w języku litewskim i niemieckim istotne dla prezentacji nauki prawa rzymskiego na Uniwersytecie w Kownie w okresie międzywojennym. Przykładem takiego źródła jest korespondencja między profesorem prawa rzymskiego w Pradze Otokarem Somerem, a Elmerem Baloghiem, który uczył prawa rzymskiego w Kownie w latach 1922–1928. Listy są w języku niemieckim.

dologicznym autorów tego tomu. Jako redaktorzy tomu staraliśmy się wspierać to co służy synergii ale przy zachowaniu wolnego wyboru autorów, tak by zachować potencjał różnorodności. Po drugie, zgodnie z uniwersalnymi zmianami metody romanistycznej także wśród dwudziestu omawianych tu romanistów należy odróżnić urodzonych od lat 40. do 60. XIX wieku i urodzonych od końca lat 70. XIX (którzy zdobyli wykształcenie już w wieku XX). Zastosowane tu rozróżnienie między starszym i młodszym pokoleniem romanistów opiera się na uwzględnieniu etapu kariery naukowej. Do pokolenia młodszego należeli romaniści, którzy po zakończeniu pierwszej wojny światowej byli na wczesnym etapie kariery akademickiej lub rozpoczęli ją później, w okresie międzywojennym.

Żadna z tych dwóch grup nie tworzyła z perspektywy metody badania prawa rzymskiego jednolitej całości. Jednak w ramach tak wyodrębnionych generacji romanistów ze Środkowej Europy możliwe jest doprecyzowanie obrazu wagi pandektystyki, szkoły historycznej i otwartości na metodologiczne innowacje końca XIX w. W młodszej generacji romanistów dotyczy to także metodologicznych kontrowersji lat 20, i 30. XX wieku.

Rekonstruując metodologiczny krajobraz romanistyki prawniczej w Bułgarii[14] i krajach, które powstały w Środkowej Europie na gruzach Rosji carskiej należy zwrócić uwagę na transfer wykształconych romanistów z Rosji [15]. Intensywny wpływ niemieckiej pandektystyki na rosyjską naukę prawa od II połowy XIX w. był przesłanką modernizacji prawa w carskim imperium[16]. W nauce rosyjskiej przyniosło to też wyraźny i specyficzny rozwój meta-dogmatycznego podejścia do prawa rzymskiego i prywatnego co być może – gdyby nie rewolucja bolszewicka – znalazłoby rozwinięcie w specyficznej rosyjskiej tradycji prawnej[17]. Za odbicie tego uznać można kluczowe dla znaczącej części prezentowanych tu romanistów wykształconych w Rosji akcentowanie wagi argumentów antropologicznych[18], społeczno-ekonomicznego wymiaru pojęć prawnych[19] czy też szukanie w prawie rzymskim „czegoś więcej" dla legitymizacji proponowanych idei społecznych[20]. Rozdział poświęcony Rosji Sowieckiej pokazuje to

---

[14] Bułgaria odzyskała pełną niepodległość już w roku 1908.
[15] Spośród prezentowanych tu romanistów dotyczy to w Bułgarii Stefana Bobčeva i Ivana Basanova; Estonii Karla Wilhema von Seelera, Davida Johanna Friedricha Grimma; na Łotwie Benedicta Corneliusa Georga Frese i Vasilia Synayskiego w Polsce B. Łapickiego.
[16] Zob.: *Avenarius,* Fremde Traditionen des römischen Rechts. Einfluß, Wahrnehmung und Argument des »rimskoe pravo« im russischen Zarenreich des 19. Jahrhunderts, 2014.
[17] Por.: *Dajczak,* FP 74 (2022), z. 6, 83–85.
[18] *Tanev,* The Beginning Of History Of Law And Roman Law Studies And The Changes Of Scientific Method During The Interwar Period in Bulgaria, poniżej, 62.
[19] *Siimets-Gross/Luts-Sootak,* Methodenwechsel durch den Generationenwechsel – Romanistik an der estnischen Universität zu Tartu, poniżej, 85.
[20] *Longchamps de Bérier,* Borys Łapicki: Marxism as a Remedy for the Crisis in Roman Law, poniżej, 168.

poprzez dzieła dwóch wybranych autorów, których możliwości oddziaływania były istotnie ograniczone z uwagi na warunki polityczne w ich czasach[21].

Ogólny obraz metodologicznego profilu dwóch generacji romanistów z Europy Środkowej pokazuje wyraźnie, że nie była to nauka odizolowana od tego, co działo się w zachodniej części kontynentu. Widocznie jest jednak zróżnicowanie akceptacji, przesłanek i zakresu recepcji stworzonych na Zachodzie metod badania prawa rzymskiego.

Wśród prezentowanych tu romanistów należących do generacji z czasów rozkwitu pandektystyki metodę tę krytykowali na Węgrzech – choć w różny sposób – Lajos Farkas (1841–1921) i Béni Grosschmid (1852–1938). Wynikało to z ich postawy antyniemieckiej i antyaustriackiej, a najdalej idącym postulatem było ograniczenie zainteresowania prawem rzymskim do jego zasad ogólnych przy wiernym zachowaniu ducha prawa węgierskiego[22]. Odmiennie w Bułgarii Stefan Bobčev (1853–1940) i Ivan Basanov (1867–1943)[23], a w Rumunii Ştefan G. Longinescu (1865–1931)[24] łączyli dorobek pandektystyki i szkoły historycznej z rozwojem prawa lokalnego, aby pokazać je jako kolejne ogniwo oddziaływania prawa rzymskiego lub bizantyjskiego. Podobnie w powstałej po pierwszej wojnie światowej Łotwie Karl Wilhelm von Seeler (1861–1925)[25], a w Estonii David Grimm (1864–1941)[26] łączyli pandektystyczne podejście do prawa rzymskiego z prawami lokalnymi w przekonaniu, że służy to rozwojowi prawa nowopowstałych państw. Polowanie na interpolacje nie upowszechniło się szybko ani szeroko w romanistyce Środkowej Europy, ale przykładami prostego uznania takiej postawy metodologicznej byli Ivan Basanov[27] w Bułgarii czy pracujący na Łotwie niemiecki Bałt Benedict Cornelius Georg Frese (1866–1942)[28]. Natomiast czeskiego romanistę Leopolda Heyrovskiego (1852–1924) można określić jako przypadek wnikliwego obserwatora słabości i szans metod zachodniej romanistyki. Silnie akcentował wagę dla kolejnych pokoleń romanistów wyjazdów badawczych do wiodących ośrodków badawczych na Zachodzie. Wynikiem takich doświadczeń samego Heyrovský'ego było odejście od ahistorycznej pandektystyki na rzecz historycznych badań źródeł

---

[21] *Avenarius,* Bürgerliches Recht im revolutionären Russland. Verteidigung und Fortentwicklung des bedrohten Privatrechtsdenkens bei Pokrovskij und Kantorovič, poniżej, 189–212.
[22] *Deli,* Der Grosschmid-Effekt – oder ein Paradigmenwechsel in der ungarischen Romanistik, poniżej, 260 i 267.
[23] *Tanev,* The Beginning, op. cit., 64.
[24] *Radu,* Ştefan Longinescu and Constantin Stoicescu – Important Romanists of the Interwar Period, poniżej, 179.
[25] *Lazdins/Osipova,* Das Studium der römischen Rechte in der Lettischen Republik in der Zwischenkriegs Periode (1919–1940): Professor Benedikt Cornelius Georg Frese, Professor Vassily Sinaisky und sein Schüler Voldemars Kalninsch, poniżej, 77.
[26] *Siimets-Gross/Luts-Sootak,* Methodenwechsel, op. cit., 80.
[27] *Tanev,* The Beginning, op. cit., 64.
[28] *Lazdins/Osipova,* Das Studium, op. cit., 115.

przy akceptacji badań interpolacjonistycznych i ostrożnym korzystaniu z ich wyników[29].

Dla kolejnej generacji romanistów urodzonych od końca lat 70. XIX w. wybory dotyczące tego, czy i jak badać prawo rzymskie w krajach Środkowej Europy były dotknięte jeszcze większą niepewnością. Znali oni teoretyczny dorobek pandektystyki, ale nie stanowił on już bezdyskusyjnej podstawy rozważań. W okresie międzywojennym stanęli wobec dyskusji nada kryzysem prawa rzymskiego. I w tym przypadku prezentowane rozdziały pozwolą nam dostrzec tak skalę różnorodności, jak i punkty wspólne. Przejawem metodologicznej kontynuacji, ale też podkreślaniem europejskiego charakteru narodowych kultur prawnych, było porównywanie źródeł prawa rzymskiego z historycznym lub współczesnym prawem lokalnym. Przykłady takiej postawy znajdziemy u Polaka Franciszka Bossowskiego (1879–1940)[30], Rumuna Constantina C. Stoicescu (1881–1944)[31], Węgra Gézy Kissa (1882–1970)[32] czy Bułgara Petko Venedikova (1905–1995)[33]. Swoistą enklawę nauki prawa rzymskiego w regionie stanowiła Łotwa, gdzie w pracach Vassilya Sinaiskyego (1876–1949) i jego ucznia Voldemarsa Kalninscha (1907–1981) zasadnicze odniesienia bibliograficzne dotyczyły przez cały okres międzywojenny niemieckich pandektystów oraz rosyjskich cywilistów z okresu przed rewolucją bolszewicką[34]. Spośród prezentowanych w tomie romanistów poza metodologicznym kanonem romanistyki europejskiej okresu międzywojennego lokował się też omawiany w tomie Borys Łapicki (1889–1974). Ignorował on problem interpolacji, odrzucał metodę dogmatyczną i w izolacji od chrześcijaństwa szukał w rzymskich tekstach etycznego wymiaru prawa dochodząc z czasem do akceptacji marksizmu[35].

Podjęte najpierw w romanistyce włoskiej pierwszych dziesięcioleci XX w. pytanie o racjonalny sposób i cel korzystania z metody interpolacjonistycznej przesądziło o naukowych wyborach kilku romanistów z analizowanego tu regionu. Pobyt badawczy w Palermo u Salvatorre Riccobono Franciszka Bossowskiego[36] z Polski i Miroslava Boháčka (1899–1982)[37] z Czechosłowacji był kluczowy dla wyboru przez nich badania interpolacji nie jako celu samego w sobie, ale jako instrumentu dla rekonstruowania organicznego rozwoju prawa rzymskiego. Pozostali w trwałym kontakcie z ich mistrzem z Palermo, deklarując

---

[29] *Salák,* Heyrovský und Sommer – Gründer und Nachfolger, poniżej, 238–239.

[30] *Dajczak,* Franciszek Bossowski – Privatrechtler, der sich im wiedergeborenen Polen dem römischen Recht widmete, poniżej, 138.

[31] *Radu,* Ştefan Longinescu, op. cit. 180.

[32] *Újvári,* Methodenkonformität der ungarischen Romanistik? Anhaltspunkte aus der ersten Hälfte des 20. Jahrhunderts im Werk von Géza Kiss und Kálmán Személyi, poniżej, 291.

[33] *Tanev,* The Beginning, op. cit., 65.

[34] *Lazdins/Osipova,* Das Studium, op. cit., 121–122.

[35] *Longchamps de Bérier,* Borys Łapicki, op. cit., 156.

[36] *Dajczak,* Franciszek Bossowski, op. cit., 132.

[37] *Razim,* Miroslav Boháček: Ein tschechoslowakischer Wissenschaftler von europäischem Rang, poniżej, 218–220.

nie raz wdzięczność i uznanie dla niego. Podobnie, kilkuletnie studia w Rzymie estońskiego romanisty Ernsta Eina (1898–1956) pod kierunkiem Pietro Bonfante przesądziły o przyjęciu przez niego metody interpolacjonistycznej i celu badania rzymskich źródeł za wzorem rzymskiego nauczyciela[38]. Szczególnym uzupełnieniem takiego obrazu transferu innowacji w metodzie interpolacjonistycznej było opublikowanie przez Kálmána Személyi (1884–1946) w roku 1929, po węgiersku monografii zatytułowanej „Metoda badań interpolacjonistycznych". Szczegółową prezentację rodzajów interpolacji i kryteriów oceny ich wiarygodności zakończył konkluzją spójną ze stanowiskiem Salvatore Riccobono[39]. Przedstawione w tomie badania pokazują, że tematyka – niezależnie od węgierskiej monografii – była tematem korespondencji między Bossowskim a Boháčkiem[40].

W ustaleniach na temat oddziaływania metodologicznych poglądów Riccobono i Bonfante uwzględniono także wiarygodne, pozanaukowe przesłanki otwartości na innowacje włoskiej romanistyki. Nie bez znaczenia była tu aprobata politycznego rozwoju we Włoszech[41], jak i podkreślanie wagi chrześcijańskiej wspólnoty także dla prawa[42]. Dalszych badań wymaga ustalenie przyczyn, dla których krytyka interpolacjonizmu została przejęta głównie z Włoch, a tylko w wąskim zakresie z bliskich geograficznie Niemiec. Także skutki tej recepcji wymagają dalszych studiów. Uwagę zwraca to, że wcześniejszy dorobek w tym zakresie Gradenwitza i Eisele został praktycznie nieuwzględniony. Wielu romanistów z Europy Środkowowschodniej przejęło metodę krytycznej analizy tekstów w oparciu o późniejszy dorobek dotyczący metody interpolacjonistycznej. Wyróżniający wpływ miał tu Riccobono, choć nie istniała bariera wynikająca z nieznajomości języka niemieckiego. Przyczyny tego stanu pozostają także do zbadania.

Przedstawiony tu szkic metodologicznego krajobrazu prawniczej romanistyki okresu międzywojennego ma dać wstępną orientację i zachęcić do lektury szczegółowych rezultatów badań. Mamy nadzieję, że krytyczna lektura tomu może wzbogacić trwającą dyskusję o metodologicznych kontrowersjach romanistyki okresu międzywojennego[43], jak i dyskusję na temat związku między nauką prawa rzymskiego w XX w. a kulturową tożsamością Europy[44].

---

[38] *Siimets-Gross/Luts-Sootak,* Methodenwechsel, op. cit., 95.
[39] *Újvári,* Methodenkonformität, op. cit., 292–296.
[40] *Dajczak,* Franciszek Bossowski, op. cit., 134–135.
[41] Zob.: *Varvaro,* w: Migliario/Santucci (Hrsg.), „Noi figli di Roma". Fascismo e miti della romanità, 2022, 223–262.
[42] *Dajczak,* Franciszek Bossowski, op. cit., 140–141; *Újvári,* Methodenkonformität, op. cit., 298.
[43] Zob.: *Avenarius/Baldus/Lamberti/Varvaro* (Hrsg.), Gradenwitz, Riccobono, op. cit.; *Beggio/Grebieniow* (Hrsg.), Methodenfragen, op. cit.
[44] Zob.: *Buongiorno/Gallo/Mecella* (Hrsg.), Segmenti della ricerca antichistica e giusantichistica negli anni trenta, 2022; *Gallo/Colomba Perchinunno/Dionigi/Buongiorno* (Hrsg.),

Ukazanie lokalnych tradycji myśli romanistycznej przez znających lokalne języki autorów pozwala dostrzec, że z metodologicznego punktu widzenia uprawiano w regionie naukę prawa rzymskiego na różnych poziomach rozwoju. W każdym razie romaniści z Europy Środkowej mieli wiedzę o metodologicznych problemach i innowacjach romanistyki lat 20. i 30. minionego wieku. Niewielka wiedza o romanistyce w omawianych tu krajach Środkowej Europy wynika z tego, że duża część powstałych w niej publikacji ukazała się w językach lokalnych, a nie w językach kongresowych nauki prawa rzymskiego. Dlatego jedynym przekonującym połączeniem nauki prawa rzymskiego z pytaniem o granice Europy może być spostrzeżenie, że choć granicy tej nie tworzą obszary językowe, to rozwój romanistyki w językach krajów Europy Środkowej jest istotną przeszkodą dla poznania możliwie pełnego obrazu kulturowej tożsamości Europy w XX w.

Zebrane w tomie prace ukazują ślady wiary w twórczą przyszłość nauki prawa rzymskiego, którą wielu środkowoeuropejskich romanistów łączyło w okresie międzywojennym z europejską kulturą prawną. Za takie ślady może uznać: odrzucenie przez K. Személyiego ogólnej tezy Koschakera o kryzysie prawa rzymskiego[45], wspieranie przez O. Sommera nabycia biblioteki Ludwika Mitteisa dla czeskiego uniwersytetu w Pradze[46] czy też entuzjazm F. Bossowskiego wobec idei utworzenia w Rzymie katedry *„moderni usus pandectarum"*[47]. Niemiecki narodowy socjalizm był wprost wskazywany przez Személyiego jako zagrożenie dla takiego rozwoju[48]. Przerwanie oczekiwań co do rozwoju badań prawa rzymskiego dotknęło najboleśniej – spośród przedstawionych w tomie romanistów – Franciszka Bossowskiego. Zmarł on z wycieńczenia po pobycie w obozie koncentracyjnym w Sachsenhausen[49].

Mamy nadzieję, że praca ukazuje linie ewolucyjne, które warte są dalszych badań. Dotyczy to uwzględnionych tu romanistów, zwłaszcza gdyby udało się dotrzeć do niewykorzystanych archiwaliów. Należy to odnieść także do badaczy, którzy w tomie nie zostali uwzględnieni w następstwie wyborów autorów, a którzy mieli wpływ na naukę swoich czasów. Po drugiej wojnie światowej nastąpiła radykalna zmiana sytuacji w Europie Środkowej. Na niemal pół wieku kraje tego obszaru zostały poddane totalitaryzmowi komunistycznemu. W pracy nie podejmujemy pytania o skutki tego przełomu dla środkowoeuropejskiej romanistyki. Wszystkie wskazane tu problemy pozostają obszarem badań dotyczących zarówno kwestii szczegółowych jak i w dalszej perspektywie opartej na nich pogłębionej refleksji. Przygotowując niniejszy tom chcieliśmy wyraźnie

---

Ordinamento giuridico, mondo universitario e scienza antichistica di fronte alla normativa razziale (1938–1945), 2022.

[45] *Újvári*, Methodenkonformität, op. cit., 300.
[46] *Salák*, Heyrovský, op. cit., 248 przyp. 76.
[47] *Dajczak*, Franciszek Bossowski, op. cit., 142.
[48] *Újvári*, Methodenkonformität, op. cit., 300.
[49] *Dajczak*, Franciszek Bossowski, op. cit., 145.

wyznaczyć ten obszar badań. Wdzięczni będziemy za wszelkie uwagi krytyczne, uzupełnienia i polemiki.

Tom prezentujący wyniki konferencji jest zawsze dziełem wspólnym. W tym przypadku wymagało to też szczególnych prac, ponieważ w większości przypadków autorzy prezentowali wystąpienia, a następnie przygotowali teksty do publikacji w języku, który nie jest ich ojczystym. Także dziś można było dostrzec skutki różnic między wielością języków w krajach Europy Środkowej a romanistycznymi *linguae francae*. Od znajomości tych języków – tak w okresie, którego dotyczyły badania jak i dziś – zależy, czy poglądy naukowe będą recypowane, czy też nie. Tym bardziej mamy nadzieję na kolejne opracowania – także w językach lokalnych – prowadzące do przekraczania granic językowych w zakresie recenzowania i recepcji. Dziękujemy referentom oraz wszystkim współpracownikom z naszych katedr, którzy poprzez prace redakcyjne lub czynności organizacyjne przyczynili się do osiągnięcia pomyślnego rezultatu: w Poznaniu dr. Janowi Andrzejewskiemu, w Kolonii studentom prawa Lindzie Krampe, Pii Pape i Johannie Pfundt oraz asystentowi Simonowi Loheide, który redagował tom i koordynował związane z tym prace; w Heidelbergu asystentkom Norze Sabo LL.M. i Lisie Weck, absolwentce studiów prawniczych Marii Fillmann i studentowi prawa Johannesowi Staats. Część tekstów anglojęzycznych była korygowana przez panią Roxanę Mândruțiu i pana Vladimira Vladova. Włoskojęzyczne wersje wprowadzenia i abstraktów przygotował pan dr hab. Filippo Bonin z Università degli Studi di Siena. Tom jest rezultatem projektu, który uzyskał wsparcie finansowe w ramach programu „Inicjatywa Doskonałości – Uniwersytet Badawczy" na Wydziale Prawa i Administracji Uniwersytetu im. Adama Mickiewicza w Poznaniu. Ze strony wydawnictwa Mohr Siebeck staranną pieczę nad projektem sprawowała pani Daniela Taudt, LL.M. Eur. Współwydawcy serii IusRom podjęli się delikatnego zadania krytycznej oceny jakości tekstów przedłożonych przez redaktorów tego tomu. Odpowiedzialność za błędy, które pozostały, jak zwykle spada na autorów i redaktorów.

Poznań, Kolonia, Heidelberg – jesień 2023
Wojciech Dajczak / Martin Avenarius / Christian Baldus

Literaturverzeichnis

Avenarius, Martin, Fremde Traditionen des römischen Rechts. Einfluß, Wahrnehmung und Argument des »rimskoe pravo« im russischen Zarenreich des 19. Jahrhunderts, Göttingen 2014

ders./Baldus, Christian/Lamberti, Francesca/Varvaro, Mario (Hrsg.), Gradenwitz, Riccobono und die Entwicklung der Interpolationenkritik. Methodentransfer unter europäischen Juristen im späten 19. Jahrhundert, Tübingen 2018

Baldus, Christian, Besprechung von Nardozza, Massimo, Tradizione romanistica e 'dommatica' moderna. Percorsi della romano-civilistica italiana nel primo Novecento, Torino 2007, SZ (RA), 128 (2011), 725–732

Beggio, Tommaso, Paul Koschaker (1879–1951). Rediscovering the Roman Foundations of European Legal Tradition, 2. Aufl., Heidelberg 2019

Buongiorno, Pierangelo/Gallo, Annarosa/Mecella, Laura (Hrsg.), Segmenti della ricerca antichistica e giusantichistica negli anni trenta, Napoli 2022

Dajczak, Wojciech, Besprechung von Ranieri, Filippo, Das Europäische Privatrecht des 19. und 20. Jahrhunderts. Studien zur Rechtsgeschichte und Rechtsvergleichung, Berlin 2007, GPR, 5 (2008), 17

ders., Is Russia Part of the Civil Law Tradition?, FP, 6 (74) 2022, 81–87.

Gallo, Annarosa/Colomba Perchinunno, Maria/Dionigi, Michele/Buongiorno, Pierangelo (Hrsg.), Ordinamento giuridico, mondo universitario e scienza antichistica di fronte alla normativa razziale (1938–1945), Palermo 2022

Giaro, Tomasz, Legal Historians and the Eastern Border of Europe, in: Beggio, Tommaso/Grebieniow, Aleksander (Hrsg.), Methodenfragen der Romanistik im Wandel. Paul Koschakers Vermächtnis 80 Jahre nach seiner Krisenschrift, Tübingen 2020, 147–164

Haferkamp, Hans-Peter, Karl Adolph von Vangerow (1808–1870): Pandektenrecht und „Mumiencultus", ZEuP, 16 (2008), 813–844

Kocka, Jürgen, Kampf um die Moderne. Das lange 19. Jahrhundert in Deutschland, Stuttgart 2021

Koschaker, Paul, Die Krise des römischen Rechts und die romanistische Rechtswissenschaft, München 1938

ders., Europa und das römische Recht, 1947

Nardozza, Massimo, Tradizione romanistica e 'dommatica' moderna. Percorsi della romano-civilistica italiana nel primo Novecento, Torino 2007

Naumann, Friedrich, Mitteleuropa, Berlin 1916

ders., Mitteleuropa, übersetzt von Markiewicz, Kamil, Warszawa 2022

Ranieri, Filippo, Das Europäische Privatrecht des 19. und 20. Jahrhunderts. Studien zur Rechtsgeschichte und Rechtsvergleichung, Berlin 2007

Stolleis, Michael, Der lange Abschied von 19. Jahrhundert. Die Zäsur von 1914 aus rechtshistorischer Perspektive, Berlin 1997

Varvaro, Mario, La storia del '*Vocabularium iurisprudentiae Romanae*' I. Il progetto del vocabolario e la nascita dell'interpolazionismo, QLSD, 7 (2017), 251–335

ders. (Hrsg.), L'eredità di Salvatore Riccobono. Atti dell'Incontro Internazionale di Studi (Palermo, 29–30 marzo 2019), Palermo 2020

ders., Salvatore Riccobono e l'esaltazione giusromanistica di Roma antica, in: Migliario, Elvira/Santucci, Gianni (Hrsg.), „Noi figli di Roma". Fascismo e miti della romanità, Milano 2022, 223–262

Römisches Recht an den mitteleuropäischen Universitäten in der Zwischenkriegsperiode (1918–1939)[1]

Joanna Kruszyńska-Kola

ABSTRACTS

The aim of the text is to draft an introductory panorama for the texts constituting the core of the volume. The author presents a simplified outline of the conditions in which interwar Roman law studies in Central and Eastern Europe developed. Then the study turns to universities and their units dealing with Roman law in the region in the interwar period. Furthermore, in the context of the issue of relations between Central European Roman law studies and the study of Roman law in Western Europe, the author presents two analyses (quantitative and concerning the distribution in time): of foreign-language publications (general) as well as publications by researchers from Central and Eastern Europe in three leading journals. Finally, the author collects general information about the teaching of Roman law and the literature forming its basis in Central and Eastern Europe in the interwar period.

Celem tekstu jest naszkicowanie panoramy dla tekstów stanowiących trzon tomu. Autorka przygotowała uproszczony zarys warunków, w jakich rozwijała się międzywojenna nauka prawa rzymskiego w Europie Środkowowschodniej. Następnie przedstawiła uniwersytety i ich jednostki zajmujące się prawem rzymskim na terenie regionu w omawianym okresie. W kontekście problematyki relacji między środkowoeuropejską nauką prawa rzymskiego a nauką prawa rzymskiego na zachodzie Europy, autorka przedstawiła także dwie analizy (ilościowe i dotyczące rozkładu w czasie): publikacji obcojęzycznych (ogólnie) oraz publikacji badaczy z Europy Środkowowschodniej w trzech wiodących czasopismach. Autorka zebrała także podstawowe informacje na temat nauczania prawa rzymskiego oraz literatury dydaktycznej.

---

[1] Ich bedanke mich bei den Projektteilnehmern, insbesondere bei Prof. Hesi Siimets-Gross, Prof. Sanita Osipova, Prof. Pavel Salák, Prof. Mihnea Radu, Dr. Emese Újvári, Dr. Jan Andrzejewski und beim Max-Planck-Institut für Rechtsgeschichte und Rechtstheorie in Frankfurt am Main, für ihre Unterstützung bei der Materialsammlung. Aufgrund der Art der diskutierten Themen und des damit verbundenen erheblichen Mangels an Bearbeitungen, die mitunter fehlen (insbesondere in anderen Sprachen als der jeweiligen Landessprache), wurden die Informationen zu den in diesem Beitrag aufgeworfenen Fragen – sofern es keine bibliographischen Verweise gibt – den Antworten entnommen, die die oben genannten Projektteilnehmer auf Fragebögen geschrieben haben.

„Das Jahr 1919 war ein Wendepunkt im Leben von Zygmunt Lisowski. Er zog damals nach Posen und lebte dort bis zu seinen letzten Tagen. (...) Zusammen mit drei anderen Professoren (...) war er Mitglied des ersten Fakultätsrats in seiner noch keimhaften Form. Die Aufnahme wissenschaftlicher Arbeit in Posen muss für Lisowski eine große Herausforderung gewesen sein. Die Posener Bibliotheksbestände im Bereich des römischen Rechts waren nicht im Ansatz vergleichbar mit denen aus Krakau. Er begann also, die Bibliothek zu organisieren, die leider während des Zweiten Weltkrieges weitgehend zerstört worden war. Auf Prof. Lisowski lastete die ganze didaktische und wissenschaftliche Arbeit, denn erst kurz vor dem Krieg erhielt der Lehrstuhl einen Pauschalbetrag zur Bezahlung eines Assistenten, der auch für den kirchenrechtlichen Lehrstuhl arbeitete."[2]

Das oben zitierte Fragment des Lebenslaufs des Posener Professors und Leiters des Lehrstuhls für Römisches Recht Zygmunt Lisowski veranschaulicht, wie es den Forschern des römischen Rechts in Mittelosteuropa in der Zwischenkriegszeit ergangen ist. Auch auf ihr Leben und ihre Arbeit wirkten die politischen Ereignisse dieser Zeit ein, die Änderungen im Leben von Gesellschaften und Individuen gleich einem Dominoeffekt auslösten.

Mit diesem Beitrag soll ein einführendes Panorama für die Lektüre der Texte skizziert werden, die den Kern dieses Bandes bilden. Im Hinblick auf den Textrahmen folgen einem allgemeinen (und daher vereinfachten) Umriss der Bedingungen, unter denen sich die Romanistik der Zwischenkriegszeit in Mittelosteuropa entwickelt hat, kurze Synthesen zu den Universitätszentren und ihren Einheiten, die sich mit dem römischen Recht befassten, zu den Verbindungen zur westeuropäischen Romanistik (fremdsprachige Publikationen) sowie zur Lehre des römischen Rechts und zu den dafür verwendeten Lehrbüchern.

I. Historischer Kontext der Romanistik in Mittelosteuropa in der Zwischenkriegszeit

In der historischen Literatur werden „(...) die drei Jahrzehnte zwischen August 1914 und Mai 1945 als die Zeit bezeichnet, in der Europa den Verstand verloren hat".[3] Diese Bezeichnung bezieht sich auf eine Beurteilung der Phänomene, die sich in dieser Zeit ereigneten, auf „(...) die Barbarei, die einst wohl auch den barbarischsten aller Barbaren erstaunt hätte",[4] sie kann aber auch das Ausmaß, die Art und die Intensität der Ereignisse wiedergeben, die weitgehend die Folge des Schocks waren, den der Erste Weltkrieg ausgelöst hatte.[5]

---

[2] *Gulczyński,* in: Poczet Rektorów Almae Matris Posnaniensis, 2004, 27 (28).
[3] *Davies,* Europa. Rozprawa historyka z historią, 1999, 956.
[4] *Davies,* Europa. Rozprawa, op. cit., 955.
[5] Siehe z. B. *Davies,* Europa. Rozprawa, op. cit., 997.

Danach änderte sich praktisch alles – von den Grenzen bis zur Küche.[6] In der gesamteuropäischen Dimension[7] kann man die Realitäten der Nachkriegszeit charakterisieren, indem man hinweist auf den Untergang von Imperien (insbesondere Österreich-Ungarns), auf die Entstehung neuer Staaten, verbunden mit einer radikalen Veränderung des Verlaufs der bisherigen Grenzen, auf die Änderung der Staatsform in vielen Ländern,[8] was gleichzeitig eine politische Schwächung und eine zunehmende Dynamik auf diesem Gebiet bedeutete, auf die Bereitung des Bodens für die Entwicklung faschistischer Bewegungen (einschließlich der nationalsozialistischen Ideologie in Deutschland)[9] und für die Machtergreifung durch ihre Führer, auf den Aufbau neuer internationaler Beziehungen verbunden mit Friedensbemühungen, auf eine neue Rüstungswelle, auf die bolschewistische Revolution in Russland mit ihrem Programm der Weltrevolution,[10] auf wirtschaftliche und finanzielle Schwierigkeiten auf nationaler und internationaler Ebene (z. B. Durchsetzung von Reparationen) und auf soziale Probleme. Kunst und Wissenschaft (insbesondere die Sozialwissenschaften) – die bis zu einem gewissen Grad die Phänomene in anderen Sphären widerspiegeln[11] – werden durch Infragestellung von Werten und Prinzipien, zentrifugale Tendenzen, Desintegration, Widersprüche und Radikalismus charakterisiert.[12]

Die wohl bedeutendsten Veränderungen haben sich jedoch gerade in dem als Mittelosteuropa bezeichneten Gebiet vollzogen.[13] Die Entstehung neuer

---

[6] *Dumanowski/Kasprzyk-Chevriaux*, Kapłony i szczeżuje. Opowieść o zapomnianej kuchni polskiej, 2019, 200.

[7] Siehe z. B. *Davies*, Europa. Rozprawa, op. cit., 957 f.; *Mączak*, Historia Europy, 1997, 518 ff.

[8] „(...) beim Ausbruch des Großen Krieges gab es auf dem europäischen Kontinent 19 Monarchien und 3 Republiken, während es zu seinem Ende 14 Monarchien und 16 Republiken gab" – *Davies*, Europa. Rozprawa, op. cit., 1001.

[9] *Davies*, Europa. Rozprawa, op. cit., 1003 ff.

[10] Siehe *Mączak*, Historia, op. cit., 594, 731 ff.

[11] Siehe *Mączak*, Historia, op. cit., 638 ff.; *Wandycz*, in: Kłoczowski (Hrsg.), Historia Europy Środkowo-Wschodniej, Bd. 1, 2000, 416 (478).

[12] *Davies*, Europa. Rozprawa, op. cit., 1010, 1015; *Mączak*, Historia, op. cit., 638 ff.

[13] In der historischen Literatur wird erklärt, dass „der Begriff und der Terminus Mittelosteuropa im gewissen Sinne auf Konvention beruhen. Sie sind aus dem Bedürfnis heraus entstanden, ein Gebiet zu benennen, das weder ganz zum Osten noch zum Westen gehört, sondern eine Art ‚Mittelzone' oder ‚Länder zwischen Ost und West' erfasst (...). Der Terminus wurde aus der Geographie entlehnt, obwohl sich weder Geographen noch Politiker über die Grenzen der Region einig sind, auf die er sich beziehen sollte. Die Bezeichnung ‚Mittelosteuropa' wurde auf zweierlei Weise verwendet: entweder in Bezug auf das gesamte Gebiet zwischen Ostsee, Adria, Ägäis und Schwarzem Meer (welches an ethnisch deutsche und ethnisch russische Länder grenzt), mit einigen Variationen, beziehungsweise auf seinen Kern *(heartlands)* (...), nämlich Polen, Tschechoslowakei und Ungarn. (...) Die Grenzen von Polen, Tschechien/Tschechoslowakei und Ungarn haben sich im Laufe der Geschichte mehrfach geändert. Sie verengten sich und umfassten zu verschiedenen Zeiten die Gebiete des heutigen Litauen, Weißrusslands und der Ukraine sowie Teile des ehemaligen Jugoslawiens und Rumäniens. Man darf auch die engen Verbindungen eines erheblichen Teils dieser Region mit Österreich und

Staaten – von scheinbar abstrakter Bedeutung – hatte zahlreiche und schwerwiegende Auswirkungen auf viele Bereiche des gesellschaftlichen Lebens wie auch auf das Leben des Einzelnen.

Nach dem Ersten Weltkrieg wandelte sich das Prinzip des politischen Systems in Europa vom „Konzert der Mächte" in „Nationalstaaten".[14] Eine unvollkommene[15] Verwirklichung dieser Veränderung erfolgte 1918 gerade in Mittelosteuropa.[16] Im weitesten Sinne entstanden aus einem Teil der Gebiete, die zuvor zum Russischen Kaiserreich gehörten, die Republiken Estland, Lettland und Litauen. Die Polnische Republik entstand durch den Zusammenschluss von Gebieten, die vor dem Ersten Weltkrieg zum Russischen Kaiserreich, zum Deutschen Reich und zur Österreichisch-Ungarischen Monarchie gehört hatten. Aus dem Gebiet des letzteren Staates entstanden die Tschechoslowakische Republik und das Königreich Ungarn (das später zur Republik wurde). Ebenfalls 1918 wurde das österreichisch-ungarische Siebenbürgen Teil des bereits existierenden Königreichs Rumänien, ebenso wie das russische Bessarabien. Das Königreich Bulgarien wurde hingegen zugunsten des Königreichs der Serben, Kroaten und Slowenen (1919) und der Republik Griechenland (1920) verkleinert.[17]

Wie oben erwähnt, handelt es sich dabei um eine vereinfachte Darstellung, da um einige Grenzen nach 1918 immer noch gestritten wurde (militärische Auseinandersetzungen eingeschlossen). So gab es beispielsweise sechs Konflikte um die Grenzen zu Polen. Einer von ihnen – der mit Litauen – hatte unmittelbar zur Folge, dass nachbarschaftliche Beziehungen über viele Jahre hinweg schlichtweg nicht existierten, was bisweilen auch gegenwärtig noch zu spüren ist. Infolge dieses Konflikts wurde Wilno (Vilnius) zu einem Teil des Gebiets von Polen der Zwischenkriegszeit.[18]

---

der Habsburger-Dynastie nicht vergessen (...)" – *Wandycz,* Cena wolności. Historia Europy Środkowowschodniej od Średniowiecza do Współczesności, 2003, 11 f. Zu diesem Begriff siehe auch *Kłoczowski,* in: Kłoczowski (Hrsg.), Historia, op. cit., 5 (7 ff.).

[14] Siehe *Kłoczowski,* Nasza tysiącletnia Europa, 2010, 146. Siehe auch *Wandycz,* in: Kłoczowski (Hrsg.), Historia, op. cit., 453.

[15] Die Polen machten zum Beispiel 64 % der Bevölkerungsstruktur Polens aus, siehe *Mączak,* Historia, op. cit., 691. Siehe auch *Davies,* Boże igrzysko. Historia Polski, 1999, 873.

[16] Als eines der charakteristischen Merkmale Mittelosteuropas nennt Piotr S. Wandycz, dass dieses Gebiet eine Art Laboratorium war – siehe *Wandycz,* Cena, op. cit., 24.

[17] Siehe *Jankowiak-Konik/Sienkiewicz/Wieczorek,* Wielki atlas historyczny, 2023, 140, *Davies,* Europa. Rozprawa, op. cit., 935, 998; *Mączak,* Historia, op. cit., 718.

[18] „Der Konflikt mit Litauen drehte sich um die Frage der Zukunft von Wilno (Vilnius) (...). Obwohl in allen Kreisen der polnischen Öffentlichkeit starke sentimentale Bindungen an Litauen bestanden und in bestimmten Milieus auch die Hoffnung auf eine föderale Union genährt wurde, gab es keine ernsthafteren Einwände gegen die Bildung eines litauischen Nationalstaates. Die Probleme begannen, als die litauische Regierung in Kaunas nicht nur Ansprüche auf Wilno (Vilnius) erhob, sondern die Stadt auch zur Hauptstadt ihrer Republik erklärte. Da der Anteil der litauischen Bevölkerung in der Stadt fünf Prozent nicht überstieg, protestierte die polnische Mehrheit sofort. (...) Zudem unterstützte die deutsche Armee die litauischen Nationalisten, die Sowjets unterstützten die litauischen Kommunisten, und die polnischen

Die Entstehung neuer[19] Staaten (mit Gebieten, die den historisch oder ethnisch begründeten Ansprüchen mehr oder weniger nicht entsprachen[20]) hatte jeweils die Notwendigkeit zur Folge, den Staat in all seinen Aspekten aufzubauen. Die wichtigsten Aufgaben waren natürlich die Wahl eines politischen Systems, die Regierungsbildung und die Gestaltung des innenpolitischen Lebens in der veränderten Situation, die Sicherung der Interessen auf internationaler Ebene,[21] die Zusammenlegung von Gebieten, die zuvor zu verschiedenen Staaten in unterschiedlichem Entwicklungsstand gehörten,[22] der Aufbau der Verwaltung und der Wirtschaft (angesichts der Schließung/Einschränkung von Teilen früherer Absatzmärkte sowie des Verlustes von Industrieverbindungen)[23] und viele andere. Eine der wichtigsten Aufgaben war die Bildung eines „eigenen" Rechtssystems, die u. a. in der Vereinheitlichung des in Teilen des Gebiets geltenden Rechts, die zuvor zu verschiedenen Staaten gehört hatten,[24] und in der Verleihung der für den jeweiligen neuen Staat spezifischen Eigenschaften (kulturelle/nationale Identität) bestand,[25] ganz zu schweigen von der notwendigen Modernisierung des Rechts und der Befriedigung zahlreicher Bedürfnisse im Zusammenhang mit den Funktionen des neu entstandenen Staates und dem

---

Streitkräfte kämpften gegen sie alle. (…) schließlich die russische Rote Armee, die die Stadt am 14. Juli 1920 ohne Zögern an die Litauer übergab. Ihr Schicksal wurde am 9. Oktober 1920 endgültig besiegelt, als Piłsudski eine fiktive Meuterei von Einheiten seiner Armee organisierte, um die Stadt für Polen zurückzugewinnen, ohne dem Willen der alliierten Länder offen zu widersprechen. Nach einer zweijährigen Phase der nominellen Unabhängigkeit hielt der neu ausgerufene Staat Mittellitauen Wahlen ab, um seine Zukunft zu bestimmen. Der Antrag auf Eingliederung in die Republik Polen wurde vom Sejm in Warschau im März 1922 angenommen und schließlich vom Obersten Rat der Alliierten und Assoziierten Mächte anerkannt. Die litauische Regierung in Kaunas fand sich jedoch mit der Entscheidung nie ab." – *Davies,* Boże igrzysko, op. cit., 961 f.

[19] Neu im Hinblick auf die Vorkriegskarte von Europa. Z. B. im Falle Polens war das eine Wiederentstehung des Staates, eine Wiedererlangung der Unabhängigkeit. Piotr S. Wandycz weist darauf hin, dass „die staatliche Kontinuität in diesem Gebiet häufiger unterbrochen wurde als in anderen Teilen Europas. Das Phänomen der staatenlosen Nationen ist in gewisser Weise charakteristisch für Mittelosteuropa" – *Wandycz,* Cena, op. cit., 9.
Wenn ich in diesem Text die abgekürzte Bezeichnung „neue Staaten" verwende, meine ich damit Staaten, die nach dem Ersten Weltkrieg entstanden sind oder wiederbelebt wurden.

[20] Zum Beispiel Bulgarien – siehe *Mączak,* Historia, op. cit., 604, 718 – und Ungarn – siehe *Wandycz,* in: Kłoczowski (Hrsg.), Historia, op. cit., 416 (457). Zur Gestaltung der Grenzlinien und zu den für die Grenzziehung relevanten Faktoren siehe *Wandycz,* in: Kłoczowski (Hrsg.), Historia, op. cit., 453 ff.

[21] Es wurden u. a. lokale Übereinkommen getroffen, z. B. auf dem Balkan – siehe *Mączak,* Historia, op. cit., 601 ff.

[22] Siehe z. B. *Mączak,* Historia, op. cit., 714.

[23] Siehe *Davies,* Europa. Rozprawa, op. cit., 1018.

[24] Im Polen der Zwischenkriegszeit galten beispielsweise Regelungen aus fünf Rechtssystemen – siehe *Dziadzio,* Powszechna historia prawa, 2020, 14.5.1. Vgl. *Trocan,* Miscellanea Historico-Iuridica, 2014 Nr. 1, 193 (198 f.).

[25] Das Beispiel Polens zeigt, dass 1918 ein Wendepunkt in der Geschichte seines Privatrechts war – siehe *Dajczak,* ZNR, 2019 Nr. 41, 47 (62 ff.). Das Auftreten dieser Zäsur mag eines der Elemente sein, die die Besonderheit der Region Mittelosteuropa zeigen.

Leben seiner Einwohner. Eine erhebliche Herausforderung waren auch soziale Probleme, die sich u. a. aus der wirtschaftlichen Situation ergaben (z. B. Arbeitslosigkeit, Überbevölkerung, Möglichkeiten der Migration in die Städte[26]), sowie ethnische, religiöse und Klassenkonflikte.[27]

Die oben skizzierten Umstände hatten Folgen für die Tätigkeit der Universitäten und wirkten sich auch auf die Arbeit der Forscher des römischen Rechts aus. Die römische Rechtswissenschaft und ihre Unterrichtung waren in Gebieten präsent, die nach dem Ersten Weltkrieg in den Grenzen der Staaten Mittelosteuropas lagen. Die bestehenden Universitäten setzten ihre Tätigkeit fort. Doch auch für sie war die Nachkriegszeit mit erheblichen Veränderungen verbunden. In Polen etwa, abgesehen von den organisatorischen Turbulenzen, die sich aus den Realitäten des zu Ende gehenden Krieges und der andauernden Grenzkonflikte ergaben, hing die Notwendigkeit, das Bildungswesen in einem neuen Staat zu organisieren, mit der Verabschiedung von Bestimmungen zur Organisation der Hochschulen selbst, zu Lehrplänen sowie zu den akademischen Graden und Titeln zusammen.[28] Die Funktionsweise der bestehenden Universitäten wurde auch stark von Personalproblemen beeinflusst (Stellen blieben oft langfristig vakant), die durch das Ausscheiden von Mitarbeitern aufgrund von Nationalitätsfragen (Wechsel der Staatsangehörigkeit) und durch Übernahme anderer Stellen (an neuen Universitäten oder z. B. in der Verwaltung oder in politiknahen Positionen) entstanden.[29]

Wie bereits erwähnt, bestand eine wichtige Veränderung nach dem Krieg in der Entstehung neuer Universitäten. Dies hing damit zusammen, dass die Grundlagen für die wissenschaftliche und didaktische Tätigkeit gelegt werden mussten – Personal finden, Bibliothek aufbauen, Bildungsprogramme entwickeln, organisatorische Einrichtungen in Form von Räumlichkeiten und Verwaltungskräften vorbereiten, Finanzierung sichern usw. Die Schwierigkeiten und Anstrengungen, die solche Unternehmungen angesichts der allgemeinen Probleme der Nachkriegszeit und des organisatorischen Aufbaus des neuen Staates verursachten, spiegeln sich in gewissem Maße in der eingangs erwähnten Geschichte von Prof. Zygmunt Lisowski wider.

---

[26] Siehe *Wandycz,* Cena, op. cit., 18 f. Siehe auch z. B. *Mączak,* Historia, op. cit., 714.

[27] Zu diesen haben – aufgrund einer aktiven Teilnahme am gesellschaftspolitischen Leben – auch die Forscher des römischen Rechts Stellung bezogen (z. B. zum Protest von Prof. Marceli Chlamtacz – siehe *Piasecki,* Jan Karski. Jedno życie. Kompletna historia, Bd. 1 [1914–1939], 2015, 139; *Nancka,* Prawo rzymskie w pracach Marcelego Chlamtacza, 2019, 45). Siehe auch *Kłoczowski,* Nasza, op. cit., 146 ff.; *Wandycz,* Cena, op. cit., 20 ff.; *Davies,* Europa. Rozprawa, op. cit., 1038; *Mączak,* Historia, op. cit., 701 ff., 714.

[28] Siehe z. B. *Vojáček,* Časopis pro právní vědu a praxi, 2007 Nr. 2, 147 (150 ff.); *Redzik,* in: Redzik (Hrsg.), Academia Militans. Uniwersytet Jana Kazimierza we Lwowie, 2017, 385 (421 ff.).

[29] Siehe z. B. *Redzik,* in: Redzik (Hrsg.), Academia, op. cit., 43 (161), 385 (418 ff.), *Trocan,* Miscellanea Historico-Iuridica, 2014 Nr. 1, 193 (198).

Nicht zuletzt war die Entstehung neuer Staaten auch mit dem Wechsel der Amtssprachen verbunden. Dies bedeutete nicht immer einen Wechsel der Unterrichtssprachen, obwohl dies bei Russisch der Fall war, das von Polnisch und (teilweise) Estnisch verdrängt wurde.[30] Einen Wechsel von Ungarisch zu Rumänisch hat es auch an der Universität in Cluj gegeben.[31] Der Unterricht in der Muttersprache war im Hinblick auf die Betonung und Stärkung der Identität neuer Staaten ein wichtiges Thema. Angesichts dessen war es ein praktisch bedeutsames Problem, ein Lehrbuch in der landesüblichen Sprache zu besitzen und manchmal auch entsprechend qualifiziertes Personal zu finden, das in dieser Sprache unterrichten konnte. Die damit einhergehenden Schwierigkeiten führten dazu, dass in Estland und Lettland Russisch in der Lehre verwendet wurde.

Eine besondere Situation ergab sich an den Universitäten, die früher zur Österreichisch-Ungarischen Monarchie gehört hatten. Relativ kurz vor dem Ersten Weltkrieg wurde dort das Unterrichten in den landesüblichen Sprachen zugelassen. In Prag wurde auf Tschechisch und Deutsch gelehrt (und so blieb es – aufgrund der fortbestehenden Teilung der Universität in einen tschechischen und einen deutschen Teil – auch in der Zwischenkriegszeit)[32] und in Krakau und Lemberg auf Polnisch (auch nach der Wiedererlangung der Unabhängigkeit hat sich also in dieser Hinsicht nichts verändert).[33]

II. Universitätszentren und ihre Einheiten, die sich mit dem römischen Recht in Mittelosteuropa in der Zwischenkriegszeit befassten

Die Zwischenkriegszeit in Mittelosteuropa ist im Hinblick auf das Hochschulwesen u. a. durch eine erhebliche Zunahme der Anzahl von Universitäten gekennzeichnet. Blickt man wieder auf das Beispiel Polens, lässt sich festhalten,

---

[30] Siehe *Siimets-Gross,* in: Eckert/Modéer (Hrsg.), Juristische Fakultäten und Juristenausbildung im Ostseeraum. Law Faculties and Legal Education in the Baltic Sea Area. Zweiter Rechtshistorikertag im Ostseeraum, 2005, 342 (354, 365); *Cyuńczyk,* Wydział Prawa Uniwersytetu w Dorpacie i jego polscy studenci do 1918 roku, Miscellanea historico-iuridica, 2014 Nr. 1, 181 (185); ⟨https://www.uw.edu.pl/uniwersytet/historia-uw/⟩ (13.2.2023).
[31] Siehe ⟨https://www.ubbcluj.ro/en/despre/prezentare/istoric⟩ (13.2.2023).
[32] Siehe ⟨https://cuni.cz/UKEN-115.html⟩ (13.2.2023).
[33] „Seit Beginn der 1860er Jahre wurden die Landessprachen schrittweise an allen drei Fakultäten (der Jan-Kazimierz-Universität in Lemberg) eingeführt. Es ist hinzuzufügen, dass am 4. Februar 1861 Polnisch als Unterrichtssprache an der Jagiellonen-Universität wieder eingeführt wurde. (…) Die Regierung beschloss, einige Zugeständnisse zugunsten von Vorlesungen in ruthenischer Sprache zu machen. (…) mit kaiserlichem Erlass vom 4. Juni 1869 wurde Polnisch als Amtssprache eingeführt. (…) Ab Mitte der 1870er Jahre dominierte Polnisch, während Ruthenisch (Ukrainisch) auf einige wenige Lehrstühle beschränkt war und Deutsch fast ausschließlich die Sprache des Schriftverkehrs mit den staatlichen Behörden in Wien blieb" – *Redzik,* in: Redzik (Hrsg.), Academia, op. cit., 123 ff.

dass es 1918 auf dem polnischen Gebiet drei Universitäten gab, 1923 bereits 17 und 1939 dann 28 (alle Hochschulen zusammengenommen).[34] Damit gab es im Vergleich zur Vorkriegszeit auch mehr Hochschulen, an denen wissenschaftliche und didaktische Tätigkeit im Bereich des römischen Rechts stattfand. In Estland war die Universität Tartu aktiv.[35] In Lettland gab es gleich drei Zentren – die Universität Lettlands, das Herder-Institut und Krievu universitātes zinātņu institūts (Institut für Wissenschaften der Russischen Universität)[36] – allesamt in Riga ansässig. In Polen fanden sich die Stefan-Batory-Universität in Wilno (Vilnius),[37] die Universität Warschau,[38] die Posener Universität,[39] die Katholische Universität Lublin,[40] die Jagiellonen-Universität in Krakau[41] und die Jan-Kazimierz-Universität in Lemberg[42] – insgesamt also sechs. In der Tschechoslowakei gab es die älteste Universität in der Region, die Karls-Universität in Prag[43] (einschließlich einer deutschen Universität[44]), sowie die Universitäten in Bratislava[45] (Comenius-Universität) und in Brünn[46] (Masaryk-Universität) –

[34] Siehe ⟨https://niepodlegla.gov.pl/o-niepodleglej/uniwersytety-w-ii-rp-na-przykladzie-uniwersytetu-stefana-batorego-w-wilnie/⟩ (13.2.2023).

[35] Das römische Recht wurde unterrichtet von Karl Wilhelm v. Seeler (1861–1925), David Grimm (1864–1941), Ernst Ein (1898–1956) und Leo Leesment (1902–1986). Siehe *Siimets-Gross,* in: Eckert/Modéer (Hrsg.), Juristische Fakultäten, op. cit., 342 (349 ff.).

[36] Das römische Recht wurde unterrichtet von Benedict Cornelius Georg Frese (1866–1942), Wasily Sinaisky (1876–1949), Voldemārs Kalniņš (1907–1981). An den beiden letztgenannten – privaten – Universitäten unterrichteten Professoren von der Universität Lettlands.

[37] Das römische Recht wurde unterrichtet von Jerzy Fiedorowicz (1888–?), Franciszek Bossowski (1879–1940). Siehe *Czech-Jezierska,* Nauczanie prawa rzymskiego w Polsce w okresie międzywojennym, 2011, 150 ff.

[38] Das römische Recht wurde unterrichtet von Ignacy Koschembahr-Łyskowski (1864–1945), Borys Łapicki (1889–1974), Włodzimierz Kozubski (1880–1951). Siehe *Czech-Jezierska,* Nauczanie, op. cit., 114 ff.

[39] Das römische Recht wurde unterrichtet von Zygmunt Lisowski (1880–1955). Siehe *Czech-Jezierska,* Nauczanie, op. cit., 142 ff.

[40] Das römische Recht wurde unterrichtet von Jerzy Fiedorowicz (1888–?), ks. Henryk Insadowski (1888–1946). Siehe *Czech-Jezierska,* Nauczanie, op. cit., 131 ff., *Jońca,* in: Dębiński/Ganczar/Jóźwiak/Kawałko/Kruszewska-Gagoś/Witczak (Hrsg.), Księga jubileuszowa z okazji 90-lecia Wydziału Prawa, Prawa Kanonicznego i Administracji Katolickiego Uniwersytetu Lubelskiego Jana Pawła II, 2008, 77 ff.

[41] Das römische Recht wurde unterrichtet von Stanisław Wróblewski (1868–1938), Rafał Taubenschlag (1881–1958), Włodzimierz Kozubski (1880–1951). Siehe *Czech-Jezierska,* Nauczanie, op. cit., 87; *Żukowski,* Profesorowie Wydziału Prawa Uniwersytetu Jagiellońskiego, Bd. II. 1780–2012, 2014, VII ff., 252 ff., 531 ff., 577 ff.

[42] Das römische Recht wurde unterrichtet von Leon Piniński (1857–1938), Marceli Chlamtacz (1865–1947), Wacław Osuchowski (1906–1988). Siehe *Redzik,* in: Redzik (Hrsg.), Academia, op. cit., 385 (448 ff.); *Czech-Jezierska,* Nauczanie, op. cit., 100.

[43] Das römische Recht wurde unterrichtet von Leopold Heyrovský (1852–1924), Josef Vančura (1870–1930), Otakar Sommer (1885–1940).

[44] Das römische Recht wurde unterrichtet von Mariano San Nicolò (1887–1955), Egon Weiss (1880–1953).

[45] Das römische Recht wurde unterrichtet von Otakar Sommer (1885–1940), Miroslav Boháček (1899–1982), Václav Budil (1894–1982).

[46] Das römische Recht wurde unterrichtet von Jan Vážný (1891–1942).

insgesamt vier. In Ungarn gab es Universitäten in Budapest,[47] Debrecen,[48] Pécs[49] und Szeged.[50] Außerdem wurde – nach Reduzierung ihrer Zahl nach dem Ersten Weltkrieg – römisches Recht an drei sog. Rechtsakademien gelehrt (der Katholischen – Eger,[51] der Calvinistischen – Kecskemét,[52] der Lutherischen – Miskolc[53]). In Rumänien[54] waren die wichtigsten Zentren mit juristischen Fakultäten die vier Universitäten von București,[55] Iași,[56] Cluj[57] und Cernăuți.[58] In Bulgarien ist die juristische Fakultät der Universität St. Kliment Ohridski in Sofia zu erwähnen. Insgesamt gab es 26 Hochschulen, an denen römisches Recht unterrichtet wurde.

Die meisten Universitäten befanden sich in Polen, gefolgt von Ungarn (ausgenommen Rechtsakademien), Rumänien und der Tschechoslowakei. Dies entspricht in etwa der Größe der Nationalitätengruppen in Mittelosteuropa in der Zwischenkriegszeit[59]. Relativ viele juristische Ausbildungszentren für Recht gab es in Lettland, zwei davon waren allerdings privat (nicht staatlich verwaltet war auch die polnische Katholische Universität Lublin).

Unter den oben genannten waren Fakultäten, die bereits seit dem Mittelalter bestanden (wie die Karls-Universität in Prag[60] und die Jagiellonen-Universität in Krakau[61] – beide aus dem 14. Jh.), sowie solche, die erst nach dem Ersten Weltkrieg gegründet wurden (wenn auch nicht selten auf Basis früherer, langer

---

[47] Das römische Recht wurde unterrichtet von Károly Helle (1870–1920), Márton Szentmiklósi (Kajuch) (1862–1932), Antal Notter (1871–1948), Géza Marton (1880–1957) – *Móra*, Revue internationale des droits de l'antiquité 1964, 409 (427 ff.).
[48] Das römische Recht wurde unterrichtet von Géza Kiss (1882–1970), Géza Marton (1880–1957), Zoltán Sztehlo (1889–1975).
[49] Das römische Recht wurde unterrichtet von Zoltán Pázmány (1869–1948), Nándor Óriás (1886–1992).
[50] Das römische Recht wurde unterrichtet von Mór Kiss (1857–1945), Albert Kiss (1873–1937), Kálmán Személyi.
[51] Das römische Recht wurde unterrichtet von Nándor Óriás (1886–1992).
[52] Das römische Recht wurde unterrichtet von Géza Marton (1880–1957), Ferenc Réthey (1880–1952), Barnabás Kiss (1910–?).
[53] Das römische Recht wurde unterrichtet von Zoltán Sztehlo (1889–1975), István Zelenka.
[54] Siehe *Trocan*, Miscellanea Historico-Iuridica, 2014 Nr. 1, 193 (198 ff.).
[55] Das römische Recht wurde unterrichtet von Stefan G. Longinescu, Constantin Stoicescu (1881–1944), Matei Nicolau, Nicolae Corodeanu (1882–1952), George Dumitriu.
[56] Das römische Recht wurde unterrichtet von Stefan G. Longinescu, Ilie Popescu-Spineni (1894–1964), Ion Coroi (1878–?), Gheorghe Cuza (1896–1950).
[57] Das römische Recht wurde unterrichtet von Ioan Cătuneanu (1883–1937), Tiberiu Moșoiu.
[58] Das römische Recht wurde unterrichtet von Valentin Georgescu (1908–1995).
[59] Siehe z. B. *Wandycz*, in: Kłoczowski (Hrsg.), Historia, op. cit., 416 (420): Nach den Daten für 1930 machten Polen ca. 16 % der Bevölkerung Mittelosteuropas aus (mit dem Vorbehalt, dass sie nicht nur in Polen lebten), dann Rumänen ca. 10 %, Ungarn ca. 8 % und Tschechen ca. 6 %.
[60] Siehe ⟨https://cuni.cz/UKEN-106.html⟩ (13.2.2023).
[61] Siehe ⟨https://en.uj.edu.pl/en_US/about-university/history⟩ (13.2.2023).

Traditionen[62]). Diese waren unter den genannten die meisten (die Universität Lettlands,[63] das Herder-Institut und Krievu universitātes zinātņu institūts [Institut für Wissenschaften der Russischen Universität], die nur in der Zwischenkriegszeit tätig waren,[64] die Posener Universität,[65] die Stefan-Batory-Universität in Wilno [Vilnius],[66] die Katholische Universität Lublin[67] und die Universitäten in Bratislava,[68] Brünn,[69] Pécs und Szeged).

An jeder der genannten Universitäten gab es eine juristische Fakultät. Im Regelfall (mit Ausnahme der Universität Tartu und der ungarischen Hochschulen) gab es auch innerhalb der Fakultäten ausgegliederte Einheiten (z. B. Lehrstühle), die sich mit dem römischen Recht befassten.[70]

---

[62] Siehe z. B. *Hamza,* Miscellanea Historico-Iuridica, 2017 Nr. 2, 9 (9 ff.).
[63] Siehe ⟨https://www.lu.lv/en/about-us/history/ul-over-the-years/⟩ (13.2.2023).
[64] Siehe z. B. ⟨https://www.heinri.lv/en/galvena-eng/⟩ (13.2.2023).
[65] Heute Adam-Mickiewicz-Universität in Poznań – siehe ⟨https://amu.edu.pl/en/main-page/history⟩ (13.2.2023).
[66] Siehe ⟨https://niepodlegla.gov.pl/o-niepodleglej/uniwersytety-w-ii-rp-na-przykladzie-uniwersytetu-stefana-batorego-w-wilnie/⟩ (13.2.2023).
[67] Siehe ⟨https://www.kul.pl/university-history,249.html⟩ (13.2.2023); siehe *Jońca,* in: Dębiński/Ganczar/Jóźwiak/Kawałko/Kruszewska-Gagoś/Witczak (Hrsg.), Księga, op. cit., 77 ff.
[68] Siehe ⟨https://uniba.sk/en/about/history/⟩ (13.2.2023).
[69] Siehe ⟨https://www.muni.cz/en/about-us/mu-history⟩ (13.2.2023).
[70] Siehe z. B. in Bezug auf die Universität Sofia ⟨https://www.uni-sofia.bg/index.php/eng/the_university/faculties/faculty_of_law/history⟩ (13.2.2023). An der Jan-Kazimierz-Universität in Lemberg gab es eine Zeit lang zwei Lehrstühle für römisches Recht – siehe *Redzik,* in: Redzik (Hrsg.), Academia, op. cit., 419. An den ungarischen Universitäten gab es Ein-Mann-Lehrstühle von einzelnen Professoren.

Heutzutage gibt es nicht an jeder der genannten Universitäten eine eigene Einheit, die auf dem Gebiet des römischen Rechts tätig ist (es gilt eine allgemeinere Aufteilung in Einheiten, die sich im Allgemeinen mit Privatrecht oder mit Rechtsgeschichte befassen, siehe z. B. Karls-Universität: ⟨https://www.prf.cuni.cz/en/detail-struktury/179/1404047428⟩ [13.2.2023], Masaryk-Universität: ⟨https://www.law.muni.cz/content/en/o-fakulte/organizacni-struktura/katedry-a-ustavy/katedra-dejin-statu-a-prava/⟩ [13.2.2023], Universität Bukarest: ⟨https://unibuc.ro/studii/facultati/facultatea-de-drept/?lang=de#1543934343846-b90868a8-755a⟩ [13.2.2023], Cluj-Napoca: ⟨https://law.ubbcluj.ro/index.php?option=com_content&view=category&id=27&Itemid=129⟩ [13.2.2023], Iași: ⟨http://laws.uaic.ro/ro/despre-facultate/departamente/departamentul-drept-privat⟩ [13.2.2023], Sofia: ⟨https://www.uni-sofia.bg/index.php/eng/the_university/faculties/faculty_of_law/structures/departments/theory_and_history_of_the_state_and_the_legal_systems⟩ [13.2.2023]).

Wenn es um Einheiten geht, deren Bezeichnung sich immer noch auf das römische Recht bezieht, siehe z. B. Universität Warschau: ⟨https://www.wpia.uw.edu.pl/pl/instytuty/instytut-historii-prawa/katedry-ihp/katedry⟩ (13.2.2023), Adam-Mickiewicz-Universität in Poznań: ⟨http://rzym.amu.edu.pl/language/en/⟩ (13.2.2023), Katholische Universität Lublin: ⟨https://www.kul.pl/department-of-roman-law,2219.html⟩ (13.2.2023), Jagiellonen-Universität: ⟨https://www.law.uj.edu.pl/kprz/⟩ (13.2.2023), Comenius-Universität in Bratislava: ⟨https://www.flaw.uniba.sk/en/departments/departments/department-of-roman-law-and-ecclesiastical-law/⟩ (13.2.2023), Universität Szeged: ⟨http://www.juris.u-szeged.hu/english/departments-and/department-of-roman-law⟩ (13.2.2023).

Das skizzierte Bild lässt schlussfolgern, dass die Romanistik in Mittelosteuropa zu Beginn der Zwischenkriegszeit im Zusammenhang mit der Entstehung zahlreicher neuer Universitätszentren vor einer erheblichen organisatorischen Herausforderung stand.

III. Verbindungen der Romanisten aus Mittelosteuropa zur westeuropäischen Romanistik

Der auf die Methode der romanistischen Forschung in Mittelosteuropa bezogene Titel des Bandes wirft u. a. die Frage nach der Eigenständigkeit der römischen Rechtswissenschaft in diesem Raum auf.[71] An den bereits erwähnten mittelosteuropäischen Hochschulen haben in der Zwischenkriegszeit im Prinzip Forscher lokaler Herkunft gearbeitet.[72]

Zwar liegen uns Informationen über die Verbindungen zwischen mittelosteuropäischen Romanisten und westeuropäischer Romanistik vor, die sich beispielsweise in Form von Zusatzstudien im Westen,[73] wissenschaftlichen und privaten Kontakten, Übersetzungen von Werken ausländischer Autoren,[74] Mitgliedschaften in verschiedenen wissenschaftlichen Vereinigungen[75] oder Arbeiten an westlichen Universitäten äußerten.[76] Auf Basis dieser Daten ist es jedoch nicht möglich, diese Abhängigkeiten genau darzustellen, was für tiefergehende Einschätzungen erforderlich wäre. Die angegebenen Informationen sind aufgrund ihrer Fragmentierung (unterschiedlicher Studienumfang einzelner Biografien) nicht vollständig repräsentativ. Wichtig ist, dass auch die Leistungen und Geschichten einzelner Forscher weitgehend unvergleichbar sind. Die Position und die Bedingungen waren für die Karriereentwicklung von Forschern der

---

[71] Siehe z. B. *Nancka,* Acta Universitatis Lodziensis. Folia Iuridica, 2022 Nr. 99, 153 (161).

[72] Zwei Ausnahmen waren Mariano San Nicolò (der in den Jahren 1918–1935 eine Einheit für römisches Recht an der deutschen Universität in Prag leitete) und Egon Weiss (in den Jahren 1933–1939 an der deutschen Universität in Prag). Siehe Fn. 44.

[73] Ungeachtet dessen, welcher Generation der betreffende Forscher zugeordnet werden kann, d. h. der älteren (bis 1880 geborenen) oder der jüngeren (um 1900 geborenen). Siehe z. B. *Wiaderna-Kuśnierz,* Zeszyty Prawnicze, 2015 Nr. 4, 189 (189 ff.); *Nancka,* Studia Prawno-Ekonomiczne, 2017 Nr. CV, 45 (46); *Redzik,* in: Redzik (Hrsg.), Academia, op. cit., 450; *Jońca,* in: Dębiński/Ganczar/Jóźwiak/Kawałko/Kruszewska-Gagoś/Witczak (Hrsg.), Księga, op. cit., 77 (78 ff.); *Trocan, Miscellanea Historico-Iuridica,* 2014 Nr. 1, 193 (196); *Rachev,* The importance of Roman law for modern legal systems – the Bulgarian example, 2019; *Penchev,* Revista Jurídica de Investigación e Innovación Educativa 2012 Nr. 6, 47 (50).

[74] Siehe z. B. *Siimets-Gross,* in: Eckert/Modéer (Hrsg.), Juristische Fakultäten, op. cit., 355.

[75] Siehe z. B. https://www.law.uj.edu.pl/kprz/wczesniej-wykladali/prof-rafal-taubenschlag-1881-1958/ (13.2.2023).

[76] Siehe *Redzik,* in: Redzik (Hrsg.), Academia, op. cit., 452. Siehe auch *Wołodkiewicz,* Europa i prawo rzymskie. Szkice z historii europejskiej kultury prawnej, 2009, 626; *Grebieniow,* Kwartalnik Prawa Prywatnego, 2015 Nr. 2, 249 (249 ff.).

älteren (bis 1880 geborenen) und jüngeren (um 1900 geborenen) Generation unterschiedlich (d. h. vor und nach dem Ersten Weltkrieg, siehe Punkt I.).

Daher beschränke ich mich auf zwei wichtige quantitative Aspekte. Erstens untersuche ich die Anzahl und zeitliche Verteilung der fremdsprachigen Publikationen von Autoren aus der Region (siehe Anhang I.).

Die folgende Übersicht[77] gibt eine Orientierung, welche Fremdsprachen die dominierenden Sprachen der Romanistik in der Region waren. Es ergibt sich daraus, dass eine vergleichbare Anzahl von Publikationen in französischer und deutscher Sprache verfasst wurde. Allerdings war die französische Sprache – unter Berücksichtigung der befragten Autoren – universeller, wenn es um ihre Herkunftsländer geht. Die wissenschaftliche Tätigkeit im Bereich der fremdsprachigen Publikationen war sehr vielfältig und eine individuelle Angelegenheit. In der zweiten Hälfte der Zwischenkriegszeit zeigt sich eine Intensivierung. Es gab relativ viele (29) nationale Veröffentlichungen in einer Fremdsprache (insbesondere Französisch).

Zweitens habe ich in drei führenden romanischen Zeitschriften (Annali del Seminario giuridico dell'università di Palermo, Bullettino dell'Istituto di Diritto Romano und Zeitschrift der Savigny-Stiftung für Rechtsgeschichte: Romanistische Abteilung) Daten zur Anzahl und zeitlichen Verteilung von Autoren aus der Region erhoben (siehe Anhang II.).

Diese Liste zeigt die geringe (unter Berücksichtigung der Anzahl der Forscher, siehe Fn. 35–58) Anzahl an Publikationen von Autoren aus Mittelosteuropa in den aufgeführten Zeitschriften (35). Dabei sollte die wissenschaftliche Betrachtung einiger Forscher einbezogen werden (siehe Fn. 72). Vor diesem Hintergrund heben sich Wissenschaftler aus der Tschechoslowakei und Polen eindeutig hervor. Gemessen an der Zahl der Autorenpublikationen gab es relativ viele Buchbesprechungen zu Arbeiten von Forschern aus der Region (18). Die Zahl der Veröffentlichungen in der deutschen Zeitschrift (23) war deutlich höher als in den beiden italienischen (10). Wie in der vorherigen Liste nahm

---

[77] Sie enthält Daten zu Wissenschaftlern, die für den Zugriff auf die möglichst vollständige Bibliografie von Werken ausgewählt wurden, die im Berichtszeitraum fremdsprachige Publikationen hatten.
Ich habe grundsätzlich alle Arten von Veröffentlichungen außer Nachrufen aufgenommen. Auf Veröffentlichungen zu Themen, die über die allgemein verständliche Romanistik und Rechtsgeschichte hinausgehen, habe ich verzichtet.
Siehe *Wiaderna-Kuśnierz,* Prawo rzymskie na Uniwersytecie Jana Kazimierza we Lwowie w okresie międzywojennym (1918–1939), 2015, 167 ff., 193 ff., 215 ff.; *Nancka,* Prawo, op. cit. 253 ff.; Księga pamiątkowa ku uczczeniu CCCL rocznicy założenia i X wskrzeszenia Uniwersytetu Wileńskiego, Bd. II, 1919–1929, 1929, 259 ff.; *Szczygielski,* Miscellanea Historico-Iuridica, 2009, 71 (79 ff.); *Kolańczyk,* in: Sprawozdania Poznańskiego Towarzystwa Przyjaciół Nauk, 1955, 158 ff.; *Vesper,* Ignacy Koschembahr-Łyskowski. Polski romanista przełomu XIX i XX wieku, 2019, 174 ff.; *Wołodkiewicz,* Europa, op. cit., 624 ff.; *Kupiszewski,* Czasopismo Prawno-Historyczne, 1986 Nr. 1, 111 (111 ff.); *Modrzejewski,* in: Symobolae R. Taubenschlag dedicatae 1, 1956, 1 (1 ff.); *Móra,* Revue internationale des droits de l'antiquité, 1964, 409 (428).

die Zahl der Veröffentlichungen in der zweiten Hälfte der Zwischenkriegszeit
zu.

IV. Die Lehre des römischen Rechts in Mittelosteuropa in der Zwischenkriegszeit

Die Lehre des römischen Rechts war ein Bereich, in dem es nicht nur zwischen den verschiedenen neu entstandenen Ländern, sondern auch zwischen den einzelnen Universitäten relativ große Unterschiede gab. Die Anzahl der für dieses Fach vorgesehenen Unterrichtsstunden variierte ebenso wie die Bezeichnungen und Themenbereiche der Lehrveranstaltungen.

Eines war aber allen gemein: die Lehrveranstaltungen im römischen Recht (zumindest in Form von Vorlesungen, oft auch von Übungen, die unter verschiedenen Bezeichnungen gehalten wurden – z. B. „Seminar" in Polen und in der Tschechoslowakei) betrafen jeweils ein selbständiges Fach im Rahmen des rechtswissenschaftlichen Studiums. Es handelte sich dabei um ein Pflichtfach,[78] das zu Beginn des Studiums unterrichtet wurde, manchmal im Rahmen einer rechtshistorischen Blockveranstaltung.[79] Das römische Recht war auch Teil der in der Abschlussphase des Studiums abgelegten Prüfungen.[80] Jeder Student musste also Lehrveranstaltungen zum römischen Recht besuchen und sein Wissen auf diesem Gebiet in der Prüfung nachweisen. Es war eine allgemeine Erfahrung.

Viele Studenten, die später in die Geschichte eingegangen sind, haben Vorlesungen über römisches Recht gehört. Zu diesen Personen gehörten u. a. Jan Karski (Kozielewski, Emissär des Polnischen Untergrundstaates, Zeuge des Holocaust), Rafał Lemkin (Urheber des Begriffs „Völkermord") und Hersch Lauterpacht (Urheber des Begriffs „Verbrechen gegen die Menschlichkeit"), deren Namen für uns heute in Verbindung damit stehen, was die Zwischenkriegszeit beendet hat, nämlich dem Zweiten Weltkrieg. Durch Zufall hatten sie alle zuvor an derselben Universität studiert – an der Jan-Kazimierz-Universität in Lemberg.[81] Jan Karskis Erinnerungen an die Prüfung im römischen Recht sind erhalten geblieben:

„Am 13. Oktober 1932 legte Jan Kozielewski das erste Jahresexamen ab. (...) das Jahresexamen wurde mit einer Note bewertet, aber das Verfahren umfasste vier schwierige Prü-

---

[78] Siehe z. B. §§ 3 und 4 des Erlasses des Ministers für religiöse Angelegenheiten und Volksaufklärung vom 16. Oktober 1920 zur Organisation des Jurastudiums an den staatlichen Universitäten (Amtsblatt des Ministeriums für religiöse Angelegenheiten und Volksaufklärung 1920, Nr. 22, Pos. 140), *Vojáček,* Časopis pro právní vědu a praxi 2007 Nr. 2, 147 (151).
[79] Siehe z. B. *Redzik,* in: Redzik (Hrsg.), Academia, op. cit., 427, *Vojáček,* a. a. O., 156.
[80] Siehe *Vojáček,* a. a. O., 157.
[81] Siehe *Piasecki,* Jan Karski, op. cit., 97; *Sands,* East West Street, 2017, 67.

fungen an einem einzigen Tag: römisches Recht bei Professor Leon Piniński, polnische Rechtsgeschichte bei Professor Oswald Balzer, Rechtsgeschichte im Westen Europas bei Dozent Karol Koranyi und Rechtstheorie bei Professor Kamil Stefko. Er erinnerte sich: Das Examen war eine mehrstündige Serie. Man legte eine Prüfung nach der anderen ab, aber nicht in einer vorgegebenen Reihenfolge. Die Assistenzprofessoren schickten die Teilnehmenden nach freiem Ermessen hin. Aufgrund der großen Anzahl von Studenten gab es pro Fach zwei oder drei Prüfer – den leitenden Professor im jeweiligen Fach und einen weiteren Professor oder Dozenten. (...) beinahe wäre ich bei ‚Rom' durchgefallen, weil ich das Verfahren ‚iudicia quae imperio continentur' nicht erklären konnte. Die übrigen habe ich schmerzfrei überstanden".[82]

Für Rafał Lemkin hingegen schienen die Kenntnisse im römischen Recht auch von pragmatischerer Bedeutung zu sein, da er später in diesem Fach Vorlesungen in den Vereinigten Staaten halten sollte.[83]

Dennoch stand die Angemessenheit einer allgemeinen Ausbildung von Juristen im Bereich des römischen Rechts zur Diskussion. In Polen zog sich der Streit über den Stellenwert rechtsgeschichtlicher Fächer (einschließlich des römischen Rechts) im Studienprogramm fast durch die gesamte Zwischenkriegszeit. Die Diskussion betraf nicht nur die ideale Anzahl der Unterrichtsstunden, sondern auch die Frage, ob die Vorlesung zum römischen Recht für alle Studenten verpflichtend sein, zu Beginn oder in einer späteren Phase des Studiums stattfinden und ob sie ein eigenständiges Fach oder beispielsweise Teil der Vorlesung zum Zivilrecht sein sollte. Der Streit war ziemlich verbreitet, da sich nicht nur Professoren der Rechtsgeschichte, sondern auch Vertreter anderer Bereiche der Rechtswissenschaft und junge Juristen dazu äußerten. Diese Diskussion hing auch mit einer geplanten Studienreform zusammen, die jedoch vor dem Zweiten Weltkrieg nicht mehr zustande kam.[84]

---

[82] Piasecki, Jan Karski, op. cit., 130. Eine andere Art der Prüfung bei Lisowski, Gulczyński, in: Poczet, op. cit., 27 (32).

[83] *Szawłowski,* Rafał Lemkin. Biografia intelektualna, 2020, 287 („An der The Duke University Law School sollte Lemkin als ‚special lecturer' vergleichende Rechtswissenschaft und römisches Recht unterrichten. [...] Was das römische Recht anbelangt, musste Lemkin wahrscheinlich seine Kenntnisse auf diesem Gebiet vom Studium an der Jan-Kazimierz-Universität in Lemberg in den 1920er Jahren nur auffrischen, da die Erwartungen in den Staaten eher bescheiden waren"), siehe auch *ebd.,* 81.

[84] Siehe *Czech-Jezierska,* Nauczanie, op. cit., 60 ff., *Redzik,* in: Redzik (Hrsg.), Academia, op. cit., 422 ff. Bemerkenswert ist, dass einer der Hauptteilnehmer dieser Diskussion, der Strafrechtler Prof. Juliusz Makarewicz, der Meinung war, dass der Unterricht in Rechtsgeschichte als Teil der juristischen Ausbildung nicht erforderlich sei *(Czech-Jezierska,* Nauczanie, op. cit., 71). „Fasst man Makarewiczs Ansicht kurz zusammen, ist darauf hinzuweisen, dass das rechtsgeschichtliche Studium seiner Meinung nach für diejenigen bestimmt sein sollte, die sich in Zukunft mit der Wissenschaft befassen oder das Recht praktizieren wollten. Das Jurastudium sollte allerdings so aufgebaut sein, dass es absolviert werden kann, ohne dass man Prüfungen im sog. ‚historischen Studium' bestehen muss. Der Wissenschaftler betonte, dass man in einem solchen Fall keine vollständige Universitätsausbildung gehabt hätte, sondern nur die Berechtigung, Arbeit in niedrigeren Positionen in der Verwaltung oder im Gerichtswesen aufzunehmen. (...) Dieser Vorschlag wurde von der Mehrheit der Professoren der Juristischen Fakultät der

Um einige Beispiele für Unterrichtsmerkmale in den einzelnen Ländern zu nennen, so waren in Estland die Pflichtvorlesungen in zwei Teile eingegliedert: in Lehrveranstaltungen in Geschichte und Quellen des römischen Rechts (im ersten Studienjahr, vier Stunden pro Woche) und das sog. römische Rechtssystem (im zweiten Studienjahr, sechs Stunden pro Woche). Zudem gab es fakultative Seminare zur Quellenlektüre.[85]

In Lettland umfassten die Lehrveranstaltungen zunächst vier Teile: die Geschichte des römischen Rechts (zwei Teile) und das römische Zivilrecht (zwei Teile). Das Fach wurde im ersten Studienjahr (im ersten und zweiten Semester) unterrichtet, jeder Teil der Lehrveranstaltung ein- oder zweimal in der Woche.

In Polen fand die Vorlesung im römischen Recht[86] obligatorisch im ersten Studienjahr in einem Umfang von 160 Stunden statt. Die Fakultäten konnten die Anzahl der Unterrichtsstunden erhöhen, was in der Praxis auch der Fall war (in der Zwischenkriegszeit im Durchschnitt innerhalb eines Jahres: in Poznań 160–200 Stunden, in Warschau 190 Stunden, in Krakau 160–470 Stunden, in Wilno [Vilnius] 200–240 Stunden, in Lublin 170–270 Stunden und in Lemberg 200–300 Stunden). In jedem Pflichtfach fanden Seminare statt. Über die Stundenzahl entschied jeweils die Fakultätsleitung.

Die Vorlesungen zum römischen Recht umfassten relativ viele Stunden.[87] Im Stundenplan an der Jan-Kazimierz-Universität in Lemberg für das Studienjahr 1939/40 waren 180 Stunden für das römische Recht vorgesehen, was eine der höchsten Stundenanzahlen war. Mehr Stunden (210) waren für das Zivilrecht angesetzt, ebenfalls 180 Stunden für die polnische Rechtsgeschichte, Ökonomie und Verwaltung. So waren beispielsweise für Fächer wie politisches Recht 120 Stunden, für Steuerwesen und Steuerrecht 90 Stunden, für Strafrecht und Strafprozessrecht 120 Stunden, für Zivilprozessrecht 150 Stunden und für Handels- und Wechselrecht 90 Stunden vorgesehen.[88]

Stark unterschieden sich auch die Titel der jeweiligen Vorlesungen und ihre Systematik. Diese umfasste im Allgemeinen sowohl die Geschichte des römischen Rechts als auch das sog. System (Einteilung nach dem System der Pandekten). So unterrichtete zum Beispiel Ignacy Koschembahr-Łyskowski im akademischen Jahr 1932/33 an der Warschauer Universität Römisches Recht,

---

Jan-Kazimierz-Universität unterstützt" – *Redzik,* in: Redzik (Hrsg.), Academia, op. cit., 422 f. Die geschilderte Meinung war von besonderer praktischer Relevanz im Zusammenhang mit den Realitäten des neu entstandenen Staates, d. h. einem großen und dringenden Bedarf an Beamten.

[85] *Siimets-Gross,* in: Eckert/Modéer (Hrsg.), Juristische Fakultäten, op. cit., 344 ff.

[86] Aufgrund der §§ 3 und 4 des Erlasses des Ministers für religiöse Angelegenheiten und Volksaufklärung vom 16. Oktober 1920 zur Organisation des Jurastudiums an den staatlichen Universitäten, siehe Fn. 79.

[87] Siehe z. B. *Siimets-Gross,* in: Eckert/Modéer (Hrsg.), Juristische Fakultäten, op. cit., 364 ff.

[88] Siehe *Redzik,* in: Redzik (Hrsg.), Academia, op. cit., 427.

die Geschichte sowie den allgemeinen und besonderen Teil der Schuldverhältnisse, und Borys Łapicki lehrte den Allgemeinen Teil der Schuldverhältnisse, das Personen- und Sachenrecht sowie Erbrecht. Die Entwicklung des Familienrechts wurde in einer separaten monographischen Vorlesung behandelt.[89] Die Vorlesungen hatten aber auch spezialisierte Ausgaben, z. B. gab es 1932/33 in Wilno (Vilnius) eine Vorlesung mit dem Titel *Besitz im römischen Recht* (1 Stunde pro Woche), die die Hauptvorlesung *Geschichte des Staatssystems im alten Rom und römisches Privatrecht* begleitete.[90] Rafał Taubenschlag unterrichtete in Krakau *Papyrologie* (1932/33, 20 Stunden, neben den Vorlesungen *Quellen des römischen Rechts und römischer Zivilprozess* [70 Stunden] und *Schuldverhältnisse* [80 Stunden]).[91]

In der Tschechoslowakei war das römische Recht ebenfalls ein Pflichtfach, in dem die Prüfung (im Rahmen der rechtshistorischen Blockveranstaltung) vor Beginn des 4. Semesters abzulegen war. Es wurde in 16 Wochenstunden unterrichtet, aufgeteilt auf mindestens zwei Semester.[92] Zum Erlangen des Leistungsnachweises war eine bestimmte Regelmäßigkeit der Teilnahme an der Lehrveranstaltung erforderlich, die die Studenten auch durch die Teilnahme an Seminaren nachweisen konnten.[93] Es wurde angegeben, dass die Durchfallquote bei der ersten Prüfung zum römischen Recht im Rahmen der rechtshistorischen Blockveranstaltung hoch war und 20–30 % betrug.[94]

In Ungarn wurde römisches Recht im Prinzip zwei Semester lang im Umfang von acht Stunden pro Woche unterrichtet.[95] Ähnlich wie an der Universität in Lemberg war dies eine sehr hohe Stundenzahl, wenn man bedenkt, dass das ungarische Privatrecht oder Strafrecht mit fünf Stunden pro Woche angesetzt war. Seminare von eher praktischer Natur (Textexegese, Fallstudien aus den Digesten, Vergleich von Lösungen aus dem römischen Recht und aus dem modernen Recht) wurden mit zwei Stunden pro Woche durchgeführt. Erwähnenswert vor dem Hintergrund der dominierenden Organisation der Lehre in Anlehnung an das System der Pandekten[96] ist die Vorlesung von Antal Notter, Professor an der Universität Budapest, in der die Einteilung nach dem System *personae, res, actiones* erfolgte.

---

[89] *Czech-Jezierska,* Nauczanie, op. cit., 246, 248.
[90] *Czech-Jezierska,* a. a. O., 261.
[91] *Czech-Jezierska,* a. a. O., 239.
[92] Siehe *Vojáček,* Časopis pro právní vědu a praxi 2007 Nr. 2, 147 (151).
[93] Siehe *Vojáček,* a. a. O., 151 ff.
[94] Siehe *Vojáček,* a. a. O., 156 f.
[95] Siehe z. B. *Móra,* Revue internationale des droits de l'antiquité, 1964, 409 (419).
[96] Zum Einfluss der Pandektistik auf die ungarische Rechtswissenschaft siehe *Hamza,* Civic Review, 2019 Nr. 15, 443 (444).

V. Die Lehrbücher für römisches Recht in Mittelosteuropa in der Zwischenkriegszeit

Der Stand der didaktischen Literatur zum römischen Recht in der Zwischenkriegszeit in den neuen Staaten Mittelosteuropas wird durch einen Auszug aus der Einleitung zu dem von Rafał Taubenschlag und Włodzimierz Kozubski übersetzten Lehrbuch von Rudolf Sohm gut veranschaulicht:

> „Seit Jahren fehlt in der polnischen Rechtsliteratur ein Universitätslehrbuch zum römischen Recht. (...) In Anbetracht dieser Umstände war es notwendig, der Jugend vorerst ein Lehrbuch zur Verfügung zu stellen, das lebhaft, klar, interessant und leicht verständlich geschrieben ist. Und so ist das Lehrbuch von Sohm".[97]

Da vorher in langfristiger Perspektive andere Amtssprachen und damit auch andere Unterrichtssprachen galten, fehlte es, wie die bereits erwähnten Romanisten und Übersetzer feststellten, an Lehrbüchern für römisches Recht in den landesüblichen Sprachen. In Bezug auf Polen erwähnen Taubenschlag und Kozubski ein früheres polnisches Lehrbuch von Fryderyk Zoll.[98] Sie weisen allerdings darauf hin, dass es nicht dem damals aktuellen „Lehrplan" entsprochen habe.[99] In anderen Ländern der Region stellte sich das Problem in ähnlicher Weise: Im Hinblick auf das fehlende Lehrbuch in der jeweiligen Muttersprache oder auf die notwendige Anpassung früherer Lehrbücher standen die Romanisten ebenfalls vor der Aufgabe, eine Grundlage für den Unterricht in diesem Fach für die Studenten zu schaffen.

Diese Lücke wurde auf vielerlei Weise geschlossen. Die einfachste Lösung waren Skripte (Vorlesungsmitschriften). Derartige Bearbeitungen entstanden beispielsweise in Estland, wo Sammlungen der Vorlesungsmitschriften von Leo Leesment[100] und Ernst Ein[101] erschienen, ferner in Lettland (Konspekt der Lehrveranstaltung von Voldemārs Kalniņš). In Polen entstanden verschiedene Skripte vor allem in Krakau (Vorlesungen von Stanisław Wróblewski), in Lemberg (Vorlesungen von Leon Piniński und Marceli Chlamtacz) und in Warschau (von Ignacy Koschembahr-Łyskowski) sowie in Wilno (Vilnius) (von Franci-

---

[97] Sohm, Instytucje, historia i system rzymskiego prawa prywatnego, 1925, Einführung.

[98] Pandekta, czyli nauka rzymskiego prawa prywatnego z krótkiem uwzględnieniem historycznego rozwoju pojedynczych jego instytucyi [Pandekta oder die Wissenschaft des römischen Privatrechts mit einem kurzen Hinweis auf die historische Entwicklung ihrer einzelnen Institutionen], Bd. I.-VI., Kraków 1888–1910.

[99] Siehe *Sohm,* Instytucje, historia i system rzymskiego prawa prywatnego, 1925, Einführung. Gleichzeitig beurteilten sie das Lehrbuch von Stanisław Wróblewski aus der Zwischenkriegszeit als zu anspruchsvoll für Studenten. Außerdem wurde es nicht fertiggeschrieben.

[100] *Talvik,* Rooma õiguse ajalugu [Geschichte des römischen Rechts]. Skript zu den Vorlesungen von L. Leesment, Tallinn 1935, Manuskript.

[101] *Rammul,* Vorlesungsskript zum System des Römischen Rechts. Auf Basis der Vorlesungen von Prof. Dr. iur. E. Ein zusammengestellt von A. Rammul, Tartu 1938, Manuskript.

szek Bossowski) und in Lublin (von Jerzy Fiedorowicz).[102] Diese Bearbeitungen hatten unterschiedlichen Charakter – sie stammten entweder ausschließlich von Studenten (auch anonym) oder sie wurden mit Hilfe eines Dozenten oder Lehrstuhlmitarbeiters erstellt.[103] Die Skripte wurden oft von Studentenorganisationen veröffentlicht und bisweilen wurden zu diesem Zweck (in Lemberg) Verlagsfirmen gegründet.[104] Es kam auch vor, dass die Vorlesungsmitschriften mit Kompilationen klassischer ausländischer Lehrbücher ergänzt wurden.[105] In der Zwischenkriegszeit wurden außerdem eine Sammlung der Quellentexte von Rafał Taubenschlag und Repetitorien (hauptsächlich in Lemberg und in Warschau) veröffentlicht.[106] Es erschienen ferner Bearbeitungen von früheren Lehrbüchern (Kurzfassungen), z. B. in Polen von dem bereits erwähnten Werk von Fryderyk Zoll (herausgegeben seit 1888)[107], und in der Tschechoslowakei von Leopold Heyrovský (1910; eine nach dem Tod des Autors erstellte Kurzfassung stammt von Otakar Sommer und Jan Vážny).[108]

So wie die Vorlesungen manchmal in einer anderen als der landesüblichen Sprache gehalten wurden – Karl Wilhelm v. Seeler und David Grimm unterrichteten beispielsweise in Estland auf Russisch – wurden im Unterricht auch vorher bekannte Lehrbücher verwendet. In Lettland wurden Lehrbücher auf Deutsch (Georg Puchta,[109] Rudolf Sohm[110]) und auf Russisch (z. B. Iosif Alekseevič Pokrovskij[111]) benutzt.

Eine eher zugängliche, relativ einfache und schnelle Lösung war die Übersetzung angesehener Lehrbücher. Es war eine populäre Methode, die Lücke in der didaktischen Literatur zu schließen. Derartige Bearbeitungen (manchmal gab es in der Übersetzung Kürzungen oder Ergänzungen, mit denen das Lehrbuch an die lokalen Anforderungen angepasst wurde) entstanden in Estland[112],

---

[102] Siehe *Czech-Jezierska*, Nauczanie, op. cit., 196 ff.
[103] Siehe z. B. *Czech-Jezierska*, a. a. O., 203.
[104] Siehe *Czech-Jezierska*, a. a. O., 196, 199, 207, 211.
[105] Siehe *Czech-Jezierska*, a. a. O., 200. In Estland existierte die Bearbeitung *Laaneste/Pettai* (Hrsg.), Rooma õiguse süsteem. Koostatud Grimmi, Dernburgi, Windscheidi, Seeleri ja Barowi õpperaamatute järgi vastavalt prof. Grimmi kavale [System des römischen Rechts. Zusammengestellt auf der Grundlage von Lehrbüchern von Grimm, Dernburg, Windscheid, Seeler und Baron nach dem Programm von Prof. Grimm], Dupliziert, Tartu 1932.
[106] Siehe *Czech-Jezierska*, a. a. O., 213 ff.
[107] Siehe Fn. 98; *Czech-Jezierska*, a. a. O., 169. Der Band zum Familien- und Erbrecht wurde nach dem Tod des Autors auf der Grundlage der hinterlassenen Materialien von Zygmunt Lisowski aus Poznań bearbeitet (*Czech-Jezierska*, Nauczanie, op. cit., 164 ff.).
[108] Dějiny a systém soukromého práva římského. Díl I., II., III. [Geschichte und System des römischen Privatrechts. Teil I, II, III], 5. Aufl., Praha 1921–1922.
[109] Cursus der Institutionen, Bd. 1–3, Leipzig 1841–1847.
[110] Institutionen des römischen Rechts, Leipzig 1883.
[111] Istorija rimskogo prawa [Geschichte des römischen Rechts St. Petersburg], 1913.
[112] *Bonfante*, Rooma õiguse ajalugu [Geschichte des römischen Rechts], Übersetzung: Ernst Ein, Tartu 1930.

Polen[113] und in der Tschechoslowakei[114]. In Lettland wurden auch Auszüge aus den übersetzten Institutiones des Gaius verwendet.

In der Zwischenkriegszeit entstanden relativ viele neue Lehrbücher für römisches Recht in den landesüblichen Sprachen. Was Estland betrifft, so veröffentlichte David Grimm „Lekstsii po dogm rimskogo prava" (Vorlesungen über das Dogma des römischen Rechts; Russisch: Kiew, 1918, Prag 1927). Im Jahr 1924 (Tartu) veröffentlichte Karl Wilhelm v. Seeler „System des römischen Privatrechts. Grundriss der Vorlesungen". Dies war eine Zusammenfassung seines größeren Werks „System des römischen Privatrechts", das nie erschien. 1940 (Tartu) publizierte Leo Leesment das Buch „Rooma õigusloo põhijooned" („Grundzüge der Geschichte des römischen Rechts"). Leesment stellte auch eine Sammlung von Quellen zusammen.[115] In Lettland wurden Bücher in lettischer Sprache von Wasily Sinaisky[116] und Voldemārs Kalniņš[117] herausgegeben. Polnische Wissenschaftler schrieben zwei Lehrbücher: „Zarys wykładu prawa rzymskiego" („Grundriss der Vorlesung in römischem Recht") von Stanislaw Wróblewski (Kraków 1916, 1919)[118] und „Instytucje i historia rzymskiego prawa prywatnego" („Institute und Geschichte des römischen Privatrechts") von Rafał Taubenschlag (Kraków 1934). In der Tschechoslowakei veröffentlichten Miroslav Boháček,[119] Leopold Heyrovský,[120] Otakar Sommer,[121] Josef Vančura[122] und Jan Vážný[123] ihre Lehrbücher und eine Quellensammlung. In Ungarn

---

[113] *Czyhlarz,* Instytucje prawa rzymskiego [Die Institutionen des römischen Rechts], Übersetzung: Franciszek Witkowski, Lwów 1920, *Pokrowskij,* Historia prawa rzymskiego [Geschichte des römischen Rechts], Bd. 1-2, Übersetzung: ks. Henryk Insadowski, Lublin 1927-1928, *Sohm,* Instytucje, op. cit., Einleitung.

[114] *Bonfante,* Instituce římského práva [Die Institution des römischen Rechts], Übersetzung: Jan Vážný, Brno 1932.

[115] Excerpta iuris romani. Roomaõiguslikud tekstid [Excerpta iuris romani. Römische Rechtstexte], Tartu 1935.

[116] Romiešu tiesību sistēma [Römisches Rechtssystem], Riga 1938, Romiešu tiesību vēsture [Geschichte des römischen Rechts].

[117] Romiešu tiesību vēsture [Geschichte des römischen Rechts], Riga 1940, Romiešu tiesības [Römisches Recht], 1940.

[118] Dieses Werk wurde nicht vollendet. Es wurde als hervorragend, aber zu schwierig für die Studenten beurteilt, s. o. Fn. 99.

[119] Římské právo [Römisches Recht].

[120] Římský civilní proces [Römischer Zivilprozess], Bratislava 1925.

[121] Dějiny pramenů římského práva: nástin k přednáškám [Geschichte der Quellen des römischen Rechts: Eine Gliederung für die Vorlesungen], Bratislava 1922, Prameny soukromého práva římského [Quellen des römischen Privatrechts], Bratislava 1928, Praha 1932, Učebnice soukromého práva římského. Díl I., Obecné nauky [Lehrbuch des römischen Privatrechts. Teil I., Allgemeine Lehren], Praha 1933, Učebnice soukromého práva římského. Díl II., Právo majetkové [Lehrbuch des römischen Privatrechts. Teil II., Sachenrecht], Praha 1935.

[122] Pandekty, Praha 1922, Úvod do studia soukromého práva římského. Díl I., II. [Einführung in das Studium des römischen Privatrechts. Teil I, II], Praha 1923.

[123] Římské právo obligační. Část I., II. [Römisches Schuldrecht. Teil I, II], Bratislava 1924, 1927, Římský proces civilní [Römischer Zivilprozess], Praha 1935.

erschienen fünf Lehrbücher (Autoren: Géza Marton,[124] Zoltán Pázmány,[125] Kálmán Személyi,[126] Zoltán Sztehlo,[127] Antal Notter[128]) und eine Sammlung für den praktischen Unterricht (Autor: Kálmán Személyi).[129] In Rumänien entstanden drei Lehrbücher von Ioan Cătuneanu,[130] Stefan G. Longinescu[131] und von Constantin Stoicescu.[132]

Wie ich eingangs erwähnt habe, soll dieser Text ein allgemeines Bild, einen Kontext für Analysen zur Methodologie der mitteleosturopäischen Romanistik der Zwischenkriegszeit aufbauen. Adäquate Schlussfolgerungen lassen sich jedoch aus den oben geschilderten Fakten (z. B. hinsichtlich der Verbindungen zur westeuropäischen Romanistik) erst nach ihrer Gegenüberstellung mit den Informationen aus den detaillierten Bearbeitungen ziehen, die den Kern dieses Bandes bilden.

---

[124] A római magánjog elemeinek tankönyve. Institutiók [Lehrbuch der Elemente des römischen Privatrechts. Institutionen], Debrecen 1922.

[125] A római jog institutiói [Institutionen des römischen Rechts], 3 Ausgaben (1927), zum letzten Mal in Karcag, 1930.

[126] Római jog [Römisches Recht], Nyíregyháza 1932.

[127] Vezérfonal a római jog institutióihoz [Ein Führer zu den Institutionen des römischen Rechts], Miskolc 1920.

[128] Római jog [Römisches Recht], Budapest 1933.

[129] Szemelvények és feladatok római jogi gyakorlatokhoz [Auszüge und Übungen zum römischrechtlichen Praktikum], Kolozsvár 1941.

[130] Curs elementar de drept roman [Grundkurs des römischen Rechts], Cluj 1922.

[131] Elemente de drept roman [Elemente des römischen Rechts], Bd. 1, 2, București 1926–1929.

[132] Curs elementar de drept roman [Grundkurs des römischen Rechts], București 1923.

Anhang I

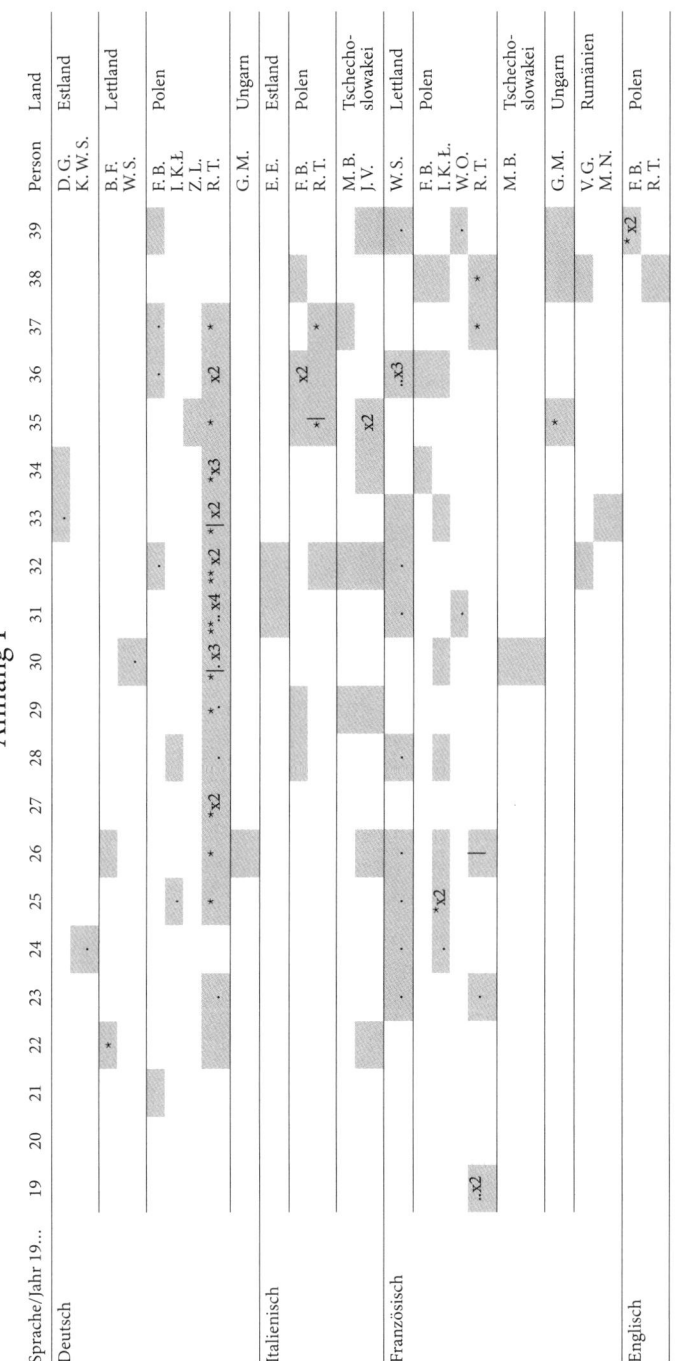

E. E. – Ernst Ein, D. G. – David Grimm, K. W. S. – Karl Wilhelm v. Seeler, B. F. – Benedict Cornelius Georg Frese, W. S. – Wasily Sinaisky, F. B. – Franciszek Bossowski, I. K. Ł. – Ignacy Koschembahr-Łyskowski, Z. L. – Zygmunt Lisowski, W. O. – Wacław Osuchowski, R. T. – Rafał Taubenschlag, M. B. – Miroslav Boháček, J. V. – Jan Vážný, G. M. – Géza Marton, V. G. – Valentin Georgescu, M. N. – Matei Nicolau
x2 Gesamtzahl der Publikationen in einem bestimmten Jahr
*   fremdsprachiger Text in einer nationalen Publikation
·   Text in den bekanntesten ausländischen Zeitschriften, wie z. B. Archives d'Histoire du Droit Oriental, Archiv für Papyrusforschung und verwandte Gebiete, Zeitschrift der Savigny-Stiftung für Rechtsgeschichte, Studia et Documenta Historiae et Iuris, Revue trimestrielle de droit civil, Tijdschrift voor Rechtsgeschiedenis
| Text in Festschrift

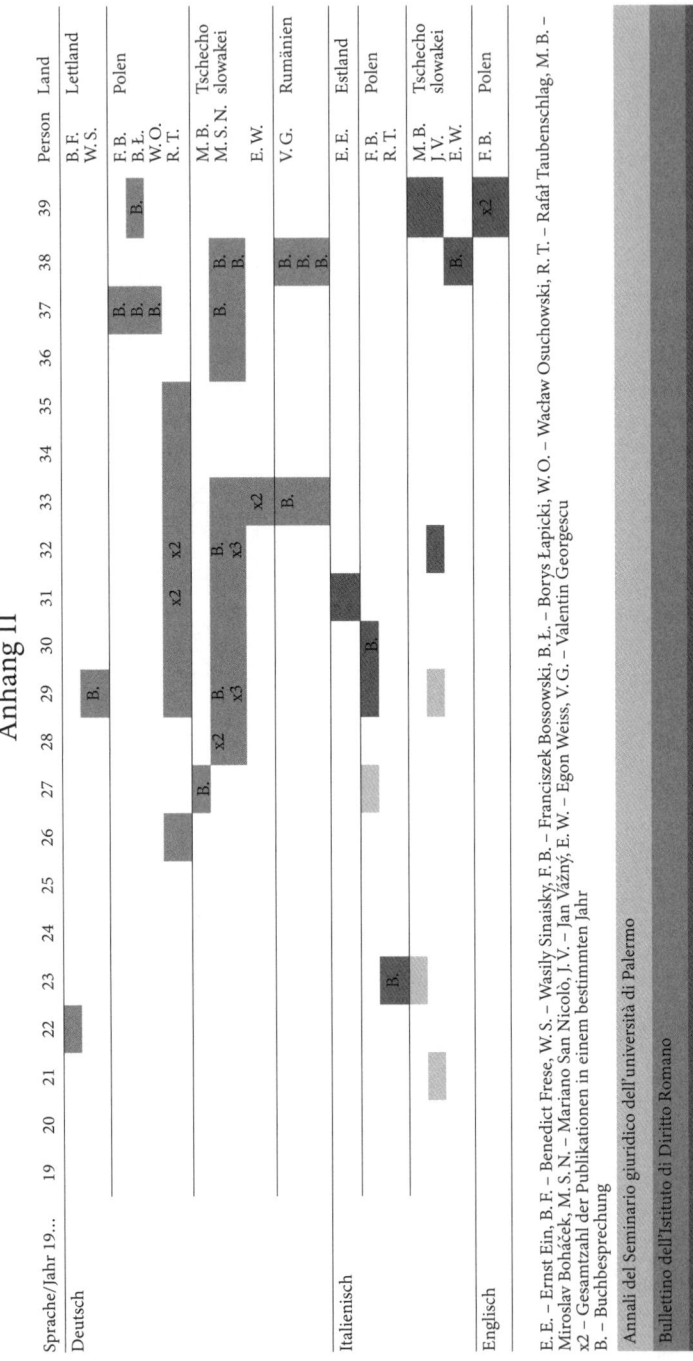

Literaturverzeichnis

Cyuńczyk, Filip, Wydział Prawa Uniwersytetu w Dorpacie i jego polscy studenci do 1918 roku [Die juristische Fakultät der Universität zu Dorpat und ihre polnischen Studenten bis 1918], Miscellanea Historico-Iuridica, Nr. 1 (2014), 181–191, DOI: 10.15290/mhi.2014.13.01.09

Czech-Jezierska, Bożena Anna, Nauczanie prawa rzymskiego w Polsce w okresie międzywojennym [Die Lehre des römischen Rechts in Polen in der Zwischenkriegszeit], Lublin 2011

Dajczak, Wojciech, Die Privatrechtsentwicklung in Polen nach 1918, ZNR, Nr. 41 (2019), 47–64

Davies, Norman, Boże igrysko. Historia Polski (Originaltitel: God's Playground. A history of Poland) [Die Spielwiese Gottes. Geschichte Polens], Kraków 1999

ders., Europa. Rozprawa historyka z historią (Originaltitel: Europe. A history) [Europa. Eine Auseinandersetzung des Historikers mit der Geschichte], 2. Aufl., Kraków 1999

Dumanowski, Jarosław/Kasprzyk-Chevriaux, Magdalena, Kapłony i szczeżuje. Opowieść o zapomnianej kuchni polskiej [Kapaune und Teichmuscheln. Eine Geschichte von der vergessenen polnischen Küche], 2. Aufl., Wołowiec 2019

Dziadzio, Andrzej, Powszechna historia prawa [Allgemeine Rechtsgeschichte], 2. Aufl., Warszawa 2020

Grebieniow, Aleksander, Ignacy Koschembahr-Łyskowski – profesor Uniwersytetu Fryburskiego (1895–1900) [Ignacy Koschembahr-Łyskowski – Professor an der Universität Freiburg (1895–1900)], Kwartalnik Prawa Prywatnego, Nr. 2 (2015), 249–284

Gulczyński, Andrzej, Zygmunt Lisowski. 23 X 1923–31 VIII 1924, in: Poczet rektorów Almae Matris Posnaniensis [Die Rektoren der Alma Mater Posnaniensis], Poznań 2004, 27–35

Hamza, Gábor, L'enseignement juridique en Hongrie à l'époque du royaume (regnum Hungariae), Miscellanea Historico-Iuridica, Nr. 2 (2017), 9–19

ders., Codification of Hungarian Private (Civil) Law in a Domestic and International Comparison, Civic Review, Nr. 15 (2019), 443–450, DOI: 10.24307/psz.2020.0229

Jankowiak-Konik, Beata/Sienkiewicz, Witold/Wieczorek, Marzena (Hrsg.), Wielki atlas historyczny [Der große historische Atlas], Warszawa 2023

Jońca, Maciej, Katedra Prawa Rzymskiego [Institut für Römisches Recht], in: Dębiński, Antoni/Ganczar, Małgorzata/Jóźwiak, ks. Stanisław/Kawałko, Agnieszka/Kruszewska-Gagoś, Małgorzata (Hrsg.), Księga jubileuszowa z okazji 90-lecia Wydziału Prawa, Prawa Kanonicznego i Administracji Katolickiego Uniwersytetu Lubelskiego Jana Pawła II, [Festschrift zur Neunzigjahrfeier der Fakultät für Recht, Kanonisches Recht und Verwaltung der Katholischen Johannes-Paul-II-Universität in Lublin], Lublin 2008, 77–100

Kłoczowski, Jerzy (Hrsg.), Historia Europy Środkowo-Wschodniej [Geschichte Mittelosteuropas], Bd. 1–2, Lublin 2000

ders., Nasza tysiącletnia Europa [Unser tausendjähriges Europa], Warszawa 2010

Księga pamiątkowa ku uczczeniu CCCL rocznicy założenia i X wskrzeszenia Uniwersytetu Wileńskiego [Gedenkbuch zum 350. Jubiläum der Gründung und zum 10. Jahrestag der Wiedergründung der Universität Vilnius], Bd. II, Jahrzehnt 1919–1929, Wilno 1929

Kupiszewski, Henryk, Rafał Taubenschlag – historyk prawa (1881–1958) [Rafał Taubenschlag – Rechtshistoriker (1881–1958)], Czasopismo Prawno-Historyczne, Nr. 1 (1986), 111–155

Mączak, Antoni (Hrsg.), Historia Europy [Geschichte Europas], Wrocław/Warszawa/Kraków 1997

Modrzejewski, J., Les travaux de Rafael Taubenschlag (1904–1955), in: Symbolae R. Taubenschlag dedicatae 1, Warszawa 1956, 1–16

Móra, Mihály, Über den Unterricht des römischen Rechtes in Ungarn in den letzten hundert Jahren, Revue internationale des droits de l'antiquité, 1964, 409–429

Nancka, Grzegorz, Trzej romaniści we wspomnieniach Marcelego Chlamtacza [Drei Romanisten in den Memoiren von Marceli Chlamtacz], Studia Prawno-Ekonomiczne, Nr. CV (2017), 45–66, DOI: 10.26485/SPe/2017/105/3

ders., Prawo rzymskie w pracach Marcelego Chlamtacza [Römisches Recht in den Werken von Marceli Chlamtacz], Katowice 2019

ders., Towards a new Methodological Approach. Roman Law Community in Lviv Since Mid-19th Century until Early 20th Century, Acta Universitatis Lodziensis. Folia Iuridica, Nr. 99 (2022), 153–164, https://doi.org/10.18778/0208-6069.99.11 (01.05.2024)

Penchev, George, Bulgarian legal education – history and nowadays, Revista Jurídica de Investigación e Innovación Educativa, Nr. 6 (2012), 47–54

Piasecki, Waldemar, Jan Karski. Jedno życie. Kompletna historia. [Jan Karski. Ein Leben. Eine vollständige Geschichte], Bd. 1. (1914–1939), Madagaskar/Warszawa 2015

Rachev, Tihomir, The importance of Roman law for modern legal systems – the Bulgarian example, Poland 2019, https://www.academia.edu/40139437/THE_IMPORTANCE_OF_ROMAN_LAW_FOR_MODERN_LEGAL_SYSTEMS_THE_BULGARIAN_EXAMPLE_IN_ENGLISH_LANGUAGE_ (12.05.2024)

Redzik, Adam (Hrsg.), Academia Militans. Uniwersytet Jana Kazimierza we Lwowie [Academia Militans. Jan-Kazimierz-Universität in Lemberg], 2. Aufl., Kraków 2017

Sands, Philippe, East West Street, London 2017

Siimets-Gross, Hesi, Die Lehre des römischen Rechts an der Universität Tartu in den Jahren 1919–1940, in: Eckert, Jörn/Modéer, Kjell Â. (Hrsg.), Juristische Fakultäten und Juristenausbildung im Ostseeraum. Law Faculties and Legal Education in the Baltic Sea Area. Zweiter Rechtshistorikertag im Ostseeraum, Stockholm 2005, 342–365

Sohm, Rudolf, Instytucje, historia i system rzymskiego prawa prywatnego [Institutionen, Geschichte und System des römischen Privatrechts], Übersetzung: Rafał Taubenschlag, Włodzimierz Kozubski, Warszawa 1925

Sprawozdania Poznańskiego Towarzystwa Przyjaciół Nauk [Berichte der Posener Gesellschaft der Freunde der Wissenschaften], Poznań 1955

Szawłowski, Ryszard, Rafał Lemkin. Biografia intelektualna [Rafał Lemkin. Eine intellektuelle Biografie], Warszawa 2020

Szczygielski, Krzysztof, Franciszek Bossowski (1879–1940). Szkic do biografii [Franciszek Bossowski (1879–1940). Skizze zu einer Biografie], Miscellanea Historico-Iuridica, 2009, 71–83

Taubenschlag, Rafał, Studi di diritto romano in Polonia nel secolo XX, Roma 1936

Trocan, Laura Magdalena, A short presentation of the history of legal education in Romania, Miscellanea Historico-Iuridica, Nr. 1 (2014), 193–203, DOI: 10.15290/mhi.2014.13.01.10

Vesper, Ewa Maria, Ignacy Koschembahr-Łyskowski. Polski romanista przełomu XIX i XX wieku [Ignacy Koschembahr-Łyskowski. Polnischer Romanist an der Wende vom 19. zum 20. Jahrhundert], Białystok 2019, unveröffentlichte Dissertation, https://repozytorium.uwb.edu.pl/jspui/bitstream/11320/8744/1/EM_Vesper_Ignacy_Koschembahr-Lysakowski.pdf (01.05.2024)

Vojáček, Ladislav, Právnické fakulty v právní úpravě meziválečného Československa (se zvláštním zřetelem na poměry v Brně) [Juristische Fakultäten in der Rechtsordnung der Tschechoslowakei der Zwischenkriegszeit (mit besonderer Berücksichtigung der Verhältnisse in Brünn)], Časopis pro právní vědu a praxi, Nr. 2 (2007), 147–158

Wandycz, Piotr S., Cena wolności. Historia Europy Środkowowschodniej od Średniowiecza do Współczesności (Originaltitel: The Price of Freedom. A history of East Central Europe from the Middle Age to the Present) [Der Preis der Freiheit. Geschichte Mittelosteuropas vom Mittelalter bis zur Gegenwart], 2. Aufl., Kraków 2003

Wiaderna-Kuśnierz, Renata, Prawo rzymskie na Uniwersytecie Jana Kazimierza we Lwowie w okresie międzywojennym (1918–1939) [Römisches Recht an der Jan-Kazimierz-Universität in Lwiw in der Zwischenkriegszeit (1918–1939)], Toruń 2015

dies., Zagraniczne studia i stypendia naukowe romanistów Uniwersytetu Jana Kazimierza we Lwowie [Auslandsstudium und Stipendien von Romanisten an der Jan-Kazimierz-Universität in Lwiw], Zeszyty Prawnicze, Nr. 4 (2015), 189–218

Wołodkiewicz, Witold, Europa i prawo rzymskie. Szkice z historii europejskiej kultury prawnej [Europa und römisches Recht. Skizzen aus der Geschichte der europäischen Rechtskultur], Warszawa 2009

Żukowski, Przemysław M., Profesorowie Wydziału Prawa Uniwersytetu Jagiellońskiego. Bd. II. 1780–2012 [Professoren an der Juristischen Fakultät der Jagiellonen-Universität. Bd. 2. 1780–2012], Kraków 2014

URL-Verzeichnis

⟨http://laws.uaic.ro/ro/despre-facultate/departamente/departamentul-drept-privat⟩ (13.2.2023)
⟨http://rzym.amu.edu.pl/language/en/⟩ (13.2.2023
⟨http://www.juris.u-szeged.hu/english/departments-and/department-of-roman-law⟩ (13.2.2023)
⟨https://amu.edu.pl/en/main-page/history⟩ (13.2.2023)
⟨https://cuni.cz/UKEN-106.html⟩ (13.2.2023)
⟨https://cuni.cz/UKEN-115.html⟩ (13.2.2023)
⟨https://en.uj.edu.pl/en_US/about-university/history⟩ (letzter Zugriff am 13.2.2023)
⟨https://law.ubbcluj.ro/index.php?option=com_content&view=category&id=27&Itemid=129⟩ (13.2.2023)
⟨https://niepodlegla.gov.pl/o-niepodleglej/uniwersytety-w-ii-rp-na-przykladzie-uniwersytetu-stefana-batorego-w-wilnie/⟩ (13.2.2023)
⟨https://niepodlegla.gov.pl/o-niepodleglej/uniwersytety-w-ii-rp-na-przykladzie-uniwersytetu-stefana-batorego-w-wilnie/⟩ (13.2.2023)
⟨https://uniba.sk/en/about/history/⟩ (13.2.2023)
⟨https://unibuc.ro/studii/facultati/facultatea-de-drept/?lang=de#1543934343846-b90868a8-755a⟩ (13.2.2023)
⟨https://www.flaw.uniba.sk/en/departments/departments/department-of-roman-law-and-ecclesiastical-law/⟩ (13.2.2023)

⟨https://www.heinri.lv/en/galvena-eng/⟩ (13.2.2023)
⟨https://www.kul.pl/department-of-roman-law,2219.html⟩ (13.2.2023)
⟨https://www.kul.pl/university-history,249.html⟩ (13.2.2023)
⟨https://www.law.muni.cz/content/en/o-fakulte/organizacni-struktura/katedry-a-ustavy/katedra-dejin-statu-a-prava/⟩ (13.2.2023)
⟨https://www.law.uj.edu.pl/kprz/⟩ (13.2.2023)
⟨https://www.law.uj.edu.pl/kprz/wczesniej-wykladali/prof-rafal-taubenschlag-1881-1958/⟩ (13.2.2023)
⟨https://www.lu.lv/en/about-us/history/ul-over-the-years/⟩ (13.2.2023)
⟨https://www.muni.cz/en/about-us/mu-history⟩ (13.2.2023)
⟨https://www.prf.cuni.cz/en/detail-struktury/179/1404047428⟩ (13.2.2023)
⟨https://www.ubbcluj.ro/en/despre/prezentare/istoric⟩ (13.2.2023)
⟨https://www.uni-sofia.bg/index.php/eng/the_university/faculties/faculty_of_law/history⟩ (13.2.2023)
⟨https://www.uni-sofia.bg/index.php/eng/the_university/faculties/faculty_of_law/structures/departments/theory_and_history_of_the_state_and_the_legal_systems⟩ (13.2.2023)
⟨https://www.uw.edu.pl/uniwersytet/historia-uw/⟩ (13.2.2023)
⟨https://www.wpia.uw.edu.pl/pl/instytuty/instytut-historii-prawa/katedry-ihp/katedry⟩ (13.2.2023)

The Beginning of History of Law and Roman Law Studies and the Changes of Scientific Method during the Interwar Period in Bulgaria

Konstantin Tanev

Abstracts

Rechtspositivismus und historisch-kritische Methode spielten eine Rolle in der frühen Entwicklungsphase der bulgarischen Romanistik und Rechtsgeschichte an den Universitäten und der wissenschaftlichen Forschung. Diese Methoden, die von der deutschen historischen Schule angewendet wurden, beeinflussten bulgarische Wissenschaftler, obwohl französische und italienische Vorbilder das in Kraft gesetzte Zivilrecht des Landes prägten. Zunächst stellten die nationalen Ausbildungs- und Forschungseinrichtungen ausländische Absolventen ein (von den Universitäten Paris, Tübingen, Leipzig, Prag, Moskau, Athen, Gießen), später auch ihre eigenen Alumni. Dennoch setzte sich der starke Einfluss internationaler Wissenschaftstrends fort. Diese Studie untersucht die Elemente der Forschungsmethode sowie die beteiligten Forscher, die die römisch-rechtliche Wissenschaft in der Zwischenkriegszeit in Bulgarien formten. Die moderne Entwicklung dieser Wissenschaftsrichtung hatte bereits gegen Ende des 19. Jh. begonnen, nach der Neugründung des Nationalstaats. Daher konzentrierte sich die nationale Selbstwahrnehmung in dieser Zeit vornehmlich auf mittelalterliche bulgarische Geschichte. Die junge bulgarische Rechtswissenschaft bemühte sich darum, Argumente für eine nationale Grundlage des Rechts zu finden. Durch das Studium der Quellen fanden die Wissenschaftler eine enge Verbindung mit dem römischen Erbe. An dieser Stelle nehmen wir die Autoren Simeon Angelov, Stefan Bobčev, Ivan Basanov, Petko Venedikov, Christo Boyadzhiev, und Vladislav Aleksiev in den Blick, die Anhänger der verschiedenen Hauptrichtungen römisch-rechtlicher Forschung waren: der Rechtsgeschichte und des Zivilrechts. Da es unmöglich wäre, im Detail auch nur einen Bruchteil ihrer Werke zu analysieren, beschränkt sich diese Studie darauf, einige bemerkenswerte Beispiele für die Methoden und Forschungsergebnisse der jeweiligen Autoren aufzuzeigen. Dennoch können ihre Schlussfolgerungen, die sie auf Grundlage ihrer jeweils gewählten Methodik zogen, als Beispiel dienen für aufrichtige Quellenforschung. Schlussendlich beeinflusste die Zwischenkriegszeit nachhaltig die bulgarische Wissenschaft und politische Geschichte.

Pozytywizm prawniczy i szkoła historyczna były znaczące dla wczesnego rozwoju bułgarskiej romanistyki i historii prawa na uniwersytetach i w badaniach naukowych. Wskazane metody stosowane w niemieckiej szkole historycznej wpłynęły na badaczy bułgarskich choć wzorce obowiązującego w kraju prawa cywilnego wynikały z wpływów francuskich i włoskich. Narodowe instytucje służące kształceniu i badaniu tworzyli w Bułgarii najpierw absolwenci zagranicznych uniwersytetów (z Paryża, Tybingi, Lipska, Pragi, Moskwy, Aten, Gießen). Następnie ich uczniowie. Wpływ zagranicznych metod badawczych wzmacniał się. Autor tego rozdziału bada elementy metodologii i stosujących je badaczy, którzy kształtowali badania prawa rzymskiego w okresie międzywojennym w Bułgarii. Współczesny ich rozwój ma początek w końcu XIX wieku jako następstwo narodowego odrodzenia. Młoda bułgarska nauka prawa włożyła wiele trudu w zbudowanie narodowych podstaw prawa. Analizując źródła badacze znaleźli silne związki z rzymskim dziedzictwem. W tym rozdziale skupiono się na takich autorach jak Simeon Angelov, Stefan Bobčev, Ivan Basanov, Petko Venedikov, Christo Boyadzhiev i Vladislav Aleksiev, którzy wytyczali główne nurty badań prawa rzymskiego, historii prawa i prawa cywilnego. Nie jest możliwe szczegółowe przeanalizowanie tu choćby małej części ich dzieł. Stąd przedstawione rozważania obejmują tylko niektóre znaczące przykłady metodologii i wyników badań omawianych autorów. Tym niemniej, poczynione przez nich ustalenia przy użyciu wybranej metody można wskazać jako przykład rzetelnego badania źródeł. Okres międzywojenny istotnie wpłynął na bułgarską naukę i historię polityczną.

I. Introduction

The Bulgarian National Revival during the late XIX c. culminated in the foundation of the national state and the academic institutions. The first development of the national consciousness and cultural identity resulted from the deep social restructuring starting at the end of XVIII c. The legal history disciplines (the Roman and the Byzantine law) were a permanent element of the academic curriculum already at the beginning of university education at the then only higher school of legal sciences – the Juridical Faculty of the Sofia University – ever since its opening in 1892. Scholars and professors focused on the history of Slavic law, mediaeval Bulgaria, and canon law. Usually, scholarship of the time regarded them as part of the Roman law tradition. Graduates from different European universities in Paris, Tübingen, Leipzig, Prague, Moscow, Athens, Giessen etc. marked the beginning of the national academic and scientific studies in these fields and many scientists still adhere to them today. It is worth mentioning scholars such as Balabanov, Angelov, Radev, Danchev, Trayanov, Fadenhecht, Boyadzhiev, Bobčev and Basanov who gave lectures and examined various problems related to the History of law at the beginning of the modern Bulgarian science. Beyond their academic lives many of them developed an important political career. Academic teachers and scholars regarded the Roman tradition as the foundation of Bulgarian law in mediaeval and modern times, alongside the local elements of Slav, Bulgar, or other origin. This early science primarily followed the theory and the methods of the German Historical School and its adepts throughout European countries and Russia.

These trends continued during the interwar period. Significantly, graduates of Bulgarian universities went on to post-graduate studies in Western universities. The German Pandectist School was still influential in Bulgaria at the time and oriented historiography towards clarifying contemporary civil law concepts.

Corresponding to this trend was the Bulgarian Ministry of Education's policy to appoint civilists as university professors, who lectured on Roman and Byzantine law, as well as other propaedeutic disciplines. Even considering the recently restored state, genuine specialists in the history of Bulgarian law, such as Stefan Bobčev, merely held the position of private docent at the university. Furthermore, the Ministry appointed some civilists who had immigrated from Russia after the Bolshevik Revolution to find a place in non-communist academia as university professors of civil law. Hence, they taught Roman law at the faculty; such was the case of Ivan Basanov, a famous Russian academician and civilist, who, before arriving in Bulgaria in 1920, had been rector and dean of the Tomsk University and dean of the Law Faculty at Kiev University. In Sofia, he lectured on Roman law and wrote a manual. In Germany, during the early XX c., the separation of the legal disciplines of civil law and Roman law was already a fact. Nonetheless, Bulgarian scientific research considered historiographical perspective to be the right method to outline the legal institutes in modern times. Another important event was the founding of the Free University of Political and Economic Sciences (the former Balkan Near-East Institute) in 1920 by Stephan Bobčev. Law was one of the basic disciplines taught there, and some important historians of law, including Bobčev himself, Josif Fadenhecht, and Ivan Basanov, lectured and organised scientific events in the Free University.

Roman law studies at that time focused on the following principal areas: ancient Roman history and its later development in the Byzantine empire, its adaptation in the Slav world, and the evolvement of modern law concepts with the instruments of philosophy of law. Some scholars compared the Roman terminology of the respective legal institutions with their implications on the monuments written in Ancient Bulgarian or by using the linguistic similarity with the later customary law of Bulgarian communities of XIX and XX c. Other studies aimed to formulate some universal abstract value of law concepts after the dogmatic analysis of Roman law sources.

Our study focuses on the scholars whose method and areas of research have influenced the trends of Romanistic historiography in Bulgaria during the Inter-war Period and who are exemplary for different approaches to study Roman law at that time.

II. Roman Law and the Studies of the Old Bulgarian Legal Monuments. The Positivist Method of Law

Though the studies by Stefan Bobčev focused on the post-Roman development of Roman law tradition (Byzantine law and its variations in the Slav world), he concluded that the respective legal monuments proved a direct link to Justinian law. Thus, they appeared as a form of law inherited from antiquity, alongside the development of Slavic legal customs. He clarified the differences between the Isaurian legislation and its Justinian precursors with the influence of this customary law.

Stefan Bobčev's main scientific interests cover many fields like the history of the Old Bulgarian and Slav legal monuments, canon law, and legal anthropology.[1] His works, such as *History of the Old Bulgarian Law*, published in 1910 and earlier research,[2] *The Old Bulgarian Legal Monuments*, published in 1903,[3] and a later study named *Roman and Byzantine Law in the Old-Time Bulgaria* (1926), could show some features of the early Bulgarian history of law.[4] In his understanding, the system of law had evolved from extant sources, which represented an abstract but historically dependent structure of concepts and branches of law that had a universal value for all societies and periods of history. In this respect, Bobčev referred to the German Historical School, particularly to Savigny and Puchta concerning the role of *Völkerrecht*. According to his theory, the law derives from objective principles of human development that scholars should study and describe in their analyses. The legal science should focus and evaluate the abstract legal values and their empirical prove, a reflex of "positive reality", an ideology coined by Bacon, Leibniz etc. Although he criticised the trust of Hegelians in the existence of an idealistic common objective premise of history, "the legal genius of mankind"[5], Bobčev readily followed the comparative approach of Edward Freeman.[6] It could explain the similarities in the law with the borrowings between the cultures (direct or reciprocal), discovering the common root or common cultural history based on comparative philology and mythology. Legal anthropology and positivism were also typical for his method,

---

[1] *Părvanov*, Slavjanin v rodinata si, bălgarin v čužbina. Biografija na Stefan Bobčev, 2019, 207–244.

[2] *Bobčev*, Istorijata na starobălgarskoto pravo (lekcii i izsledvanija), 1910, 191.

[3] *Bobčev*, Starobălgarskite pravni pametnici, 1903.

[4] *Bobčev*, Godišnik na Sofijskija universitet, Juridičeski fakultet, 21 (1925–1926), 1–122.

[5] *Bobčev*, Istorijata, op. cit., 14.

[6] *Freeman*, Comparative Politics. Six Lectures Read Before the Royal Institution in January and February 1873, with the Unity of History (The Rede Lecture Read Before the University of Cambridge, May 29, 1872), 1873, Bobčev quoted the work according to the translation of Korkunov (Hrsg.), *Friman*, Sravnitel'naja politika (šest' lekcij, čitannyh v Korolevskom institute v janvare i fevrale 1873 goda) i Edinstvo istorii (lekcija, čitannaja v Kembridžskom universitete 29 maja 1873 goda), in: Korkunov (Hrsg.), Soč. Èduarda Frimana, 1880.

and in this sense, he adhered to the interpretation of scholars from Russia[7], Germany, England and Switzerland.[8] During his years in Moscow, studying Russian civil law, he learned about its direct link to German legal science in the XIX c.[9] Bobčev adopted Savigny's[10] understanding and doctrine of *allgemeines, positives* and *Volksrecht*. He thereby explained the homogeneity of the customs of Indo-Germanic tribes, including the Slavonic ones, inherited from racial and tribal kinship relations with a certain progenitor people. Otherwise, he believed, it would not be possible to establish the existence of any material carrier of the law.

The main tool for legal comparativists was the study of language. However, Saussure understood that any comparative grammar should be a historical one.[11] Obviously, Bobčev used a similar methodology and referred to Savigny's disciples, brothers Wilhelm and Jacob Grimm, and especially the words of Jacob: "*unsere Sprache ist auch unsere Geschichte*",[12] but also to Pictet (the first teacher of *Saussure*).[13] Thus, for him the comparative studies of the traditions and the language were aimed to lead to the proto nation of the Aryans.

A key element of Bobčev method was the enucleation of certain customary law, as a constitutive element of the positive law. His basic assumption was that its material carrier in Mediaeval Bulgaria originated in the Slav race and its cultural realm in the corresponding provinces of the Byzantine empire. Therefore, the law coming historically from the Justinian legislation had amalgamated during the reign of Isaurians with the Slav custom. Despite the pure theoretical character of this assumption, Bobčev believed in the historical importance of the Slavonic rural communities. We may doubt this view today, but it was still acceptable at his time. He referred to Henry Maine's[14] idea that the custom was an *a priori* notion preceding any judicial sentence with a significant role in the life of the Arian cooperatives (*Genossenschaft*). Bobčev considered the

---

[7] Bobčev graduated from Moscow State University, Law Faculty in 1880.

[8] He quoted Kovalevsky, Sergeevich, Korkunov, Ziber, Leontovich, Thaine, Compte, Muromtsev, Ihering and Windscheid: *Kovalevskij,* Jurid. vestnik, 1 (1878), 3–23; *Sergeevič,* Zadača i metoda gosudarstvennyh nauk, 1871; *Ziber,* Jurid. vestnik, 11 (1884), 3–73; 17, 11 (1884), 385–411; *Leontovič,* Žurnal Ministerstva narodnogo prosvešenija, 173 (1874), 225 (1874), 174, 120 i 194, http://www.runivers.ru/lib/book7643 (01.05.2024); *Thaine,* Le positivisme anglais. Étude sur Stuart Mill, 1864; *Comte,* Cours de philosophie positive, 1869, 1 et 2; *Muromcev,* Očerki obšej teorii graždanskogo prava, 1878; *Ihering,* Geist des römischen Rechts auf den verschiedenen Stufen seiner Entwicklung, 1883; *Windscheid,* Die Aufgaben der Rechtswissenschaft, Leipziger Rektoratsrede, 1884.

[9] The pupil of Savigny's, Nikita Krylov, was a Professor of Muromtsev, who held lectures to Bobčev in Roman law, *cfr. Rudokvas,* v: *Muromcev,* Graždanskoe pravo, Drevnego Rima, 1886, 2003, 12.

[10] *Savigny,* System des heutigen römischen Rechts, I, 1840, 13–18.

[11] *Saussure,* Cours de linguistique générale, 1971, 16.

[12] *Grimm,* Über den Ursprung der Sprache, 1851, 275.

[13] *Pictet,* Les origines indo-européennes, ou, les Aryas primitifs: essai de paléontologie linguistique, 1859. Bobčev incorrectly wrote he was French.

[14] *Maine,* Dissertations on Early Law and Custom 1822–1888, 1861.

adoption of the same principles (the influence of their custom) and used this as an argument for the mitigation of the Justinian punishments in the Ecloga and its Slavonic derivates. The Slav communities (cooperatives) like other Indo-Europeans developed their own legal structure, different from the Roman family, implementing their own code of punishments.

The analysis of "rural community" (mostly of Slav origin) in the East Roman Empire, whether in the Balkans (Macedonia) or in Minor Asia, was quite popular in the historiography in the late XIX and early XX c. Scholars described a dramatic economic change in society, a shift of land tenure from smaller farms owned by free peasants to larger serfdom forms of farming. Early on, Zachariä von Lingenthal[15] and Russian authors such as Vasily Vasilievsky and Fyodor Uspensky studied the subject and classified the peasantry into "independent" (ἔποικοι) and "dependent" (πάροικοι) farmers. Timofiej Florinsky's research[16] on the relations between the South Slavs and the Byzantine Empire and of the legislation of Serbian king Stefan Dušan (1888) focused on the same transformation of landed property. Feudalisation was a beloved subject of Soviet times' historiography. Yelena Lipschitz's studies and even early Kazhdan analyses[17] on the Farmers' Law and Slavic communities set a good example for this. In our time, the scholars criticise such conclusions as to the number of Slavic communities and their social structure.

Jacques Lefort[18] points out that the sources could not always prove such constant decline[19] of the rural economy due to its feudalisation (the submission of the free peasants to the landlords). Although the existence of *paroikoi* is certain, the term does not always denominate the subjected peasantry. From the X c. onwards, the texts referred to the actual taxpayers as *paroikoi*, nonetheless they still owned their lands.[20]

The Bulgarian legal historiography at that time trusted the anthropological arguments as being constructive elements of legal history and methods. Another

---

[15] *Zachariä v. Lingenthal*, Geschichte des griechisch-römischen Rechts, 2te verb. erw. Aufl., 1877, 234.

[16] *Florinskij*, Pamjatniki zakonodatel'noj dejatel'nosti Dušana, carja serbov i grekov, 1888, 413.

[17] *Lipšic*, v: Vizantijskij sbornik, 1945, 135 ff.; *Lipšic*, Vizantijskij vremennik, 1 (1947), 154–155; 135; *Každan*, Vizantijskij vremennik, 2, 27 (1949), 215–244.

[18] *Lefort*, Dumbarton Oaks Papers, 47 (1993), 101–113. He refers to George Ostrogorsky about the theory that the rural life is representative for the development of the feudalism and the decline of the Eastern Empire after XI century, v: *Ostrogorsky*, Pour l'histoire de la féodalité byzantine, 1954; *Ostrogorsky*, Quelques problèmes d'histoire de la paysannerie byzantine, 1956; *Ostrogorskij/Miakotine*, Byzantion, 32, 1 (1962), 139–66.

[19] For the opposition to the so-called Ostrogorskian current Lefort (*ibid.*) quotes *Lemerle*, Revue d'histoire, 219 (1958), 33–74, 254–84; *Lemerle*. The Agrarian History of Byzantium, from the Origins to the Twelfth Century, 1979; *Každan*, Vizantijskij vremennik, 215–244.

[20] *Lefort* (1993) refers to *Oikonomides*, in: Kravari/Lefort/Morrisson (Hrsg.), Hommes et richesses dans l'Empire byzantin, VIIIe–XVe siècle. vol. 2, 1991, 321–37, esp. 332–33.

scholar, Vladislav Aleksiev, studied the *Genossenschaft* and published the articles "Aryan Kinship and Cooperatives and Aryan Kinship" and "Family Cults in the Aryan Cooperatives" (1915).[21] He was a *doctor scientiae iuris* and a member of the Chair of History of Bulgarian and Slav Law at Sofia University (1928–50). In his analysis, he adopted the view that community organisation was characteristic of any society, and, using the results of comparative philology, correlated the Aryan cooperatives in the Indian State of Punjab to the Semitic ones. He concluded that the Semitic communities' structure depended on the power of their fathers. This figure was an almost monarchic institution, unlike the Aryan custom, where the head of the family fulfilling the progenitor function, would become a simple member of the cooperatives, preserving only his authority. The Slavic communities followed the same model, which was different from the structure of the Roman family.

III. Roman Law and Civil Law – The Pandect and the Historical Attitude

Professors of Roman law during the period had usually studied civil law and had even begun and developed their academic careers in this field. Simeon Angelov became a professor at Sofia University during the first decade of the Juridical Faculty. The courses he gave covered civil and Roman law; later, in 1913 and 1920, he published his lectures in his manuals on Roman law. Having graduated from Tübingen University in 1902, in 1903 he defended a doctorate there on *Widerrechtliche Bestimmung durch Drohung*. In his studies of Roman law, he directly compares the ancient regime and the contemporary Bulgarian legislation, which is typical for the attitude of the Pandectist school. His introductory lecture at the Juridical Faculty on *vis maior* (published in 1910) reveals his scholarly approach. The main subject of the study was its role as an institution of general value for Roman, mediaeval, and modern law. Angelov started with the famous quote from Ulpian's comment on the Edict about the objective responsibility in the agreements with captains and stable keepers or innkeepers (*D. 4.9.1 Ulp. l. 14 ad ed.*), discussing their objective responsibilities. After analysing the ancient sources, Angelov studied the Glossa, where the scholars discussed the notion of *vis maior*; he drew attention to two questions: whether its characteristic is purely external, depending on the objective event, or else depends on a certain proportion between the hazardous event and the behaviour of the responsible person. Angelov referred to contemporary authorities like Adolf Exner, Bern-

---

[21] *Aleksiev*, Juridičeski pregled, 22, 3 (1915), 147–150; *Aleksiev*, Juridičeski pregled, 22, 5 (1915), 263–267.

hard Windscheid and Heinrich Dernburg.[22] Having considered the ancient and mediaeval features of the institution, Angelov commented on the German Commercial Code (Art. 395), and the Bulgarian Act on Obligations and Contracts (repealed), Art. 131.

Before his arrival in Sofia, Ivan Basanov had already oriented his juridical career with civil law and civil procedure. At the Tomsk Imperial University he had been giving classes on History of Roman law, as well. At Sofia University, he was a professor holding the Civil Law Sciences Chair from 1920 to 1943, where his lessons covered civil law, the history of Roman law, and the system of Roman law. Furthermore, Basanov taught Comparative Civil law (1922–1927) and Roman law (1927–1937) at the Free University of Political and Economic Sciences in Sofia. Although his main concentration was civil law, he is still famous in Bulgaria for his teaching of Roman law. He published his Course of Roman law in 1940, but preserved his scientific preferences for civil law. It is worth mentioning his son Vsevolod (1897–1951), who, upon his arrival together with his father in Bulgaria in 1920, was a *doctor iuris* at Sofia University. He devoted his own career later in Paris and Rome to the history of law and Roman law to an even greater extent than his father in Bulgaria. Vsevolod published several studies still in use by secondary literature, amongst which there are *Pomerium Palatinum*, 1939; *Les Dieux des Romains*, 1942; *Regifugium*, 1943; *Evocatio*, 1947. As for Ivan Basanov, he made a special analysis of the method of historical study and published an article "Historical Method of Civilist Studies" (published in 1930).[23] There, he argued the need to study concepts of civil law beginning with the respective Roman law institutes. Although he confirmed the importance of history of law as a crucial asset to civil law research, Basanov concluded that at that time – after the adoption of the BGB – the science of Roman law was in a stage of reorganisation. In his conclusions he stressed that, unlike the pandectists who did not criticise the sources, historians should instead regard the classical period as the culmination of ancient Roman law. Justinian law was a stage of decline of the classical *ius civile*. Basanov's study even focused on the need to reconstruct the genuine content of the mutilated texts of the classical Roman jurists. For instance, he readily agreed that the compilers replaced the classical term "*fiducia*" with the later one "*pignus*".[24] He reflected on theories of methods for the compilation of the main corpora of the texts in the Justinian Digests – the tables' concept – of the Edict, of Sabin, and of Papinian. He named this new critical approach towards the sources the "historical method" and concluded that the simple reference to pandectists should already be an anachronism. In

---

[22] *Exner*, Der Begriff der höheren Gewalt (*vis major*) im römischen und heutigen Verkehrsrecht, 1883; *Windscheid*, Lehrbuch des Pandektenrechts, 2e verb. Aufl., 1879, 55–59 (§ 264); *Dernburg*, Pandekten, 1894, 86–88 (§ 39).

[23] *Bazanov*, Juridičeski pregled, 1, 4 (1929–1930), 425–438.

[24] Basanov pointed out that already Cujas had found such interpolations.

describing the new (at that time) approach to Roman studies, Basanov relied on authorities like Lenel (*Palingenesia*), Giffard (*Répétitions*),[25] Beseler (*Zur Kritik der römischen Rechtsquellen*), and Collinet (*École de Beyrouth*).[26] In fact, nowadays this hypercriticism is long outdated, but still the study of Ivan Basanov has shown a drastic change in the method of historical analysis during the Interwar Period in Bulgaria.

The studies of Petko Venedikov are the best examples of the historical approach of Romanistic science during the period. He graduated from the Juridical Faculty of Sofia University in 1928, and soon after, in 1932, won the competition for the position of docent in Roman law at the University. Venedikov described some important methodological details of his studies from that period in his memoirs, a posthumous publication from 2003. He was dean and vice-dean of the Law Faculty (1940–41, 1943–44) and continued to work until 1949, when the government, which was repressing the old intellectual elite, stripped him of the right to teach. Today, scholars and practitioners still regard him as one of the best Bulgarian civilists, whose works cover the fields of Roman and civil law. His publications on Roman law comprise, for instance, a manual on Roman law with Mikhail Andreev from 1949, and "Notes on Roman Law" from 1930, and are still popular among law students.

He published his habilitation work on the *actio praescriptis verbis* in 1931 in the Annual of the Juridical Faculty. It is a fine and curated piece of work discussing in depth the history of the institutions related to this form of legal redress in the Roman and Byzantine periods. Nonetheless, Venedikov presented a detailed and original analysis, although he adhered to the then popular approach of historical criticism towards the Justinian sources and emphasised the contradictions between the classical Roman jurists as an argument for interpolations. He justified the scientific importance of the legal history study, referring, on the one hand, to the manual of Silvio Perozzi (*Istituzioni*, 1908),[27] the monographies of G. v. Beseler on the criticism of Roman sources,[28] Pietro de Francisci,[29] Otto Lenel,[30] and Ernst Rabel.[31] Venedikov underlined that, according to Perozzi, Beseler, and De Francisci, the investigated legal action in question was Byzantine jurists' oeuvre, while the authors who were writing after the publication of de Francisci's Συνάλλαγμα insisted on the classical origin of this legal action. He confirmed the Byzantine origin of the legal remedy, using the controversies of the jurists and the doubtful names of the action in its various forms in the classical texts. Once

---

[25] *Giffard,* Répétitions écrites de droit romain, rédigées d'après le Cours, 1935.
[26] *Collinet,* Histoire de l'École de Droit de Beyrouth, 1925.
[27] *Perozzi,* Istituzioni di diritto romano, 1906–1908.
[28] *Beseler,* Beiträge zur Kritik der römische Rechtsquellen, Heft 4, 1913.
[29] *Francisci,* Συνάλλαγμα. Storia dei cosiddetti contratti innominati, 1913–1916.
[30] *Lenel,* Das Edictum perpetuum: ein Versuch zu seiner Wiederherstellung, 1927.
[31] *Rabel,* Grundzüge des römischen Privatrechts. Enzyklopädie der Rechtswissenschaft in der systematischen Bearbeitung, 1915.

again, today the analyses object to the outdated hypercritical approach employed at the beginning of the XX c. Contemporary authors support the classical origin of these legal remedies, amalgamated by Justinian's compilers in the Digests, where only the name *actio praescriptis verbis* was a result of the interpolation (Filippo Gallo[32]). The critical approach was so popular in Venedikov's time that he already underlined its importance in his memoirs when discussing interesting facts about his habilitation. At that time, scholars regarded the discovery of an interpolation as scientific innovation.[33]

IV. Roman Law and Philosophy of Law

The research of Christo Boyadzhiev, an assistant professor in Roman law, is remarkable for the method of the philosophy of law he applied. Boyadzhiev believed that any legal concept's definition should be in accordance with its dogmatic formulation in the respective Roman law sources. The Juridical Faculty of Sofia University employed him between 1924 and 1930, after he had graduated from Leipzig University in 1922, where he later specialised in Roman law and philosophy of law (1922–25 and 26). His doctorate in law was from the same university (1925) where he defended the thesis entitled *Der Begriff des Besitzes nach gemeinem Recht*. He was a member of the *Internationale Vereinigung für Rechts- und Wirtschaftsphilosophie*.

In his studies on the Roman philosophical model from 1929[34] Boyadzhiev dealt with the development from religion towards law, referring to the analyses on the early Republican jurisprudence by Paul Krüger and Paul Jörs.[35] Subsequently, he debated whether the law or the religious consciousness of the Roman people had the priority (as Ludwig Stein wrote).[36] Boyadzhiev concluded that the most important merit of Roman legal philosophy was the separation between religion and law. He also adhered to the race theory about the Arians[37] pointing out its significance for the rightful orientation in most cultural and religious questions related to the Indo-European societies. His Bulgarian publication of his doctoral thesis in the Annual of the Sofia University Juridical Faculty (1925) on the concept of possession before and after Savigny exemplifies best his method

---

[32] Gallo, Synallagma e conventio nel contratto: ricerca degli archetipi della categoria contrattuale e spunti per la revisione di impostazioni moderne: corso di diritto romano, v. 1, v. 2, 1992.

[33] Venedikov, Spomeni, 2003, 256–257.

[34] Bojadžiev, Juridičeski pregled, 30, 2 (1929), 75–78.

[35] Krüger, Geschichte der Quellen und Literatur des Römischen Rechts, 1888, 52; Jörs, Römische Rechtswissenschaft zur Zeit der Republik. Erster Teil: bis auf die Catonen, 1888, 52.

[36] Stein, Die soziale Frage im Lichte der Philosophie. Vorlesungen über Socialphilosophie und ihre Geschichte, 1897, 152.

[37] Bojadžiev, Juridičeski pregled, 27, 9 (1926), 387–396.

of study. However, this method and its focus were already outdated at that time. In fact, he defended the Jurisprudence of Notions and described how Savigny dogmatically explained the institute of possession based on history and the study of the ancient sources. However, he considered it still necessary to add an abstract, systematic elaboration of the legal concept, since Savigny had completely disregarded the philosophical dimension of the problem.[38] Thus, Boyadzhiev reformulated Bruns' criticisms of Savigny's studies on possession, objecting to Bruns' argument concerning the lack of independent philosophical speculation in Savigny's conclusions. Boyadzhiev wrote that Bruns[39] had mistakenly confused the philosophy of law and the study of positive law, and that the scientific elaboration of the respective concepts should be based on the abstract method of deduction.

V. Conclusions

To conclude, we should say that despite the short academic and scientific traditions in Bulgaria at that time, researchers adhered to the most significant trends of Romanistic studies at the end of the XIX c. and during the interwar period. This was due to their academic formation in leading European scientific centres, on the one hand, and, on the other, to the way the local Bulgarian centres evolved. Scholars usually regarded Roman law and its adepts during mediaeval and modern times as the foundation of modern civilian tradition of Bulgarian law as science and practice. We see that the different methods of study: positivism, historical criticism, and philosophical conceptualisation of law informed the scientific ideology in Bulgarian studies of the history of law.

Bibliography

Aleksiev, Vladislav, Rodstvo i domašen kult v arijskata zadruga [Parenthood and the Domestic Cult in the Aryan Co-operative], Juridičeski pregled, 22, 5 (1915), 263–67
idem, Rodstvoto v arijskata zadruga [Parenthood in the Aryan Co-operative], Juridičeski pregled, 22, 3 (1915), 147–150
Bazanov, Ivan, Istoričeskijat metod v civilnite izsledvanija [The Historical Method in Civil Law Studies], Juridičeski pregled, 11, 4 (1929–1930), 425–438
Beseler, Gerhard, Beiträge zur Kritik der römischen Rechtsquellen. Heft 4, Tübingen 1913
Bobčev, Stefan, Starobălgarskite pravni pametnici [Old Bulgarian Legal Monuments], Sofija 1903

---

[38] *Bojadžiev*, Godišnik na Sofijskija universitet, Juridičeski fakultet, 20 (1925), 259–240, 294, 297.
[39] *Bruns*, Das Recht des Besitzes im Mittelalter und in der Gegenwart, Tübingen 1848, 411.

idem, Istorijata na starobălgarskoto pravo (lekcii i izsledvanija) [The History of Old Bulgarian Law (Lectures and Studies)], Sofija 1910

idem, Rimsko i vizantijsko v starovremska Bălgarija [Roman and Byzantine law in classical-era Bulgaria], Godišnik na Sofijskija universitet, Juridičeski fakultet, 21 (1925–26), 1–122

Bojadžiev, Hristo, Ponjatieto vladenie v dogmatikata na rimskoto pravo predi i sled Savini. Istoriko-dogmatično kritičesko săčinenie [The Concept Of Property Before and After Savigny. A Historical-Dogmatic Critical Essay], Godišnik na Sofijskija universitet, Juridičeski fakultet, 20 (1925)

idem, Naj-obšti kulturni tendencii v kulturnoto i socialno-pravnoto razvitie na arijcite [General Cultural Trends in the Cultural and Socio-Legal Development of the Aryans], Juridičeski pregled, 27, 9 (1926), 387–396

idem, Edna harakterna osobenost na rimskija pravno filosofski model [A Characteristic Feature of the Roman Legal-Philosophical Model], Juridičeski pregled, 30, 2 (1929), 75–78

Bruns, Karl Georg, Das Recht des Besitzes im Mittelalter und in der Gegenwart, Tübingen 1848

Collinet, Paul, Histoire de l'École de Droit de Beyrouth, Paris 1925

Comte, Auguste, Cours de philosophie positive 1 et 2, Paris 1869

De Francisci, Pietro, Συνάλλαγμα. Storia dei cosiddetti contratti innominati, Pavia 1913–1916

De Saussure, Ferdinand, Cours de linguistique générale, Paris 1971

Dernburg, Heinrich, Pandekten, 5. verb. Aufl., Berlin 1894

Exner, Adolf, Der Begriff der höheren Gewalt (vis major) im römischen und heutigen Verkehrsrecht, Wien 1883

Florinskij, Timofej Dmitrievič, Pamjatniki zakonodatel'noj dejatel'nosti Dušana, carja serbov i grekov [Monuments to the Legislative Activity of Dušan, King of the Serbs and Greeks], Kiev 1888

Freeman, Edward, Comparative Politics. Six Lectures Read Before the Royal Institution in January and February 1873, with the Unity of History (The Rede Lecture Read Before the University of Cambridge, May 29, 1872), London 1873 = *Èduard Friman*, Sravnitel'naja politika (šest' lekcij, čitannyh v Korolevskom institute v janvare i fevrale 1873 goda) i Edinstvo istorii (lekcija, čitannaja v Kembridžskom universitete 29 maja 1873 goda), v: Nikolaj, Korkunov (Per. s angl.), Soč. Èduarda Frimana, Sankt-Peterburg 1880

Gallo, Filippo, Synallagma e conventio nel contratto: ricerca degli archetipi della categoria contrattuale e spunti per la revisione di impostazioni moderne: corso di diritto romano, v. 1, Torino, 1992, e v. 2, Torino 1995

Giffard, André, Répétitions écrites de droit romain, rédigées d'après le Cours, Paris 1935

Grimm, Jacob, Über den Ursprung der Sprache, Berlin 1851

Ihering, Rudolf v., Geist des römischen Rechts auf den verschiedenen Stufen seiner Entwicklung, Leipzig 1883

Jörs, Paul, Römische Rechtswissenschaft zur Zeit der Republik. Erster Teil: bis auf die Catonen, Berlin 1888

Každan, Aleksandr Petrovič, Vizantijskoe sel'skoe poselenie [Byzantine Peasant Settlement], Vizantijskij vremennik, 2, 27 (1949), 215–244

Kovalevskij, Maksim Maksimovič, O metodologičeskih priemah pri izučenii rannego perioda v istorii učreždenij (Vstup. lekcija k kursu sravnitel'noj istorii prava) [On

Methodological Techniques in the Study of the Early History of Teaching (Detailed Lecture for the Course on Comparative History of Law)], Jurid. vestnik, 1 (1878), 3–23

Krüger, Paul, Geschichte der Quellen und Literatur des Römischen Rechts, Leipzig 1888

Lefort, Jacques, Rural Economy and Social Relations in the Countryside, Dumbarton Oaks Papers, 47 (1993), 101–113

Lemerle, Paul, Esquisse pour une histoire agraire de Byzance: Les sources et les problèmes, Revue d'histoire, 219 (1958), 33–74, 254–84

idem, The Agrarian History of Byzantium. From the Origins to the Twelfth Century, Galway 1979

Lenel, Otto, Das Edictum perpetuum: ein Versuch zu seiner Wiederherstellung, 3e verb. Aufl., Leipzig 1927

Leontovič, Fedor Ivanovič, O metode naučnyh issledovanij i o glavnejših napravlenijah v nauke istorii russkogo prava (Zadružno-obŝinyj harakter političeskogo byta drevnej Rossii) [On the Method of Scientific Research and the Main Directions in the Science of the History of Russian Law (Co-operative Character of Political Life in Ancient Russia)], Žurnal Ministerstva narodnogo prosveŝenija, 173 (1874), 225 (1874), 174, 120 i 194, http://www.runivers.ru/lib/book7643 (01.05.2024)

Lipšic, Elena Èmmanuilovna, Vizantijskoe krest'janstvo i slavjanskaja kolonizacija [Byzantine Peasantry and Slavic Colonisation], Vizantijskij sbornik, Moskva 1945, 96–143

idem, Slavjanskaja obŝina i eë rol' v formirovanii vizantijskogo feodalizma [The Slavic Co-operative and its Role in the Emergence of Feudalism], Vizantijskij vremennik, 1 (1947), 144–163

Maine, Henry Sumner, Dissertations on Early Law and Custom 1822–1888, London 1861

Muromcev, Sergej Andreevič, Očerki obŝej teorii graždanskogo prava [Essays on the Theory of Civil Law], Moskva 1878

Oikonomides, Nicolas, Terres du fisc et revenu de la terre aux Xe-XIe siècles, in: Kravari, Vassiliki/Lefort, Jacques/Morrisson, Cécile (Hrsg.), Hommes et richesses dans l'Empire byzantin, vol. 2, VIIIe–XVe siècle, Paris 1991, 321–337

Ostrogorsky, Georgije, Pour l'histoire de la féodalité byzantine, Brussels 1954

idem, Quelques problèmes d'histoire de la paysannerie byzantine, Brussels 1956

idem/Miakotine, Hélène, La commune rurale byzantine: Loi agraire – Traité fiscal – Cadastre de Thèbes, Byzantion, 32, 1 (1962), 139–166

Părvanov, Petăr, Slavjanin v rodinata si, bălgarin v čužbina. Biografija na Stefan Bobčev [Slavic in His Home Country, Bulgarian Abroad. Biography of Stefan Bobchev], Sofija 2019

Perozzi, Silvio, Istituzioni di diritto romano, Firenze 1906–1908

Pictet, Adolphe, Les origines indo-européennes ou les Aryas primitifs: essai de paléontologie linguistique, Paris 1859

Rabel, Ernst, Grundzüge des römischen Privatrechts. Enzyklopädie der Rechtswissenschaft in der systematischen Bearbeitung, 7. Aufl., München/Leipzig 1915

Rudokvas, Anton Dmitrievič, Sergej Andreevič Muromcev i ego kniga «Graždanskoe pravo, Drevnego Rima», predislovie [Sergei Andreyevich Muromcev and His Book "The Civil Law of Ancient Rome", Preface], S. A. Muromcev, Graždanskoe pravo, Drevnego Rima, Moskva 1886 [S. A. Muromcev, The Civil Law of Ancient Rome, Moscow 1886], Moskva 2003

Savigny, Friedrich Carl v., System des heutigen römischen Rechts, vol. I., Berlin 1840

Sergeevič, Vasilij Ivanovič, Zadača i metoda gosudarstvennyh nauk [Task and Method of governmental sciences], Moskva 1871

Stein, Ludwig, Die soziale Frage im Lichte der Philosophie. Vorlesungen über Socialphilosophie und ihre Geschichte, Stuttgart 1897

Thaine, Hippolyte, Le positivisme anglais. Étude sur Stuart Mill, Bristol 1864

Venedikov, Petko, Spomeni [Memories], Sofija 2003

Windscheid, Bernhard, Lehrbuch des Pandektenrechts, 5. Aufl., Stuttgart 1879

idem, Die Aufgaben der Rechtswissenschaft, Leipziger Rektoratsrede, Leipzig 1884

Zachariä v. Lingenthal, Karl Eduard, Geschichte des griechisch-römischen Rechts, 2. verb. erw. Aufl., Berlin 1877

Ziber, Nikolaj Ivanovič, Sravnitel'noe izučenie pervobytnogo prava [Comparative Study of Primitive Law], Juridičeskij vestnik, 16, 5–6 (1884), 3–73; 17, 11 (1884), 385–411

Methodenwechsel durch Generationenwechsel – Romanistik an der estnischen Universität zu Tartu

Hesi Siimets-Gross/Marju Luts-Sootak[1]

ABSTRACTS

The Republic of Estonia was founded on the ruins of the Russian Empire in the final phase of the First World War. The traditional University of Dorpat was reopened as an Estonian national university in Tartu in 1919. As there were no qualified Estonians for the professorship of Roman law, the chair was given to German scholars, from 1920 to 1925 to Wilhelm Seeler and from 1927 to 1934 to David Grimm. It was not until 1934 that an Estonian – Ernst Ein – attained the chair of Roman law, which he held with a brief interruption in the Soviet year 1940/41 until his emigration in 1944. Between these romanists of two generations one can recognise a change of method: Seeler and Grimm who had been educated in the Russian Empire and at the Roman Law Seminar for Russian Fellows at the University of Berlin, remained faithful to the method of pandectist studies. Ein, an Estonian student at the University of Tartu, continued his studies in Italy and became a convinced representative of his Italian professor Pietro Bonfante's "naturalistic-evolutionist method". Ein also participated in the "hunt" for interpolations despite belonging to the more moderate wing. When Grimm and Ein participated in the political and legal debates concerning the recodification of private law in Estonia, the fundamental differences became apparent again – Grimm advocated the pandectist solutions for the new code of Estonia, Ein opposed them. Instead, Ein suggested to either adopt the French-Italian Code of Obligations or to use the Italian reform proposals as much as possible.

Republika Estonii powstała na gruzach Cesarstwa Rosyjskiego w końcowej fazie pierwszej wojny światowej. Mający długą tradycję Uniwersytet w Dorpadzie został otwarty ponownie w roku 1919 jako estoński uniwersytet narodowy w Tartu. Z uwagi na to, że nie było Estończyków mających kwalifikacje do objęcia profesury prawa rzymskiego, katedra ta należała do Niemców, od roku 1920 do 1925 do Wilhelma Seelera, a w latach 1927–1934 do Davida Grimma. Dopiero w roku 1934 Estończyk Ernst Ein objął katedrę prawa rzymskiego, którą kierował, z krótką przerwą w okresie okupacji sowieckiej 1940/41, do czasu swej emigracji w roku 1944. Co do tych romanistów dwóch generacji widoczna jest zmiana metody. Seeler i Grimm, wykształceni w carskiej Rosji i na prowadzonym w Berlinie Seminarium Prawa Rzymskiego dla stypendystów z Rosji, pozostali wierni metodzie pandektystycznej. Ein, estoński student Uniwersytetu w Tartu kontynuował studia we Włoszech, gdzie stał się zwolennikiem metody „naturalistyczno-ewolucjonistycznej" w kształcie właściwym dla profesora Pietro Bonfante. Podejmował „polowanie" na interpo-

---

[1] Die Forschungen zur vorliegenden Abhandlung wurden von der estnischen Wissenschaftsagentur (Forschungsprojekt IUT20–50) finanziell unterstützt.

lacje w stylu łagodnego nurtu badań interpolacjonistycznych. Grimm i Ein uczestniczyli w polityczno-prawnych dyskusjach poświęconych rekodyfikacji prawa prywatnego w Estonii. Także tu była między nimi istotna różnica. Grimm był zwolennikiem rozwiązań pandektystycznych w nowym estońskim kodeksie. Ein był temu raczej przeciwny. Nadto proponował przyjęcie francusko-włoskiego projektu prawa zobowiązań albo wykorzystania włoskich projektów reform.

I. Einführung

Die Neueröffnung der Universität Tartu, der einzigen Universität im damaligen Estland, fand schon während des estnischen Unabhängigkeitskrieges (1918–1920)[2] statt. Von 1710 bis 1917 hatte Estland zusammen mit den anderen „baltischen Ostseeprovinzen" dem russischen Reich angehört. Die im Jahr 1802 wiedereröffnete baltische Landesuniversität zu Dorpat (estn. Tartu) hatte bis 1892 als eine deutsche Universität im russischen Reich fungiert, wurde dann aber russifiziert, begleitet von der Umbenennung der Stadt in Jurjew. In der Republik Estland sollte die Unterrichtssprache an der Universität Estnisch werden. Bis zur Neueröffnung der Universität im Jahr 1919 gab es freilich höchstens 250 akademisch ausgebildete estnische Juristen,[3] darunter kaum wissenschaftlich Graduierte. Deshalb war die Besetzung der Stellen schwierig. Da der Krieg noch andauerte, gab es auch nur wenige Studenten. Weil die Kapazitäten und Möglichkeiten der Eröffnung der Universität so knapp waren, wurde beschlossen, dass die bisherigen Studienpläne der Universität aus der Zarenzeit weitergelten bzw. nur geringfügig geändert werden sollten.[4] Dies galt auch für den Unterricht in den romanistischen Fächern an der Juristenfakultät.[5]

---

[2] Siehe zur estnischen Geschichte im Zusammenhang mit derjenigen von anderen baltischen Staaten *Angermann/Brüggemann,* Geschichte der baltischen Länder, 2018; zum Unabhängigkeitskrieg 242–250. Aus der rechtshistorischen Perspektive: *Anepaio,* in: Giaro (Hrsg.), Modernisierung durch Transfer zwischen den Weltkriegen, 2007, 7–30. Das neueste Übersichtswerk zu der Geschichte der baltischen Staaten, das u. a. eine historiographische Einleitung hat: *Brüggemann/Tuchtenhagen/Wilhelmi* (Hrsg.), Die Staaten Estland, Lettland und Litauen, 2020.

[3] *Luts-Sootak,* in: Luts-Sootak/Osipova/Schäfer (Hrsg.), Einheit und Vielfalt in der Rechtsgeschichte im Ostseeraum, 2012, 135 (136 f.); auf Estnisch *Anepaio,* Kohtunikud, kohtu-uurijad ja prokurörid 1918–1940. Biograafiline leksikon, 2017, 16.

[4] *Põld,* Tartu Ülikool 1918–1929. Ülevaade Eesti Ülikooli kujunemisest tema esimesel aastakümnel, 1929, 98.

[5] Über die Reformen der Lehre des römischen Rechts in den russischen Universitäten inkl. der Universität Tartu (seinerzeit Jurjew) siehe *Avenarius,* Fremde Traditionen des römischen Rechts. Einfluss, Wahrnehmung und Argument des „rimskoe pravo" im russischen Zarenreich des 19. Jahrhunderts, 2014, 325–454. Speziell zur Universität Dorpat/Jurjew s. *Anepaio,* in: Pokrovac (Hrsg.), Juristenausbildung in Osteuropa bis zum Ersten Weltkrieg, 2007, 391–425 und *Luts-Sootak,* ebenda, 357–390; *Luts-Sootak,* ZfO, 58 (2009), 357 (376 f.).

An der Universität Tartu gab es in der ersten Periode des unabhängigen estnischen Staats von 1919 bis 1940 zwei Pflichtfächer zum römischen Recht: die Geschichte des römischen Rechts als Einführung (dazu gehörten auch die fakultativen Quellenübungen) und das System des römischen Rechts als Vertiefungsfach. Beide wurden jedes Semester angeboten, doch das ganze Jahr hindurch gelehrt.[6] In den Jahren 1920 bis 1934 gab es im Studienplan vier Wochenstunden römische Rechtsgeschichte, 1934 bis 1940 waren es vier Stunden zusammen mit praktischen Übungen in der römischen Rechtsgeschichte anhand der Quellen. Das System oder Dogma[7] des römischen Rechts wurde in sechs Wochenstunden gelehrt.[8] Der Besuch der Vorlesungen war nicht obligatorisch, aber es sollte eine Teilprüfung zu jedem Fach abgelegt werden.[9] Zusätzlich konnte man an den fakultativen „praktischen Übungen" anhand der Quellen sowohl in der römischen Rechtsgeschichte als auch im System des römischen Rechts teilnehmen.[10] Um in die Juristenfakultät aufgenommen zu werden, mussten die Bewerber Kenntnisse des Lateinischen als dritte Fremdsprache nach Russisch und Deutsch (die früher die offiziellen Sprachen auf der Provinzialebene waren) vorweisen oder eine entsprechende Zulassungsprüfung ablegen.

Für die Erörterung des Methodentransfers wird in diesem Aufsatz nur das Kernfach der romanistischen Studien, das System des römischen Rechts, betrachtet. Mit der Ausgestaltung der Geschichte des römischen Rechts und der Übungen dazu hat sich Siimets-Gross in einem früheren Aufsatz beschäftigt.[11] Hier soll dem Transfer der Lehr- und Forschungsmethoden durch die verschiedenen Romanistengenerationen nachgegangen werden. Eine Abwendung von der Methode der deutschen Pandektenwissenschaft in die Richtung der „modernen" Methoden der italienischen Romanistik kam in Estland durch das Wirken eines estnischen Schülers des italienischen Romanisten Pietro Bonfante, Ernst Ein (1898–1956), zustande (dazu III.). Um die Reichweite seiner Neuerungen klarer aufzuzeigen, wird zunächst in Teil II. das Werk und Wirken seiner Vorgänger auf der Professur des römischen Rechts, Karl Wilhelm von Seeler und David Grimm, umrissen.

---

[6] Tartu Ülikool sõnas ja pildis, 1919–1932, 1932, 43.
[7] Zur Etablierung des Konzeptes „Dogma des Römischen Rechts" im Zarenreich s. näher *Avenarius*, Fremde Traditionen, op. cit., 372–375; ausführlicher *Avenarius,* in: Haferkamp/Repgen (Hrsg.), Wie pandektistisch war die Pandektistik?, 2017, 35–50.
[8] Das Vorlesungs- und Praktikumsverzeichnis der Universität Tartu 1920–1940.
[9] TÜ Nõukogu protokollid, Estnisches Nationalarchiv (folgend: NA) EAA.2100.4.10, 150.
[10] Vorlesungs- und Praktikumsverzeichnis der Universität Tartu 1920–1940. Eingehend zur Lehre des römischen Rechts *Siimets-Gross,* in: Eckert/Modéer (Hrsg.), Juristische Fakultäten und Juristenausbildung im Ostseeraum, 2005, 342–365.
[11] Ebenda.

II. Lehre des „Systems des römischen Rechts" bis Ernst Ein – Fortsetzung der bisherigen Tradition

1. Karl Wilhelm von Seeler (1861–1925)

Obwohl es das Ziel der estnischen Nationaluniversität war, auf Estnisch zu lehren, war dies im damaligen romanistischen Kernfach, System des römischen Rechts, für viele Jahre nicht möglich. Es gab nämlich keine Esten, die eine entsprechende Qualifikation hatten. So wurden Kandidaten aus anderen Ländern angeworben. Erfolg hatte man hiermit zunächst bei Karl Wilhelm von Seeler, der schon das 60. Lebensjahr erreicht hatte. Bei seiner Ernennung zum Professor des römischen Rechts bekam Seeler die Erlaubnis, auf Russisch zu unterrichten.[12] Im Vorlesungsverzeichnis waren seine Vorlesungen allerdings auf Deutsch angekündigt und wahrscheinlich wurden sie auch auf Deutsch abgehalten; sein Lehrbuch zum System des römischen Rechts (1924) war gleichfalls auf Deutsch verfasst. Seeler bekleidete die Professur in Tartu offiziell ab 1920 (in Tartu war er allerdings ab Mai 1921, da er erst dann die Ausreiseerlaubnis aus Russland bekam) bis zu seinem Tod im Oktober 1925.

Seeler hatte früher sowohl Professuren im Russischen Reich, darunter in Dorpat/Jurjew, als auch in Deutschland bekleidet. Nachdem er das Russische Seminar für römisches Recht in Berlin von 1887 bis 1890 besucht und an der Universität Dorpat den Magistergrad erworben hatte, wurde er zunächst von 1891 bis 1894 besoldeter Privatdozent in Dorpat/Jurjew[13] und danach in Char'kov (= Charkiv), wo er nach der Erlangung des Doktorgrades 1895 zum außerordentlichen Professor gewählt wurde. Er bekleidete die Professur des römischen Rechts in Kiew von 1896 bis 1901 (außerordentlich bis 1898) und gleichfalls außerordentlich ebenjene in Berlin von 1901 bis 1912. Damit war er neben Paul Sokolowski[14] – Deutschbalte wie auch Seeler – einer der zwei Berliner Seminaristen, die eine Zeit lang auch in Berlin arbeiteten.[15] Ab 1908

---

[12] NA EAA.2100.2a.28, 1. Das Vorlesungs- und Praktikumsverzeichnis der Universität Tartu 1921. Es war kein Einzelfall – mehrere Lehrkräfte durften auf Russisch oder Deutsch unterrichten.

[13] *Kolbinger*, Im Schleppseil Europas? Das russische Seminar für Römisches Recht bei der juristischen Fakultät der Universität Berlin in den Jahren 1887–1896, 2004, 146 gibt diese Berufsstation von Seeler nicht an. Sonst kann man sich dort zu Seelers Werdegang recht gut informieren. Kolbingers Werk ist die umfassendste Darstellung des Berliner Seminars, an dem die künftigen Lehrkräfte des römischen Rechts für die Universitäten des russischen Reichs ausgebildet wurden. S. dazu würdigend, aber auch korrigierend und ergänzend, die Rezensionen von *Avenarius*, SZ (GA), 122 (2005), 789–794 und *Luts-Sootak*, Forschungen zur baltischen Geschichte, 3 (2008), 290–294. Zusammenfassend zum Seminar auch *Avenarius*, Fremde Traditionen, op. cit., 329–354 (m. w. N. 330, Fn. 25).

[14] Nur ein Jahr älter als Seeler war Paul Ernst Emil Sokolowski (1860–1934), der 1919 Justizminister in Estlands Nachbarland Lettland geworden war und hier noch einige Male genannt wird. Zu seinem Lebenswerk s. näher m. w. N. *Avenarius*, Fremde Traditionen, op. cit., 342 f.

[15] S. näher zu beiden: *Kolbinger*, Im Schleppseil Europas?, op. cit., 145–147.

übernahm Seeler von Sokolowski in Berlin das etatmäßige Extraordinariat. Nach Angaben seines späteren estnischen Kollegen, Jüri Uluots, hatte Seeler in Berlin neben dem römischen Recht auch Vorlesungen zum schweizerischen ZGB und zum deutschen BGB[16] gehalten.[17] Für eine kurze Zeit, 1912–1913, war Seeler wieder in Jurjew – diesmal als Professor für die baltischen Privatrechte[18] – und danach von 1913 bis 1916 an der Universität St. Petersburg. Nach dem Ausbruch des Ersten Weltkrieges gerieten die deutschen Professoren in der Hauptstadt St. Petersburg unter Druck und der Minister der Volksaufklärung sah sich gezwungen, Seeler im Jahr 1916 nach Sibirien an die Universität zu Tomsk zu versetzen. Nach der Februarrevolution wurde er vollständig aus dem Amt entlassen. Nachdem er von April bis Mai 1917 in Tomsk ohne Mitteilung eines Grundes in Haft war, kehrte er zurück nach Petrograd – die Stadt war schon umbenannt – und wirkte dort bis zu seinem Umzug nach Tartu als Privatgelehrter und aktives Mitglied der deutschen (Kirchen-)Gemeinde.[19] In Wikipedia-Artikeln ist er für das Jahr 1920 unter den Lehrkräften der Universität Sapienza in Rom genannt.[20] Dies wäre zwar zeitlich möglich gewesen – da er nach eigenen Angaben nicht früher als im März 1921 die Erlaubnis zur Ausreise aus Russland erhielt, war er erst im Frühjahr 1921 nach Tartu gezogen. Es ist aber unwahrscheinlich, dass er zuvor noch ohne Ausreiseerlaubnis in Rom war. Weder sein handschriftlicher Lebenslauf[21] noch die Nachrufe der estnischen Kollegen[22] oder Lexikonartikel im Baltischen Biographischen Lexikon[23] erwähnen Rom als eine seiner Lebensstationen. So ist davon auszugehen, dass er doch unmittelbar von Petrograd nach Tartu zog.

Seelers Werke, auch zum römischen Recht, sind nicht besonders zahlreich.[24] Vor allem bestanden sie in den obligatorischen Inaugurationsschriften. Seine Ab-

---

[16] Zum deutschen BGB hat er auch mehrfach publiziert, u. a. die längere Abhandlung „Das Miteigentum nach dem Bürgerlichen Gesetzbuch für das deutsche Reich", die 1899 in Halle erschien und ihm sehr wahrscheinlich den Weg nach Berlin ebnete.

[17] *Uluots,* Õigus, 7 (1925), 161 (162). Den Unterricht zum BGB erwähnt auch Kolbinger.

[18] Es galten in den baltischen Provinzen Est-, Liv- und Kurland territorial wie ständisch unterschiedliche Privatrechtsordnungen und so war auch die Lehrstuhlwidmung im Plural. Zu der Rechtsvielfalt des einheimischen Privatrechts s. näher *Luts-Sootak,* in: Pokrovac (Hrsg.), Rechtsprechung in Osteuropa. Studien zum 19. und frühen 20. Jahrhundert, 2012, 269–282.

[19] Seeler, C. W. Curriculum vitae. UB Tartu, Handschriftenabteilung, Bestand 93 (Leo Leesment), Akte 238 (unpaginiert).

[20] Hochschullehrer (Universität Sapienza), https://tinyurl.com/5n92tu66 (01.05.2024); Seeler, https://de.wikipedia.org/wiki/Wilhelm_von_Seeler (01.05.2024).

[21] Der handschriftliche Lebenslauf ist in erster Person, aber von verschiedenen Händen geschrieben, und am Ende steht die Anmerkung „Gestorben am 27. Oktober 1925 in Dorpat".

[22] *Leesment,* SZ (RA), 47 (1927), 582–583; *Uluots,* Õigus, 7 (1925), 161–163.

[23] Baltisches biographisches Lexikon digital, https://bbld.de/0000000061419244 (01.05.2024).

[24] S. das Schriftenverzeichnis in *Kolbinger,* Im Schleppseil Europas?, op. cit., 300 f. Es fehlt allerdings ein rechtsdogmatischer Aufsatz zum § 395 BGB, der 1899 im Archiv für bürgerliches Recht (Bd. 15, 104–113) erschien.

schlussarbeit am Berliner Seminar aus dem Sommersemester 1890 hieß „Über den Begriff und die Voraussetzungen des Verfalls der Pönalstipulation nach dem römischen Recht".[25] Im Jahr 1891 erwarb er mit der Abhandlung „Zur Lehre von der Conventionalstrafe nach römischem Recht" (Halle 1891) an der Universität Dorpat den Magistergrad. In Kiew verteidigte Seeler 1895 seine Doktordissertation „Die Lehre vom Miteigentum nach Römischem Recht"[26]. Aus seinem romanistischen Werk existiert noch eine Rezension zu Sokolowskis Abhandlung über den Vertrag der Gesellschaft und ein relativ kurzer Aufsatz „Das publicianische Edikt. Ein neuer Reconstructionsversuch"[27]. Neben einigen Schriften zum deutschen bürgerlichen Recht veröffentlichte er auch eine längere Arbeit zum Entwurf des russischen Zivilgesetzbuchs von 1905.[28] Aus seiner Tartuer Wirkungsperiode wurden die Vorlesungsnachschriften zur Rechtsgeschichte Estlands auf Deutsch und Russisch mimeographiert herausgegeben.[29]

Hier ist vor allem sein römischrechtliches Lehrbuch von Interesse. Seelers „Das System des römischen Privatrechts. Grundriss der Vorlesungen" (Tartu 1924) stand in der Tradition der deutschen Pandektenlehrbücher, von denen Seeler selbst die „Pandekten" von Dernburg besonders hervorhob. Heinrich Dernburg gehörte neben Ernst Eck und Alfred Pernice zu den Hauptlehrern am Berliner Seminar[30] und hatte unter den Schülern einen bleibenden Eindruck hinterlassen. Seeler hielt Dernburgs Pandektenlehrbuch für wertvoll, weil es sowohl die historische Entwicklung einzelner Rechtsinstitute als auch deren dogmatischen Inhalt behandle.[31] Bei der Erläuterung der Institute, die es auch in der geltenden baltischen Privatrechtskodifikation (Liv-, Est-, und Kurländisches

---

[25] *Avenarius,* Fremde Traditionen, op. cit., 341.

[26] Auf Russisch; auf Deutsch erschien die Arbeit in Halle 1896.

[27] *Seeler,* SZ (RA), 21 (1900), 58–61.

[28] *Seeler,* Der Entwurf des Russischen Zivilgesetzbuches, 1911. S. dazu im Kontext der übrigen zeitgenössischen Zivilistik *Avenarius,* Fremde Traditionen, op. cit., 524–530.

[29] *Seeler,* Estländische Rechtsgeschichte: Grundriss. Nach den Vorlesungen von Prof. W. Seeler, 1923; *ders.,* Eestimaa õigus (wene keeles). Prof. Seeleri programmile wastawalt kokkuseadnud Tartu ülikooli juura üliõpilased, 1923.

[30] Zu dem ganzen Lehrkörper des Seminars, dabei Dernburg gleichfalls besonders hervorhebend, s. *Kolbinger,* Im Schleppseil Europas?, op. cit., 101–113; *Avenarius,* Fremde Traditionen, op. cit., 332–334.

[31] *Seeler,* Das System des römischen Privatrechts. Grundriss der Vorlesungen, 1924, 2. Er hatte folgende Ausgabe benutzt: *Dernburg,* Pandekten. Allgemeiner Theil und Sachenrecht, I. Bd., 1892; Pandekten. Obligationenrecht, II. Bd., 1892; Pandekten. Familien- und Erbrecht, III. Bd., 1894. Für die Studenten in Estland, die in der unmittelbar vorausgegangenen Zarenzeit in der Schule auf Russisch unterrichtet worden waren, sollte Dernburgs Werk auch deshalb relativ gut zugänglich sein, weil es ins Russische übersetzt worden war. Seelers Mitseminarist Sokolowski hatte zusammen mit seinen Studenten den obligationenrechtlichen Teil ins Russische übersetzt (erschienen 1900). Zu den späteren russischen Auflagen s. *Avenarius,* Fremde Traditionen, op. cit., 382 f. Auch der sachenrechtliche Teil, I. Bd., war übersetzt und erschien im Jahr 1906 schon in der 6. Auflage. Ebenda, 389. Nach Angaben von Kolbinger wurden alle drei Bände von Dernburgs Pandekten ins Russische übersetzt, vgl. *Kolbinger,* Im Schleppseil Europas?, op. cit., 182.

Privatrecht;³² hier folgend LECP) gab, verwies Seeler auf die entsprechenden Artikel des LECP, um „die praktische Bedeutung des römischen Rechts für die bei uns geltenden Gesetze dem Leser schon hier zum Bewusstsein zu bringen". Da viele Institute des LECP einen römischen Ursprung hatten, betonte Seeler: „Gemäss den besonderen Verhältnissen unseres Landes müssen wir das Hauptgewicht auf den dogmatischen Inhalt des *corpus juris* legen."³³

Der Gesamtaufbau von Seelers Grundriss folgte Dernburgs Vorbild – nach „Allgemeinen Lehren" kommen Sachenrecht, dann Obligationenrecht, danach Familien- und Erbrecht. Obwohl dies fast dem fünf-Bücher-System des BGB entsprach, gibt es auch einen gravierenden Unterschied – im BGB steht das Schuldrecht vor dem Sachenrecht.³⁴ Im Aufbau der einzelnen Materien folgte Seeler in seinem Lehrbuch hauptsächlich den „Pandekten" von Dernburg. Die Behandlung der Beendigung bzw. Aufhebung (so Seeler) der Obligationen gehört gewöhnlich zu den allgemeinen Lehren der Obligationen – wie auch im LECP –, in Seelers Lehrbuch wurde die Aufhebung der Obligationen aber nach allen einzelnen Vertrags- und Obligationenarten behandelt – wie in den „Pandekten" Dernburgs.³⁵ Abweichend von Dernburg und vom LECP behandelte Seeler das Eigentum vor dem Besitz. Ebenso wurde die Intestaterbfolge bei Dernburg nach der testamentarischen Erbfolge behandelt, bei Seeler aber davor (möglicherweise nach dem Aufbau des LECP).³⁶

Seeler behandelte die Institute des römischen Rechts in seinem Sinne dogmatisch, d. h. aus dem Standpunkt des „heutigen" und nicht des antiken römischen Rechts. So werden Patronat und Sklaverei (außer der Rechtsposition der Sklaven als Sache) als „ausgestorbene" Rechtsinstitute nicht erörtert. Im Familienrecht konnte er freilich die historische Entwicklung und z. B. die *patria potestas* nicht vermeiden. Bei der historischen Sacheneinteilung in die *res mancipi – nec mancipi* hat Seeler aber nur angemerkt, dass diese „in die Rechtsgeschichte gehört".³⁷

Auch nach dem Tod Seelers im Jahr 1925 war es schwer, die Professur des römischen Rechts in Tartu zu besetzen. Obwohl auf den Lehrstuhl offiziell ein

---

[32] Provincialrecht der Ostseegouvernements. Dritter Theil. Privatrecht. Liv-, Est- und Curlaendisches Privatrecht. Zusammengestellt auf Befehl des Herrn und Kaisers Alexander II. St. Petersburg 1864. Zu den eigenartigen Zielsetzungen des LECP: *Luts,* Rechtstheorie, 31 (2000), 383–393; zu der Stellung unter den zeitgenössischen Privatrechtskodifikationen *Luts-Sootak,* in: FS Wilhelm Brauneder, 2019, 219–243.
[33] *Seeler,* Das System, op. cit., 2. Eingehend zum Verhältnis von LECP und römischem Recht *Siimets-Gross,* Das „Liv-, Est- und Curlaendische Privatrecht" (1864/65), 2011; s. auch *Luts-Sootak,* in: Zeitschrift für Ostmitteleuropa-Forschung, 58 (2009), 357–379.
[34] Zur Reihenfolge der zwei Bücher im BGB s. näher *Michaels,* in: Schmoeckel/Rückert/Zimmermann (Hrsg.), HKK, Bd. II/1, 2007, 1 (17–20).
[35] *Seeler,* Das System, op. cit., 142–144, *Dernburg,* Pandekten I–III, s. jeweils Inhaltsverzeichnis.
[36] *Seeler,* Das System, op. cit., 142, 144, *Dernburg,* Pandekten I, XIII–XIV; Pandekten III, V–X.
[37] *Seeler,* Das System, op. cit., 12.

Este berufen werden sollte,[38] gab es keine Bewerber. Von den ausländischen Kandidaten hatten zwei ihre Bewerbung selbst zurückgezogen, von den übrigen drei wurde aber keiner gewählt – man hielt ihre Qualifikation für ungenügend.[39] Da die obligatorischen Fächer aber zu unterrichten waren, hielt der Professor für Zivilrecht und -prozess, Igor Tjutrjumov (1855–1943), die Vorlesungen zum System des römischen Rechts von Anfang 1926 bis Ende 1927[40] auf der Basis eines Lehrauftrags.[41]

2. David Grimm (1864–1941)

Im Jahr 1927 wurde schließlich David Johann Friedrich Grimm[42] zum Professor des römischen Rechts an der Universität Tartu gewählt und nahm den Ruf auch an. Dabei wurde ihm – gleich wie früher Seeler und anderen Ausländern – erlaubt, auf Russisch oder Deutsch zu lehren. Grimm hatte von 1881 bis 1885 an der Universität St. Petersburg studiert und war anschließend zeitgleich mit Seeler (1887–1889) Stipendiat des Russischen Seminars in Berlin. Grimm gehörte zu den besten Seminaristen. Das Seminar schloss er mit der Abhandlung „Zur Lehre vom Wesen und von den Rechtsfolgen der Bereicherung" ab.

Im Jahr 1889 wurde er besoldeter Privatdozent an der damals noch so bezeichneten Universität Dorpat, wo sein Onkel, Ottomar Meykow (1823–1894), Professor des römischen Rechts seit 1859, gerade als Rektor wirkte. Grimm hielt die Vorlesungen zur römischen Rechtsgeschichte und zum System des römischen Rechts. 1891 wechselte er nach St. Petersburg an die Kaiserliche Rechtsschule. Aufgrund seiner Berliner Studien hatte er 1893 mit der Abhandlung „Beiträge zur Lehre von der Bereicherung" (diesmal auf Russisch) an der Universität

---

[38] Beschluss des Universitätsrates vom 28.05.1926, § 1: Die Fakultäten sollen die Lehrstühle innerhalb eines halben Jahrs mit Einheimischen (estnischen Staatsbürgern) besetzen, § 5: Wenn dies nicht gelingt, wird die Bewerbung auf die Stellen frei und es soll sowohl im Aus- als auch Inland mitgeteilt werden. NA EAA.2100.10.49, 11.

[39] NA EAA.2100.10.56, 2.

[40] *Põld,* Tartu Ülikool 1918–1929, 10.

[41] Zu dem ehemaligen Ober-prokuror der Zweiten Abteilung des Dirigierenden Senats – des obersten Gerichtshofs – des Russischen Reichs, der von 1920 bis zu seinem Ruhestand ab 1938 als Professor an der Juristenfakultät zu Tartu wirkte, gibt es eingehendere Literatur nur auf Russisch: *Šor,* in: Bojkov/Bassel' (Hrsg.), Russkie v Estonii na poroge XXI veka: prošloe, nastojaščee, buduščee (sbornik statei), 2000, 185 f.; *dies.,* Raduga, 1 (2003), 91–97; *Karcov,* in: Tjutrjumov (Hrsg.), Zakony graždanskije s razjasnenijami Pravitel'stvujuščego Senata i kommentarijami russkich juristov, 2004, 11–66; *Šilochvost,* Russkie civilisty: seredina XVIII – načalo XX vv.: Kratkii biografičeskij slovar', 2005, 148–149.

[42] Auf Russisch als David Davidovič Grimm. Zu Grimms akademischer und politischer Karriere in Russland s. *Kolbinger,* Im Schleppseil Europas?, op. cit., 149, 192, 197, 205; m. w. N. auch *Avenarius,* Fremde Traditionen, op. cit., 336 f., 358, 581; von den zeitgenössischen estnischen Kollegen *Ein,* Õigus, 6 (1934), 283–288; detailliert *Tomsinov,* in: Grimm, Lekcii po dogme rimskogo prava, 2003, 21–38.

St. Petersburg den Magistergrad erworben. Anschließend wurde er 1894 an derselben Universität Privatdozent und 1899 außerordentlicher Professor des römischen Rechts. Seine Dissertation zum Thema „Grundlagen der Lehre vom Rechtsgeschäft" verteidigte er 1900 und wurde 1901 an der Universität St. Petersburg schon ordentlicher Professor und bald Dekan der juristischen Fakultät. In den Jahren 1910 und 1911 war er Rektor der Universität. Neben seiner Lehrtätigkeit an der Universität unterrichtete Grimm an weiteren Lehranstalten in St. Petersburg.[43] Als in Russland nach der Revolution von 1905 ein Parlament – Staatsduma – errichtet wurde, gehörte Grimm als eine der Hauptfiguren der Konstitutionellen Demokraten (Ka-De-tten) dessen Oberhaus (Staatsrat) an.[44] Er hatte sich für die Liberalisierung und Modernisierung des russischen Reichs eingesetzt[45] und galt in der Bildungspolitik als ein vehementer Verfechter der akademischen Freiheit.

Grimm geriet 1913 in einen Konflikt mit dem damaligen russischen Bildungsminister Leon Casso/Lev Kasso[46], in dessen Folge er an die Universität Char'kov versetzt werden sollte, wo er allerdings ebenfalls eine Stelle als ordentlicher Professor erhalten sollte. Er blieb jedoch in St. Petersburg, um seine Tätigkeit als Mitglied der Staatsduma fortzusetzen.[47] Wegen dieses Ungehorsams wurde er 1914 aus dem Professorenamt entlassen. Nach der Februarrevolution wurde Grimm erneut zum Professor an der Universität Petrograd gewählt und zum „ausgedienten" Professor ernannt. Im Herbst 1919 wurde Grimm für ca. zwei Monate von Bolschewiki verhaftet. Danach flüchtete er 1920 nach Helsinki (Finnland) und setzte dort sowohl seine Forschungen als auch die politischen Aktivitäten unter den russischen Emigranten fort. Nachdem er die Hoffnung auf die Wiederherstellung der (parlamentarischen) Monarchie in Russland aufgegeben hatte, zog er nach Westen – zunächst nach Paris und dann nach Berlin. Von da aus wechselte er nach Prag, wo die Emigranten eine russische Juristenfakultät errichteten.[48] Von 1922 bis zu ihrer Schließung 1926 war Grimm dort Professor des römischen Rechts und seit 1924 Dekan der Fakultät.

Nachdem diese Anstalt in Prag geschlossen wurde, sollte der Ruf der Universität Tartu für den 62-jährigen David Grimm noch gerade rechtzeitig kommen.

---

[43] S. näher *Avenarius*, Fremde Traditionen, op. cit., 358.

[44] Über die Tätigkeit in der Staatsduma hat er Erinnerungen hinterlassen: *Grimm*, Vospominanija: iz žizni Gosudarstvennogo soveta 1907–1917 gg., 2017.

[45] S. näher m. w. N. *Avenarius*, Fremde Traditionen, op. cit., 581.

[46] Der aus bessarabischem Uradel stammende Casso hatte seine Jurastudien gleichfalls im Ausland fortgesetzt, im Unterschied zu Grimm und Seeler aber nicht in Deutschland, sondern in seiner Geburtsstadt Paris. Auch seine akademische Laufbahn brachte ihn von 1892 bis 1895 nach Tartu/Jurjew. Zu seinem Leben und Werk s. *Anepaio*, in: Eckert/Modéer (Hrsg.), Juristische Fakultäten und Juristenausbildung im Ostseeraum, 2005, 313–341, mit einer Bibliografie von Cassos wissenschaftlichem Werk.

[47] Martin Avenarius gibt irrtümlich an, dass Grimm 1913 tatsächlich nach Char'kov gewechselt sei.

[48] Zu dieser Anstalt näher m. w. N. *Avenarius*, Fremde Traditionen, op. cit., 592 f.

Er blieb in Tartu Professor bis zu seiner Emeritierung im Jahr 1934. Grimm hielt hauptsächlich die Vorlesungen zum System des römischen Rechts mit den dazugehörigen Übungen. Nach der Emeritierung blieb er als Privatdozent an der Universität und hielt vertiefende Vorlesungen in Wahlfächern zum römischen Recht: 1935 römisches Vertragsrecht und 1936 römisches Familienrecht (beide ein Semester lang).[49] Die russische Diaspora in der lettischen Hauptstadt Riga war viel größer und lebendiger, was Grimm anzog, sodass er gegen Ende seines Lebens (1940) endgültig zu seinem Sohn nach Riga zog.

Durch sein wissenschaftliches Gesamtwerk gehörte Grimm zu den prominentesten Absolventen des Berliner Seminars.[50] Schon ab 1892/93 hatte er sich durch die Veröffentlichung der Lehrbücher – bezeichnet als „Vorlesungen"[51] – zur Geschichte und zum Dogma des römischen Rechts auf dem Feld der Ausbildungsliteratur etabliert.[52] Indem er damals als Privatdozent in Jurjew/Tartu tätig war, brachte er das Dogma des römischen Rechts „in Verbindung mit dem baltischen Recht" – ähnlich der Vorgehensweise von Seeler. Von den Vorlesungen zur Geschichte des römischen Rechts gibt Florian Kolbinger, der das russische Seminar in Berlin und dessen Absolventen untersucht hat, noch die Ausgabe aus St. Petersburg von 1913/1914 an. Eine weitere, lithographierte Ausgabe ist in fünf Lieferungen 1923–24 in Prag im Verlag der Russischen Juridischen Sektion (*Izdatel'stvo Russkoj Juridičeskoj Sekcij*) erschienen.

Grimms Darstellungen zum Dogma des römischen Rechts waren erfolgreicher und anscheinend auch ihm selbst wichtiger. Im Jahr 1904 hatte er dazu ein Vorgängerwerk in der Gattung des „Kurses" des römischen Rechts veröffentlicht,[53] in dem er, dem Vorbild der Pandektenwissenschaftler folgend,[54] nach einer Einleitung zu Begriff und Quellen vom Dogma des römischen Rechts[55] die „allgemeine Fragen der Rechtstheorie" behandeln wollte; in diesem Fall also erstens das Recht im objektiven Sinn als Lehre der Rechtsnormen und zweitens das Recht im subjektiven Sinn als Lehre der Rechtsverhältnisse und Rechtsinstitute. Im Jahr 1907 wurden die „Vorlesungen zum Dogma des römischen Rechts" in der neuen Fassung, die die zwischenzeitlich erschienenen Einzeldarstellungen

---

[49] Das Vorlesungs- und Praktikumsverzeichnis der Universität Tartu 1934–1940.

[50] S. die Gesamtwürdigung von Kolbinger, wo Grimm den zweiten Platz annimmt: *Kolbinger, Im Schleppseil Europas?*, op. cit., 209–249, speziell zu Grimms Gesamtwerk 224–228.

[51] Zu verschiedenen Gattungen der juristischen Ausbildungsliteratur im damaligen Zarenreich und dem Beitrag der ehemaligen Berliner Seminaristen näher *Kolbinger, Im Schleppseil Europas?*, op. cit., 179–185.

[52] Das Schriftenverzeichnis umfassend 34 Titel von Grimm befindet sich in *Kolbinger, Im Schleppseil Europas?*, op. cit., 264–269. In Kolbingers Liste gibt es Lücken sowohl betreffend Grimms wissenschaftliche und rechtspolitische Produktion aus der St. Petersburger Periode als auch betreffend seine Tartu-Zeit. Vgl. Grimms Schriftenliste von *Ein, Õigus*, 6 (1934), 283 (287f.).

[53] *Grimm, K*urs rimskogo prava, 1904.

[54] So Grimm selbst. A. a. O., 1.

[55] A. a. O. Ebenda, 1–30.

zu den (privat-)rechtstheoretischen Grundsatzproblemen[56] miteinbezog, als zweibändiges Werk veröffentlicht. Davon sind in St. Petersburg 1909 die zweite, 1910 die dritte, 1914 die vierte und 1916 die fünfte Auflage[57] erschienen. Diesen folgte 1918 bzw. 1919 eine weitere Auflage in Kiew.[58] Die fünfte Auflage wurde 1924 in Riga als ein Abdruck ohne Erlaubnis des Verfassers[59] noch einmal herausgegeben. In Riga sollte es für ein solches Lehrbuch einen Markt geben – wie schon erwähnt, hatte sich dort nach der bolschewistischen Oktoberrevolution eine bemerkenswert große russische Diaspora niedergelassen, darunter auch viele Juristen. Zuletzt ist von Grimms Lehrbuch 1927 in Prag noch eine letzte lebenszeitliche Auflage zumindest teilweise[60] erschienen, die der Verfasser als siebente angab, die Rigaer – nicht autorisierte – Ausgabe rechnete er also nicht mit ein.[61] In Tartu hatte Grimm sein Lehrbuch nicht weiter herausgegeben – das russische Publikum war zu klein und die Studenten brauchten vielmehr die Ausbildungsliteratur auf Estnisch. Immerhin ist das Lehrbuch von Grimm bis heute in mehreren Auflagen in der Universitätsbibliothek Tartu vorhanden, und konnte damals von seinen Zuhörern benutzt werden.

Der einleitende Teil zu diesem Lehrbuch ist über alle Auflagen hinweg, den Kurs von 1904 miteingerechnet, gleichgeblieben. Das Verhältnis der Geschichte zum Dogma des Rechts hatte Grimm in der Traditionslinie der deutschen Historischen Rechtsschule und Pandektenwissenschaft bestimmt: die Geschichte des Rechts behandelt Rechtsinstitute diachron in der zeitlichen Folge deren Veränderungen in der Zeit, das Dogma dagegen in der Ordnung ihrer Koexistenz.[62] In seinen Rechtsgeschichtslehrbüchern hatte er, wie auch bei anderen Autoren üblich, vor allem äußere Rechtsgeschichte behandelt.[63] Dass er dabei in der Tat die einzelnen Rechtsinstitute diachron in der zeitlichen Folge ihrer Veränderungen in der Zeit dargestellt hätte, kann man nicht behaupten. Dies ist ohnehin

---

[56] In Kolbingers Liste Nr. 7 über die Verbindlichkeit der juristischen Normen, Nr. 9 über die Rechtsverhältnisse und subjektiven Rechte, Nr. 11 über die zeitgenössische deutsche Rechtsgeschäftslehre, Nr. 14 und 16 über die Rechtssubjekte.
[57] Die von Vladimir Tomsinov betreute Neuauflage in der Reihe „Russische juristische Erbschaft" (*Russkoe juridičeskoje nasledie*) von 2003 basiert auf dieser fünften Auflage.
[58] Ein gibt als Erscheinungsjahr 1918, Kolbinger 1919 an. Wir hatten keinen Zugriff auf diese Auflage.
[59] So *Ein*, Õigus, 6 (1934), 283 (288), vermutlich nach Angaben von Grimm selbst.
[60] In der UB Tartu gibt es nur den ersten Teil mit Einleitung und Allgemeinem Teil. Möglicherweise sind die weiteren Teile des Werkes als separate Lieferungen erschienen, aber uns nicht zugänglich.
[61] *Grimm*, Lekcii po dogme rimskogo prava, 7., verbesserte und ergänzte Auflage, Prag 1927. In Kolbingers Liste fehlen die Ausgaben von Riga und Prag.
[62] *Grimm*, Lekcii po dogme rimskogo prava, 1924, 6 (2003, 44). Wir benutzen hier diese Rigaer Auflage, weil sie uns gut zugänglich ist. Da der Text aber nach einem Vergleich sowohl mit der dritten (St. Petersburg) als auch mit der siebten Auflage (Prag) identisch ist, sollte dies kein Problem darstellen. In Klammern werden die entsprechenden Seitenzahlen in der Neuauflage von 2003 angegeben.
[63] *Grimm*, Lekcii po istorii rimskogo prava, 1892; 1903; 1913/1914; 1923.

vielmehr eine Aufgabe der wissenschaftlichen Dogmengeschichte und weniger für die Unterweisung von Studenten zu Beginn des Rechtsstudiums geeignet. Bei Grimms Lehrbuch der römischen Rechtsgeschichte ist aber auffallend, dass er in dem zweiten Kapitel über die Einteilung des Römischen Rechts in *ius publicum* und *ius privatum* etc. nicht nur von diesbezüglichen Theorien der römischen Juristen berichtete, sondern auch über die „realen Tatsachen", die er als Grundlage jener Theorien betrachtete, und daraus auch Folgerungen für die Theorien zu ziehen versuchte.[64] In seiner Einleitung zu den Vorlesungen über das Dogma des Römischen Rechts betonte er gleichfalls die Notwendigkeit einer strengen Unterscheidung zwischen den rechtlich relevanten, konkreten Lebensverhältnissen und ihren abstrakten Typisierungen, den Rechtsinstituten.[65] Die Forderung nach dieser Unterscheidung und die Berücksichtigung der damit einhergehenden Folgen war Grimms „Steckenpferd" und veranlasste ihn noch am Lebensende zu weiteren Ausführungen.

Obwohl die dogmatische Behandlung theoretisch auf die Lage des Rechts in einem beliebigen Zeitpunkt anwendbar sei, sollte man doch zugeben, dass sie sich sowohl theoretisch als auch praktisch am häufigsten und mit guten Gründen mit dem „lebenden geltenden Recht" beschäftige.[66] Wie sollte man dabei die dogmatische Behandlung des römischen Rechts in Russland als Pflichtfach für die russischen Studenten begründen, wenn in Russland im Unterschied zu dem westlichen Europa das römische Recht weder als „pures", d.h. antikes römisches Recht, noch als seit dem Mittelalter rezipiertes Recht gegolten hatte? In diesem Zusammenhang hatte Grimm die Ausnahme der ehemaligen baltischen Ostseeprovinzen erwähnt, wo das römische Recht gleich den norddeutschen Territorien rezipiert worden war. Die Fortsetzung der dogmatischen Behandlung des römischen Rechts auch in den europäischen Ländern, wo das durch die Rezeption entstandene „heutige" römische Recht seine Geltung mit der Entstehung der modernen Kodifikationen eingebüßt hatte, erklärte Grimm mit dem Fehlen einer allgemeinen Theorie des Privatrechts.[67] So kam dem Dogma des römischen Rechts die Funktion einer allgemeinen Privatrechtstheorie zu.[68] In dieser Funktion sollte es auch für die russische Rechtswissenschaft und Juristenausbildung von Nutzen sein. Grimm stützte sich dabei ausdrücklich auf

---

[64] S. § 76 (S. 22 ff.) in der letzten, Prager Ausgabe seiner Rechtsgeschichtsvorlesungen.

[65] *Grimm*, Lekcii po dogme rimskogo prava, 1924, 1–5 (2003, 39–44). Dazu hatte er noch eine gesonderte Abhandlung geliefert: *Grimm,* Sootnošenija meždu juridičeskimi institutami i konkretnymi otnošenijami, 1914. Er kam zu der Problematik mehrfach zurück, zuletzt in seinem Spätwerk über die soziologischen Grundlagen des römischen Besitzrechts. S. *Grimm*, in: FS Riccobono, 1936, 175–186. Auch diese Schrift fehlt in Kolbingers Liste.

[66] *Grimm*, Lekcii po dogme rimskogo prava, 1924, 6 (2003, 44).

[67] *Grimm*, a.a.O., 1924, 9 (2003, 47).

[68] Grimm war damit keinesfalls originell, sondern fuhr vielmehr fortwährend im Fahrwasser der Zivilistik des Zarenreichs. Zu der Konzeption vom Dogma des römischen Rechts als Theorie des geltenden Privatrechts im ausgehenden Zarenreich s. näher *Avenarius*, Fremde Traditionen, op. cit., 439–453.

Dernburg.⁶⁹ Damit war ebenfalls die Frage gelöst, ob man in und für Russland, wo es kein „heutiges", also kein zeitgenössisch angewandtes römisches Recht gab, nicht eher das ursprüngliche antike Recht studieren sollte – das Weglassen der ganzen wissenschaftlichen Behandlungstradition seit dem Mittelalter wäre aus der Sicht einer allgemeinen Privatrechtstheorie eine sinnlose Vergeudung gewesen. In der Folge wurde das „heutige" römische Recht der deutschen Pandektenwissenschaft doch sogar für Russland als nötig befunden – warum also nicht auch für den jungen republikanischen Nachfolgestaat der Esten? Durch diese Grundsatzentscheidung zugunsten des „zeitgenössischen römischen oder des pandektischen" Rechts⁷⁰ sollten genauso wie bei Seeler auch von Grimms Lehrbuch die Sklaverei, das Patronat, spezifische römische Vertragsformen u.Ä. weggelassen werden.⁷¹

Als Grimm die Quellen des zu behandelnden Rechts vorführte, erwähnte er in Bezug auf die Digesten die Veränderungen und Ergänzungen der Tribonianischen Kommission. Er nannte sie aber nicht „Interpolationen" wie es längst üblich geworden war, sondern *„emblemata Triboniani"*.⁷² Grimm erklärte die Entstehung der *emblemata* durch das Ziel, alles bis zum 6. Jahrhundert Veraltete wegzulassen und die Widersprüche zu beseitigen. In Anbetracht der kurzen drei Jahre, die für die Zusammenstellung der Digesten vorgesehen gewesen waren, sei es aber verständlich, dass die Kommission weder mit der ersten noch mit der zweiten Aufgabe zurechtkam. Die Methoden der Feststellung der Änderungen in den römischen Quellentexten beschrieb Grimm in seinem Lehrbuch allerdings nicht.⁷³ Es lassen sich auch keine Einzelverweise auf die *emblemata Triboniani* in seinem Lehrbuch feststellen. Damit positionierte Grimm sich – wenigstens für den studentischen Bedarf – ziemlich klar gegen den zeitgenössischen Interpolationismus.⁷⁴

In Grimms „Vorlesungen" wurden u.a. Lektürehinweise auf die „wichtigsten Lehrbücher" gegeben. Von deutschen Pandektenlehrbüchern sind fünf namentlich erwähnt: Arndts Lehrbuch der Pandekten (13. Aufl., 1886) sei eine exakte und komprimierte Darstellung, aber sehr trocken; Windscheid, Lehrbuch des Pandektenrechts (3 Bde., 8. Aufl., 1898) sei eine detaillierte, mit reichhaltigen Literaturhinweisen versehene Darstellung; Dernburgs Pandecten

---

⁶⁹ *Dernburg,* Pandekten I, 1.
⁷⁰ *Grimm,* Lekcii po dogme rimskogo prava, 1924, 10 (2003, 49).
⁷¹ A.a.O.
⁷² *Grimm,* a.a.O., 1924, 15 (2003, 54). S. als Zusammenfassung der früheren Tradition *Varvaro,* in: Avenarius/Baldus/Lamberti/Varvaro (Hrsg.), Gradenwitz, Riccobono und die Entwicklung der Interpolationenkritik, 2018, 55 (63–65).
⁷³ Bonfante z.B. hatte die Methoden in seiner römischen Rechtsgeschichte ausführlich beschrieben. Vgl. *Bonfante,* Storia di diritto romano, 1934, Parte II, 121–164.
⁷⁴ S. die Übersicht der Entwicklungen des Interpolationismus am Beispiel der Ansichten von Riccobono bei *Varvaro,* in: Avenarius/Baldus/Lamberti/Varvaro (Hrsg.), Gradenwitz, Riccobono, op.cit., 55–100.

(3 Bde., 7. Aufl., 1903) seien lebendig und mitreißend; Vangerows Lehrbuch der Pandecten (3 Bde., 7. Aufl., 1863) dagegen sei kein eigentliches Lehrbuch, sondern ein Grundriss zu den Vorlesungen in der Form des erweiterten Vorlesungsprogramms mit weitläufigen Erklärungen zu den Kontroversen; Barons Pandecten (8. Aufl., 1893)[75] gäben die Standpunkte des Verfassers klar und exakt wieder, vermieden aber jegliche Hinweise auf fremde Meinungen.[76] Es bleibt kein Zweifel bestehen – das beste Lehrbuch sollte dasjenige von Dernburg sein. Die einschlägigen russischen Bücher wurden von Grimm aber nicht einmal nach dem Titel aufgeführt, nur die Autoren wurden aufgelistet.

Im generellen Aufbau des Lehrbuchs folgte Grimm Dernburgs Reihenfolge der Kapitel. An erster Stelle stand ein „Allgemeiner Teil" (*obščaja čast'*) – genau in diesem pandektenwissenschaftlichen Selbstbewusstsein,[77] nicht unentschieden wie noch die Bezeichnung „Allgemeine Lehren" von Seeler.[78] Es folgten Sachenrecht, Obligationenrecht, Familienrecht und Erbrecht. Im Unterschied zu Seeler behandelte Grimm Besitz vor Eigentum, gleich dem Lehrbuch von Dernburg. Bei dem römischen Familienrecht schenkte er seine Hauptaufmerksamkeit den vermögensrechtlichen Verhältnissen der Ehegatten und ließ die personenrechtliche Seite, u. a. rein römische Erscheinungen wie die *patria potestas*, als in erster Linie öffentlich-rechtlich ohne nähere Erörterung beiseite.[79]

Neben den von Lehrkräften geschriebenen Lehrbüchern gaben die estnischen Studenten Vorlesungsnachschriften bzw. nach dem Programm des Professors zusammengestellte Skripten heraus. Da die jüngeren Absolventen der estnischen Schulen ihren Schulunterricht auf Estnisch erhalten hatten, wurde der Bedarf nach estnischen Lehrmaterialien immer dringender. Nach dem Programm von Grimm[80] hatten die Studenten ein Skript zum System des römischen Rechts herausgegeben und dabei u. a. sowohl Seelers als auch Dernburgs Lehrbücher benutzt. Die Methodik der Darstellung wurde wie folgt beschrieben:

„Rechtliche Systeme können historisch oder dogmatisch behandelt werden. [...] Das Recht, was in der Kodifikation von Justinian festgeschrieben ist, sog. echtes römisches Recht, wird nicht mehr angewandt, sondern ist nur eine historische Erscheinung. Doch mit der Kodifikation war die historische Entwicklung des römischen Rechts nicht zu Ende. [...] Dieses neue römische Recht wird als heutiges oder pandektistisches bezeichnet. In den deutschen Universitäten wird dogmatisch eben das heutige, nicht das echte römische Recht behandelt. [...] So sollte auch [im Fach des Systems des römischen Rechts] das heutige römische Recht behandelt werden. Es hat keinen Sinn, dogmatisch die Rechts-

---

[75] Auch davon gab es eine äußerst erfolgreiche und mehrfach herausgegebene russische Übersetzung. S. näher *Avenarius*, Fremde Traditionen, op. cit., 382.

[76] *Grimm*, Lekcii po dogme rimskogo prava, 1924, 24 (2003, 64).

[77] Zum Allgemeinen Teil als Erbschaft der Pandektenwissenschaft im BGB s. näher *Schmoeckel*, in: Schmoeckel/Rückert/Zimmermann (Hrsg.), HKK, Bd. I, 2003, 123–165.

[78] *Seeler*, Das System, op. cit., 3.

[79] S. die Begründung in *Grimm*, Lekcii po dogme rimskogo prava, 1924, 350 (2003, 419).

[80] *Grimm*, Programma kursa dogmy rimskogo prava, 1924.

institute zu behandeln, deren Zeit zu Ende ist wie die der Sklaverei oder des Patronats. [...] Die Quellen des heutigen römischen Rechts sind Corpus Iuris Civilis, kanonisches Recht, deutsche Gesetzgebung und Gewohnheitsrecht."[81]

Aus Grimms Tartuer Zeit stammen auch zwei Einzelabhandlungen zum römischen Recht. Die fast 90 Seiten starke Schrift „Zur Frage über den Begriff der societas im klassischen römischen Recht" aus dem Jahr 1933[82] war eine unmittelbare Reaktion auf die Doktorarbeit von Ernst Ein und wird unten im Teil III.2. näher betrachtet. Im darauffolgenden Jahr hatte Grimm sich noch an der Festschrift für Riccobono mit einem Aufsatz über die soziologischen Grundlagen des römischen Besitzrechts beteiligt.[83] Obwohl Salvatore Riccobono nach seinem Studium an der Heimatuniversität Palermo seine Studien gleichfalls in Deutschland (1889–1893) – in Leipzig, Berlin, München und Straßburg – fortsetzte, teilweise sogar bei denselben Professoren wie Grimm (und Seeler), deckten sich die Aufenthaltszeiten nicht – Riccobono war erst später in Berlin.[84] Auch wichen ihre wissenschaftlichen Ansichten eher voneinander ab. So bleibt es nach dem jetzigen Forschungsstand unaufgeklärt, warum Grimm an Riccobonos Festschrift mitgeschrieben hat und ob sie sonst in Kontakt standen.

In dem Aufsatz führte Grimm seine früher auf Russisch formulierten Ansichten über die grundsätzliche Unterscheidung der wirtschaftlichen bzw. soziologischen Bedeutung des Besitzes von der rechtlichen aus. Er behauptete, dass der Besitz als eine sozial-wirtschaftliche Tatsache in der Fachliteratur keine richtige Würdigung gefunden habe (unter den von Grimm erwähnten Autoren findet sich auch Bonfante), weder von der wirtschaftlichen noch von der subjektiven Seite.[85] Die praktischen Bedürfnisse und Interessen des gesellschaftlichen Lebens seien beim Besitz als Rechtsinstitut nicht genügend berücksichtigt worden und die Distanz der Dogmatik vom realen Leben sei eine „unerschöpfliche Fehlerquelle", wie sich in der Auslegung der Quellen über das römische Besitzrecht zeige.[86] Nach Grimm ließen sich die „römischen Juristen bei der Entscheidung der ihnen vorliegenden Einzelfälle auf Schritt und Tritt ausschließlich durch wirtschaftliche Erwägungen, die dem praktischen Leben und seinen Anforderungen entnommen wurden, leiten".[87] Folglich habe der „Besitz im wirtschaftlichen Sinne als juristischer Besitz im Gegensatz zu blossem Detentionsbesitz besondere rechtliche Anerkennung gefunden [..., weil] ganz bestimmte und leicht erkennbare sociale und wirtschaftliche Verhältnisse den

---

[81] Laaneste/Pettai, Rooma õiguse süsteem: koostatud Grimm'i, Dernburg'i, Windscheid'i, Seeler'i ja Baron'i õpperaamatute järgi vastavalt prof. Grimm'i kavale, 1932, 4–8.
[82] Grimm, Zur Frage über den Begriff der societas im klassischen Römischen Rechte, 1933.
[83] Grimm, in: FS Riccobono, 1936, 173–201.
[84] S. für Riccobono: Varvaro, in: Avenarius/Baldus/Lamberti/Varvaro (Hrsg.), Gradenwitz, Riccobono, op. cit., 55 (56–62).
[85] Die Liste der übrigen Namen bei Grimm, in: FS Riccobono, 1936, 173 (184).
[86] A. a. O., 193–198.
[87] A. a. O., 199.

Ausschlag gegeben haben". Dabei widersprach er klar dem Lehrer seines Lehrstuhlnachfolgers Ein, Pietro Bonfante, der nur „Eigenbesitz als echten, wahren Besitz" betrachte und warf ihm mittelbar vor, dass er in seiner evolutionistischen Theorie nicht konsequent sei.[88]

Dass ein bekennender Pandektenwissenschaftler bzw. dessen Apologet so stark die Bedeutung der praktischen Bedürfnisse und Interessen des gesellschaftlichen Lebens betonte, sollte nicht als Zeichen des Abfalls vom Glauben gedeutet werden. Die jüngere Forschung hat quellennah nachgewiesen, dass das vor allem ab den 1930er Jahren verzeichnete und jahrzehntelang geläufige Zerrbild[89] von Pandektenwissenschaftlern als lebensfremde Formalisten nicht haltbar ist.[90] Grimm als Zeitgenosse und Mitstreiter wusste gut, dass die Berücksichtigung der Lebenswirklichkeit und ihrer Regelungsprobleme sehr wohl ein Thema der von ihm gepriesenen Pandektenwissenschaft war.

Am estnischen Rechtsleben beteiligte sich Grimm mit einigen verfassungsrechtlichen Aufsätzen[91] und mit einem umfangreichen Gutachten zum estnischen ZGB-Entwurf von 1935. In den Aufsätzen hatte Grimm sich als überzeugter Demokrat und Verteidiger der bisherigen liberalen Verfassung Estlands gezeigt. Sein Gutachten zum ZGB-Entwurf wurde erst vor Kurzem wiedergefunden und wartet aktuell auf eingehendere Auswertung. Man hat in Estland nahezu während der gesamten ersten Periode der Unabhängigkeit an dem Entwurf des neuen ZGB gearbeitet – die sowjetische Besatzung von 1940 unterbrach die parlamentarischen Verhandlungen.[92] Im Jahr 1935 war der erste Gesamtentwurf – anstatt der bisherigen Teilentwürfe zu einzelnen Büchern – dem juristischen Publikum zugänglich gemacht worden. Grimms Gutachten ist die umfangreichste Reaktion darauf. Auch ohne gründlichere Erfassung des Textes lässt sich feststellen, dass er seine pandektenwissenschaftlichen Positionen nicht

---

[88] A.a.O., 200f.

[89] Zu der Entstehung des polemischen Zerrbildes der „Pandektistik" als „Pandektenwissenschaft" s. *Rückert,* in: Haferkamp/Repgen (Hrsg.), Wie pandektistisch war die Pandektistik?, 2017, 208–211.

[90] S. schon *Luig,* in: HRG, 1. Aufl., 1984, Bd. III, 1422–1431; später mehrfach und zu verschiedenen Aspekten und Autoren Rückert, manche Beispiele sind in: *Rückert,* Ausgewählte Aufsätze, 2012, 2 Bde., wiederabgedruckt; exemplarisch zum „Erz-Pandektisten" Bernhard Windscheid *Falk,* Ein Gelehrter wie Windscheid. Erkundungen auf den Feldern der sogenannten Begriffsjurisprudenz, 1989; zu Pandektistik und Gerichtspraxis auch *Haferkamp,* Quaderni Fiorentini, 40 (2011), 177–211.

[91] *Grimm,* Õigus, 6 (1929), 181–184 äußerte sich gegen den Plan, den obersten Gerichtshof von der Universitätsstadt Tartu in die Hauptstadt Tallinn zu verlegen. Nach dem autoritären Staatsstreich wurde der Plan 1935 doch verwirklicht. *Grimm,* Õigus, 7 (1933), 311–326; 8 (1933), 337–347 enthält eine scharfsinnige Kritik der Verfassungsänderungen von 1933, die Estland von der bisherigen parlamentarischen Demokratie zu einer präsidial oder sogar autoritär regierten Republik machen sollten.

[92] Eingehend zu den Vorarbeiten und Zielsetzungen jenes Kodifikationsvorhabens *Luts-Sootak/Siimets-Gross/Kiirend-Pruuli,* in: Löhnig/Wagner (Hrsg.), Nichtgeborene Kinder des Liberalismus? Zivilgesetzgebung im Mitteleuropa der Zwischenkriegszeit, 2018, 269–312.

aufgegeben hatte. Wer sich auf 119 Seiten zu den einzelnen Regelungen des Allgemeinen Teils einlässt,[93] nimmt diesen Bestandteil der Kodifikation ernst.

III. Methodische Wende – statt der deutschen Pandektenwissenschaft die „moderne" Methode der italienischen Romanisten: Ernst Ein (1898–1956)

1. Die Studien von Ein in Tartu und Rom

Wilhelm Seeler konnte zwar selbst nicht genug Estnisch, um in dieser Sprache zu unterrichten, kümmerte sich aber um estnischen Nachwuchs: nach der Studienzeit von Ernst Ein[94] an der Universität Tartu (1920–1923) hatte Seeler ihn der Fakultät für eine wissenschaftliche Laufbahn empfohlen:

> „Herr Ein hat während seiner ganzen Studienzeit besonderes Interesse für das römische Recht an den Tag gelegt, er hat von Zeit zu Zeit mit mir über den Gang seiner Studien Rücksprache genommen, und ich hatte die Überzeugung gewonnen, dass man von ihm, wenn er seine Studien noch einige Jahre mit demselben Eifer fortsetzen wird, auf wissenschaftlichem Gebiete sehr tüchtige Leistungen erwarten [k]ann, ich bitte daher ihn auf zwei Jahr[e] bei der Universität zu belassen für das Katheder des römischen Rechts."[95]

An der Universität Tartu wurde ab 1920 die Tradition der jährlichen Preisausschreibungen für die Studenten wiederaufgenommen. Im darauffolgenden Jahr hatte Ein eine Abhandlung zum Thema *„Justus titulus* und *bona fides* als Ersitzungserfordernisse"* vorgelegt und den ersten Preis gewonnen.[96] Diese Arbeit wurde zugleich als Abschlussarbeit der Universität anerkannt.[97] Danach wurde Ein in den Jahren 1923 bis 1925 der erste wissenschaftliche Stipendiat der Juristenfakultät.

Da das Zentrum der Forschung zum römischen Recht nun nicht mehr wie früher in Deutschland, sondern in Italien sei, billigte Seeler den Vorschlag des

---

[93] Das damals in Estland geltende LECP kannte keinen Allgemeinen Teil, dieser wurde in die Behandlung des einheimischen Privatrechts erst durch die pandektenwissenschaftlich geprägte Dogmatik eingeführt. S. dazu näher *Luts-Sootak,* in: Haferkamp/Repgen (Hrsg.), Wie pandektistisch war die Pandektistik?, 2017, 51 (71–80). Das estnische ZGB wurde von Anfang an im Fünf-Bücher-System, d. h. mit dem Allgemeinen Teil entworfen.
[94] Zu Person und Studien von Ein s. näher *Siimets-Gross,* in: Buongiorno/Gallo/Mecella (Hrsg.), Segmenti della ricerca antichistica e giusantichistica negli anni trenta, 2022, 723–745; für die frühere estnische Literatur *Siimets-Gross,* in: Eckert/Modéer (Hrsg.), Juristische Fakultäten und Juristenausbildung im Ostseeraum, 342 (354 f.). Zu den Preisausschreibungen *Siimets-Gross,* a. a. O., 347–349.
[95] *Seeler,* An die juristische Fakultät der Universität Dorpat, 7.9.1923. NA EAA.2100.2.106, 7.
[96] Zeugnis der Universitätsverwaltung Tartu, 15.12.1922. NA EAA.2100.1.1496, 13.
[97] Der Stellvertreter des Dekans der Juristenfakultät an die Universitätsverwaltung, 4.6.1923. NA EAA.2100.1.1496, 16.

Schülers, nach Italien zu ziehen. So studierte Ein zwischen 1925 und 1928 in Rom unter der Leitung von Pietro Bonfante[98] am *Istituto di diritto Romano* an der *Scuola di perfezionamento di diritto romano e diritti orientali*.[99] Ein selbst beschrieb dieses als eine einzigartige Einrichtung, ähnlich dem Seminar, das ehemals in Berlin für die russischen Stipendiaten errichtet worden war und „in dem die besten in Russland tätigenden Juristen gut geschult wurden, nur in dieser, hiesigen, Schule [in Rom] ist der Lehrplan breiter".[100] Ähnlich dem Berliner Seminar sollte die Schule in Rom die künftigen Lehrkräfte vorbereiten.[101] Da Ein ein Stipendium von der Tartuer Fakultät erhielt und jedes halbe Jahr Berichte schreiben musste, kann man einen guten Überblick über seine Studien und Ideen gewinnen. Ein besuchte nicht nur die Kurse des römischen Rechts, sondern auch diejenigen zur juristischen Papyrologie und zum orientalischen Recht.[102] Persönlich kannte er nach eigenen Worten alle sieben Professoren des *Istituto*, Bonfante hielt er aber für die größte Autorität unter allen Kollegen.[103]

Ein entwickelte in Rom ein sehr gutes Verhältnis zu Bonfante. Er besuchte nicht nur seine Kurse, sondern arbeitete auch in seiner persönlichen Bibliothek. Mehrfach betonte Ein, dass Bonfante der beste Romanist seiner Zeit sei.[104] Ebenso arbeitete Ein an der Vorbereitung der Veröffentlichung von Bonfantes Werken mit: Zu seinen Aufgaben gehörte die Quellenkontrolle bei dem Buch über das Eigentum und die Korrektur der neuen Digestenedition.[105]

Methodisch erklärte Ein sich zum Anhänger der naturalistisch-evolutionistischen Methode von Bonfante:

„Prof. Bonfante, der größte Romanist der Welt und Leiter der naturalistisch-evolutionistischen Schule, beschäftigt sich im kommenden Studienjahr mit dem Erbrecht – es ist sein

---

[98] Näher m. w. N. *Capogrossi Colognesi*, in: Birocchi/Cortese/Mattone/Miletti (Hrsg.), Dizionario Biografico dei giuristi italiani (XII–XX secolo) 2013, I, 292–295; Piro/Randazzo (Hrsg.), I Bonfante. Una storia scientifica italiana, 2019.

[99] Zur Tätigkeit dieses Instituts und Bonfantes Rolle dort s. *Lamberti*, in: Piro/Randazzo (Hrsg.), I Bonfante. Una storia scientifica italiana, 2019, 169–204.

[100] *Ein*, Bericht an die Juristenfakultät, Sept. 1927. NA EAA.2100.2.106, 74 (77).

[101] *Ein* an Hrn. Lambert, 15.1.1926. NA EAA.2100.1.1496, 20.

[102] *Ein*, Bericht an die Juristenfakultät für die zweite Hälfte 1925. NA EAA.2100.2.106, 39–40v.

[103] *Ein* an Hrn. Lambert, 15.1.1926. NA EAA.2100.1.1496, 20; Ernst Ein. Curriculum vitae, *ibidem*, 36. Italienische Kontaktpersonen von Ein nach dem Seminaraufenthalt sind aus den Archivalien in Estland nicht ersichtlich. Ein war im Jahr 1944, als er aus Estland wegen der neuen sowjetischen Besatzung fliehen musste, mit seinen 46 Jahren zu jung, um seine Briefwechsel ins Archiv zu geben.

[104] *Ein*, Bericht an die Juristenfakultät, 25.5.1926. NA EAA.2100.2.106, 46; *Ein*, Bericht an die Juristenfakultät für die erste Hälfte 1926, 8.10.1926. NA EAA.2100.2.106, 48.

[105] *Ein*, Bericht an die Juristenfakultät, Sept. 1927. NA EAA.2100.2.106, 74. S. näher m. w. N.: *Siimets-Gross*, in: Buongiorno/Gallo/Mecella (Hrsg.), Segmenti della ricerca antichistica e giusantichistica negli anni trenta, 2022, 723 (726–729). Die Mitarbeit bei *Bonfante*, Corso di diritto romano. Vol. II. Proprietà, 1926 und 1928, Sez. I und II, ist aus den Bänden freilich nicht ersichtlich.

Meisterwerk. Dieser Teil veranschaulicht am besten seine Lehre über die Entwicklungsregeln der Rechtsinstitute. Bisher hat er seine naturalistisch-evolutionistische Methode in einzelnen Forschungsarbeiten angewandt, jetzt will er die Kanones der Rechtsevolution zusammenfassen und als Einführungskurs vortragen. Ich bin ein überzeugter Anhänger der naturalistischen Schule und die Möglichkeit, im nächsten Studienjahr an diesem Kurs teilzunehmen, würde mir helfen, meine wissenschaftliche Weltanschauung zu bekräftigen."[106]

Das Ziel der Methode von Bonfante war nach seinen eigenen Worten die Entwicklung eines Instituts oder eines Rechtssystems als eine allmähliche, dauerhafte Verfeinerung und Steigerung von Regeln und Instituten für die Zwecke und Bedürfnisse, für die sie auf ewig bestimmt sind, zu konzipieren. Gleichwohl sollte das Ziel sein, das Konzept des Überlebenden, der anomalen, singulären, vergänglichen Überreste vergangener Epochen, zur Geltung kommen zu lassen.[107] Durch seine Methode wollte er „das pure römische Recht kritisch-analytisch behandeln".[108] Bonfante war der Meinung, dass „die gegenwärtige Funktion eines Instituts nie vollkommen identisch ist mit derjenigen, die sie gestern hatte, und sich immer wesentlich von derjenigen unterscheidet, die sie in ihren Anfängen hatte, von dem, was der antike Gesetzgeber [...] im Sinn hatte. [...] Nur die organische und naturalistische Methode in ihrer komplexen und weitreichenden Effizienz kann die endgültige wissenschaftliche Konstituierung und Autonomie der Rechtsgeschichte – und gleichzeitig, durch eine spontane Rückwirkung, die vorerst außerhalb unserer Beschreibung bleibt, die Wissenschaft des Rechts – markieren."[109]

Ernst Ein blieb für drei Jahre in Rom. Das Thema seiner an dem *Istituto* verfassten Dissertation – *Le azioni dei condomini* – wählte er auf Anregung von Bonfante aus. Ein berichtete der Fakultät in Tartu über die Notwendigkeit eines Themenwechsels. Er habe zunächst über den Dienstvertrag (*locatio conductio operarum*) geforscht, aber schnell einsehen müssen, dass „dieses Thema einem Juristen wenig verspricht, da die Zahl der juristischen Quellen so gering ist, dass man aufgrund dieser keine große Sichtung aufstellen kann".[110] Die ganze *locatio-conductio* wäre für ihn aber zu viel gewesen. So wählte er das Thema der

---

[106] *Ein*, Bericht an die Juristenfakultät, Sept. 1927. NA EAA.2100.2.106, 77v.

[107] „[C]oncepire il progresso di un'istituzione o di un sistema giuridico come un affinamento e un'ascensione graduale, incessante delle norme e delle istituzioni per gli scopi e i bisogni, cui esse sono ab eterno destinate" e „[valorizzare] il concetto delle sopravvivenze, dei residui anomali singulari, caduchi di epoche oltrepassate". *Bonfante*, in: Scritti giuridici vari IV [1917], 53 (59 f.). Zur Methode von Bonfante siehe auch *Arcaria,* in: Piro/Randazzo (Hrsg.), I Bonfante, op. cit., 35–64 und *Varvaro,* in: Avenarius/Baldus/Lamberti/Varvaro (Hrsg.), Gradenwitz, Riccobono, op. cit., 93 Fn. 203 m. w. N.

[108] *Ein*, Bericht an die Juristenfakultät, erste Hälfte 1926, 8.10.1926. NA EAA.2100.2.106, 48.

[109] *Bonfante*, in: Scritti giuridici vari IV [1917], 53 (70 f.).

[110] *Ein,* Bericht an die Juristenfakultät, zweite Hälfte 1926, 14.2.1927. NA EAA.2100.2.106, 53v.

Klagen der Miteigentümer, welches von Bonfante empfohlen wurde und nach dessen Meinung einen „originellen Blickwinkel erlaube".[111] Bonfante hatte auch kurz zuvor in seinem Buch über das Eigentum behauptet, dass die Regime der Klagen der Miteigentümer „vario, irregolare e in parte oscuro" seien. Ebenso sei gerade diese Seite des Miteigentums am wenigsten durchgearbeitet.[112] Die Doktorarbeit von Ein über die Klagen der Miteigentümer, die in Rom 1931 auf Italienisch erschien, ist Bonfante gewidmet.[113] Ein erwarb in Rom den Grad des „Doktors der Rechtswissenschaften (diplomiert im römischen Recht)".[114] An der Universität Tartu verteidigte er dieselbe Arbeit erneut und erwarb im Jahr 1932 den estnischen Doktorgrad.[115]

Die Beziehungen zu Italien pflegte Ein auch weiterhin. Er war in den folgenden Jahren mehrmals in Italien: im Sommer 1930 und 1931, um sich u. a. um den Druck seiner Dissertation zu kümmern. Er wurde aber gleichwohl zum estnischen Vertreter beim Institut für gesetzgeberische Forschungen und vergleichende Rechtsgeschichte gewählt und gebeten, Aufsätze zum estnischen Recht zu publizieren.[116] Auch wollte er 1931 in Deutschland Bekanntschaft mit der Methode der Darstellung des *Index Interpolationum* machen und von ihm gefundene Interpolationen vorstellen.[117] Im Winter 1930/31 (Dezember bis Ende Januar) war er als Stipendiat des Französischen Wissenschaftlichen Instituts im Seminar von Paul Collinet in Paris.[118]

Auch nach der Verteidigung seiner Dissertation war Ein für Forschungen mehrfach im Ausland: in den Sommern 1933 und 1934 in Italien, im Sommer 1935 in Paris, im August 1937 reiste er nach Deutschland und Frankreich, im September 1938 nach Italien und Deutschland. Im Sommer 1939 war er im Ausland, ohne zu präzisieren, wo. Noch 1940 hatte er für den Sommer eine Forschungsreise nach Deutschland, in die Sowjetunion und in die Nachbarländer geplant.[119] Die Verwirklichung des Plans scheint eher unwahrscheinlich – im Juni 1940 besetzte und annektierte die Sowjetunion Estland und in der Folge

---

[111] A. a. O., 53–53v.
[112] *Bonfante,* Corso II, op. cit., 20.
[113] „Al mio venerato Maestro Pietro Bonfante". *Ein,* Le azioni dei condomini, 1931, 73 (73).
[114] Attestat der königlichen Universität zu Rom, 27.1.1923. NA EAA.2100.1.1496, 35.
[115] Die Voraussetzung für den Erwerb eines estnischen Doktorgrades, d. h. das Vorhandensein eines Magistergrades, war bei Ein nicht erfüllt. Aufgrund seines Diploms des I. Grades nach altem Gesetz und des Doktordiploms des römischen *Istituto* wurden seine bisherigen Studien jedoch als dem Magistergrad gleichwertig anerkannt. Protokoll des Fakultätsrates, 30.5.1932. NA EAA.2100.1.1496, 38.
[116] *Ein* an Juristenfakultät, 18.5.1931. NA EAA.2100.2.106, 122–122v; *Ein,* Curriculum vitae, Ebenda, 135.
[117] *Ein* an Juristenfakultät, 18.5.1931. NA EAA.2100.2.106, 122v. Ob er die Reise gemacht und die Interpolationen vorgestellt hat, ist nicht bekannt. Seine Dissertation lässt die potentiellen, von ihm aufgedeckten Interpolationen nicht feststellen.
[118] Ernst Ein. Curriculum vitae. NA EAA.2100.1.1496, 36v.
[119] Anträge von Ein an die Fakultät. NA EAA.2100.2.106, 103, 112, 119, 122–124, 153, 169, 195, 255, 260, 264, 287.

wurde Ein entlassen. Auf Grundlage der bekannten Quellen kann man meistens nicht sagen, wer seine wissenschaftlichen Kontakte im Ausland waren.

Ernst Ein hatte außer den wissenschaftlichen auch politische Kontakte nach Italien. Er war bekannt für seine den Faschismus und Korporatismus favorisierenden Ideen. Es ist auch anzunehmen, dass er einen gewissen Einfluss auf die autoritäre Regierung Estlands hatte.[120] Alessandro Pavolini, der Leiter der italienischen Kulturkammer (im Prinzip ein Propagandaamt), hoffte gleichfalls, dass gerade Ein eine passende Person für die Verbreitung der faschistischen Ideen in Estland werden könnte.[121] Es gab in Estland auch eine Akademische Estnisch-Italienische Gesellschaft, deren Vorsitzender Ein in den Jahren 1937 bis 1940 war.

2. Die Doktorarbeit von Ernst Ein und Grimms Rezension dazu

Ein war der erste und blieb für die erste estnische Unabhängigkeitszeit zwischen den zwei Weltkriegen der einzige Absolvent der Universität Tartu, der eine Inauguralschrift zum römischen Recht vorlegte und verteidigte. Die Rezensenten der Doktorarbeit „Le azioni dei condomini" in Tartu waren die Professoren David Grimm und Jüri Uluots[122].[123] Eine detaillierte, fast 90 Seiten lange Version seiner Rezension[124] hat Grimm als eine selbständige Abhandlung in *Acta et Commentationes Universitas Tartuensis* veröffentlicht.[125]

In seiner Dissertation hatte Ein nach einer Darstellung der Historiographie eine seiner Hauptthesen formuliert. Es sei die traditionelle Ansicht, dass die Gesellschaft (*societas*) zwischen den Miteigentümern einer Sache nur dann existiere, wenn die Sache willentlich zum Miteigentum geworden oder ein Gesellschaftsvertrag geschlossen worden sei. Nach der Ansicht von Ein galt dies

---

[120] Zum Staatsstreich von 1934 und dem darauffolgenden Regime s. *Luts-Sootak/Siimets-Gross,* Parliaments, Estates and Representation, 2021, 201–225.

[121] *Pavolini,* Relazione su la missione compiuta dall'on. Dott. Alessandro Pavolini, per incarico del Presidente dei C. A. U. R. in Lituania, Lettonia, Estonia e Finlandia (luglio-agosto 1934), benutzt durch *Santoro,* L'Italia e L'Europa orientale. Diplomazia culturale e propaganda 1918–1943, 2005, 313. Siehe dazu m. w. N.: *Siimets-Gross,* in: Buongiorno/Gallo/Mecella (Hrsg.), Segmenti della ricerca antichistica e giusantichistica negli anni trenta, 2022, 723 (736–740). Die Verbreitung der italienischen faschistischen Ideen war in Estland und in den anderen Baltischen Staaten eigentlich nicht besonders erfolgreich, siehe näher *Napolitano,* Journal of Contemporary Central and Eastern Europe, 2023, 1–16. Umfassender zum intellektuellen Klima in der italienischen Romanistik angesichts des deutschen Nationalsozialismus s. *Bonin,* in: Beggio/Grebieniow (Hrsg.), Methodenfragen der Romanistik im Wandel, 2020, 95–146.

[122] Zur Person von Jüri Uluots s. *Siimets-Gross,* in: Eckert/Modéer (Hrsg.), Juristische Fakultäten und Juristenausbildung im Ostseeraum, 342 (350).

[123] Dekan der Juristenfakultät an die Universitätsverwaltung, 30.11.1932. NA EAA.2100. 2.106, 131.

[124] *Grimm,* Otzyv ob issledovanii g. E. Eina: Le azioni dei condomini. NA EAA.2100.1.1496, 24–27.

[125] *Grimm,* Zur Frage über den Begriff der societas im klassischen Römischen Rechte, 1933.

für das justinianische Recht des *Corpus iuris civilis*, aber nicht für das klassische Recht. Er behauptete, dass im klassischen Recht die Ausdrücke *condominium*, *communio* und *societas* synonym verwendet worden seien, weil die Gesellschaft sowohl aus dem Vertrag als auch außervertraglich entstehen konnte. Dementsprechend war er der Meinung, dass eine *actio pro socio* in erster Linie bei allen Forderungen aus den Rechtsverhältnissen aus *condominium*, *communio* oder *societas* gestellt werden konnte. Die Benennung *actio communi dividundo* sei aber oft in die Texte interpoliert worden; auf jeden Fall sei ihre Anwendung auf Teilungsverfahren der gemeinsamen Sache beschränkt gewesen.[126] Nicht alle Prinzipien und Regeln des justinianischen Rechts zur *societas* seien auf alle einzelnen Arten der Gesellschaften des klassischen Rechts anwendbar gewesen, sondern viele spätere Verallgemeinerungen hätten ursprünglich nur für eine Unterart gegolten.[127]

Nach der *actio pro socio* behandelte Ein im zweiten Kapitel die unterschiedlichen dinglichen Klagen und Interdikte wie *vindicatio servitutis*, *actio confessoria* und *negatoria*, *actio finium regundorum*, *cautio damni infecti*, *operis novi nuntiatio*, *actio aquae pluviae arcendae*, *interdictum quod vi aut clam* und *uti possidetis*, die zur Regulierung der Benutzung verschiedener Sachen gebraucht wurden und durch die die Miteigentümer Ein zufolge ihre Einwände und Forderungen bei der Erfüllung spezieller Vorbedingungen stellen konnten. Im dritten Kapitel analysierte er unterschiedliche persönliche sowie strafrechtliche Klagen und Noxalklagen, Klagen aus Verträgen und die *actio de peculio*. Nicht behandelt wurden die *rei vindicatio* und die *actio communi dividundo*, weil erstere sowieso für die Herausgabe einer Sache hätte benutzt werden können und letztere auf die Beendigung der Gemeinschaft gerichtet sei; in diesem Werk seien aber diejenigen Rechtsmittel, die die Funktion des Miteigentums beträfen, schon vorher behandelt worden. Zum Schluss hob Ein die breite Autonomie der Miteigentümer in der Benutzung der Rechtsmittel und in der Gestaltung ihrer Rechtsverhältnisse im klassischen Recht hervor.[128]

Zur Dissertation von Ein wurde sogar ein kurzer Überblick in einer estnischen Tageszeitung veröffentlicht. Es handelte sich dabei nicht um ein Interview, sondern um eine Bekanntmachung mit Kurzbeschreibung. Der Text könnte vom Dissertationsverfasser selbst stammen.[129] In der Dissertation seien neue Forschungsergebnisse im Gebiet der *actiones poenales* und *noxales* vorgestellt worden. Im Artikel wird darauf hingewiesen, dass Ein den Ansichten

---
[126] *Ein*, Le azioni, op. cit., 73 (76 f., 137 f.).
[127] A. a. O., 104.
[128] A. a. O., *passim* und 292–294.
[129] Mit sehr großer Wahrscheinlichkeit konnte kein Journalist im damaligen Estland das Buch auf Italienisch über ein so spezifisches Thema lesen und so detailliert zusammenfassen. Ebenso auch kein Rechtswissenschaftler außer Ein selbst und Grimm; der letztgenannte war aber anderer Meinung.

von Biondi und Beseler[130] hinsichtlich der Möglichkeit, dass die *actiones noxales* zwischen den Miteigentümern im klassischen Recht zugelassen worden seien, widerspräche, und dass er seine These nicht nur mit Quellen untermauere, sondern eine Theorie entwickele, um dies zu begründen. Auch für die *actio de peculio* zwischen Miteigentümern solle die Arbeit von Ein neue Ergebnisse bieten – zu diesen sei er „nach eingehender Analyse der Quellen mit kritischer Methode gelangt, die noch einmal zeigen soll, wie verfehlt der Versuch sei, sich den römischen Rechtsinstituten mit modernen Begriffen und Maßstäben zu nähern."[131] Dies ist eine Bewertung, die sich eben gegen die Methode des „heutigen" Rechts oder der Pandektenwissenschaft wendet.

David Grimm merkte in seiner Rezension an, dass Ein durch seine Forschung eine ganz neue Theorie von den vertraglichen Rechtsverhältnissen zwischen den Gesellschaftern und von der außervertraglichen Gütergemeinschaft in Form des Miteigentums geliefert habe.[132] Ein war nämlich der Meinung, dass die bisherigen Forscher in diesem Gebiet einfach nicht alle Quellen zusammen betrachtet und deswegen diesen Befund nicht bemerkt hätten.[133] Um seine Thesen zu unterstützen, ließ Ein nach Ansicht von Grimm umfangreiches Fachwissen und wissenschaftliche Individualität erkennen. Grimm selbst war von der Argumentation von Ein jedoch nicht ganz überzeugt und meinte, dass „darüber […] Wissenschaftler unterschiedlicher Meinung" seien.[134]

Trotz der wissenschaftlichen Meinungsverschiedenheiten hatte Grimm der Fakultät ein sehr positives Gutachten bei der Wahl von Ein für die Stelle des Professors für römisches Recht an der Universität Tartu geliefert:

„Das Werk zeugt von Eins umfassender wissenschaftlicher Vorbereitung, seiner profunden Kenntnis der Quellen des römischen Rechts und der entsprechenden Literatur sowie insbesondere der neueren Lehren und Forschungen auf dem Gebiet. Diese sind auf eine systematische kritische Analyse und die Feststellung des ursprünglichen Sinns der Quellentexte der Justinianischen Kodifikation ausgerichtet, dabei werden die Änderungen durch Glossen und insbesondere die von den Kompilatoren extrahiert, die vorgenommenen Interpolationen beiseitegelassen und auf diese Weise versucht, zu einem vollständigen Bild des Rechts der klassischen Periode des Römischen Reiches zu gelangen."[135]

Obwohl Grimm die Argumentation von Ein und seine Fähigkeiten und wissenschaftliche Eigenständigkeit offiziell lobte,[136] war er nicht einverstanden mit seiner Methode:

---

[130] In der Druckfassung versehentlich „Begeler".
[131] *M. R.*, Postimees [Der Postbote], 305 (1931), 4.
[132] Grimm an Dekan der Juristenfakultät, 1.10.1934. NA EAA.2100.2.106, 178.
[133] *Ein*, Le azioni, op. cit., 94 ff.
[134] Grimm an Dekan der Juristenfakultät, 1.10.1934. NA EAA.2100.2.106, 178.
[135] A. a. O., 177v–178.
[136] A. a. O., 178r–v.

„Der Ausgangspunkt und die Methode Eins sind ohne Zweifel verfehlt, die praktischen Konsequenzen, die er in Bezug auf den Geltungsbereich der actio pro socio im klassischen römischen Recht zieht, erscheinen ganz unhaltbar. In seiner Arbeit steckt ein gutes Stück reiner Begriffsjurisprudenz in Anwendung auf ein rechtshistorisches Thema [...]."[137]

Grimms Vorwurf „reiner Begriffsjurisprudenz" bestätigt den Befund der jüngeren Forschung – „Begriffsjurisprudenz" wurde nicht als ein Synonym oder eine Charakteristik der Pandektenwissenschaft, sondern als ein polemischer Kampfbegriff benutzt.[138] So konnte ein Interpolationist oder Evolutionist von einem Pandektisten ohne weiteres als Begriffsjurist herabgewürdigt werden. Die Hauptdefizite in der Arbeit des jungen Kollegen sollten genau da erscheinen, worauf Grimm den Schwerpunkt gelegt sehen wollte:

„[...] der grundlegende Unterschied zwischen Gemeinschaften aus Gesellschaftsvertrag und aus Miteigentum sowohl im wirtschaftlichen als im juristischen Sinne, d. h. im Sinne der die betreffenden konkreten Verhältnisse regelnden Rechtsnormen und der aus ihrer Zusammenfassung sich ergebenden Rechtsinstitute, dieser grundlegende Unterschied, den die klassischen römischen Juristen, wie sich aus ihren sehr bestimmten Aussprüchen ergibt,[[139]] sehr wohl durchfühlten, ist von Ein nicht erfasst."[140]

Grimm hatte zwar sehr eingehend die – seiner Meinung nach – Fehlinterpretationen der Quellen durch Ein nachgewiesen, aber schlussendlich ein relativ günstiges Gesamturteil über den Verfasser gefällt:

„Dennoch wäre es ungerecht, seiner Arbeit daraufhin kurzerhand jeden wissenschaftlichen Wert abzusprechen. Subjektiv wäre dies ungerechtfertigt, weil seine Arbeit von zweifelloser wissenschaftlicher Begabung des Verfassers, Ernst und eiserner Konsequenz in der Verfechtung seiner Ansichten, sowie bedeutender dialektischer Kunst zeugt, welche prima facie wenn nicht überzeugend, so doch gewissermassen suggestiv überredend wirken kann, solange das Fehlerhafte seiner Grundvoraussetzungen nicht aufgedeckt ist. Objektiv muss u. E. anerkannt werden, dass seine Schrift überaus anregend wirkt."[141]

Die Schuld an unzulänglicher Methodik und einseitiger Quelleninterpretation bzw. Fehlinterpretation oder Nichtberücksichtigung anderer Quellen, die sich durch die Lebens- und Wirtschaftsverhältnisse als einschlägig erwiesen hatten, wurde von Grimm dagegen auf Eins Lehrer Bonfante geschoben:

---

[137] *Grimm*, Zur Frage, op. cit., 77.
[138] S. *Haferkamp*, in: Enzyklopädie zur Rechtsphilosophie, http://www.enzyklopaedie-rechtsphilosophie.net/inhaltsverzeichnis/19-beitraege/96-begriffsjurisprudenz (01.05.2024); dass die Methode der Pandektenwissenschaft vielmehr als Prinzipienjurisprudenz zu bezeichnen sei, betont vor allem *Rückert,* in: Rückert/Seinecke (Hrsg.), Methodik des Zivilrechts – von Savigny bis Teubner, 2017, 542–556; s. auch *Rückert,* recht, 35 (2017), 300–312.
[139] Grimm gab diese sehr bestimmten Aussprüche in seiner umfangreichen Besprechung und Kritik der Dissertation von Ein allerdings nicht an.
[140] *Grimm*, Zur Frage, op. cit., 77.
[141] A. a. O., 77 f.

„Die unzulässige Hineintragung verwirrender begriffstheoretischer Momente bei der Behandlung rechtshistorischer Themen steht bei Ein nicht vereinzelt da. Sie ist, von der älteren rechtshistorischen Literatur ganz abgesehen, auch bei den hervorragenden Vertretern der neueren Romanistik anzutreffen. Ein markantes Beispiel bildet in dieser Beziehung die Besitzlehre des kürzlich verstorbenen bedeutenden italienischen Romanisten Bonfante, der als Lehrer von Ein einen sehr merkbaren Einfluss auf ihn ausgeübt hat."[142]

Es sieht so aus, als ob just die Besprechung der Doktorarbeit von Ein, in der dieser die von Bonfante ausgearbeitete Methode anwandte, Grimm dazu bewegte, seine eigenen methodischen Überlegungen in Italien, in der Festschrift für Riccobono, zu veröffentlichen. In diesem Zusammenhang der Auseinandersetzung Grimms mit der neueren italienischen Methode ist auch seine Kritik über den Umgang von Ein mit den Interpolationen von Bedeutung:

„Die ernsteren Bedenken erregt die Einstellung des Verfassers zur Interpolationsfrage. Interpolationsannahmen, die ihm zusagen, werden meist ohne nähere Prüfung einfach akzeptiert, entgegenstehende entweder glatt oder mit höchst magerer Begründung abgelehnt. Unter solchen Umständen geht es nicht ohne arge Missverständnisse ab."[143]

An sich analysierte und interpretierte Ein die Quellen aus sprachlichen und inhaltlichen Gesichtspunkten. Ebenso erklärte er bei jeder Quelle, ob ggf. ein Interpolationsverdacht vorliege und ob dieser seines Erachtens begründet sei oder nicht. Meistens war Ein mit den Einträgen im *Index Interpolationum* einverstanden, bei einigen Fragmenten jedoch nicht (oder zum Teil nicht).[144] Obwohl Ein bei den ihm zusagenden Interpolationsannahmen seine Zustimmung in der Tat nicht sehr gründlich begründet hat, blieb eine Begründung an sich meistens auch nicht aus. Eine der Stellen, an die Grimm gedacht haben könnte, ist D. 17, 2, 63, 9, bei der Ein's Begründung spärlich blieb. Ein behauptete, dass „der Text zu einem gewissen Teil von den Kompilatoren berührt worden sein kann, wie einige Schriftsteller schreiben, aber in seiner Substanz [ist] er klassisch und ohne Zweifel klassisch in diesem Teil, der uns interessiert […]."[145] Weiter umschrieb er, anstatt seine Ansichten zu begründen, den Quellentext und leitete aus diesem dann im Umkehrschluss seine These her.

Bei D. 17, 2, 52, 10 war Ein nicht einverstanden mit der Interpolationsannahme von Pringsheim und fand, dass auch diese Stelle „in der Substanz klassisch sein könnte". Er begründete seine Ansicht sowohl aus der Logik des Instituts heraus als auch sprachlich, um zu zeigen, warum die „richtige Auslegung des Textes" die von ihm vorgeschlagene sei.[146] Obwohl Ein systematisch bei den benutzten Texten interpolationsverdächtige Stellen erwähnte und analysierte, war es für ihn kein spezielles Ziel, alle Texte von Interpolationen zu säubern

---

[142] A. a. O., ebd.
[143] A. a. O., 11 f.
[144] Z. B. bei D. 17, 2, 63, 9; D. 17, 2, 52, 10 oder D. 17, 2, 39. *Ein*, Le azioni, op. cit., 86–91.
[145] Hier und im Folgenden a. a. O., 86.
[146] A. a. O., 87 f.

und zu dekonstruieren, sondern er versuchte, das klassische Recht zu rekonstruieren – auch mit Hilfe der Interpolationenkritik. So ist er eher als einer der gemäßigteren Interpolationisten zu klassifizieren.

Grimm hatte in seiner Besprechung noch zusammenfassend betont, dass die Doktorarbeit von Ein die Romanistik auf jeden Fall weiterbringe und damit von wissenschaftlichem Wert sei. Sein Lob verdienten die Teile der Abhandlung, in denen Ein keine Erneuerungen anstrebte, sondern die traditionelle Behandlung seinerseits weiterführte:

„[...] die letzten beiden Teile des Werkes, obwohl sie inhaltlich weniger originell sind, tragen in vielerlei Hinsicht dazu bei, die Wissenschaft des römischen Rechts voranzubringen, wobei der erste Teil des Werkes, obwohl er inhaltlich originell ist, eine Reihe von ernsthaften Einwänden aufwerfen und somit weitere Forschungen zu dieser Frage anregen sollte."[147]

Grimm blieb mit seiner Kritik an Ein nicht alleine. Die Ansichten und Schlussfolgerungen von Ein über die Gleichheit der *societas* und *communio* (und *condominium*) im klassischen römischen Recht[148] sind auch von Vincenzo Arango-Ruiz, Siro Solazzi und anderen kritisiert worden.[149]

3. Ernst Ein als Lehrer des Systems des römischen Rechts

Als Ein nach Tartu zurückkehrte, war der Lehrstuhl des römischen Rechts durch Grimm besetzt und der Professor trug selbst das dogmatische Hauptfach vor. Ein lehrte ab dem ersten Semester 1928 bis zum zweiten Semester 1934 an der Universität Tartu römische Rechtsgeschichte mit den dazu gehörigen Übungen – zunächst als Lehrbeauftragter, ab 1932 als Dozent des römischen Rechts. In dieser Zeit hat er Bonfantes „Römische Rechtsgeschichte" ins Estnische übersetzt und mit einem Vorwort versehen.[150] Das Buch wurde vom estnischen Publikum mit Wohlwollen aufgenommen und wird auch heute benutzt. Ein jüngerer Fakultätskollege von Ein, Rechtshistoriker Leo Leesment (1902–1986),[151] lobte das Unternehmen und rügte nur das Fehlen eines zusätzlichen Kapitels über die Rezeption des römischen Rechts in Estlands Rechtsgeschichte:

---

[147] Kopie von der Entscheidung der Kommission, die durch die Entscheidung des Rats vom 28.11.1932 an der Juristenfakultät errichtet wurde, 5.12.1932. NA EAA.2100.2.106, 140.
[148] So auch *Frezza,* Rivista italiana per le scienze giuridiche, 7 (1932).
[149] Siehe m. w. N. *Guarino,* Diritto privato romano, 2001, 917, Fn. 8.1.1.
[150] *Ein,* in: Bonfante, Rooma õiguse ajalugu, 1930, IV–V.
[151] Leesment hat die Vorlesungen der römischen Rechtsgeschichte von Ein 1934 übernommen und das Fach bis 1940 gelehrt. Während der Sowjetzeit hat er an der Lehre des Faches „Allgemeine Geschichte des Staats und des Rechts" teilgenommen und dabei auch römische Rechtsgeschichte gelehrt. S. m. w. N. *Siimets-Gross,* in: Eckert/Modéer (Hrsg.), Juristische Fakultäten und Juristenausbildung im Ostseeraum, 342 (356 f.).

„Es ist eine Arbeit, in der die Entwicklung des römischen Rechts nicht eng und gesondert betrachtet wird, sondern in der auch ähnliche Rechtsinstitute anderer Völker beschrieben worden sind. [...] Die Methode der Abhandlung ist kritisch, vergleichend und vor allem organisch. Sie ist viel umfassender als ein übliches Lehrbuch. [...]. Da das Lehrbuch schon unserem Lehrplan angepasst worden ist, wäre als Anhang eine Abhandlung der Rezeption des römischen Rechts im mittelalterlichen Estland nicht schlecht gewesen. In dem Lehrbuch ist die estnischsprachige Rechtsterminologie wie „Klage, Kläger, Darlehen, Gesellschaft usw." zum ersten Mal vorgestellt und den Studenten vermittelt worden."[152]

Die von Leesment erwähnte Anpassung an „unserem Lehrplan" bestand darin, dass Ein Bonfantes Rechtsgeschichte nicht nur übersetzt, sondern auch um einen Teil über das römische Privatrecht vervollständigt hatte. Es gab sonst auf Estnisch kein Lehrbuch für römisches Privatrecht, auch keines über das geltende Privatrecht, das ja dank dem fortgeltenden LECP in der Tat stark vom römischen Recht beeinflusst war.

Als Grimm pensioniert wurde, übernahm Ein den Lehrstuhl für römisches Recht zunächst als Extraordinarius, um danach 1937 Ordinarius zu werden. Ab dem zweiten Semester 1934 lehrte er das System des römischen Rechts mit Übungen.[153] Ernst Ein blieb zunächst Professor des römischen Rechts an der Universität Tartu, bis er während der ersten sowjetischen Besatzung im Jahr 1940 entlassen wurde. Unter der deutschen Besatzung wurde er im Herbst 1941 in seinem Amt restauriert. Als sich die Rote Armee im Jahr 1944 Estland wieder und immer mehr annäherte, gab es eine große Fluchtwelle nach Westen. Auch Ernst Ein hatte im Herbst 1944 sein Heimatland und seine Heimatuniversität verlassen. Er floh mit seiner Familie zunächst nach Deutschland und emigrierte von dort aus 1950 in die USA.[154] Dort wirkte er noch einige Jahre bis zu seinem Tod 1956 in Claremont (California) im Pomona College als Lehrkraft für römisches Recht.

Ein hatte schon in einem seiner Stipendiatenberichte an die Fakultät betont, dass die Lehre des römischen Rechts sich gegenwärtig geändert habe:

„Von allen rechtswissenschaftlichen Disziplinen hat die Wissenschaft des römischen Rechts in den letzten Jahrzehnten die größten Veränderungen erfahren. [...] Während vor 30–40 Jahren das Pandektenrecht das Fach war, das man in idyllischer Ruhe lernen konnte, und die dogmatische Methode die einzige Methode war, haben heutzutage einige andere Disziplinen ihren Platz eingenommen, wie das Recht Justinians, das klassische Recht, das byzantinische Recht, die juristische Papyrologie [...]."[155]

---

[152] *Leesment*, Õigus, 1 (1931), 37–40.
[153] Der Übergang war etwas verwirrend, da im zweiten Semester 1934 die römische Rechtsgeschichte sowohl von Ein als von Leesment angekündigt war und das System des römischen Rechts gleichfalls parallel von Grimm und Ein.
[154] Über die Flucht, aber auch über das Leben davor, hat die Tochter von Ernst Ein ihre Erinnerungen aufgeschrieben: *Ein-Soracco,* Past Life. A Memoir, 2020.
[155] *Ein*, Antrag auf die Verlängerung des Aufenthalts in Rom, 1.9.1927. NA EAA.2100.2.106, 75–75v.

Ernst Ein hat weder ein Lehrbuch noch eine Gesamtdarstellung des römischrechtlichen Systems geschrieben. Die Studenten verfassten aber nach seinen Vorlesungen ein Skript, das vervielfältigt wurde.[156] Im Fach „System des römischen Rechts" sollte fast ausnahmslos das Privatrecht der justinianischen Zeit behandelt werden, wobei die dogmatische Behandlungsweise zu bevorzugen sei. Für das bessere Verständnis einiger Institute werde aber auch der historische Ausgangspunkt gebraucht.[157] Der Inhalt des Skripts selbst zeigt jedoch ein anderes Bild: Zum Beispiel im Erbrecht werden gleichermaßen die Entwicklungen aus der frühen Republik, der klassischen Zeit und in der justinianischen Ära dargestellt.

Da Ein einen der Gründe, warum römisches Recht überhaupt unterrichtet werden sollte, gleichfalls darin sah, dass das römische Recht als eine allgemeine Theorie des Zivilrechts benutzbar sei, fiel es ihm schwer, auf die dogmatische Behandlungsweise zu verzichten. Außerdem galt in Estland immer noch das LECP, das die dogmatische Behandlung auch des römischen Rechts notwendig machte. Daneben sollte die Verstärkung des besseren Verständnisses der Zivilgesetzbücher der europäischen Staaten, die auf Basis des römischen Rechts gestaltet worden waren, als Argument für den Unterricht jener allgemeinen Basis angesehen werden.[158] Das Vorlesungsskript war pandektenwissenschaftlich aufgebaut,[159] obwohl Ein etwa in seinen Vorschlägen für die Gestaltung des in der Vorbereitung befindlichen estnischen Zivilgesetzbuchs von einem Allgemeinen Teil abgeraten hatte.[160] Die Reihenfolge der Darstellung wich von Seeler und Grimm ab: Nach dem Allgemeinen Teil kam das Familienrecht, danach Erb-, Sachen- und Obligationenrecht.[161] Damit folgte Ein eher dem Aufbau des LECP, obgleich in diesem freilich das Sachenrecht vor dem Erbrecht stand.

Ein zeigte in seinen Vorlesungen Parallelen zwischen den römischen Lösungen und dem geltenden Recht Estlands auf: Z. B. habe das Gesetz zur Abschaffung der Stände vom 9. Juni 1920[162] die Gleichheit aller Bürger ähnlich den antiken Römern herbeigeführt und das Landgesetz vom 10. Oktober 1919[163]

---

[156] [Ein], Rooma õiguse süsteemi konspekt. Prof. Dr. iur. E. Eini loengute järgi koost. A[lbert] Rammul, 1938.

[157] A. a. O., 5.

[158] A. a. O., 9 f.

[159] Dies war dort auch ausdrücklich vermerkt: A. a. O., 11.

[160] *Ein*, Gutachten zum Entwurf des ZGB, 4.10.1927. NA ERA.76.2.335, 8v f. S. auch unten, Kap. II. 4.

[161] [Ein], Rooma õiguse süsteemi konspekt, 11.

[162] Seisuste kaotamise seadus [Gesetz über die Abschaffung der Stände], Riigi Teataja [Staatsgesetzblatt] 1920, 129/130, 254. Dazu, wie jenes Gesetz das geltende Privatrecht beeinflusste, s. *Luts-Sootak/Siimets-Gross/Kiirend-Pruuli*, in: Löhnig/Wagner (Hrsg.), Nichtgeborene Kinder der Liberalismus? Zivilgesetzgebung im Mitteleuropa der Zwischenkriegszeit, 2018, 269 (281–287).

[163] Maaseadus [Landgesetz], Riigi Teataja [Staatsgesetzblatt] 1919, 79 f. Das Landgesetz war Kernakt der radikalen Landreform, durch die der Großgrundbesitz enteignet und in kleineren

in Estland die Agrarverhältnisse so gestaltet, wie schon die alten Römer diese kannten. Die Betonung des „sozialen Moments" im Privatrecht, wie sie sich „in der letzten Zeit" verlautbare, scheine aber mit dem individualistischen Prinzip des römischen Rechts im Gegensatz zu stehen, auch wenn dies im römischen Recht gleichfalls nicht in voller Konsequenz durchgeführt worden sei.[164]

Die in seiner Doktorarbeit behandelte Thematik, das *condominium,* erörterte Ein in den Vorlesungen im Vergleich zu anderen Instituten ausgiebiger und präsentierte damit die Ergebnisse seiner Forschung den Studenten. Ein hatte auch neuere Quellenfunde wie z. B. ein 1933 entdecktes Fragment von Gaius im Blick, das, wie er in seiner Vorlesung erwähnte, seine Ansichten bestätige.[165]

Ein erwähnte in der Vorlesung auch kurz die Interpolationenforschung: „Die Frage, wie die Interpolationen zu erkennen sind, ist in den letzten 30 Jahren sehr wichtig geworden. Das Interesse an der Feststellung der Interpolationen ist dadurch bedingt, dass man gegenwärtig versucht, das klassische römische Recht zu rekonstruieren."[166] Er nannte nur einige der Methoden der Interpolationenaufdeckung wie den direkten Vergleich der Texte, den Vergleich zwischen den Teilen der Digesten, das historische Kriterium (wenn etwa *traditio* statt *mancipatio* geschrieben steht) und philologische Methoden, die „große grammatische und syntaktische Fehler" in den Digesten aufdecken. Um mehr zu erfahren, empfahl er seine Übersetzung von Bonfante (S. 469–525).[167] Somit erwies sich Ein auch in den Vorlesungen als ein eher gemäßigter Interpolationist.

4. Der Beitrag von Ernst Ein zum geltenden Recht

Anstatt seine Forschungen über das antike römische Recht fortzusetzen, widmete Ein sich dem estnischen Privatrecht *de lege lata et ferenda*. Seine Analyse des *condominium* in der Dissertation nutzte er, um das geltende Recht des LECP aus einem neuen Blickwinkel zu interpretieren. Er schlug Interpretationen und Anwendungen vor, die bis dahin als ausgeschlossen betrachtet worden waren, und veröffentlichte Aufsätze über das System des Miteigentums nach dem geltenden Recht. Ein stützte seine Schlussfolgerungen auf die Quellen des römischen Rechts, von denen einige bereits im LECP erwähnt worden waren, die von ihm nun aber nach der Interpolationstheorie analysiert wurden.[168]

Bauernparzellen umverteilt wurde. S. Dazu m. w. N. *Luts-Sootak/Visnapuu,* Juridiskā zinātne/Law, 14 (2021), 111–128.

[164] [*Ein*], Rooma õiguse süsteemi konspekt, op. cit., 9.
[165] A. a. O., 233–236.
[166] A. a. O., 7.
[167] A. a. O., ebd.
[168] *Ein,* Õigus, 10 (1930), 433–450. *Ein,* Õigus, 3 (1931), 97–109. Zu der eigenartigen Gesetzestechnik des LECP, in dem die aufgestellten Rechtssätze von Quellenverweisen begleitet wurden, s. näher *Siimets-Gross,* Das Liv-, Est- und Curlaendische, op. cit., 11–15, 83–117.

Noch während seiner Studienzeit in Rom hatte Ernst Ein 1927 seine Vorschläge für die bessere Gestaltung des künftigen estnischen Zivilgesetzbuchs auf sieben Seiten an die Kodifikationsabteilung des Justizministeriums geschickt. Er meinte, dass die bisher veröffentlichten Teilentwürfe zum Familien- und Erbrecht nicht besser seien als das LECP. Seines Erachtens sollte die Behandlung gründlicher werden. Die Rechtsgewohnheiten sollten gesammelt und notfalls als Gesetz formuliert werden; so viel wie überhaupt möglich sollte rezipiert werden. Im Unterschied zu den in der estnischen Diskussion sonst üblichen mitteleuropäischen und skandinavischen Vorbildern lenkte Ein die Aufmerksamkeit auf den von einer französisch-italienischen Mischkommission ausgearbeiteten Entwurf zum Obligationenrecht (1928), auf das brasilianische ZGB (1916)[169] und auf das sich damals in Ausarbeitung befindliche italienische ZGB.[170] Ein war der Meinung, dass die Übernahme etwa des französisch-italienischen Obligationenrechtsentwurfs mit möglichst wenigen Änderungen stattfinden sollte: „damit würden wir Zeit und Kosten sparen und könnten aus der jetzigen isolierten Lage herauskommen".[171] Wie schon oben erwähnt, hatte er von einem Allgemeinen Teil abgeraten und dabei gleichfalls auf die Vorbilder Italien und Frankreich hingewiesen.[172]

Ein lieferte mehrere Aufsätze über einzelne Teile oder Institute des estnischen ZGB-Entwurfs, in denen er tendenziell die pandektenwissenschaftlichen Lösungen zurückzuweisen riet.[173] Sein spezielleres Interesse galt dem Erbrecht.[174] Dazu hatte er auch mehrmals auf den Juristentagen vorgetragen[175] und daneben auch Bonfantes Reformvorschläge zu dem italienischen Erbrecht ins Estnische übersetzt.[176] Das Erbrecht des geltenden LECP beruhte seiner Meinung nach auf den Lösungen des römischen Rechts und war nicht von der Pandektenwissenschaft beeinflusst. So sollte es nach Überzeugung von Ein auch im künftigen ZGB bleiben. Die im Entwurf vorgesehenen sehr strengen Formvorschriften für das Testament ohne Zeugen sollten seines Erachtens entfallen. Ebenso fand er

---

[169] Das brasilianische ZGB wurde von Ein freilich eher als ein negatives Vorbild erwähnt, das sich zu sehr an das deutsche BGB anlehne. *Ein*, Õigus, 4 (1932), 170.

[170] *Ein*, Gutachten zum Entwurf des ZGB, 4.10.1927. NA ERA.76.2.335, 8 und 10v f. Öffentlich hatte Ein seine Ansichten auf dem estnischen Juristentag von 1930 vorgelegt: *Ein*, in: Erne (Hrsg.), Eesti õigusteadlaste päevad 1922–1940: protokollid, 2008, 471–483. Um den estnischen Juristen den Zugang zum französisch-italienischen Entwurf zu erleichtern, hat er einen Überblick darüber geliefert: *Ein*, Õigus, 4 (1932), 168–185.

[171] A. a. O., 168–185, 169.

[172] *Ein*, Gutachten zum Entwurf des ZGB, 4.10.1927. NA ERA.76.2.335, 8v f.

[173] Z. B. *Ein/Grünthal/Nurk*, Õigus, 6 (1935), 241 f. *Ein*, Õigus, 2 (1937), 49–67; *Ein*, Õigus, 3 (1936), 113–136.

[174] *Ein*, in: Erne (Hrsg.), Eesti õigusteadlaste päevad 1922–1940: protokollid, 2008, 471–483; *Ein*, Õigus, 4 (1937), 179–186; *Ein*, Õigus, 4 (1939), 177–188.

[175] *Ein*, in: Erne (Hrsg.), Eesti õigusteadlaste päevad 1922–1940: protokollid, 2008, 471–483; *Ein*, Õigus, 4 (1939), 177–188.

[176] *Ein*, in: Erne (Hrsg.), Eesti õigusteadlaste päevad 1922–1940: protokollid, 2008, 471–483.

lobenswert, dass man bei mehreren ursprünglich römischen Lösungen – Erbschaft als *universitas iuris,* Ablehnung der Universalsukzession, Annahmegrundsatz u. a. – geblieben war: „Damit haben die Autoren des Entwurfs auch für die Zukunft diese Grundsätze lebendig gehalten, die sich im justinianischen Recht herausgebildet haben und durch das gemeine Recht in unser Land gekommen sind, und das im LECP fixierte Erbrecht mit notwendigen Modifikationen beinhalten."[177] Dass sich nicht nur Ernst Ein, sondern auch der estnische Reformgesetzgeber von den Rechtserneuerungen der deutschen Pandektenwissenschaft distanzierte, liegt klar auf der Hand.

IV. Schlussbetrachtung

Es lässt sich in der Programmatik der in Estland nach dem Ersten Weltkrieg wirkenden Romanisten durchaus ein Methodenwechsel nachzeichnen: Die in der sog. Zarenzeit im Russländischen Reich und am Russischen Seminar für Römisches Recht an der Universität Berlin vorbereiteten Lehrkräfte Wilhelm Seeler und David Grimm blieben der Methode der Pandektenwissenschaft treu; der Zögling der einheimischen estnischen Nationaluniversität zu Tartu, Ernst Ein, hatte seine Studien in Italien fortgesetzt und wurde durch die Anregung seines Lehrers Pietro Bonfante zum überzeugten Vertreter von dessen „naturalistisch-evolutionistischer Methode". Ein hatte im Interpolationismus gleichfalls mitgewirkt, wenn auch im gemäßigteren Flügel.

Wenn es aber zum Unterricht des „Systems des römischen Rechts", d. h. zur dogmatischen Behandlung des Stoffes kam, sind die großen Unterschiede zwischen der „älteren" deutschen bzw. deutsch-russischen und der „neueren" italienischen Herangehensweise verschwunden. Sowohl die älteren Gelehrten als auch ihr jüngerer Kollege hielten daran fest, dass das römische Recht als eine allgemeine Theorie des Privatrechts fungieren sollte. Darüber hinaus hatten sich alle drei verpflichtet gefühlt, die Vorgaben der in Estland damals geltenden, in hohem Maße auf den römischrechtlichen Vorbildern beruhenden Privatrechtskodifikation der baltischen Ostseeprovinzen (1864/65) zu verfolgen und Parallelen zu römischen Lösungen aufzuzeigen. In dieser dogmatischen Behandlung sind die Abweichungen zwischen zwei Generationen also wiederum eher kleiner. Während Seeler und Grimm im System des römischen Rechts offenkundig das sog. heutige römische Recht als eine Mischung aus dem Recht des *Corpus iuris civilis,* dem kanonischen Recht, der deutschen Gesetzgebung und dem Gewohnheitsrecht lehrten, versuchte Ein möglichst, das justinianische Recht zu lehren.

---

[177] *Ein,* Õigus, 4 (1939), 180 f.

David Grimm und Ernst Ein hatten sich u. a. in der rechtspolitischen Diskussion um die Neugestaltung des Privatrechts in Estland beteiligt. In diesem Tätigkeitsbereich sind die grundsätzlichen Unterschiede wieder offensichtlich geworden – Grimm setzte sich für die Lösungen der Pandektenwissenschaft ein, Ein eher dagegen. Daneben plädierte Ein für die möglichst vollständige Übernahme des französisch-italienischen Obligationenrechts bzw. der italienischen Reformvorschläge.

Literaturverzeichnis

Anepaio, Toomas, Leon Victor Constantin Casso (1865–1914): Ein russischer(?) Jurist an der Universität Tartu, in: Eckert, Jörn/Modéer, Kjell Å. (Hrsg.), Juristische Fakultäten und Juristenausbildung im Ostseeraum, Stockholm 2005, 313–341

ders., Die rechtliche Entwicklung der baltischen Staaten 1918–1940, in: Giaro, Tomasz (Hrsg.), Modernisierung durch Transfer zwischen den Weltkriegen, Frankfurt am Main 2007, 7–30

ders., Die russische Universität Jur'jev, in: Pokrovac, Zoran (Hrsg.), Juristenausbildung in Osteuropa bis zum Ersten Weltkrieg, Frankfurt am Main 2007, 391–425

ders., Kohtunikud, kohtu-uurijad ja prokurörid 1918–1940. Biograafiline leksikon [Die Richter, die Untersuchungsrichter und Staatsanwälte 1918–1940. Biographisches Lexikon], Tartu 2017

Angermann, Norbert/Brüggemann, Karsten, Geschichte der baltischen Länder, Stuttgart 2018

Arcaria, Francesco, Il 'metodo naturalistico' di Pietro Bonfante, in: Piro, Isabella/Randazzo, Salvo (Hrsg.), I Bonfante. Una storia scientifica italiana, Milano 2019, 35–64

Arrak, Oswald, Rooma õiguse ajaloo konspekt. Koostanud Bonfante raamatu järele [Skript der Geschichte des römischen Rechts. Zusammengestellt aufgrund des Buchs von Bonfante], Tartu 1933

Avenarius, Martin, Russisches Seminar für römisches Recht (1887–1896), ZEuP, 6 (1998), 893–908

ders., [Rezension:] Kolbinger, Im Schleppseil Europas? Das russische Seminar für römisches Recht bei der juristischen Fakultät der Universität Berlin in den Jahren 1887–1896, SZ (GA), 122 (2005), 789–794

ders., Fremde Traditionen des römischen Rechts. Einfluss, Wahrnehmung und Argument des „rimskoe pravo" im russischen Zarenreich des 19. Jahrhunderts, Göttingen 2014

ders., Rechtswissenschaft als „Dogma", Die Ablösung der Dogmatik vom positiven Recht und die Weiterentwicklung des Rechtsdenkens in Russland, in: Haferkamp, Hans-Peter/Repgen, Tilman (Hrsg.), Wie pandektistisch war die Pandektistik?, Tübingen 2017, 35–50

Bonfante, Pietro, Il metodo naturalistico nella storia di diritto, in: Scritti giuridici vari IV, Roma-Attilio 1925 [Neudruck von 1917], 53–72

ders., Corso di diritto romano. La proprieta, Roma 1926, 1928, Sez I und II

ders., Rooma õiguse ajalugu [Die Geschichte des römischen Rechts], Tartu 1930

ders., Storia di diritto romano, Roma 1934, Parte II

Bonin, Filippo, La romanistica italiana dinanzi alla crisi tedesca. La *Aktualisierung d*egli studi di diritto romano e il patto *Betti-Koschaker*, in: Beggio, Tommaso/Grebieniow, Aleksander (Hrsg.), Methodenfragen der Romanistik im Wandel, Tübingen 2020, 95–146

Brüggemann, Karsten/Tuchtenhagen, Ralph/Wilhelmi, Anja (Hrsg.), Das Baltikum: Geschichte einer europäischen Region. Bd. 3: Die Staaten Estland, Lettland und Litauen, Stuttgart 2020

Capogrossi Colognesi, Luigi, Bonfante, Pietro, in: Birocchi, Italo/Cortese, Ennio/Mattone, Antonello/Miletti, Marco Nicola (Hrsg.), Dizionario Biografico dei giuristi italiani (XII–XX secolo), 2013, I, 292–295

Dernburg, Heinrich, Pandekten. I. Bd.: Allgemeiner Theil und Sachenrecht, 3. Aufl., Berlin 1892

ders., Pandekten. II. Bd.: Obligationenrecht, 3. Aufl., Berlin 1892

ders., Pandekten. III. Bd.: Familien- und Erbrecht, 4. Aufl., Berlin 1894

Eesti Vabariigi Tartu Ülikooli loengute ja praktiliste tööde kava 1919–1940 [Das Vorlesungs- und Praktikumsverzeichnis der Universität Tartu 1920–1940], Tartu

Ein, Ernst, Tõlkija eessõna [Vorwort des Übersetzers], in: Bonfante, Pietro, Rooma õiguse ajalugu [Die Geschichte des römischen Rechts], Tartu 1930, IV–V

ders., Pärandusõiguse reformist [Über die Reform des Erbrechts] (1930), in: Erne, Jaanika (Hrsg.), Eesti õigusteadlaste päevad 1922–1940: protokollid [Estnische Juristentage 1922–1940: Protokolle], [Tallinn] 2008, 471–483

ders., Kaasomanikkude korraldusõigusest: sugemeks BES art. 938 tõlgendamisele [Über das Verfügungsrecht der Miteigentümer: Bemerkungen zu der Interpretation des Artikels 938 des LECP], Õigus, 10 (1930), 433–450

ders., Sugemeid kaasomandi positiivse režiimi selgitamiseks [Bemerkungen zur Erklärung des positiven Regimes des Miteigentums], Õigus, 3 (1931), 97–109

ders., Le azioni dei condomini (Estratto dal BIDR. Vol XXXIX), Roma 1931

ders., Itaalia tsiviilseadustiku projekt [Der Entwurf des italienischen Zivilgesetzbuches], Õigus, 4 (1932), 168–185

ders., Prof. D. D. Grimmi elukäik ja teaduslik tegevus [Der Lebenslauf und die wissenschaftliche Tätigkeit von Prof. D. D. Grimm], Õigus, 6 (1934), 283–288

ders., Mängu- ja kihlveolepingu õiguslik erinevus [Der rechtliche Unterschied zwischen dem Spiel- und Wettvertrag], Õigus, 3 (1936), 113–136

ders., Kriitilisi märkmeid tunnistajateta testamendi kohta Tsiviilseadustiku 1936. a. eelnõus [Kritische Bemerkungen zur Testamentsherstellung ohne Zeugen im Entwurf des Zivilgesetzbuches von 1936], Õigus, 4 (1937), 179–186

ders., Vara ja selle rakendus Tsiviilseadustiku eelnõus [Vermögen und dessen Anwendung in dem Entwurf des Zivilgesetzbuches], Õigus, 2 (1937), 49–67

ders., Rooma õiguse süsteemi konspekt. Prof. Dr. iur. E. Eini loengute järgi koost. A[lbert] Rammul [Skript des Systems des römischen Rechts. Nach den Vorlesungen von Prof. Dr. iur. E. Ein zusammengestellt von A[lbert] Rammul], [Tartu] 1938

ders., „Pärimisõigus Tsiviilseadustiku eelnõus" [Erbrecht im Entwurf des Zivilgesetzbuches], Õigus, 4 (1939), 177–188

ders./Grünthal, Timotheus/Nurk, Mart, Tsiviilseadustiku 1935. a. eelnõu, Õigus, 6 (1935), 241–287

Ein-Soracco, Eetla, Past Life. A Memoir, Las Vegas 2020

*Falk, Ulrich, E*in Gelehrter wie Windscheid. Erkundungen auf den Feldern der sogenannten Begriffsjurisprudenz, Frankfurt am Main 1989

Frezza, Paolo, Actio communi dividundo, Rivista italiana per le scienze giuridiche, n. s. 7 (1932)

Grimm, David, Lekcii po istorii rimskogo prava [Vorlesungen zur Geschichte des Römischen Rechts], St. Petersburg 1892

ders., Lekcii po istorii rimskogo prava [Vorlesungen zur Geschichte des Römischen Rechts], St. Petersburg 1903

ders., Kurs rimskogo prava [Kurs des Römischen Rechts]. Teil 1, St. Petersburg 1904

ders., Lekcii po istorii rimskogo prava [Vorlesungen zur Geschichte des Römischen Rechts], St. Petersburg 1913/1914

ders., Sootnošenija meždu juridičeskimi institutami i konkretnymi otnošenijami [Die Wechselwirkung zwischen juristischen Institutionen und konkreten Beziehungen], Moskau 1914

ders., Lekcii po istorii rimskogo prava [Vorlesungen zur Geschichte des Römischen Rechts], Prag 1923

ders., Lekcii po dogme rimskogo prava [Vorlesungen zum Dogma des römischen Rechts], 7., verbesserte und ergänzte Auflage, Prag 1927

ders., Riigikohtu asukoha küsimusest [Zu der Standortsfrage des Staatsgerichtshofs], Õigus, 6 (1929), 181–184

ders., Programma kursa dogmy rimskogo prava [Programm des Kurses vom Dogma des römischen Rechts], Tartu 1930

ders., Eesti Vabariigi Põhiseaduse uus muutmise seaduse eelnõu [Neuer Entwurf zur Änderung des Grundgesetzes der Republik Estland], Õigus, 7 (1933), 311–326; 8 (1933), 337–347

ders., Zur Frage über den Begriff der societas im klassischen Römischen Rechte, Tartu 1933

ders., Die sociologischen Grundlagen des römischen Besitzrechts, in: Studi in onore di S. Riccobono, Vol IV, Palermo 1936, 173–201

ders., Lekcii po dogme rimskogo prava [Vorlesungen zum Dogma des römischen Rechts], Moskau 2003

ders., Vospominanija: iz žizni Gosudarstvennogo soveta 1907–1917 gg. [Erinnerungen aus dem Leben der Staatsduma in den Jahren 1907–1917], St. Petersburg 2017

Guarino, Antonio, Diritto privato romano, 12. edizione, Napoli 2001

Haferkamp, Hans-Peter, Pandektistik und Gerichtspraxis, Quaderni Fiorentini, 40 (2011), 177–211

ders., Begriffsjurisprudenz, in: Enzyklopädie zur Rechtsphilosophie, http://www.enzyklopaedie-rechtsphilosophie.net/inhaltsverzeichnis/19-beitraege/96-begriffsjurisprudenz (01.05.2024)

Karcov, Aleksej, I. M. Tjutrjumov (očerk žizni u dejatel'nosti) [I. M. Tjutrjumov (Leben und Werk)], in: Tjutrjumov, Igor (Hrsg.), Zakony graždanskie s razjasnenijami Pravitel'stvujuščego Senata i kommentarijami russkich juristov [Zivilgesetze mit den Erklärungen des Dirigierenden Senats und Kommentaren der russischen Juristen], Moskau 2004, Bd. 1, 11–66

Kolbinger, Florian, Im Schleppseil Europas? Das russische Seminar für Römisches Recht bei der juristischen Fakultät der Universität Berlin in den Jahren 1887–1896, Frankfurt am Main 2004

Laaneste, Eduard/Pettai, Aleksander, Rooma õiguse süsteem: koostatud Grimm'i, Dernburg'i, Windscheid'i, Seeler'i ja Baron'i õpperaamatute järgi vastavalt prof. Grimm'i kavale [System des römischen Rechts: verfasst nach den Lehrbüchern von Grimm,

Dernburg, Windscheid, Seeler und Baron nach dem Programm von Prof. Grimm], Tartu 1932

Lamberti, Francesca, Pietro Bonfante e la construzione di una ‚scienza romanistica' italiana, in: Piro, Isabella/Randazzo, Salvo (Hrsg.), I Bonfante. Una storia scientifica italiana, Milano 2019, 169–204

Leesment, Leo, In memoriam K. W. v. Seeler, SZ (RA), 47 (1927), 582–583

ders., [Rezension:] Kirjanduse ülevaade: P. Bonfante. Rooma õiguse ajalugu [Literaturübersicht: P. Bonfante, Geschichte des römischen Rechts], Õigus, 1 (1931), 37–40

Luig, Klaus, Art. Pandektenwissenschaft, in: Handwörterbuch zur deutschen Rechtsgeschichte, 1. Aufl., Berlin 1984, Bd. III, 1422–1431

Luts, Marju, Private Law of the Baltic Provinces as a Patriotic Act, Juridica International V (2000), 157–167, https://www.juridicainternational.eu/article_full.php?uri=2000_V%20_157_private-law-of-the-baltic-provinces-as-a-patriotic-act (01.05.2024)

dies., Privatrecht im Dienste eines ‚vaterländischen' provinzialrechtlichen Partikularismus, Rechtstheorie 31 (2000), 383–393.

Luts-Sootak, Marju, Der lange Beginn einer geordneten Juristenausbildung an der deutschen Universität zu Dorpat (1802–1893), in: Pokrovac, Zoran (Hrsg.), Juristenausbildung in Osteuropa bis zum Ersten Weltkrieg, Frankfurt am Main 2007, 357–390

dies., Besprechung: Florian Kolbinger, Im Schleppseil Europas? Das russische Seminar für römisches Recht bei der juristischen Fakultät der Universität Berlin in den Jahren 1887–1896, Forschungen zur baltischen Geschichte, 3 (2008), 290–294

dies., Das Baltische Privatrecht von 1864/65 – Triumphbogen oder Grabmal für das römische Recht im Baltikum?, Zeitschrift für Ostmitteleuropa-Forschung, 58 (2009), 357–379

dies., Aller Anfang ist gleich? Die estnischen Rechtszeitschriften vor dem Ersten Weltkrieg, in: Luts-Sootak, Marju/Osipova, Sanita/Schäfer, Frank L. (Hrsg.), Einheit und Vielfalt in der Rechtsgeschichte im Ostseeraum, Frankfurt am Main u. a. 2012, 135–158

dies., Die baltischen Privatrechte in den Händen der russischen Reichsjustiz, in: Pokrovac, Zoran (Hrsg.), Rechtsprechung in Osteuropa. Studien zum 19. und frühen 20. Jahrhundert, Frankfurt am Main 2012, 267–375

dies., Zu der Universalität der Pandektenwissenschaft – am Beispiel der baltischen Privatrechtswissenschaft nach der Kodifikation vom 1864 geprüft, in: Haferkamp, Hans-Peter/Repgen, Tilman (Hrsg.), Wie pandektistisch war die Pandektistik?, Tübingen 2017, 51–81

dies., Zur Verortung des Baltischen Privatrechts (1864/65) unter den europäischen Privatrechtskodifikationen, in: Hamza, Gábor/Hlavačka, Milan/Takii, Kazuhiro (Hrsg.), Rechtstransfer in der Geschichte, Berlin 2019, 219–243

Luts-Sootak, Marju/Siimets-Gross, Hesi/Kiirend-Pruuli, Katrin, Estlands Zivilrechtskodifikation – ein fast geborenes Kind des Konservatismus, in: Löhnig, Martin/Wagner, Stephan (Hrsg.), Nichtgeborene Kinder der Liberalismus? Zivilgesetzgebung im Mitteleuropa der Zwischenkriegszeit, Tübingen 2018, 269–312

Luts-Sootak, Marju/Siimets-Gross, Hesi, Eine rechtmäßige Diktatur? Estlands Verfassungsentwicklungen in der Zwischenkriegszeit des 20. Jahrhunderts, Parliaments, Estates and Representation, 41:2 (2021), 201–225

Luts-Sootak, Marju/Visnapuu, Karin, The Aims and Discussions of the Foundation of Land Reform in Estonia After the WWI, Juridiskā zinātne/Law, 14 (2021), 111–128

[*M. R.*], Kaasomanikkude hagid [Die Klagen der Miteigentümer], Postimees, 305 (1931), 4.

Michaels, Ralf, vor § 241. Systemfragen des Schuldrechts, in: Schmoeckel, Mathias/Rückert, Joachim/Zimmermann, Reinhard (Hrsg.), Historisch-Kritischer Kommentar, Tübingen 2007, Bd. II/1, 1–97

Napolitano, Rosario, Italian cultural diplomacy in Estonia during the interwar period: from the *de jure* recognition to the Molotov-Ribbentrop pact (1921–1939), Journal of Contemporary Central and Eastern Europe, 2023, 1–16, DOI: 10.1080/25739638.2023.2275889 (zuletzt aufgerufen am: 21.11.2023)

Pavolini, Alessandro, Relazione su la missione compiuta dall'on. Dott. Alessandro Pavolini, per incarico del Presidente dei C. A. U. R. in Lituania, Lettonia, Estonia e Finlandia (luglio-agosto 1934), benutzt durch *Santoro,* L'Italia e L'Europa orientale. Diplomazia culturale e propaganda 1918–1943, 2005

Piro, Isabella/Randazzo, Salvo (Hrsg.), I Bonfante. Una storia scientifica italiana, Milano 2019

Põld, Peeter, Tartu Ülikool 1918–1929. Ülevaade Eesti Ülikooli kujunemisest tema esimesel aastakümnel [Universität Tartu 1918–1929. Übersicht der Entwicklung der Estnischen Universität in deren ersten Jahrzehnt], Tartu 1929

Rückert, Joachim, Ausgewählte Aufsätze, 2 Bde., Stockstadt am Main 2012

ders., Die Schlachtrufe im Methodenkampf – ein historischer Überblick, in: Rückert, Joachim/Seinecke, Ralf (Hrsg.), Methodik des Zivilrechts – von Savigny bis Teubner, 3. Aufl., Baden-Baden 2017, 541–608

ders., Prinzipienjurisprudenz?!, recht, 35 (2017), 300–312

ders., Pandektistische Leistungsstörungen?, in: Haferkamp, Hans-Peter/Repgen, Tilman (Hrsg.), Wie pandektistisch war die Pandektistik?, Tübingen 2017, 208–211

Santoro, Stefano, L'Italia e l'Europa orientale. Diplomazia culturale e propaganda 1918–1943, Milano 2005

*Schmoeckel, Matthias, D*er Allgemeine Teil in der Ordnung des BGB, in: Schmoeckel, Mathias/Rückert, Joachim/Zimmermann, Reinhard (Hrsg.), Historisch-Kritischer Kommentar, Tübingen 2003, Bd. I, 123–165

Seeler, Karl Wilhelm von, Die Lehre vom Miteigenthum nach Römischem Recht, Halle 1896

ders., Das Miteigenthum nach dem Bürgerlichen Gesetzbuch für das Deutsche Reich, Halle 1899

ders., Aufrechnung bei einer Mehrheit von Forderungen nach B. G. B. § 396, in: Archiv für bürgerliches Recht, 15 (1899), 104–113

*ders., D*as publicianische Edikt. Ein neuer Reconstructionsversuch, SZ (RA), 21 (1900), 58–61

ders., Der Entwurf des Russischen Zivilgesetzbuches, Berlin 1911

ders., Eestimaa õigus: (wene keeles). Prof. Seeleri programmile wastawalt kokkuseadnud Tartu ülikooli juura üliõpilased [Estlands Recht (auf Russisch). Entsprechend dem Programm von Prof. Seeler von den Jurastudenten der Universität Tartu zusammengestellt], Tartu 1923

ders., Estländische Rechtsgeschichte: Grundriss. Nach den Vorlesungen von Prof. W. Seeler, Tartu 1923

*ders., D*as System des römischen Privatrechts. Grundriss der Vorlesungen, Tartu 1924

Siimets-Gross, Hesi, Die Lehre des römischen Rechts an der Universität Tartu in den Jahren 1919–1940, in: Eckert, Jörn/Modéer, Kjell Å. (Hrsg.), Juristische Fakultäten und Juristenausbildung im Ostseeraum, Stockholm 2005, 342–365

dies., Roman Law in the Baltic Private Law Act – the Triumph of Roman Law in the Baltic Sea Provinces?, Juridica International XII (2007), 180–189, https://www.juridicainternational.eu/article_full.php?uri=2007_XII_180_roman-law-in-the-baltic-private-law-act-the-triumph-of-roman-law-in-the-baltic-sea-provinces (01.05.2024)

dies., Das „Liv-, Est- und Curlaendische Privatrecht" (1864/65) und das römische Recht im Baltikum, Tartu 2011, https://www.digar.ee/arhiiv/nlib-digar:128121 (01.05.2024)

dies., Ernst Ein, an Estonian Disciple of Pietro Bonfante and the Influence of the Pietro Bonfante's School in Estonia, in: Buongiorno, Pierangelo/Gallo, Annarosa/Mecella, Laura (Hrsg.), Segmenti della ricerca antichistica e giusantichistica negli anni trenta, Napoli 2022, Bd II., 723–745

Šilochvost, Oleg J., Tjutrjumov I. M., in: Russkie civilisty: seredina XVIII – načalo XX vv.: Kratkii biografičeskij slovar' [Russische Zivilrechtler: von der Mitte des 18. bis zum Anfang des 20. Jh.: Kurzes biographisches Lexikon], Moskau 2005, 148–149

Šor, Tatjana, Russkie juristy v Tartuskom universitete (1910–1940) [Russische Juristen an der Universität Tartu (1920–1940)], in: Bojkov, Viktor/Bassel', Naftoliĭ (Hrsg.), Russkie v Estonii na poroge XXI veka: prošloe, nastojaščee, buduščee (sbornik statei) [Russen in Estland beim Aufbruch zum 21. Jahrhundert: Vergangenheit, Gegenwart, Zukunft (Sammlung der Aufsätze], Tallinn 2000, 183–192

dies., Professor Igor Tjutrjumov (1865–1943), Raduga, 1 (2003), 91–97

Tartu Ülikool sõnas ja pildis 1919–1932 [The University of Tartu in Words and Pictures], Tartu 1932

Tomsinov, Vladimir, David Davidovič Grimm (1864–1941): Biografičeskij očerk [Biographischer Grundriss], in: David Grimm, Lekcii po dogme rimskogo prava [Vorlesungen zum Dogma des römischen Rechts], Moskau 2003, 21–38

Uluots, Jüri, Professor dr. jur. Wilhelm Seeler, Õigus, 7 (1925), 161–163

Varvaro, Mario, Circolazione e sviluppo di un modello metodologico. La critica testuale delle fonti giuridiche romane fra Otto Gradenwitz e Salvatore Riccobono, in: Avenarius, Martin/Baldus, Christian/Lamberti, Francesca/Varvaro, Mario (Hrsg.), Gradenwitz, Riccobono und die Entwicklung der Interpolationenkritik. Gradenwitz, Riccobono e gli sviluppi della critica interpolazionistica, Tübingen 2018, 55–100

URL-Verzeichnis

Hochschullehrer (Universität Sapienza) https://tinyurl.com/5n92tu66 (01.05.2024)

[Art.] Seeler, K. W. v., in: Baltisches biographisches Lexikon, https://bbld.de/0000000061419244 (01.05.2024)

[Art.] Seeler, K. W. v. https://de.wikipedia.org/wiki/Wilhelm_von_Seeler (10.3.2023)

Das Studium des römischen Rechts in der Lettischen Republik in der Zwischenkriegsperiode (1919–1940)

Professor Benedikt Cornelius Georg Frese, Professor Vassily Sinaisky und sein Schüler Voldemars Kalninsch

Janis Lazdins/Sanita Osipova

ABSTRACTS

Until the proclamation of the independent Republic of Estonia and Republic of Latvia in 1918, the Baltic Governorates – Estland, Livland and Courland, as well as counties of Vitebsk Governorate, inhabited by Latvians – were placed in the sovereignty of the Russian Empire. The three Baltic Governorates constituted the so-called Baltic lands. The University of Dorpat was the most important university of the Baltic Provinces, located in the Governorate of Livland, jointly inhabited by Estonians and Latvians. Since the Governorate of Livland was inhabited by both Estonians and Latvians, following the establishment of two independent states, the former Governorate of Livland was divided. Riga, the capital of the Governorate of Livland, became the capital of the Republic of Latvia but the county of Dorpat together with the university, entered the sovereignty of the Republic of Estonia. Thus, in 1919, Latvia had to establish its own centre of scientific and academic activities – the University of Latvia, which became the centre for the study and research of Roman law. At the University of Latvia, students took both courses in the history of Roman law and a study course in Roman civil law. Professor Benedict Cornelius Georg Frese and Professor Vassily Sinaisky, both graduates of the University of Dorpat ensured that Roman law was taught and studied at the University of Latvia in the period between the two world wars.

Do czasu ogłoszenia niepodległości republik Estonii i Litwy w roku 1918, bałtyckie gubernie Estonia, Inflanty, Kurlandia, jak i gminy Guberni Witebskiej zamieszkałe przez Łotyszy, były częścią Imperium Rosyjskiego. Trzy gubernie bałtyckie tworzyły tzw. kraje bałtyckie. Uniwersytet w Dorpadzie był najważniejszym uniwersytetem krajów bałtyckich, położonym w Guberni Inflandzkiej zamieszkałej przez Łotyszy i Estończyków. W następstwie powstania dwóch niepodległych państw Estończyków i Łotyszy stolica Guberni Inflandzkiej stała się stolicą Łotwy. Jednak Dorpad wraz z uniwersytetem znalazł się w granicach niepodległej Estonii. Dlatego w roku 1919 Łotwa utworzyła własne centrum badawczo-akademickie – Uniwersytet Łotwy, który stał się ośrodkiem badań prawa rzymskiego. Na Uniwersytecie Łotwy studenci słuchali wykładów z historii prawa rzymskiego i instytucji rzymskiego prawa prywatnego. Profesorowie Benedict Cornelius Georg Frese i Professor Vassily Sinaisky, którzy byli absolwentami Uniwersytetu w Dorpadzie zapewnili prowadzenie wykładu i badań prawa rzymskiego na Uniwesytecie Łotwy w okresie międzywojennym.

I. Einleitung

Es besteht eine eindeutige Verbindung zwischen dem Ende des Ersten Weltkrieges und der Forschung des römischen Rechts in der Republik Lettland. Bis zur Gründung der Republik Lettland im Jahr 1918 war ihr Territorium Teil des Russischen Kaiserreichs. Die von Letten bewohnten Gebiete waren in drei Gouvernements unterteilt. Viele dieser Gebiete wurden zusammen mit solchen, in denen Esten lebten, in dem Baltischen Gouvernement Livland vereint, andere wiederum verteilten sich auf die Gouvernements Kurland und Witebsk.[1] Die Universität Dorpat[2] war die Universität der baltischen Gouvernements, an die es die größte Zahl der Studenten aus den von Letten bewohnten Gebieten zog. Die erste moderne Universität auf dem heutigen Territorium Lettlands war das im Jahr 1861 gegründete „Polytechnikum zu Riga", das 1896 zum „Rigaer Polytechnischen Institut" umgewandelt wurde. Die Universität hatte 6 Fakultäten: 1) die agronomische Fakultät, 2) die Fakultät für das Ingenieurwesen, 3) die chemische Fakultät, 4) die Fakultät des Handels, 5) die Fakultät der Architektur, 6) die Fakultät der Mechanik.[3] Einen Lehrstuhl für Rechtswissenschaften gab es, denn es wurde für die Studenten der Fakultät des Handels das Handels- und Bürgerliche Recht gelehrt. An dem Institut wurden aber keine Juristen ausgebildet, und im Bereich des römischen Rechts forschte man dort nicht. Daher wurde bis zur Gründung der Republik Lettlands im Jahr 1918 auf ihrem Gebiet das römische Recht nicht studiert. Um die Entstehung der Tradition des Studiums des römischen Rechts in der Republik Lettland in der Zwischenkriegsperiode (1919–1940) zu verstehen, ist es daher im Rahmen dieses Artikels unerlässlich, die Entstehung des Rechtsstudiums in Lettland und die Tätigkeit der ersten Professoren, die römisches Recht lehrten, zu untersuchen.

II. Grundlagen der Tradition des Studiums des römischen Rechts in der Lettischen Republik

Eine der ersten Entscheidungen, die im Sommer 1919 nach dem Einkehren eines zerbrechlichen Friedens – es fanden keine aktiven Kämpfe in Riga mehr statt – getroffen wurde, lag darin, die Universität Lettlands zu gründen. Am 15. Juli 1919 referierte Karlis Ulmanis in der Sitzung des Volksrates der

---

[1] Zusammen gab es drei Baltische Gouvernements – Estland, Livland und Kurland.

[2] Die Universität Dorpat befindet sich heute auf dem Gebiet der Republik Estland. Während des Bestehens des Russischen Kaiserreichs befand sich die Universität Dorpat im Gouvernement Livland.

[3] Rīgas Politehniskā institūta reorganizācijas komisijas 1919. gada 8. augusta sēdes protokols Nr. 1 [Protokoll der Sitzung der Reorganisationskommission des Rigaer Polytechnischen Instituts vom 8. August 1919 Nr. 1], LVVA 1632-2-603, 1.

Republik Lettland über die sofort zu erledigenden Arbeiten für die Regierung. Er sagte:

„In Bezug auf den Betrieb der Universität Lettlands müssen wir unverzüglich mit den Organisationsarbeiten beginnen. Die Universität wird ihren Betrieb auf neuen Grundlagen beginnen. Die bisherige Technische Universität muss von der Regierung übernommen werden. Wir müssen mit der Arbeit für die Öffnung der Neuen Universität beginnen."[4]

Der Volksrat Lettlands entschied,[5] eine klassische Universität in Lettland zu gründen, in der es auch möglich war, Rechtswissenschaften zu studieren. Das rechtswissenschaftliche Studienprogramm wurde noch von den im Russischen Kaiserreich angelegten Traditionen beeinflusst, zum einen hinsichtlich der Studienfächer, die dem Programm hinzugefügt wurden, aber auch bezüglich der Inhalte der individuellen Fächer. Dies hatte mehrere Gründe:

1. Nach der Gründung der Republik Lettland blieben die Gesetze des Russischen Kaiserreichs in Kraft, die anzuwenden waren, „bis sie durch neue Gesetze aufgehoben werden und soweit sie sich nicht gegen das lettische Staatssystem und die Plattform des Volksrates richten".[6]
2. Praktisch alle Dozierenden, die an der Universität nach deren Gründung tätig waren, hatten ihr Studium an einer der Universitäten des Russischen Kaiserreichs absolviert. Das waren bei Juristen in der Regel die Universitäten in Dorpat, Moskau oder Sankt Petersburg.

Der Einfluss der Traditionen des Russischen Kaiserreichs hatte auch zur Folge, dass in das Studienprogramm Römisches Recht, Römische Rechtsgeschichte und Latein eingefügt wurden, denn in der Ausbildung der Juristen im Russischen Kaiserreich wurde gerade dem römischen Recht sehr große Beachtung geschenkt. Unter dem Einfluss der deutschen Rechtsdoktrinen im 19. Jh. wurde das Pandektenrecht in das russische bürgerliche Recht übernommen. Die Verbindungen zu deutschen Romanisten waren im Russischen Kaiserreich eng. Beispielsweise ermutigte die russische Regierung in den 1830er Jahren eine Gruppe von russischen Studenten, in Deutschland Rechtswissenschaft zu studieren unter der Aufsicht von Savigny.[7] Das römische Zivilrecht wurde nicht nur als eine historische Quelle betrachtet, sondern auch in den Urteilen des regierenden Senats im Russischen Kaiserreich angewendet. Um die Kenntnisse der russischen Professoren im römischen Zivilrecht zu fördern, wurde am Ende des 19. Jh. das

---

[4] Ulmanis, Latvijas Tautas Padomes sēdes 3, 1919, 108.
[5] A. a. O., 121.
[6] Latvijas Republikas Tautas Padomes 1919, gada 5. decembra likums Par agrāko Krievijas likumu spēkā atstāšanu Latvijā [Gesetz des Volksrates der Republik Lettland vom 5. Dezember 1919 über das Beibehalten der bisherigen russischen Gesetze in Lettland]; Likumu un valdības rīkojuma krājums 13, 1919, 170.
[7] *Rudokvas/Kartsov*, in: Pokrovac (Hrsg.), Rechtswissenschaft in Osteuropa. Studien zum 19. und frühen 20. Jahrhundert, 2010, 291 (297).

Russische Seminar für Römisches Recht an der juristischen Fakultät der Universität Berlin gegründet, das von 1887 bis 1896 tätig war.[8] Besonders erwähnenswerte Absolventen dieses Instituts waren der St. Petersburger Rechtstheoretiker und Rechtsphilosoph Lev Iosifovič Petražickij (1867–1931) und Iosif Alekseevič Pokrovskij (1868–1920),[9] der eine Schule des römischen Rechts begründete und dessen Bücher noch heute in Russland verwendet werden.

Man muss aber beachten, dass die Gründung der Universität Lettlands zum Ziel hatte, dass „sie die höchste Bildungseinrichtung der Stadt sein soll, die alle wichtigsten theoretischen und praktischen Fragen beantworten, die relevanten wissenschaftlichen Forschungen betreiben und für den Staat taugliche wissenschaftliche und praktische Arbeiter vorbereiten soll."[10] Die Universität sollte ihre Arbeit und Forschung auf Lettisch betreiben. Noch nie zuvor war die lettische Sprache eine Amtssprache gewesen, deshalb war es eine große Herausforderung sowohl für die lettischen Dozenten als auch für diejenigen anderer Ethnizitäten, wie Russen und Baltendeutsche, die Vorlesungen zu halten und ihre Arbeiten auf Lettisch zu publizieren. Die lettische juristische Terminologie musste sich erst entwickeln. In der ersten Dekade nach der Gründung der Universität wurde noch weitverbreitet die „Ausnahme" erlaubt, die Vorlesungen in anderen Sprachen zu halten, nämlich auf Russisch oder Deutsch.[11] Nach dem autoritären Putsch im Jahr 1934 wurden solche Ausnahmen nicht mehr zugelassen. Dies beeinflusste die Zusammensetzung des Lehrkörpers, denn nicht alle Nichtmuttersprachler waren bereit, ihre Vorlesungen auf die lettische Sprache umzustellen.

Darüber hinaus gab es in Lettland in der Zwischenkriegszeit neben der „lettischen" Universität Lettlands die 1921 gegründete „Russische Universität" und eine 1924 gegründete deutsche Universität, das Herder-Institut.[12] An beiden Hochschulen wurde Rechtswissenschaft unterrichtet und über das römische Recht doziert. Die Forschung zum römischen Recht war in Lettland in der Zwischenkriegsperiode auf die einzige staatlich gegründete Hochschule beschränkt,

---

[8] Ausführlich dazu *Kolbinger,* Im Schleppseil Europas? Das russische Seminar für Römisches Recht bei der juristischen Fakultät der Universität Berlin in den Jahren 1887–1896, 2003.

[9] Nach der Rückkehr unterrichtete Pokrowsky an der Kaiserlichen Universität Jurjew. 1902 promovierte er an der Universität in Kiew durch weitere Auseinandersetzung mit dem Thema seiner Magisterdissertation. 1903 erhielt er an der Universität St. Petersburg den Lehrstuhl für römisches Recht. Ab 1907 gab er auch für Frauen Kurse. 1904 erschien sein Lehrbuch Vorlesungen zur Geschichte des römischen Rechts [russisch, *Lekcii po istorii rimskogo prava*], 1909 die Monografie Naturrechtliche Strömungen in der Geschichte des Zivilrechts [russisch, *Estestvenno-pravovye tečenija v istorii graždanskogo prava*].

[10] *Felsbergs/Kundziņš,* Paskaidrojumi pie Latvijas Universitātes satversmes projekta, 1922, 80.

[11] LU rektora vēstule LR izglītības ministrijai [Brief des Rektors der LU an das Bildungsministerium der Republik Lettland], LVVA 74276.f., 197. apr., 13.l.

[12] *Zigmunde,* in: Baltiņš (Hrsg.), Zinātņu vēsture un muzejniecība. Latvijas Universitātes zinātniskie raksti, 2001, 36 (54).

die Universität Lettlands. Jedoch muss man beachten, dass an allen drei Hochschulen dieselben Professoren lehrten. Das römische Recht wurde im Lettland der Zwischenkriegszeit von zwei Professoren unterrichtet: dem Baltendeutschen Benedict Cornelius Georg Frese (1866–1942) seit 1918 und dem Russen Vassily Sinaisky (1876–1949) seit 1922.[13] Damals lehrte auch der junge Wissenschaftler Voldemars Kalninsch (1907–1981) römisches Recht und veröffentlichte seine Forschungen. Er war Schüler von Sinaisky.[14]

III. Der Baltendeutsche Professor Benedict Cornelius Georg Frese

Benedict Cornelius Georg Frese wurde am 27. Oktober 1866 in Dorpat als Sohn einer baltendeutschen Familie geboren. 1885 machte er seinen Abschluss am Gouvernements-Gymnasium zu Dorpat. Von 1886 bis 1890 studierte er an der rechtswissenschaftlichen Fakultät der Kaiserlichen Universität Dorpat, wo er nach vier Jahren das Kandidatendiplom mit einer Goldmedaille für seine Abschlussarbeit „*Das Senatusconsultum Macedonianum*"[15] erwarb. Im Jahr 1894 ging er auf eine von der russischen Regierung beauftragte Dienstreise nach Berlin, um sich am Institut für römisches Recht unter der Leitung der deutschen Professoren Heinrich Dernburg, Ernst Eck und Alfred Pernice auf eine Professur im römischen Recht in Russland vorzubereiten. 1897 beendete er sein Studium in Berlin mit dem Werk „Zur Lehre von der Quittung".[16] Seine Abschlussarbeit war eine der besten innerhalb seiner Gruppe, weshalb sie in Deutschland publiziert wurde.[17] Nach seiner Rückkehr nach Russland erwarb Frese wegen des Ministerwechsels und der Feindseligkeit gegenüber lokalen Hochschulen, die neue „deutsche Professoren" aufnahmen, keine Professur[18] und das, obwohl er wegen der Bestimmung des Kaisers über die Gründung eines Instituts für Römisches Recht und der Zusicherung einer Professur einen gesetzlichen Anspruch auf eine sofortige Bereitstellung der Position hatte. Von den Umständen gezwungen blieb Frese in Riga, wo er als Rechtsanwalt und als Handels- und Agrarrechtsdozent am Polytechnischen Institut Riga (1898–1901) tätig war. Im Jahr 1900 heiratete er Helena Julija Flor (1868–1939)[19] und gründete eine Familie in Riga. Im Jahr 1901 erhielt er eine Einladung des Demidow-Lyzeums in Jaroslawl, den vakanten Lehrstuhl für Römisches Recht zu übernehmen, allerdings nicht

---

[13] *Kovaļčuka/Eļtazarova,* Jurista Vārds [abbrev: JV], 2009, 10 (12, 13).
[14] *Birziņa,* Latvijas Universitātes tiesībzinātnieki: tiesiskā doma Latvijā XX gadsimtā, 1999, 265.
[15] *Kundziņš,* Latvijas Universitāte 1919–1929, II daļa, 1929, 533.
[16] *Frese,* Zur Lehre von der Quittung, 1897.
[17] *Kolbinger,* Im Schleppseil Europas?, op. cit., 103.
[18] *Syrych,* Pravovaja nauka i juridičeskaja ideologija Rossii, 2017, 758.
[19] Rigasches Kirchenblatt, 41 (1900), 348 (348).

in der begehrten Position als Professor, sondern nur als Privatdozent. Nach einer 1910 erfolgreich bestandenen Magisterprüfung an der Universität Kiew publizierte Frese 1911 das Werk „*Greko-egipetskie častno-pravovye dokumenty*" [Griechisch-ägyptische Privatrechtsdokumente][20] und schrieb auch in der Zeitspanne von zwei Jahren seine Magisterarbeit mit dem Titel „*Očerki greko-egipetskogo prava*" [Abhandlungen zum griechisch-ägyptischen Recht], die er im Jahr 1912 publizierte.[21] Er bewarb sich darum, seinen Posten als Privatdozent an der rechtswissenschaftlichen Fakultät der Moskauer Universität behalten zu dürfen. Im Jahr 1913 leistete er eine erfolgreiche Verteidigung und wurde in Jaroslawl zum außerordentlichen Professor berufen. Außerdem lehnte er den Ruf an die Universität Tomsk und gleich zwei Rufe an die Universität Warschau ab.

Im März 1917 wurde Frese einstimmig auf die Position des Professors für Römisches Recht an der Universität Moskau gewählt, doch wurde die Wahl später annulliert. Im Februar 1918 wurde Frese zum Professor für Römisches Recht in Jaroslawl berufen.[22]

Im Herbst 1918 erlebte Frese die revolutionären Handlungen in Russland, kehrte nach Riga zurück und hasste fortan die Kommunisten für den Rest seines Lebens. Er scheute sich auch nicht, dies seinen Studenten während der Vorlesungen mitzuteilen.[23] Faszinierend ist, dass in der damaligen Rigaer Presse berichtet wurde, dass Frese in seine Heimat zurückgekehrt sei,[24] in den russischen Quellen hingegen, dass Frese den Rest seines Lebens in Lettland verbracht habe.[25]

Die deutsche Okkupationsmacht benannte im Oktober 1918 das Polytechnische Institut zu Riga in die Baltische Technische Hochschule um und passte es an die Vorgaben an, die an die Hochschulen des Deutschen Reiches gestellt wurden. Lehrveranstaltungen an der Baltischen Technischen Hochschule waren nur auf Deutsch vorgesehen. Die Statuten der Hochschule wurden am 15. Oktober 1918 von der deutschen Militärverwaltung bestätigt.[26] Um seinen Lebensunterhalt zu verdienen, nahm Frese eine Stelle an der Baltischen Technischen Hochschule an, wo er Kaufleuten das Studienfach Handelsrecht anbot, um ihnen zu ermöglichen, ihre professionellen Kenntnisse zu vertiefen.[27]

Vom 27. September 1919 an, also seit ihrer Gründung, war Frese Professor für Römisches Recht an der Universität Lettlands. Tatsächlich wurde für die Vermittlung des römischen Erbes an der Universität Lettlands eine ganze Reihe von Kursen entwickelt, nämlich zwei Veranstaltungen zur römischen Rechts-

---

[20] *Frese,* Juridičeskie zapiski izdavaemye Demidovskim Juridičeskim Liceem, I (VII), 1911, 121 (125).
[21] *Frese,* Očerki greko-egipetskogo prava, 1912.
[22] *Kundziņš,* Latvijas, op. cit., 533.
[23] *Vēliņš,* Austrālijas Latvietis 1049, 1970, 5 (5).
[24] Rigasche Zeitung 249, 1918, 7.
[25] *Syrych,* Pravovaja nauka i juridičeskaja ideologija Rossii, 2017, 758.
[26] *Zigmunde,* Zinātņu, op. cit., 36.
[27] Rigasche Zeitung, 249 (1918), 7 (7).

geschichte und zwei zum römischen Zivilrecht. Leider sind offenbar keine der von ihm entwickelten Studienfächer oder Konzepte von seinen Vorlesungen erhalten. Die Studenten erinnerten sich, dass der Professor seine Vorlesungen auf Deutsch oder Russisch hielt, in Abhängigkeit von den Sprachkenntnissen der Studenten. Von ihnen wurde erwartet, dass sie die historischen Fakten des römischen Rechts, seine wesentlichen Prinzipien und seine Institutionen so auswendig gelernt hatten, dass sie im Chor auf die Fragen des Professors antworten konnten, denn an den Übungen des Professors nahmen gleichzeitig mindestens fünf Studenten teil.[28] Dies erinnert an die noch im Mittelalter entwickelte Methode für die Lehre des römischen Rechts, bei der die Studenten alles auswendig lernen mussten. Frese mischte sich nicht in das öffentliche oder politische Leben der neuen Republik ein und beteiligte sich nicht an den vielen Gesetzgebungskommissionen, die damals gebildet wurden, um neue Gesetze im Einklang mit dem damaligen Zeitgeist in Lettland zu entwickeln. Frese beschäftigte sich also nur akademisch mit dem römischen Recht, ohne zu seiner Umsetzung in das neue Rechtssystem Lettlands beizutragen.

Zu der Zeit, als die Anweisung kam, nur auf Lettisch zu dozieren, konnte Frese, wie die Studenten sich erinnern, Lettisch nicht einmal auf einem umgangssprachlichen Niveau.[29] Deshalb beendete der grauhaarige Professor seine Tätigkeit an der Universität Lettlands. Es wurde offiziell festgestellt, dass er am 15. Februar 1934 wegen seiner Krankheit auf eigenen Wunsch hin in den Ruhestand versetzt wurde.[30] Im Jahr 1939 wechselte Frese zusammen mit seiner Frau seinen Wohnort, denn im Gegensatz zum Großteil der Einwohner Lettlands wusste er nur zu gut, wozu die Bolschewiken fähig waren. Seine Familie wurde im von Deutschland okkupierten Teil Polens untergebracht, wo Professor Frese im Jahr 1942 im Alter von 76 Jahren starb.[31]

Wenn man die Bibliografie von Frese analysiert, kann man feststellen, dass ihn schon seit seinen Studienjahren die antiken Rechte faszinierten, denn bereits seine ersten Forschungsarbeiten, von denen ein Teil auch publiziert wurde, behandelten das römische Recht. Nach dem Abschluss seines Studiums in Berlin, durch das sich Frese zu einem reifen Wissenschaftler entwickelt hatte, wandte er sich stärker der Analyse griechisch-ägyptischer Rechtshandschriften zu und betonte in seiner Forschung den Einfluss des griechischen Rechts auf das römische.[32] Ein Lehrbuch oder Vorlesungskonzepte für das römische Recht hat Frese nicht erstellt. Er blieb seiner in Berlin erlernten Forschungsmethodik treu. Seine Publikationen waren kein Lehrstoff, sondern vollwertige

---
[28] *Vēliņš,* Austrālijas, op. cit., 5.
[29] A. a. O., ebd.
[30] *Adamovičs/Auškāps/Straubergs,* Latvijas Universitāte 1919–1939, II daļa, Mācību spēku biogrāfijas un bibliogrāfija, 1939, 527.
[31] *Syrych,* Pravovaja nauka i juridičeskaja ideologija Rossii, op. cit., 758.
[32] *Syrych,* Pravovaja nauka i juridičeskaja ideologija Rossii, op. cit., 759.

wissenschaftliche Forschungen, die an der vertieften Beschäftigung mit einer schmalen wissenschaftlichen Frage orientiert waren, zum Beispiel sein Werk „*Viva vox iuris civilis*", welches Frese im Jahr 1922 in der Zeitschrift der Savigny-Stiftung für Rechtsgeschichte publizierte.[33] Frese lehrte römisches Recht an zwei Hochschulen, denn außer an der Universität Lettlands arbeitete er auch am Herder Institut. Insgesamt war er 15 Jahre lang in der Lehre tätig, nämlich von 1918/1919 bis zum Studienjahr 1933/1934, aber Schüler, die seine Arbeit fortsetzen würden, hinterließ Frese nicht. Als Grund dafür könnte man die Ankunft des charismatischen Professors Sinaisky im Jahr 1922 sehen.

IV. Der Professor für Römisches Recht Vassily Sinaisky

Professor Vassily Sinaisky war der führende Forscher und Professor des Römischen Rechts an der Universität Lettlands der Zwischenkriegszeit. Sinaisky wurde am 25. Juli 1876 in Lawrow, einem Dorf im Gouvernement Tambow in Russland, in die Familie eines orthodoxen Pfarrers geboren. Er war das älteste von fünf Kindern. Mit 14 Jahren wurde Sinaisky Waise und stand fortan in der Fürsorge von Verwandten. Die Pflegeeltern entschieden, dass Sinaisky, wie schon sein Vater, die geistliche Laufbahn einschlagen sollte. 1891 trat Sinaisky in das Theologische Seminar Lipetsky ein und schloss es im Jahr 1897 erfolgreich ab. Das Studium an diesem Seminar hatte einen wesentlichen Einfluss auf das weitere Leben von Sinaisky, auch auf sein Verständnis für Recht und Rechtsquellen.

Die grundlegende Rechtsquelle sei natürlich das Gesetz oder das geltende Recht. Jedoch sollten bei der Erläuterung eines geltenden Gesetzes oder einer Rechtsnorm die jeweilige historische Entstehung, die Quellen und das geistliche Vorstellungssystem des Volkes berücksichtigt werden. Zum Beispiel ist die 1935 veröffentlichte Monografie „Allgemeine Grundlagen des bürgerlichen Rechts (Prolegomena)", die 38 Jahre nach seinem Abschluss des Theologischen Seminars Lipetsky erschien, voll von Hinweisen auf die Quellen des römischen Rechts, auf die Werke bekannter römischer Juristen wie *Gaius, Papinianus, Paulus, Cicero* u. a. sowie auf das römische Sakralrecht.[34] Dazu ein Beispiel:

„Unsere allgemeinen bürgerlichen Gesetze [das ist das bürgerliche Gesetz Lettlands], die auf römischen Quellen beruhen, trotz ihrer Bearbeitung in den Pandekten, sollten natürlicherweise auch einige Spuren der römischen Sakralrechte beibehalten haben. Deswegen sollte man sie kennen, denn sie geben uns die Möglichkeit, unser Verständnis der Struktur und des Charakters unserer positiven Rechte zu vertiefen."[35]

---

[33] *Frese*, SZ (RA), 1922, 466 (466, 467).
[34] *Sinaisky*, Civīltiesības. Latvijas vispārējo civiltiesību zinātniskā apstrādājuma. I. Vispārējie civītiesību pamati (Prolegomena), 1935, 101.
[35] Sinaisky, Civīltiesības, op. cit., 206.

Obwohl die Religion schon seit seiner Kindheit eine bedeutende Rolle in Sinaiskys Leben spielte, setzte er sein theologisches Studium nach dem Abschluss des Theologischen Seminars Lipetsky nicht fort. Gegen den Willen seiner Pflegeeltern ging Sinaisky an die Universität Montpellier in Frankreich, damals eine der besten medizinischen Fakultäten Europas, um Arzt zu werden. Über seine Wahl schreibt seine Tochter Natalija Sinajskaja, dass ihr Vater sich für das Medizinstudium entschieden habe, weil er glaubte, den Menschen so besser dienen zu können.[36] Leider brach er das Studium nach einem Jahr ab. Hierfür gab es mehrere Gründe, aber in der wissenschaftlichen Literatur werden ausschließlich ungenügende Französischkenntnisse als Grund genannt.

Nach seiner Rückkehr ins Russische Kaiserreich gab Sinaisky die Idee des Medizinstudiums auf und trat 1899 in die rechtswissenschaftliche Fakultät der Universität Dorpat ein. Aufgrund der vom Russischen Reich durchgeführten Russifizierung wurde die Stadt damals in Jurjew umbenannt. Das Studium an der juristischen Fakultät der Universität von Jurjew absolvierte Sinaisky mit Auszeichnung, was ein am 30. Mai 1904 ausgestelltes Diplom beweist.

Als einer der besten Absolventen erhielt Sinaisky das Angebot, seinen akademischen und pädagogischen Werdegang in der Abteilung für römisches Recht der Universität Jurjew fortzusetzen. Er lehnte diese Gelegenheit aber ab, weil er lieber als Assistent eines vereidigten Rechtsanwalts tätig sein wollte. Sinaisky war der Überzeugung, der Gesellschaft durch die Verteidigung und Vertretung der Interessen der Menschen besser dienen zu können als als Universitätsprofessor.

Die Anwaltskanzlei war erfolgreich. Nach nur drei Jahren hatte Sinaisky ein Jahreseinkommen von 12.000 Rubeln. Doch gerade in diesem Moment erlebte er eine wesentliche Enttäuschung in seiner Tätigkeit als Rechtsanwalt. Wie Natalija Sinaiskaja in den Erinnerungen über ihren Vater schreibt, habe er nicht damit umgehen können, dass er für einen Mann wegen Diebstahls von Galoschen (Schuhen) eine Bewährungsstrafe erwirkt hatte und dieser Mann kurz nach der Urteilsverkündung einen brutalen Mord beging.[37] Nach diesem Ereignis kehrte Sinaisky als Assistenzprofessor mit einem Gehalt von 1.200 Rubeln pro Jahr an die Universität von Jurjew zurück.

1907 legte er die Magisterprüfung im römischen Recht ab und wurde zum Privatdozenten an der Universität von Jurjew. Am 10. Dezember 1908 verteidigte er seine Magisterarbeit „Očerki iz istorii zemlevladenija i prava v drevnem Rime (čast' I)" [„Aufsätze zur Geschichte des Grundbesitzes und des Rechts im antiken Rom (Erster Teil)"][38] und am 8. Mai 1909 ernannte die juristische Fakultät Sinaisky zum Professor für Bürgerliches Recht und Verfahrensrecht. Die Regierung des Russischen Reiches entschied jedoch anders. Am 2. August 1910

---

[36] *Sinaisky*, Russkoe graždanskoe pravo, 2002, 17.
[37] *Kovaļčuka/Eļtazarova*, Jurista, op. cit., 12, 13.
[38] *Sinaisky*, Russkoe, op. cit., 18.

wurde Sinaisky zum außerordentlichen Professor an die Universität Warschau im Fachbereich für Römisches Recht berufen.

In Warschau verbrachte Sinaisky weniger als ein Jahr. Bereits im Herbst 1911 begann er, an der Universität Sankt Wladimir in Kyjiw zu arbeiten, zunächst als Professor im Fachbereich Handelsrecht, später im Fachbereich für Bürgerliches Recht. Während der in Kyjiw verbrachten elf Jahre etablierte sich Sinaisky als einer der prominentesten Professoren für Bürgerliches Recht im Russischen Kaiserreich. 1913 verteidigte er seine Doktorarbeit „*Očerki iz istorii zemlevladenija i prava v drevnem Rime (čast' II)*" [„Aufsätze zur Geschichte des Grundbesitzes und des Rechts im antiken Rom (Zweiter Teil)"].[39]

Sinaisky setzte seine wissenschaftliche und akademische Arbeit in Kyjiw fort und veröffentlichte 1915 die zweibändige Monografie „Russkoe graždanskoe pravo" („Russisches bürgerliches Recht"). Nach dem Zusammenbruch der UdSSR wurde dieses Werk in die Reihe der in der Russischen Föderation veröffentlichten wissenschaftlichen Arbeiten „Klassiker des russischen bürgerlichen Rechts" [*Klassika Rossijskoj civilistiki*] aufgenommen. Im Vorwort der Ausgabe von 2002 des „Russischen Bürgerlichen Rechts" weist Professor Evgenij Suchanov darauf hin, dass, obwohl das Buch als Lehrmittel und nicht als wissenschaftliche Monografie entstand, die im Buch gesammelten, analysierten und erläuterten zivilrechtlichen Institute, Quellen, Geschichte und Rechtspraxis auch nach 100 Jahren nicht an Aktualität verloren haben.[40] Wenn man nach Spuren des römischen Rechts in diesem Buch sucht, findet man nur wenige direkte Hinweise auf seine Quellen. Bezüge zum römischen Recht werden durch Werke anderer Autoren hergestellt.

Neben der Dissertation entstanden in der in Kyjiw verbrachten Zeit auch die ersten wichtigen wissenschaftlichen Publikationen zum römischen Recht. Besondere Aufmerksamkeit verdient beispielsweise die Veröffentlichung, die einen Vergleich der altrömischen Gemeinde mit der Kosakengemeinde enthält – „*Drevnerimskaja obščina v sravnenii s kazač'ej obščinoj*" [„Die altrömische Gemeinde im Vergleich zur Kosakengemeinde"].

Die erfolgreiche Karriere des Wissenschaftlers und Professors in Kyjiw wurde durch die Machtübernahme der Bolschewiken und die Etablierung der Sowjetherrschaft im größten Teil des ehemaligen Russischen Reiches unterbrochen. Auf Vorschlag des Medizinprofessors Janis Fridrich Julius Ruberts und aufgrund einer Einladung des Rektors der Universität Lettlands Janis Ernest Theodor Felsberg zogen Sinaisky und seine Familie 1922 in die Hauptstadt Lettlands, nach Riga. Am 1. Juli desselben Jahres wurde Sinaisky zum Professor an die Fakultät für Volkswirtschaft und Recht der Universität Lettlands berufen.[41]

---

[39] *Sinaisky*, a. a. O., ebd.
[40] *Sinaisky*, Russkoe, op. cit., 34, 35.
[41] *Kovaļčuka*, Nastojaščij izgnannik s soboj vsë unosit, 2017, 393.

Die in Riga verbrachten 22 Jahre wissenschaftlicher und akademischer Arbeit waren die bedeutendsten in Sinaiskys Leben. Sinaisky leistete auch einen erheblichen Beitrag zur Entwicklung der lettischen Rechtswissenschaft. Arved Schwabe, ehemaliger Student und späterer Professor für Rechtsgeschichte, schreibt über Sinaisky: „In den ersten Jahren des Bestehens der Universität Lettlands war Sinaisky der einzige Doktor der Rechtswissenschaften, und nur bei ihm konnte ein lettischer Jurist einen wissenschaftlichen Abschluss erlangen."[42]

Die wissenschaftliche und akademische Arbeit von Sinaisky in Lettland kann grundsätzlich in drei Richtungen eingeteilt werden:

1) Methodenlehre
2) Sachenrecht und Schuldrecht sowie auch die Geschichte des bürgerlichen Rechts
3) Römisches Recht

Die Methodenlehre und die Analyse des lettischen bürgerlichen Rechts sind nicht Thema dieses Artikels.

Entsprechend seinem Programm oder Curriculum zu der Geschichte des römischen Rechts[43] sowie zu den veröffentlichten Vorlesungen zum „Römischen Rechtssystem"[44] und der „Geschichte des römischen Rechts"[45] wurde das Studium des römischen Rechts methodisch in fünf Teile eingeteilt:

1) die Geschichte des römischen öffentlichen Rechts
2) die Quellen
3) die Geschichte des römischen Privatrechts
4) die Geschichte des römischen Prozesses
5) das Wesen der Literatur zur Geschichte des römischen Rechts. Methoden. Schulen.

Im Teil zur Geschichte des römischen öffentlichen Rechts wurde zwei Aspekten besondere Beachtung geschenkt:

1) der historischen Entwicklung des römischen Rechts als Quiritenrecht sowie den Besonderheiten des Prozessrechts
2) den Formen öffentlicher Verwaltung in ihrer historischen Entwicklung, darunter den Begriffen Bürgerschaft und Staatlichkeit sowie der Bedeutung der Gemeinde und plebejischer Organisationen in der Geschichte des römischen Rechts.

---

[42] *Kovaļčuka,* Nastojaščij, op. cit., 395.
[43] *Sinaisky,* Romiešu tiesību vēstures programma, 1939.
[44] *Sinaisky,* Romiešu tiesību sistēma, 1938.
[45] *Sinaisky,* Romiešu tiesību vēsture, 1937.

Eine Übersicht über die Quellen des römischen Rechts und das Studium des römischen Privatrechts nahmen einen zentralen Platz in der Erforschung der Geschichte des römischen Rechts ein. Die gerade genannten fünf Kapitel wurden ihrerseits in 90 Fragen oder Aspekte unterteilt. Von diesen 90 Fragen bezogen sich 66 direkt auf das Studium der Quellen des römischen Rechts und des Privatrechts. Der Zweck eines solchen Lehrplans zur römischen Rechtsgeschichte bestand offenbar darin, den Studenten ein Verständnis für die Rechtsbegriffe und -institutionen zu ermöglichen, die für das Studium des geltenden bürgerlichen Rechts wichtig waren. Davon zeugt auch das ausführliche Kapitel zur Geschichte des römischen Privatrechts, das seinerseits in Einführung, Eigentum beziehungsweise Eigentumsrechte, Schuldrecht, Familienrecht und Erbrecht unterteilt wurde.

Die Veröffentlichungen zum römischen Recht machen etwa ein Viertel aller Sinaisky-Publikationen aus (ohne die an die lettische Enzyklopädie übermittelten Abschnitte). Eine Zusammenstellung von Natalia Sinaiska zählt insgesamt 14 Veröffentlichungen auf Russisch, Deutsch und Französisch, darunter Sinaiskys Master- und Doktorarbeit. Zu den von Natalija Sinaiska aufgelisteten Veröffentlichungen würde man noch eine weitere hinzuzählen: „*Istorija istočnikov Rimskogo prava*"[46] [„Geschichte der Quellen des römischen Rechts"].

Neben den einzelnen Artikeln zum römischen Recht muss hier auf die bereits erwähnten veröffentlichten Vorlesungen von Sinaisky auf Lettisch hingewiesen werden: „Römisches Rechtssystem" und „Römische Rechtsgeschichte". Obwohl diese veröffentlichten Vorlesungen keine wissenschaftlichen Werke sind, deutet ihr Inhalt auf die Qualität des Studiums des römischen Rechts an der Universität Lettlands bis zum Zweiten Weltkrieg hin. Sinaisky veröffentlichte also insgesamt 17 Werke zum römischen Recht. Es sei jedoch hinzugefügt, dass er auch die bestehenden bürgerlichen Rechte im Kontext des römischen Rechts erläuterte. Rechnete man also zu den Publikationen zum römischen Recht auch die Veröffentlichungen mit Hinweisen auf das römische Recht hinzu, würde die Gesamtzahl der Werke zum römischen Recht deutlich steigen.

V. Ein Gelehrter des römischen Rechts: Voldemars Kalninsch

Der letzte in der Reihe zwischenkriegszeitlicher Dozenten und Forschern des römischen Rechts war Voldemars Kalninsch, ein Schüler von Professor Sinaisky. Voldemars Kalninsch wurde am 3. Juli 1907 im Dorf Garoza, Gouvernement Kurland, in eine lettische Familie geboren. Kalninsch war polyglott, denn außer seiner Muttersprache beherrschte er auch fließend die lateinische, deutsche und

---

[46] *Sinajsky*, Istorija istočnikov Rimskogo prava, 1911.

russische Sprache. Kalninsch erlangte seinen Abschluss an der rechtswissenschaftlichen Fakultät der Universität Lettlands im Jahr 1931.⁴⁷ Nach Abschluss seines Studiums blieb Kalninsch an der Universität und bereitete sich auf die wissenschaftliche und lehrende Tätigkeit im Zivilrecht und im römischen Recht vor, da er (mit Hilfe von Professor Sinaisky) eine Stelle an der Universität anstrebte. Am 11. Oktober 1934 wurde Kalninsch zum freiberuflichen Juniorassistenten an die Abteilung für Römische Rechtsgeschichte berufen. Im Herbst des Jahres 1935 wurde er zum Wehrdienst verpflichtet, kehrte aber nach dem Ende seines Dienstes zu seiner Universitätsarbeit zurück. Am 8. April 1937 wurde Kalninsch als Juniorassistent in voller Stelle im Römischen Recht zunächst freiberuflich und am 1. November fest angestellt.⁴⁸ Im Jahr 1938 verteidigte Kalninsch seine Habilitation „*Universālā sukcesija romiešu mantojuma tiesībās*" [„*Successio in universum ius defuncti*"].⁴⁹ Im Herbst desselben Jahres wurde er Oberassistent und ab dem 27. April 1939 war er privater Assistenzprofessor in der Abteilung für Römisches Recht.⁵⁰

Schon im Jahr 1938 begann Kalninsch, selbstständig über das römische Recht zu dozieren, und entwickelte für das Fach ein Studienprogramm im Umfang von 73 Seiten. Der Reihe nach und im Detail fand sich darin zuerst eine Einleitung über das römische Rechtssystem, danach die Rezeption des römischen Rechts mit einem Schwerpunkt auf den Besonderheiten der Rezeption in Westeuropa und im Baltikum, insbesondere in Lettland und Estland, und schließlich eine Erklärung des Pandektenrechts. Zunächst dozierte Kalninsch über die römischen Rechtsquellen und analysierte, wie sie von den Forschern verschiedener Generationen interpretiert wurden, von Vorglossatoren bis Jhering und Sinaisky. Doch den Großteil des Studienfachs machte das „*Vispārīgā daļa*" [Allgemeiner Teil] aus, das strukturell dem Aufbau der Institutionen entsprach. In der Liste der empfohlenen Studienliteratur außerhalb römischer Rechtsquellen waren grundsätzlich die Werke deutscher Romanisten wie Savigny, Sohm, Puchta, Jhering etc., aber auch einzelner russischer Wissenschaftler wie Hvostov und Pokrovsky aufgeführt. Nicht erwähnt wurden hingegen Publikationen von Frese.

Im Jahr 1939 publizierte Kalninsch eine 27-seitige Broschüre „*Romiešu ķīlu tiesību attīstība*" [„Die Entwicklung des römischen Pfandrechts"].⁵¹ Bei der Analyse und Bewertung der Geschichte der römischen Rechtsinstitute verwendete Kalninsch nur Werke von Juristen, obwohl dies das Zeitalter der Verehrung des Lettischen Führers war, in dem Vertreter von den verschiedensten Feldern Referenzen zum großen Führer Karlis Ulmanis in ihre Werke einbauten.

---

⁴⁷ *Lapiņš,* Latvijas Universitātes absolventi juristi 1919–1944. Dzīves un darba gaitas, 1999, 186.
⁴⁸ *Adamovičs/Auškāps/Straubergs,* Latvijas, op. cit., 562.
⁴⁹ *Birziņa,* Latvijas, op. cit., 265.
⁵⁰ *Adamovičs/Auškāps/Straubergs,* Latvijas, op. cit., 562.
⁵¹ *Kalniņš,* Romiešu ķīlu tiesību attīstība, 1939.

Doch Kalninsch blieb ein apolitischer und seriöser Wissenschaftler, in dessen Publikationen nur Referenzen zu Rechtsquellen und Werken von Juristen aus dem alten Rom (Gaius, Ulpianus, Paulus etc.), aus dem Russischen Kaiserreich (Pokrovsky, Vinogradov), aus Deutschland (Bachofen J., Fehr M., Dernburg H., etc.) und natürlich auch von seinem Lehrer Sinaisky zu finden waren. Dieses Mal wurden auch Werke von Frese verwendet.[52]

Bis zur Okkupation im Jahr 1940 unterrichtete Kalninsch Zivilrecht, Römisches Recht und Geschichte des römischen Rechts an der Universität. Er arbeitete mit der Methode der Rechtsvergleichung, was durch das von ihm vorbereitete Studienprogramm bestätigt wird.[53] Sein bedeutendster Beitrag in der Zwischenkriegszeit waren die 1940 erschienenen Vorlesungsunterlagen zur Geschichte des römischen Rechts[54] und zum römischen Zivilrecht[55]. Erneut soll darauf hingewiesen werden, dass im Gegensatz zu vielen anderen Wissenschaftlern, die in ihren Publikationen den damaligen autoritären Führer Lettlands ehrten, Kalninsch apolitisch war. Bei seiner Arbeit in der Wissenschaft des Zivilrechts benutzte er den Ausdruck „*Latvijas civillikums*" [„Zivilgesetz Lettlands"][56] und nicht den Ausdruck „das Zivilgesetz des Präsidenten Ulmanis", den viele andere Juristen damals verwendeten.[57] In seinen Werken bis zur sowjetischen Okkupation im Jahr 1940 zeigen seine Analysen der Rechtsinstitute überhaupt keinen ideologischen Einfluss und ebenso wenig ist ein Entgegenkommen gegenüber dem autoritären Staatsführer zu beobachten, es finden sich stattdessen nur rein rechtliche Analysen. Ähnlich war auch das von Kalninsch entwickelte Zivilrechtsprogramm aufgebaut, in dessen zweitem Teil ein kurzer Einblick in die geschichtliche Entwicklung des Zivilrechts einschließlich der Rezeption des römischen Rechts und der Rechtsphilosophie inbegriffen war, mit Erwähnung der Naturrechtsschule und der historischen Rechtsschule, Hegels Lehre sowie der damals in Mode stehenden wissenschaftlichen Richtung zum Einfluss der Soziologie auf das Zivilrecht. Jedoch wurden darin weder Marxismus-Leninismus[58] noch Nationalsozialismus als Ideologien erwähnt, mit welchen manche der damaligen Wissenschaftler sympathisierten.[59] Es kann nur vermutet werden, dass gerade der rein wissenschaftliche Stil seiner Publikationen und Vorlesungen sowie auch seine Zurückhaltung im Bejubeln des autoritären Lettlands und im Äußern kritischer Meinungen über die sowjetische Ideologie und deren

---

[52] Ibidem, 7, siehe auch *Kalniņš,* Romiešu tiesību nozīme mūsu laikos, 1940, 22.
[53] *Kalniņš,* Civiltiesību programma. Pēc Latvijas un Vakareiropas civillikumiem, 1939, 5.
[54] *Kalniņš,* Romiešu tiesību vēsture, 1940.
[55] *Kalniņš,* Romiešu civiltiesības, 1940.
[56] *Kalniņš,* Civiltiesību, op. cit., 2.
[57] Zum Beispiel *Vīnzarājs,* Tieslietu Ministrijas Vēstnesis, 1939, 802 (803).
[58] *Kalniņš,* Civiltiesību, op. cit., 1.
[59] *Gailīte,* in: Rozenfelds/Čepāne/Osipova/u. a. (Hrsg.), Tiesību efektīvas piemērošanas problemātika, Latvijas Universitātes 72. zinātniskās konferences rakstu krājums, 2014, 96 (97).

Gesetze die Gründe dafür waren,[60] dass die sowjetische Macht ihm nach der Besetzung gestattete, seine Arbeit an der Universität fortzusetzen, und zwar auf den Gebieten der sowjetischen Rechtsgeschichte, was ideologisch ein wichtiges Studienfach war, und des römischen Zivilrechts. Bis 1940 hatte Kalninsch nie seine politischen Überzeugungen öffentlich geäußert. Er hatte sich nicht „schmutzig gemacht", denn er äußerte nie Loyalität zur Macht des autoritären Lettlands. Eine Rolle spielten vielleicht auch seine guten Kenntnisse der russischen Sprache, die ihm erlaubten, nicht nur in der alltäglichen Kommunikation auf hohem Niveau zu sprechen, sondern auch im wissenschaftlichen Kontext.[61] Kalninsch war einer der wenigen Dozenten der Universität, die ihre Arbeit nach der sowjetischen Okkupation fortsetzten. Gerade die apolitische Haltung von Kalninsch und seine tiefen Kenntnisse des römischen Rechts erlaubten ihm, die im Lettland der Zwischenkriegsperiode von Professor Sinaisky begründete römisch-rechtliche Lehre zu bewahren. Die Universität Lettlands war eine der wenigen sowjetischen staatlichen Universitäten, an der das römische Recht unterrichtet wurde; das von Kalninsch im Jahr 1977 geschriebene Lehrbuch des römischen Rechts wird immer noch benutzt.

In der Analyse der Zwischenkriegsperiode und in der Forschung des römischen Rechts muss noch der Beitrag von Professor Aleksandrs Bumanis (1881–1937) betont werden, der Fragmente des römischen Rechts übersetzt[62] und publiziert[63] und Wörterbücher der lateinischen juristischen Fachausdrücke sowie eine Sammlung lateinischer Sprichwörter herausgegeben hat.

Das Rechtssystem Lettlands gehört zum Kreis des kontinentaleuropäischen germanischen Rechts, daher ist das römische Recht für ein umfassenderes Verständnis des bestehenden nationalen Zivilrechts von wesentlicher Bedeutung. Deswegen waren alle Professoren für Zivilrecht und Zivilprozessrecht im römischen Recht gebildet. Ein bekannter Zivilprozessgelehrter mit gründlichem und tiefem Wissen des Zivilrechts war z. B. Vladimir Iosifovič Bukovskij (1867–1937), der sich in seinen Werken häufig auf die römischen Rechtsinstitute und -prinzipien bezog und gleichzeitig aktiv an der Entwicklung neuer privatrechtlicher Gesetzesentwürfe mitwirkte.[64] Deshalb setzte auch das neue Zivilrecht von 1937 die auf der Rezeption des römischen Rechts basierende Tradition fort.

---

[60] *Kovaļčuka,* in: Krūmiņa-Koņkova (Hrsg.), Kultūras identitātes dimensijas, 2011, 81 (81, 82).
[61] *Birziņa,* Latvijas, op. cit., 268.
[62] *Švābe,* in: Gaius, Gaja Institūcijas: pirmais un otrais komentārs, 1938, 1.
[63] *Būmanis,* Romiešu tiesību chrestomatija, 1935.
[64] *Adamovičs/Auškāps/Straubergs,* Latvijas, op. cit., 524.

VI. Zusammenfassung

Die Jurisprudenz auf dem Gebiet Lettlands ist von Anfang an multikulturell gewesen. Deutsche, russische, lettische und jüdische Juristen schufen gemeinsam zwischen Ende des 19. Jh. und Beginn des 20. Jh. unsere juristische Kultur. Leider war die Zusammenarbeit der multikulturellen Juristen in der Jurisprudenz Lettlands nicht immer harmonisch. In diesen Kreisen herrschte eine gewisse Konkurrenz, die unter anderem nationalen Interessen folgte. Dies lässt sich mit der Geschichte der lettischen Jurisprudenz einschließlich der Forschung zur römischen Zivilrechtsgeschichte erklären. Die lettischen Juristen deutscher Ethnizität sind daran erkennbar, dass sie ihre Publikationen in deutscher Sprache verfassten und ihre Bücher von deutschen Verlagen veröffentlichen ließen. So war es auch beim Professor der römischen Rechtsgeschichte Benedikt Frese, der sein Wissen in Berlin erworben hatte und seine Arbeit nach dem Vorbild der deutschen Schule der Forschung des römischen Zivilrechts fortsetzte. Professor Sinaisky war schon als im russischen Sprachraum bekannter Spezialist des römischen Rechts in Riga eingetroffen. Er verfügt über Publikationen in vielen Sprachen, doch sind die meisten in russischer oder lettischer Sprache verfasst. Deshalb ist er bekannt und hat die lettische juristische Kultur und die Schule der Forschung des römischen Rechts stark beeinflusst. Allerdings wird Sinaisky auch in Russland, wo seine Werke über römisches und russisches Zivilrecht immer noch gelesen werden, als „unser" Wissenschaftler betrachtet.

In Lettland wurde das römische Recht während der Zwischenkriegsperiode des 20. Jh. auf Grundlage des noch im Russischen Kaiserreich gelegten Fundaments in Zusammenarbeit mit europäischen, vor allem deutschen Rechtswissenschaftlern erforscht. Das römische Recht beeinflusste nicht nur das Rechtswissen von angehenden Juristen, sondern auch die Gesetzgebung, denn in der Fortsetzung der regionalen Traditionen der baltischen Gouvernements und aufgrund der Zugehörigkeit zur juristischen Kultur des kontinentalen Europas wurden auch die neuen Gesetze unter Wahrung der in der Rezeption des römischen Rechts angelegten Grundlagen erlassen.

Literaturverzeichnis

Adamovičs, Ernsts/Auškāps, Jūlijs/Straubergs, Kārlis, Latvijas Universitāte 1919–1939, II daļa, Mācību spēku biogrāfijas un bibliogrāfija [Universität Lettlands 1919–1939, Teil II, Biografien und Bibliografie der Lehrkräfte], Riga 1939
Birziņa, Līna, Latvijas Universitātes tiesībzinātnieki: tiesiskā doma Latvijā XX gadsimtā [Rechtswissenschaftler an der Universität Lettland: Rechtsdenken in Lettland im 20. Jahrhundert], Riga 1999
Būmanis, Aleksandrs, Romiešu tiesību chrestomatija [Chrestomatie des römischen Rechts], Riga 1935
Felsbergs, Pauls/Kundziņš, Kārlis, Paskaidrojumi pie Latvijas Universitātes satversmes projekta [Erläuterungen zum Verfassungsentwurf der Universität von Lettland], Riga 1922
Frese, Benedikt, Zur Lehre von der Quittung, Weimar 1897
ders., Greko-egipetskie častno-pravovye dokumenty [Griechisch-ägyptische Privatrechtsdokumente], Juridičeskie zapiski, izdavaemye Demidovskim Juridičeskim Liceem, I (VII) 1911, 121–138
ders., Očerki greko-egipetskogo prava [Abhandlungen zum griechisch-ägyptischen Recht], Jaroslawl 1912
ders., Viva vox iuris civilis, SZ (RA), 43 (1922), 466–484
Gailīte, Dina, Valstiskuma jautājums vācu juridiskajā presē Latvijā. Rigasche Zeitschrift für Rechtswissenschaft (1926–1939) [Die Frage der Staatlichkeit in der deutschen juristischen Presse in Lettland. Rigasche Zeitschrift für Rechtswissenschaft [1926–1939]), in: Rozenfelds, Jānis/Čepāne, Ilma/Osipova, Sanita/u. a. (Hrsg.), Tiesību efektīvas piemērošanas problemātika, Latvijas Universitātes 72. zinātniskās konferences rakstu krājums [Das Problem der effektiven Rechtsdurchsetzung, Tagungsband der 72. Wissenschaftlichen Konferenz der Universität Lettland], Riga 2014, 96–106
Kalniņš, Voldemārs, Civiltiesību programma. Pēc Latvijas un Vakareiropas civillikumiem [Bürgerrechtsprogramm. Gemäß den Zivilgesetzen Lettlands und Westeuropas], Riga 1939
ders., Romiešu ķīlu tiesību attīstība [Die Entwicklung des römischen Pfandrechts], Riga 1939
ders., Romiešu civiltiesības [Römisches Zivilrecht], Riga 1940
ders., Romiešu tiesību nozīme mūsu laikos [Die Bedeutung des römischen Rechts in unserer Zeit], Riga 1940
ders., Romiešu tiesību vēsture [Geschichte des römischen Rechts], Riga 1940
Kolbinger, Florian, Im Schleppseil Europas? Das russische Seminar für Römisches Recht bei der juristischen Fakultät der Universität Berlin in den Jahren 1887–1896. Inaugural-Dissertation zur Erlangung der Doktorwürde einer Hohen Rechtswissenschaftlichen Fakultät der Universität zu Köln, Frankfurt am Main 2003
Kovaļčuku, Svetlana, Oskars Gruzenbergs: žurnāla «Likums un Tiesa» (1929–1938) galvenais redaktors [Oskar Gruzenberg/Grusenberg: Chefredakteur der Zeitschrift „Recht und Gerechtigkeit" (1929–1938)], in: Krūmiņa-Koņkova, Solveiga (Hrsg.), Kultūras identitātes dimensijas [Dimensionen kultureller Identität], Riga 2011, 81–95
dies., Nastojaščij izgnannik s soboj vsë unosit [Der echte Exilant nimmt alles mit], Riga 2017

dies./Eltazarova, Ksenija, Bez kultūras nav tiesību, bez tiesībām nav īstas dzīves [Ohne Kultur gibt es keine Rechte, ohne Rechte kein wirkliches Leben], Jurista Vārds, 39 (2009), 12–17

Kundziņš, Kārlis, Latvijas Universitāte 1919–1929, II daļa, Mācību spēku biogrāfijas un bibliogrāfija [Universität von Lettland 1919–1929, Teil II, Biografien und Bibliographie der Lehrkräfte], Riga 1929

Lapiņš, Leonards, Latvijas Universitātes absolventi juristi 1919–1944, Dzīves un darba gaitas [Absolventen der Rechtswissenschaften an der Universität Lettlands 1919–1944, Der Lauf des Lebens und Arbeitens], Riga 1999

[Ohne Autor], Aus den Kirchengemeinden, Rigasches Kirchenblatt, 41 (1900), 348

[Ohne Autor], Lokales, in: Rigasche Zeitung, 249 (1918), 7

Rudokvas, Anton/Kartsov, Alexej, The Development of Civil Law Doctrine in Imperial Russia Under the Aspect of Legal Transplants (1800–1917), in: Pokrovac, Zoran (Hrsg.), Rechtswissenschaft in Osteuropa. Studien zum 19. und frühen 20. Jahrhundert, Frankfurt am Main, 2010, 291–333

Švābe, Arveds, Priekšvārds [Vorwort], in: Gaius, Gaja Institūcijas: pirmais un otrais komentārs [Institutionen von Gaius: erster und zweiter Kommentar], Riga 1938, 1

Sinaisky, Vasilij, Istorija istočnikov Rimskogo prava [Geschichte der Quellen des römischen Rechts], 1911

ders., Civīltiesības. Latvijas vispārējo civiltiesību zinātniskā apstrādājumā. I. Vispārējie civītiesību pamati (prolegomena) [Zivilrechte. Lettisches Zivilrecht in der allgemeinen wissenschaftlichen Behandlung. I. Allgemeine Grundsätze des Zivilrechts (prolegomena)], 1935

ders., Romiešu tiesību vēsture [Geschichte des römischen Rechts], 1937

ders., Romiešu tiesību sistēma [Römisches Rechtssystem], 1938

ders., Romiešu tiesību vēstures programma [Programm zur Geschichte des römischen Rechts], 1939

ders., Russkoe graždanskoe pravo [Russisches bürgerliches Recht], 2002

Syrych, Vladimir, Pravovaja nauka i juridičeskaja ideologija Rossii, Tom 1 [Rechtswissenschaft und Rechtsideologie in Russland, Band 1], Moskau 2017

Ulmanis, Kārlis, Runa Latvijas Tautas Padomes trešās sesijas otrā sēdē. 1919. gada 15. jūlijā [Rede auf der zweiten Sitzung der dritten Tagung des Volksrates Lettlands am 15. Januar 1919], in: Latvijas Tautas Padomes sēdes [Tagungen des Volksrates Lettlands], Riga 1919, 108

Vēliņš, Jānis, Universitāte viņam bija visa dzīve [Die Universität war sein ganzes Leben], Austrālijas Latvietis, 1049 (1970), 5

Vīnzarājs, N., Bulletin de la Société de Législation Comparée, 1938, Tieslietu Ministrijas Vēstnesis, 3 (1939), 802–803

Zigmunde, Alīda, Baltijas Tehniskā augstskola [Baltische Technische Universität], in: Baltiņš, Māris (Hrsg.), Zinātņu vēsture un muzejniecība: Latvijas Universitātes zinātniskie raksti [Wissenschaftsgeschichte und Museumswissenschaft: Wissenschaftliche Artikel der Universität Lettland], Riga 2001, 32–45

ders., LU profesors Konstantins Arabažins (1865–1929) (Konstantins Arabazins, Professor an der Universität Lettlands [1865–1929]), in: Baltiņš, Māris (Hrsg.), Zinātņu vēsture un muzejniecība. Latvijas Universitātes zinātniskie raksti [Wissenschaftsgeschichte und Museumswissenschaft: Wissenschaftliche Artikel der Universität Lettland], Riga 2001, 50–59

Franciszek Bossowski – ein Privatrechtler, der sich im wiedergeborenen Polen dem römischen Recht widmete

Wojciech Dajczak

Abstracts

After Poland regained its independence in 1918, the question on whether, how, and why to study Roman law in the reborn state arose. The academic career of Franciszek Bossowski is a notable example of how the start of the study of Roman law in Poland in the 1920s could be linked to the controversies on the method of Roman law which were taking place in Western Europe. In February 1920 he obtained a *venia legendi* in private law and from June 1920 to September 1939 he was professor of Roman law in Wilno. The turning point in his approach to Roman law was an encounter with Salvatore Riccobono during a research visit at the University of Palermo in 1922. The paper examines how Bossowski understood the relationship between the study of the interpolations of Roman legal texts. Furthermore, the article demonstrates how the intersection of Bossowski's and Paul Koschaker's paths impacted the former's interest in the historical-comparative study of private law. Thereby, the author presents how Bossowski wanted to use the methodological innovations of the study of Roman law to promote the European nature of Polish legal culture. Moreover, the author argues that the rapprochement with the European mainstream of Roman law studies did not overcome the different understandings of Europe by romanists from the east and west of our continent in the interwar period.

Po odzyskaniu niepodległości przez Polskę w roku 1918 powstało pytanie, jak i w jakim celu badać prawo rzymskie w odrodzonym państwie. Kariera akademicka Franciszka Bossowskiego jest unikatowym przykładem ilustrującym, w jaki sposób podjęcie badań prawa rzymskiego w Polsce, w latach 20. mogło być powiązane z metodologicznymi kontrowersjami romanistyki w zachodniej Europie. W lutym 1920 r. Bossowski uzyskał habilitację z prawa cywilnego, a od czerwca 1920 do września 1939 był profesorem prawa rzymskiego w Wilnie. Punktem zwrotnym w jego podejściu do prawa rzymskiego stał się pobyt badawczy w roku 1922 u Salvatore Riccobono. W tekście pokazano jak Bossowski rozumiał krytykę i użyteczność badań interpolacji rzymskich tekstów prawnych. W artykule pokazano także, jak spotkanie Bossowskiego z Koschakerem zainspirowało pierwszego z nich do zajęcia się historyczno-porównawczą analizą prawa prywatnego. W ten sposób autor pokazuje, jak Bossowski chciał używać metodologicznych innowacji w badaniu prawa rzymskiego, aby promować europejską tożsamość polskiej kultury prawnej. Autor ukazuje też, że zbliżenie się do głównego nurtu europejskiej romanistyki nie przezwyciężyło w okresie międzywojennym odmiennego rozumienia Europy przez romanistów ze wschodu i zachodu naszego kontynentu.

I. Einführung

Als Polen 1918 seine Unabhängigkeit wiedererlangte, wurde an den juristischen Fakultäten von Lemberg und Krakau sowie an der 1915 wiedereröffneten Universität Warschau römisches Recht in polnischer Sprache unterrichtet. Die drei Professoren, die diese Aufgabe erfüllten, gehörten der Generation an, die in den 1860er Jahren geboren worden war.[1] Alle drei waren Teilnehmer an der römischrechtlichen Diskussion im Europa des späten 19. und frühen 20. Jahrhunderts. Die Ergebnisse ihrer Forschungen zum römischen Recht veröffentlichten sie in deutscher und polnischer Sprache. Sie verbanden ihre romanistischen Forschungen mit dem aktuellen österreichischen und deutschen Recht.

Die Wiedererlangung der Unabhängigkeit bedeutete neue Anforderungen an die polnische Wissenschaft. Die damit verbundenen Diagnosen und Prognosen veranschaulicht die umfangreiche Sammlung von Stellungnahmen zu den Bedürfnissen der polnischen Wissenschaft, die im Jahr 1919 veröffentlicht wurde. Eines der Kapitel war dem römischen Recht gewidmet. Sein Verfasser war einer der drei genannten Professoren, Stanisław Wróblewski, ein Romanist und Zivilist aus Krakau. Er bestimmte die Geschichte des römischen Rechts in Polen als den einzigen Bereich der Wissenschaft des römischen Rechts, dessen gründliche Erforschung zweifellos gerade die Aufgabe der polnischen Wissenschaft sei.[2] Mit Blick auf die Zukunft der Forschungen des römischen Rechts bemerkte Wróblewski: „Ich glaube nicht, dass sich Polen – über die bestimmte Aufgabe hinaus – für eine so intensive Erforschung des römischen Rechts eignet, wie sie in Deutschland seit langer Zeit und in Italien in den letzten Jahrzehnten stattfindet".[3] Ausgehend von der Überzeugung, dass es in Polen keine ideologischen Gründe für das Studium des römischen Rechts gebe wie in Italien, prognostizierte Wróblewski, dass die Entwicklung der Romanistik in Polen „im Allgemeinen ähnlich wie in Frankreich" verlaufen werde. Dabei war er der Meinung, dass das römische Recht „für polnische Juristen nicht mehr attraktiv ist, da es auch in Deutschland seit dem Wegfall der Geltung des römischen Rechts sehr an Anziehungskraft verloren hat".[4] Dass Franciszek Bossowski den akademischen Beruf des Römischrechtlers wählte, weckt im Kontext dieser Äußerung besonderes Interesse. Als Polen seine Unabhängigkeit wiedererlangte, war er 39 Jahre alt. Nach 16-jähriger Tätigkeit bei der k. k. galizischen Finanzprokuratur wurde er im März 1919 zum Anwalt der Finanzprokuratur im wiedergeborenen Polen

---

[1] Ignacy Koschembahr-Łyskowski (1864–1945), vgl. *Grebieniow*, in: Beggio/Grebieniow (Hrsg.), Methodenfragen der Romanistik im Wandel, 2020, 169 ff.; Marceli Chlamtacz (1865–1948), vgl. *Nancka*. Prawo rzymskie w pracach Marcelego Chlamtacza, 2019, 32–33; Stanisław Wróblewski (1868–1938), vgl. *Kolańczyk*, in: Studi Volterra, Bd. IV, 1971, 329 ff.

[2] *Wróblewski*, Nauka Polska [Abk.: NP.], 2 (1919), 262 (262).

[3] *Wróblewski*, NP 2 (1919), 262 (264).

[4] *Wróblewski*, NP 2 (1919), 262 (264).

ernannt.⁵ Im Februar 1920 verlieh ihm die Fakultät für Recht und Verwaltung der Jagiellonen-Universität aufgrund seiner Habilitationsschrift „Von Studien zu § 367 des österreichischen Zivilgesetzbuches",⁶ das heißt der dogmatischen Analyse der passiven Legitimation in einem Vindikationsverfahren, die *venia legendi* im Zivilrecht. Die wissenschaftlichen Ambitionen führten Bossowski über diesen Bereich des geltenden Rechts hinaus. Ab Anfang Mai 1920 wurde er als Dozent für Römisches Recht an die neu gegründete Juristische Fakultät in Vilnius (polnisch Wilno) berufen.⁷ Am 1. Juni 1920 wurde er zum außerordentlichen Professor⁸ und am 19. Oktober 1922 zum ordentlichen Professor für Römisches Recht ernannt.⁹ Er lehrte auch das in den östlichen Gebieten Polens geltende Zivilrecht.¹⁰ Bossowski verließ Vilnius am 31. August 1939.¹¹ Der Ausbruch des Zweiten Weltkriegs und die Eroberung Polens durch Deutschland und Sowjetrussland beendeten endgültig seine Tätigkeit als Professor der Rechtswissenschaft in Vilnius.

II. Bossowskis Ausgangspunkt für das Studium des römischen Rechts

Im Gegensatz zu seinen Zeitgenossen, die zur Zeit der Wiedergeburt Polens eine unabhängige Laufbahn im römischen Recht einschlugen, hatte Bossowski keine spezielle Ausbildung oder Habilitation in diesem Fachbereich.¹² Unter seinen vierzehn Publikationen, die er vor seiner Berufung nach Vilnius veröffentlichte, findet sich ein Aufsatz aus dem Jahr 1906 mit dem Titel „Über den Begriff des Pfandrechts als subjektives Recht im römischen Recht", der sich auf das römische Recht bezieht. Die intellektuelle Verankerung in der Pandektistik wurde bereits im ersten Satz des Textes angedeutet. Bossowski erklärte, dass „für einen Forscher, der sich mit dem modernen Zivilrecht befasst, das römische Privatrecht wegen des ihm innewohnenden kosmopolitischen Elements immer

---

⁵ Litauisches Zentralstaatsarchiv [Abk. LCVA], Fonds [Abk. F.] 175, I Bb, n. 704, 6. Das Archiv der Stefan-Batory-Universität bildet den Fonds 175 im derzeitigen Litauischen Archiv. Vgl. *Supruniuk/Supruniuk,* Z badań nad książką i księgozbiorami historycznymi (Sonderheft 2017), 147 (167).
⁶ *Szczygielski,* Miscellanea Historico-Iuridica, 9 (2009), 71 (75).
⁷ LCVA, F. 175, I Bb, n. 704, 13.
⁸ LCVA, F. 175, I Bb, n. 704, 14.
⁹ LCVA, F. 175, I Bb, n. 704, 30.
¹⁰ LCVA, F. 175, 2 VI, B, n. 52, 27.
¹¹ LCVA F. 175, I Bb, n. 704, 123 (Brief Bossowskis an den Dekan der Juristischen Fakultät in Vilnius vom 12.10.1939).
¹² Im Jahr 1919 wurde Rafał Taubenschlag (1881–1958) zum Professor für Römisches Recht an der Jagiellonen-Universität in Krakau berufen. Zygmunt Lisowski (1880–1955) übernahm den Lehrstuhl für Römisches Recht an der neu gegründeten Universität in Posen.

eine besondere Bedeutung haben wird".[13] Die Verweisungen auf die römischen Rechtsquellen verknüpfte er mit der damals beabsichtigten Reform des österreichischen Rechts.[14] Drei marginale Erwähnungen von Interpolationen waren für seine dogmatische Kernargumentation irrelevant.[15] In methodischer Übereinstimmung mit der pandektistischen Diskussion und auf der Grundlage der pandektistischen Literatur kam Bossowski zu dem Schluss, dass die Grundlage des römischen Pfands eine *facultas distrahendi* sei, die kein subjektives Recht darstelle.[16] Eine ähnliche Methode des kurzen Verweisens auf das römische Recht hat er in den Aufsätzen über die Modernisierung und Kodifizierung des Privatrechts, kurz nach seiner Berufung nach Vilnius, angewandt.[17]

Diese Veröffentlichungen lassen den Schluss zu, dass Franciszek Bossowski seine Karriere als Professor für Römisches Recht in Vilnius in der Überzeugung begann, dass dieses Recht für die Lehre des Privatrechts wichtig sei. Er betrachtete das römische Recht in ähnlicher Weise wie die Pandektisten des 19. Jahrhunderts und erkannte nicht den inzwischen eingetretenen Niedergang dieser methodischen Schule. Mit den Forschungsmodellen und Methoden, die eine Reaktion auf diesen Niedergang waren, war er damals nicht vertraut. Eine Gelegenheit, um dies zu ändern, bot für Bossowski eine Forschungsreise nach Italien kurz nach dem völkerrechtlich anerkannten Anschluss des sogenannten Mittellitauens mit Vilnius an Polen.

III. Die Forschungsreise nach Italien – Der Beginn einer geistigen Verbindung mit Salvatore Riccobono

Im zweiten Trimester des akademischen Jahres 1922/23, d. h. für etwa zwei Monate, besuchte Bossowski als Gastwissenschaftler Italien.[18] Er forschte an den juristischen Fakultäten in Rom und Palermo bei Pietro Bonfante und Salvatore Riccobono. In seinem Bericht über diesen Forschungsaufenthalt betonte er den methodischen Vorrang der italienischen Romanistik. Er nannte in drei Punkten die Vorteile dieses methodischen Ansatzes: Erstens „eine meisterhafte Quellenkritik, die im Vergleich zu den deutschen Methoden einen Fortschritt darstellt (…), weil sie es erlaubt, die Spuren der eiligen justinianischen Interpolationen (…) zu nutzen, um die Entwicklung des Rechts zu ermitteln", zweitens „die Lenkung der Aufmerksamkeit auf die justinianische Kodifikation, so dass es möglich ist, (…) die Entwicklung des römischen Rechts von der Wendezeit (1.–3. Jahr-

---

[13] *Bossowski,* Czasopismo Prawnicze i Ekonomiczne [Abk.: CPiE], 7 1906, 95 (95).
[14] *Bossowski,* CPiE, 7 (1906) 95 (97).
[15] *Bossowski,* CPiE, 7 (1906) 95 (98, 103, 104).
[16] *Bossowski,* CPiE, 7 (1906), 95 (151).
[17] Vgl. *Bossowski,* CPiE, 19 (1921), Nr. 4, 144; *Bossowski,* CPiE, 19 (1921), Nr. 3, 148 (154).
[18] LCVA F. 175, I Bb, n. 704, 29.

hundert) bis zur justinianischen Kodifikation zu rekonstruieren" und drittens „den Kontakt der italienischen Romanisten mit dem heutigen Rechtsleben (...), der zeigt, wie viel sich im römischen Recht heute noch an lebendigem und nicht richtig genutztem Gedankengut befindet".[19] Er bedankte sich bei beiden italienischen Professoren in einer Weise, die der akademischen Tradition entspricht. Am 25. September 1929, im Jahr des Universitätsjubiläums, beschloss der Rat der Juristischen Fakultät in Vilnius, acht polnischen und fünf ausländischen Wissenschaftlern, darunter Bonfante und Riccobono, den Ehrendoktortitel zu verleihen. Die Begründungen dieses Beschlusses in Bezug auf diese italienischen Professoren lassen die unterschiedliche Natur der Bindungen des Romanisten aus Vilnius zu ihnen erkennen, der die Begründungen höchstwahrscheinlich wegen ihres Stiles formuliert hat. Im Fall von Bonfante wurde das 40-jährige Jubiläum seiner wissenschaftlichen Arbeit durch eine Festschrift mit Beiträgen von Autoren aus der ganzen Welt hervorgehoben, und die Ehrendoktorwürde von Vilnius wurde daher als „eine angemessene Form der Beteiligung der Stefan-Batory-Universität an dem von Romanisten in aller Welt feierlich begangenen Jubiläum" bezeichnet.[20] In Bezug auf Riccobono wird in der Begründung hervorgehoben, dass

„sich seine Arbeit durch eine äußerst raffinierte Methode bei der Suche nach Interpolationen auszeichnet, und gleichzeitig seine sehr kritische Haltung auf die Übertreibung hinzuweisen, in die einige Gelehrte, insbesondere deutsche Gelehrte, bei der Annahme zu weitreichender Interpolationen und eines zu weitreichenden Einflusses des hellenistischen Rechts verfallen sind".

Die Begründung für die Verleihung der Ehrendoktorwürde an Riccobono schließt mit der Erklärung, dass „Prof. Salvatore Riccobono heute nach Meinung der Romanisten zusammen mit Prof. Silvio Perozzi und Vittorio Scaloja zu den führenden Experten für römisches Recht der Gegenwart gehört".[21] Die besondere Wertschätzung, die Bossowski Riccobono entgegenbrachte, manifestierte sich in Bossowskis erstem Buch nach dem Methodenwechsel in Dankesworten an die Professoren Riccobono und Wróblewski für „alle Erleichterungen und Ratschläge",[22] in der Widmung eines im Jahr 1929 in Italien erschienenen Artikels an Riccobono,[23] in der Betonung „der von Salvatore Riccobono so gut dargelegten Aktualität des so genannten heutigen römischen Rechts (trotz der Geltung der Zivilgesetzbücher, die nicht reduziert wurde)" in einem Aufsatz von 1935[24] oder in der methodologischen Erklärung in einem Artikel von 1939:

---

[19] LCVA F. 175, 2 VI, B, n. 52, 18–19.
[20] LCVA F. 175, 2 VI, B, n. 120, 34.
[21] LCVA F. 175, 2 VI, B, n. 120, 40.
[22] *Bossowski*, Znalezienie skarbu wedle prawa rzymskiego, 1925, 3.
[23] *Bossowski*, BIDR, 37 (1929), fasc. 4–6, 129 (129).
[24] *Bossowski*, Ruch Prawniczy, Ekonomiczny i Socjologiczny [Abk.: RPEiS], 15 (1935), Nr. 3, 125 (126).

„Wenn man untersuchen will, welche Regeln unter christlichem Einfluss in das römische Recht eingeführt wurden, muss man die Ansichten von Riccobono berücksichtigen und daher zunächst die Veränderungen nachzeichnen, die sich im römischen Recht in der nachklassischen Zeit infolge der organischen Entwicklung dieses Rechts ergaben, d. h. die Verschmelzung von ius civile, ius honorarium und ius gentium, die Auswirkung des Verschwindens feierlicher Formen (z. B. der Stipulation), die nachfolgende Einführung eines neuen Zivilprozesses, der auf völlig neuen Gründen beruhte, und schließlich die Folgen der Verallgemeinerung bestimmter Grundsätze, die bereits im klassischen Recht vorkommen, und erst nach Klärung dieser Fragen kann untersucht werden (...), welche neuen Institutionen sich nicht durch die oben genannte Entwicklung erklären lassen."[25]

Es besteht also Anlass zu der Vermutung, dass die Grundlage für Bossowskis geistige Verbundenheit mit Riccobono in den Werken des Meisters aus Palermo lag und er die Möglichkeit sah, die in der Romanistik der ersten Hälfte des 20. Jahrhunderts lebendigen interpolationistischen Theorien mit dem zu verbinden, was ihm immer wichtig gewesen war, nämlich mit der Universalität und Aktualität des römischen Rechts. In dieser Bewunderung für Riccobono stand Bossowski seinem Kollegen Paul Koschaker nahe,[26] dessen wissenschaftlicher Weg sich mit seinem später kreuzte. Die Anwendung interpolationistischer Argumente bei der Exegese römischer Rechtstexte in Verbindung mit einer gewissen Vorstellung von der Universalität des römischen Rechts ließ jedoch Spielraum für Entscheidungen. Bossowskis Veröffentlichungen ab 1923 zeigen, wie sich seine Entscheidungen herauskristallisierten, was darin variabel und was stabil war.

IV. Die Berücksichtigung des Argumentationspotenzials der Interpolationsforschungen

Die erste romanistische Veröffentlichung nach Bossowskis Rückkehr von seinem Forschungsaufenthalt in Italien war ein Aufsatz über Sachen, die nach römischem Recht nicht Gegenstand privater Rechte sein konnten. Die Lektüre dieses Aufsatzes, der in einer grundsätzlich praxisorientierten juristischen Wochenzeitschrift veröffentlicht wurde, zeigt die Radikalität des methodologischen Wandels des Autors. Er wies auf die Tatsache hin, dass die im Corpus Iuris Civilis gesammelten Texte „durch recht konsequente Interpolationen verunstaltet" worden seien, was ein wichtiger Grund für den Streit im Gemeinen Recht darüber sei, ob öffentliche Sachen im Eigentum des Fiskus stünden oder der Staat nur Verwaltungsrechte an ihnen habe.[27] Bei der Exegese der Quellen stützte er sich

---

[25] Bossowski, Rocznik Prawniczy Wileński [Abk.: RPW], 10 (1939), 1 (35).

[26] *Beggio*, in: Avenarius/Baldus/Lamberti/Varvaro (Hrsg.), Gradenwitz, Riccobono und die Entwicklung der Interpolationenkritik, 2018, 121 (140).

[27] *Bossowski,* Gazeta Sądowa Warszawska [Abk.: GSW], 51 (1923), Nr. 30, 257.

auf die Feststellungen der Interpolationsforschungen und entdeckte darüber hinaus „mehrere Interpolationen, die bisher (…) nicht angesprochen wurden".[28] In seiner juristischen Argumentation ließ er Passagen aus den Justinianischen Digesten, die „höchstwahrscheinlich von den Schreibern verdreht wurden", vollständig aus.[29] Er ergänzte die dogmatischen Feststellungen mit einer Erklärung, die mit der Anwendung der interpolationistischen Methode übereinstimmt, dass das Verdienst der justinianischen Juristen „nicht in der Gesetzgebungstätigkeit, sondern in der Rettung der Rechtsliteratur für uns besteht".[30]

Dass Bossowski der Interpolationenforschung eine wichtige Rolle bei der Rekonstruktion der Entwicklung des antiken römischen Rechts zubilligte, wurde kurz nach seiner Rückkehr durch die Veröffentlichung einer Monografie deutlich. In dem 70-seitigen Werk über den Schatzfund nach römischem Recht sind die ersten 34 Seiten einer interpolationenkritischen Erforschung der relevanten Quellen gewidmet. Ähnlich wie in einem früheren Aufsatz wollte Bossowski auf bisher unbekannte Interpolationen aufmerksam machen.[31] Die umfangreiche Interpolationsanalyse wurde systematisch durchgeführt, d. h. die einzelnen Sätze der Stellen wurden einzeln analysiert, und zwar mit Ergebnissen wie „der Satz eins hat sich überhaupt nicht verändert"[32] oder „der fünfte Satz ist keinesfalls authentisch".[33] Die Bedeutung, die der Interpolationenforschung zuteil wurde, wird durch Bossowskis nächstes romanistisches Buch bestätigt, das er 1929 der *actio ad exhibendum* widmete. Ein Versuch, die Rolle dieser Klage unter Anwendung der interpolationistischen Methode zu klären, kam in der Erklärung zum Ausdruck, dass „Beselers scharfsinnige Bemerkungen feststellten, dass der gesamte Titel von D. 10.4 durch zahlreiche justinianische Interpolationen verfälscht ist (…) aber dennoch stellte er den Begriff des *exhibendi facere* nicht in Frage".[34] Auch hier ging der Bearbeitung der Quellengrundlage für die Rekonstruktion der Formel und die Entwicklung der Klage eine Quellenkritik voraus, in der sich Aussagen finden wie „beide Stellen sind zweifellos durch Interpolationen verdorben",[35] „der gesamte Text erweckt den Eindruck, als stamme er von der Hand der Kompilatoren"[36] oder die allgemeinere Schlussfolgerung, dass „die Kompilatoren auch außerhalb von D.10,4 eine ganze Reihe von Passagen interpoliert haben, die sich mit der *actio ad exhibendum* befassen, um ihr einen vorbereitenden Charakter zu verleihen".[37] Die auf dieser Grund-

---

[28] *Bossowski*, GSW, 51 (1923), Nr. 30, 257.
[29] *Bossowski*, GSW, 51 (1923), 265 (269).
[30] *Bossowski*, GSW, 51 (1923), Nr. 32, 277 (279).
[31] *Bossowski*, Znalezienie skarbu wedle prawa rzymskiego, 1925, 3.
[32] *Bossowski*, Znalezienie skarbu, op. cit., 9.
[33] *Bossowski*, Znalezienie skarbu, op. cit., 13.
[34] *Bossowski*, Actio ad exhibendum w prawie klasycznym i justyniańskim, 1929, 3.
[35] *Bossowski*, Actio ad exhibendum, op. cit., 9.
[36] *Bossowski*, Actio ad exhibendum, op. cit., 30.
[37] *Bossowski*, Actio ad exhibendum, op. cit., 52.

lage gewonnenen dogmatischen Feststellungen zur *actio ad exhibendum* gaben den Anstoß, die ebenfalls im Jahr 1929 publizierte Auffassung von der Passivlegitimation in der römischen *rei vindicatio* unter zusätzlicher Anwendung der interpolationistischen Methode an sie anzupassen.[38] In seinem Bericht über den Ersten Kongress für Römisches Recht, der im April 1933 in Rom stattfand, erklärte Bossowski, dass „die unmittelbaren Ursachen für die Einberufung des Kongresses die methodischen Fragen gewesen seien, die durch die Analysen der Interpolationen im Corpus Iuris Civilis aufgeworfen worden waren".[39] Er präsentierte den Standpunkt Riccobonos, wonach die Interpolationen nichts daran ändern, dass „alle wesentlichen Gedanken des justinianischen Rechts römisch sind".[40] Er wies darauf hin, dass diese Position, die „im krassen Widerspruch zu den bisher in der Wissenschaft vorherrschenden Auffassungen" stehe, „heftige Polemik" ausgelöst habe, dass aber „die Mehrheit der Romanisten sich in die von Riccobono angegebene Richtung gewandt" habe.[41]

Von der intensiven Anwendung der interpolationistischen Methode rückte Bossowski in den 1930er Jahren ab, als er den Schwerpunkt seiner Forschungen auf nachklassische, vor allem justinianische Quellen verlagerte. Er verwendete sie wieder in einem Aufsatz über die Vindikation von Herden, der 1936 in den *Studi in onore di Salvatore Riccobono* veröffentlicht wurde. Im Mittelpunkt der Rekonstruktion der dogmatischen Entwicklung, die der Autor in seinem Beitrag zu der Festschrift für den italienischen Meister entwarf, stehen Aussagen wie „es scheint, dass die Kompilatoren (…) den Text an ihre Position angepasst haben"[42] oder „auch D. 6,1,2 ist gründlich interpoliert worden".[43] Wie stark Bossowski an die Bedeutung der interpolationistischen Methode für das Studium der römischen Rechtswissenschaft glaubte, zeigt ein Brief, den er am 4. Mai 1938 an Miroslav Boháček, damals Professor für römisches Recht in Prag, schrieb. Als Schwerpunkt einer in Aussicht genommenen Debatte über seine Arbeit zur *actio ad exhibendum* nannte Bossowski die Frage, „ob die betreffende Stelle des Corpus Iuris authentisch oder interpoliert ist". In der Vorbereitung dieser Diskussion bestimmte Bossowski als Kernelemente seiner methodischen Erfahrungen die Annahme der von Otto Lenel rekonstruierten Klageformeln unter Berücksichtigung der Interpretationsmethode des römischen Rechts und der Evolution juristischer Begriffe als Ausgangspunkt seiner Ausführungen sowie zwei Grundsätze für die Identifikation von Interpolationen. Es handelte sich erstens um den Glauben, dass die in der jeweiligen *sedes materiae* enthaltenen

---

[38] *Bossowski,* RPW, 3 (1929), 1 (1 u. 25).
[39] *Bossowski,* RPEiS, 13 (1933), Nr. 3, 790 (791).
[40] *Bossowski,* RPEiS, 13 (1933), Nr. 3, 790 (792).
[41] *Bossowski,* RPEiS, 13 (1933), Nr. 3, 790 (792).
[42] *Bossowski,* in: Studi in onore di Salvatore Riccobono nel XL anno del suo insegnamento, Bd. 2, 1936, 257 (262).
[43] *Bossowski,* in: Studi in onore Salvatore Riccobono nel XL anno del suo insegnamento, Bd. 2, 1936, 257 (272).

Stellen „in der Regel sorgfältig interpoliert sind", während die Stellen, die sich eher am Rande darauf beziehen, „sehr oft infolge Übereilung der Kompilatoren, die das betreffende Rechtsinstitut behandelten, Rechtssätze beinahe unberührt erhalten" und „von den Kompilatoren (...) unangetastet geblieben sind". Zweitens bemerkte Bossowski, dass die Stellen, die am Anfang der *sedes materiae* eines bestimmten Rechtsinstituts stünden, „sehr sorgfältig" interpoliert seien, „die aber am Schlusse des Titels angeführten Fragmente und Konstitutionen viel nachlässiger interpoliert wurden und den Sinn des klassischen Rechts erhalten haben".[44]

Die präsentierten Beispiele und methodischen Äußerungen zeigen, dass ein wichtiges Ergebnis von Bossowskis methodischem Durchbruch nach seinem Forschungsaufenthalt in Italien die Erkenntnis war, dass die interpolationistische Lehre große Flexibilität bei der Rekonstruktion der Entwicklungslinien der dogmatischen Probleme bot. Die Interpolationskritik war für Bossowski kein Selbstzweck, sondern ein Mittel zur Erforschung des Wandels und der Kontinuität im römischen Recht. Sie spielte eine Schlüsselrolle bei der Formulierung ausdrucksstarker Thesen zu den umstrittenen dogmatischen Fragen der *actio ad exhibendum* und der Herausgabeklage.

V. Eine kurze Bilanz der ausdrucksstarken dogmatischen Thesen, die sich aus Bossowskis Interpolationenkritik ergeben

Aus heutiger Sicht ist es leicht zu erkennen, wie die Ausdrucksstarke dogmatischer Thesen Bossowskis mit der Flexibilität der Interpretation verbunden war, die durch Argumente aus der Interpolationenforschung unterstützt wurde. In seiner Arbeit über die *actio ad exhibendum* betonte Bossowski – unter Hinweis auf die tiefgreifenden Änderungen der Kompilatoren – den grundsätzlichen Unterschied zwischen den Funktionen der Klage im klassischen und im justinianischen Recht. Er war der Ansicht, dass die Klage im justinianischen Recht als „Mittel zur Erlangung der Erlaubnis der Staatsgewalt, aufgrund eines berechtigten Interesses des Klägers einmalig und vorübergehend in die Rechtssphäre des Beklagten einzugreifen",[45] ausgestaltet war, d. h. dass „die justinianischen Kompilatoren (...) durch ihre Interpolationen der *actio ad exhibendum* einen vorbereitenden Charakter in Bezug auf einen anderen Rechtsbehelf wie die *rei vindicatio* gegeben haben".[46] Im klassischen Recht hingegen, erklärte Bossowski, habe sich die *actio ad exhibendum* auf die Herausgabe einer Sache in dem Fall

---

[44] Masaryk-Institut und Archiv der Tschechischen Akademie der Wissenschaften in Prag [Abk. MÚA], Fonds Boháček Miroslav, sign. II. b, korespondence osobní, karton 2. Bossowsky Franz von.
[45] *Bossowski,* Actio ad exhibendum, op. cit., 80.
[46] *Bossowski,* Actio ad exhibendum, op. cit., 51.

gerichtet, dass der Beklagte den Besitz abgestritten habe.[47] Diese Feststellung unterscheidet sich von der vorsichtigeren, auf dem heutigen Wissensstand basierenden These, wonach die Vorlegungsklage „im klassischen Recht vor allem, aber nicht nur, zur Vorbereitung dinglicher Klagen dient".[48] Bossowskis Feststellungen zum Zweck der *actio ad exhibendum* und die zusätzlichen Ergebnisse der Interpolationsanalyse lieferten ihm die Grundlage für seine These, dass „im Bereich der Passivlegitimation die Prozessformel der Vindikationsklage keine Veränderung gegenüber dem *agere per sponsionem* einführte" und dass der Behauptung „nicht zugestimmt werden kann", dass der Detentor im Vindikationsprozess der klassischen Zeit die passive Legitimation hatte.[49] Diese Aussage steht bereits im klaren Gegensatz zu der heute vorherrschenden Meinung, dass im klassischen römischen Recht die passive Legitimation bei einer Herausgabeklage flexibler und breiter gefasst wurde.[50]

Die Klarheit und Radikalität einiger dogmatischer Feststellungen Bossowskis, die anhand der Beispiele veranschaulicht wurden, lassen sich nicht allein durch seine Offenheit für die Anwendung interpolationistischer Argumente erklären. Sie war der Formulierung und Überprüfung von Hypothesen über die Voraussetzungen dienlich, die die Entwicklung des römischen Rechts und die Entscheidungen der justinianischen Kompilatoren beeinflusst haben. In der ersten Monografie, die er nach seiner Rückkehr aus Italien veröffentlichte, stellte Bossowski vergleichend zu diesem Zweck die Grundsätze anderer antiker Rechte dar. In anderen Werken bezog er sich ebenfalls kurz auf diese anderen antiken Rechte. Die 1930er Jahre waren ein weiterer Schritt in diese Richtung. Die deutliche Einschränkung der Forschung der Quellen, die wegen der Entstehungsperiode der interpolationistischen Analyse unterzogen werden konnten, wurde von Bossowskis Äußerungen begleitet, die die Bedeutung der vergleichenden Rechtswissenschaft für das römische Recht betonten.

VI. Auf dem Weg zur Idee der vergleichenden Rechtswissenschaft

Das erste Buch nach Bossowskis Rückkehr von seinem Forschungsaufenthalt in Italien war die Monografie über den Schatzfund. Auf der Suche nach der Inspiration für das von Hadrian eingeführte Prinzip des Eigentumserwerbs am Schatz, der auf fremdem Boden gefunden wurde, skizzierte Bossowski im Anschluss an Mitteis hellenistische Lösungen und auf der Grundlage des babylonischen Talmuds die jüdischen Regeln, die für den Finder günstig wa-

---

[47] *Bossowski,* Actio ad exhibendum, op. cit., 16.
[48] HRP/*Baldus,* § 65 Rn. 2.
[49] *Bossowski,* RPW, 3 (1929), 1 (29).
[50] *Dajczak/Giaro/Longchamps de Bérier,* Prawo rzymskie. U podstaw prawa prywatnego, 2018, 430; HRP/*Baldus,* § 59, Rn. 157, 169.

ren.⁵¹ Auf der Grundlage des Vergleichs der antiken Regeln stellte er fest, dass die hadrianische Innovation in der Einführung einer neuen, originellen Art des Eigentumserwerbs bestand, indem der Kaiser „das griechische Rechtsprinzip anwandte, aber im Kompromiss mit dem römischen Rechtsprinzip".⁵² In späteren Werken Bossowskis aus den 1920er Jahren finden sich auch die Bezüge, die auf griechischen Einfluss hinweisen.

Das weitergehende Interesse des Romanisten am Vergleich der antiken Rechte zur Erklärung der Entwicklung des römischen Rechts manifestierte sich seit seiner Teilnahme am Ersten Internationalen Kongress für Römisches Recht, der vom 17. bis 27. April 1933 in Rom stattfand. Er hielt dort einen Vortrag unter dem Titel *Quo modo suadente usu forensi audientiae episcopalis non nulla praecepta ad instar iuris graeci, hebraici etc. in iure Romano recepta sint exponitur*, der eine kritische Diskussion über die Thesen des Referenten zur Übernahme des jüdischen Rechts in das römische Recht durch die Praxis der *audientia episcopalis* auslöste.⁵³ Im Kongressbericht listete Bossowski die Hauptthemen der Veranstaltung auf, nannte aber den Titel nur eines Vortrags explizit, nämlich den von Paul Koschakers Beitrag „Die Anfänge des römischen Erbrechts im Lichte der Rechtsvergleichung". Im Hinblick auf diesen Vortrag bemerkte Bossowski: „Die Rekonstruktion der historischen Entwicklung einzelner römischer, griechischer oder assyrischer Rechtsinstitute ist so weit fortgeschritten, dass an eine vergleichende Darstellung ihrer historischen Entwicklung gedacht werden kann".⁵⁴

Drei Jahre später veröffentlichte er in deutscher Sprache in der Festschrift für den Lemberger Romanisten Leon Piniński einen Beitrag unter dem allgemeinen Titel „Das römische Recht und die vergleichende Rechtswissenschaft (Betrachtung einzelner Rechtsinstitute)".⁵⁵ Der Text lenkt die Aufmerksamkeit auf die Methode. Als sehr wichtig für die Rechtsvergleichung betrachtete Bossowski die damals entdeckten Fragmente der gaianischen Institution, in denen das *consortium ercto non cito* erwähnt wird. In dem Aufsatz wurden die funktionellen Parallelen zwischen dem *consortium ercto non cito* und Rechtsinstituten aus verschiedenen andernorts herrschenden Rechten im frühen Entwicklungsstadium hervorgehoben; genannt wurden die Keilschriftrechte, die deutsche „gesamte Hand" und das slawische Gemeineigentum.⁵⁶ Anhand einer – nach Bossowskis Worten – „kurzen Skizze" lässt sich erkennen, dass mit einer solchen „Zusammenstellung die Vollkommenheit der juristischen Konstruktion der römischen Rechtsinstitute, zugleich aber der universale Charakter des römischen Rechts klar zum Vorschein kommt".⁵⁷

---

51 *Bossowski,* Znalezienie skarbu, op. cit., 41–46.
52 *Bossowski,* Znalezienie skarbu, op. cit., 48.
53 *Bossowski,* RPW, 10 (1939), 1 (17–23).
54 *Bossowski,* RPEiS, 13 (1933), Nr. 3, 790 (794).
55 *Bossowski,* in: Księga pamiątkowa ku czci Leona Pinińskiego, Bd. 1, 1936, 99 ff.
56 *Bossowski,* in: Księga pamiątkowa ku czci Leona Pinińskiego, op. cit., 106–110.
57 *Bossowski,* in: Księga pamiątkowa ku czci Leona Pinińskiego, op. cit., 112.

In zwei Aufsätzen aus der zweiten Hälfte der 1930er Jahre über die justinianischen Novellen hat Bossowski die historische Rechtsvergleichung für die Analyse spezifischer dogmatischer Fragen angewandt. Im ersten dieser Artikel verglich er die Enterbungsgründe nach der Novelle 115 und in den drei litauischen Statuten von 1529, 1566 und 1588. Die allgemeinen Schlussfolgerungen aus dem Vergleich bestanden in der klaren Bestimmung des Einflusses des „Corpus Iuris Civilis auf das Zweite und Dritte Statut Litauens"[58] und in der Betonung „der Bedeutung (…) des Studiums des römischen Rechts (…) für das Recht des mittelalterlichen Europas".[59] Der zweite Fall ist der Beitrag zur Festschrift Koschaker. In dem Aufsatz über die justinianische Novelle 118 und ihre Vorgeschichte ging Bossowski von der Bemerkung aus, dass das Modell der Intestaterbfolge nach der Novelle eine Fortsetzung im französischen Code civil fand, während der Intestaterbfolge nach ABGB, BGB und ZGB die Parentelordnung zugrundeliegt.[60] Die Erwägungen des Romanisten zur Entstehungsgeschichte und Dogmatik der Novelle 118 zielten auf die These, dass keines dieser Modelle dem römischen Recht völlig fremd sei. Er wies darauf hin, dass „die Aszendenten entfernten Grades nach der Reihenfolge der Parentelen zur Erbfolge berufen wurden".[61] Dagegen entschied für die Intestaterbfolge der übrigen Seitenverwandten „nur die Gradnähe ohne den Vorzug kraft der Parentelordnung".[62] Abschließend stellt Bossowski die Novelle 118 als eine Kompromisslösung dar, mit der Justinian unter Berücksichtigung des gesellschaftlichen Kontextes das alte römische Recht bewahrte, wo er konnte, indem er es mit den bestehenden Sitten in Einklang brachte.

Die eindeutige Anerkennung der Relevanz der vergleichenden Rechtswissenschaft für die Forschungen des römischen Rechts wurde nur in wenigen Fällen von ihrer Anwendung in die Analyse der dogmatischen Fragen begleitet. Die allmähliche Fortbildung der Methodenwerkstatt von Bossowski unter Berücksichtigung von Koschakers methodischen Vorschlägen ist also plausibel. Der Blick auf das Gesamtwerk des Romanisten aus Vilnius lässt darin die Elemente der Beständigkeit erkennen. Er führte die interpolationistische Forschung und die Idee der vergleichenden Rechtswissenschaft in seine romanistische Methodenwerkstatt ein, nämlich als Hilfsmittel für die Suche nach den Voraussetzungen für Änderungen des römischen Rechts und Grenzen von dessen Universalität. Die Art und Weise, wie sie identifiziert und bewertet wurden, spricht für die Stabilität seiner Forschungsstrategie des römischen Rechts.

---

[58] *Bossowski,* in: Ehrenkreutz (Hrsg.), Księga pamiątkowa ku uczczeniu czterechsetnej rocznicy wydania Pierwszego Statutu Litewskiego, 1935, 107 (114).
[59] *Bossowski,* in: Ehrenkreutz (Hrsg.), op. cit., 121.
[60] *Bossowski,* in: Festschrift Paul Koschaker, Bd. 2, 1939, 277 ff.
[61] *Bossowski,* in: Festschrift Paul Koschaker, op. cit., 284.
[62] *Bossowski,* in: Festschrift Paul Koschaker, op. cit., 292.

VII. Spuren des strategischen Zwecks von Bossowskis Hingabe an das römische Recht

Als junger Zivilrechtler in der Habsburgermonarchie sah Bossowski die Bedeutung des römischen Rechts in dessen „kosmopolitischem Element".[63] Nach seiner Berufung zum Professor für Römisches Recht in Vilnius veröffentlichte er weiterhin Aufsätze und Bücher zum geltenden Recht, vor allem zum Privatrecht der östlichen Rechtsgebiete Polens.[64] Die Aufnahme interpolationistischer Argumente und der Idee der vergleichenden historischen Rechtswissenschaft in Bossowskis methodische Werkstatt nach seinem Forschungsaufenthalt in Italien ermöglichte ihm den Anschluss an die europäische romanistische Diskussion. Dieser Schritt verlieh ihm das Instrumentarium, mit dem er als Romanist und polnischer Jurist die allgemeine Formel vom „kosmopolitischen Element" im Recht klären konnte. Die Veröffentlichungen von Bossowski lassen die drei komplementären Aspekte dieses Kosmopolitismus erkennen. Die erste fokussierte sich auf die Verbindungen zwischen dem östlichen Recht und dem römischen Recht im Zuge der organischen Entwicklung des Rechts.

1. Die Interaktion des römischen Rechts mit östlichen Rechten als fester Bestandteil der organischen Entwicklung des Rechts

In der erwähnten Monografie über den Schatzfund kam Bossowski zu dem Schluss, dass die hadrianische Innovation in der Schaffung einer neuen, originellen Art des Eigentumserwerbs lag, indem er „das griechische Rechtsprinzip anwandte, wenn auch im Kompromiss mit dem römischen Rechtsprinzip".[65] Ein funktional ähnliches Verhältnis wurde durch die Feststellung ausgedrückt, dass „zu den Elementen, aus denen die justinianische *actio ad exhibendum* entstanden ist, auch die griechische Tradition gehört".[66] In seinen Erwägungen zur Entwicklung des römischen Erbrechts stellte Bossowski im Jahr 1926 unter Bezugnahme auf Mitteis und Collinet fest: „Die justinianische Kodifikation stellt sich als die Beseitigung spezifisch nationaler römischer Elemente aus dem römischen Recht dar, als Versuch, die wesentlichen Begriffe des römischen Rechts mit nichtrömischen, vor allem hellenistischen Rechtselementen in Einklang zu bringen".[67] Er schloss seine Erörterungen, deren Ausgangspunkt die archaischen römischen Testamente waren, mit einem Hinweis auf Polen. In seinem Schlusssatz stellte er fest: „Aus diesen wenigen Beispielen geht hervor, dass sich das

---

[63] *Bossowski*, CPiE, 7 (1906), 95.
[64] *Bossowski*, Znalezienie skarbu, op. cit., 48.
[65] *Bossowski*, Actio ad exhibendum, op. cit., 79.
[66] *Bossowski*, RPW, 3 (1929), 1 (32).
[67] *Bossowski*, CPiE, 24 (1926), 257 (321).

Zivilrecht der Ostgebiete als eine weitere Stufe einer Entwicklung darstellt, bei der die wesentlichen Begriffe des römischen Erbrechts mit nicht-römischen, vor allem griechischen Elementen vermischt wurden".[68]

Anfang der 1930er Jahre veröffentlichte Bossowski auf Deutsch einen Vortrag, den er im Jahr 1932 auf dem ersten Kongress der Akademie für Rechtsvergleichung in Den Haag gehalten hatte,[69] mit dem Titel „Romanistische und einheimische Elemente im System des ostpolnischen Zivilrechts".[70] Die im Jahr 1935 publizierte historisch-dogmatische Analyse der Enterbungsgründe nach der Novelle 115 und den Litauischen Statuten beendete Bossowski mit einer pathetischen, ausdrucksstarken rechtspolitischen Aussage: „Unter Würdigung des großen Werkes unserer Gesetzgebung, des Litauischen Statuts, schließe ich mit der Bemerkung: Wenn die Italiener das römische Recht mit Stolz *il diritto nostro* nennen, dann können wir, die das römische Recht weit in den Osten Europas getragen haben, nicht weniger legitim als die Italiener das römische Recht ‚unseres' und nicht ein ‚fremdes' nennen".[71] Die Idee der seit der Antike stattfindenden Interaktion zwischen östlichen Rechten und dem römischen Recht machte nach Bossowski auch das polnische Recht zu einem Bestandteil des kosmopolitischen römischen Rechts.

2. Römisches Recht und christliche Gemeinschaft

In der Erweiterung und Vervollständigung des Bildes vom justinianischen Recht als Ergebnis des Zusammenwirkens von altem römischen Recht und östlichen Rechten wies Bossowski auf die Bedeutung des Christentums für die Gestaltung des römischen Rechts vom vierten Jahrhundert an und auf dessen spätere Rezeptionsfähigkeit hin. Der erste allgemeine Aufsatz zu diesem Thema vom Jahr 1925 war eindeutig von Riccobonos Meinungen inspiriert. Bossowski schloss den Artikel mit der Feststellung, dass „das Christentum einen Bruch in der Kontinuität der historischen Entwicklung vermeiden konnte und sich in vielen Punkten mit Kompromissen begnügte (...). Gleichzeitig gelang es der Kirche jedoch, dem römischen Recht und der römischen Politik ihren Stempel aufzudrücken, und die Tatsache, dass die justinianische Kodifikation das römische Recht bereits christianisiert enthielt, sicherte seine größere Vitalität und erleichterte seine spätere Rezeption in Westeuropa".[72]

---

[68] *Bossowski*, CPiE, 24 (1926), 257 (322).
[69] LCVA, F. 175, I Bb, n. 704, 97.
[70] *Bossowski,* Romanistische und einheimische Elemente im System des ostpolnischen Zivilrechts, 1932.
[71] *Bossowski,* in: Ehrenkreutz (Hrsg.), Księga pamiątkowa ku uczczeniu czterechsetnej rocznicy wydania Pierwszego Statutu Litewskiego, op. cit., 121.
[72] *Bossowski,* Przegląd Prawa i Administracji [Abk.: PPiA], 50 (1925), 307 (317).

Die Beständigkeit der Ansichten Bossowskis zu diesem Thema wird durch seine Äußerungen zur Bedeutung der Praxis der *episcopalis audientia* für den Einfluss des jüdischen Rechts (ohne Änderungen nach dem ersten Jahrhundert nach Christus) auf das römische Recht bestätigt.[73] Er präsentierte diese Meinung lapidar im Exkurs zum Beitrag in der Festschrift Koschaker, wo wir lesen: „Zur Zeit der christlichen Kaiser wurde vieles nach dem Vorbilde der jüdischen Rechtssätze normiert, sofern diese Rechtssätze mit der *aequitas Christiana* übereinstimmten und in der Praxis der Christen fortlebten".[74] Die Anwendung dieser Art von Argumentation in dem Buch, das im Jahr 1939 in Nazi-Deutschland veröffentlicht wurde, erlaubt den Schluss, dass Bossowski den Kosmopolitismus des römischen Rechts stark mit der Gemeinschaft des christlichen Glaubens verbunden hat.[75]

3. Ein moderner *usus pandectarum*

In seinen frühen Arbeiten zum modernen Recht erinnerte Bossowski daran, dass die geltenden privatrechtlichen Gesetze auf der Grundlage des rezipierten römischen Rechts entstanden sind.[76] Die kurzen Verweisungen auf aktuelle Rechtsprobleme am Ende seiner romanistischen Monografien aus den 1920er Jahren bestätigen, dass der methodische Durchbruch nach seiner Rückkehr von einem Forschungsaufenthalt in Italien nicht bedeutete, dass seine Forschungen zum antiken Recht von den Entwicklungsproblemen des modernen Rechts isoliert waren.[77] Die klare Vision der Verbindung der Zukunft des römischen Rechts mit den Herausforderungen der Gegenwart kristallisierte sich bei dem Romanisten wahrscheinlich kurz nach dem Ersten Kongress für römisches Recht in Rom im April 1933 heraus. In dem erwähnten Bericht über den Kongress hielt es Bossowski für nützlich zu erwähnen, dass

„in privaten Gesprächen unter anderem der Gedanke geäußert wurde, in Rom einen Lehrstuhl für „modernen usus pandectarum" einzurichten, damit dieser Lehrstuhl neben dem bestehenden byzantinischen und mohammedanischen Recht eine Vorstellung von jenen Rechtsgrundsätzen vermittle, die sich nach dem Untergang des römischen Staates

---

[73] *Bossowski,* RPW 6 (1933), 11; *Bossowski,* RPW, 10 (1939), 1; *Bossowski,* BIDR, 46 (1939), 354.

[74] *Bossowski,* in: Festschrift Paul Koschaker, Bd. 2, 1939, 277 (303).

[75] Das Gegengewicht zu dieser in Nazi-Deutschland veröffentlichten Ansicht war vielleicht der Satz: „Westeuropa war aber diesen orientalistischen Einflüssen gegenüber weit widerstandsfähiger, und die Wiedergeburt der Romanistik in Westeuropa hat die genannten Einflüsse gänzlich verdrängt" (*Bossowski,* in: Festschrift Koschaker, Bd. 2, 1939, 277 [303]). Diese Ansicht stand im Widerspruch zu Bossowskis früheren Aussagen, vgl. *Bossowski,* Przegląd Prawa i Administracji, 50 (1925), 307 (317).

[76] *Bossowski,* CPiE, 19 (1921), Nr. 4, 144.

[77] *Bossowski,* Znalezienie skarbu, op. cit., 68–70; *Bossowski,* Actio ad exhibendum, op. cit., 1929, 82.

als lebenswichtig erwiesen und das Rechtsleben anderer Nationen befruchtet haben (…) und um die Lehre des römischen Rechts zum besseren Verständnis des heutigen Rechts zu nutzen".[78]

In der Mitte der dreißiger Jahre plädierte er für die Fokussierung des Unterrichts des römischen Rechts in Polen auf die Dogmatik des justinianischen Rechts oder den *usus modernus,* als die „hervorragende Einführung in den Unterricht des modernen Zivilrechts".[79] Bossowski betonte auch, dass ein solches Vorlesungsformat den Studierenden die Orientierung im Zivilrecht anderer polnischer Rechtsgebiete erleichtern würde, „weil die Zivilgesetzbücher der ehemaligen Teilungsgebiete überwiegend auf dem römischen Recht beruhen".[80] Gleichzeitig verwies er unter Berufung auf Riccobono auf die Nützlichkeit der Grundsätze eines modernen *usus pandectarum* als „Substrat für ein mögliches internationales Übereinkommen zur Einführung eines einheitlichen Gesetzes gegen den unlauteren Wettbewerb".[81] In seinem Nachruf auf den im Jahr 1938 verstorbenen Stanisław Wróblewski würdigte Bossowski das historisch-dogmatische Lehrbuch zum römischen Recht, das der verstorbene Romanist am Anfang des 20. Jahrhunderts veröffentlicht hatte. In diesem Kontext und mit der Verweisung auf Riccobono, Bussi und Koschaker erinnerte Bossowski an die kritischen Reaktionen, die in den 1930er Jahren auf das „einseitige", rein historische Verständnis des römischen Rechts aufgekommen waren, und an die „Unterschätzung der heute noch lebenswichtigen Vorteile, die in der Dogmatik des römischen Rechts liegen".[82]

Auf diese Art und Weise gelangte Bossowski nach einer etwa zehnjährigen romanistischen Karriere zu dem Punkt, an dem er seine jugendliche Vorstellung von einem kosmopolitischen römischen Recht beibehielt, sie aber in Form der Würdigung und Unterstützung für die Forschung und Lehre des römischen Rechts als neues gemeinsames Recht zum Ausdruck brachte.

VIII. Plausible Motive und Inspirationsquellen der Strategie Bossowskis bei der Erforschung des römischen Rechts

In seinem Nachruf auf Wróblewski erwähnte Bossowski die von Riccobono und Koschaker initiierten methodischen Entwicklungen in der Romanistik, um dann hinzuzufügen, dass der Verstorbene „einer der Ersten" war, die wesentliche Qualitäten der römischen Rechtsdogmatik im 20. Jahrhundert gewürdigt hatten.[83]

---

[78] *Bossowski*, RPEiS, 13 (1933), Nr. 3, 790 (794).
[79] *Bossowski,* Przewodnik Historyczno-Prawny [Abk.: PHP], 5 (1934–1936), 152.
[80] *Bossowski,* PHP, 5 (1934–1936), 152.
[81] *Bossowski*, RPEiS, 15 (1935), Nr. 3, 125 (126).
[82] *Bossowski,* CPiE, 19 (1939), Nr. 1, 220 (221).
[83] *Bossowski,* CPiE, 19 (1939), Nr. 1, 220 (221).

Bossowskis Entschluss von 1920, sich der romanistischen Karriere zu widmen, bedeutete die Wahl eines anderen Wegs als desjenigen, den Wróblewski ein Jahr früher für die Forschung des römischen Rechts im wiedererstandenen Polen aufgezeigt hatte. Er hat sich nicht auf das Studium der Geschichte des römischen Rechts in Polen fokussiert. Auf der Suche nach einem Modell für das Studium des römischen Rechts reiste Bossowski nach Italien. Viele Spuren weisen darauf hin, dass er sich Salvatore Riccobono zum Vorbild nahm. Bossowski verband die interpolationistische Analyse mit der Dogmengeschichte des antiken römischen Rechts und hielt es für wichtig, einen modernen *usus pandectarum* zu entwickeln. Anders als Riccobono betonte er jedoch stärker die Bedeutung der östlichen Rechte für die Veränderungen des römischen Rechts zwischen dem vierten und dem sechsten Jahrhundert und dehnte die Idee des modernen *usus pandectarum* auf die östlichen Gebiete Polens aus. Bossowski billigte Koschakers Idee der pragmatischen Stellungnahme zur römisch-rechtlichen Tradition im Rahmen der vergleichenden Rechtswissenschaft. Im Gegensatz zu Koschaker beschränkt er diese Tradition jedoch nicht auf das kontinentale Westeuropa.[84]

Sogar in dem Beitrag zur Festschrift Koschaker erwähnte Bossowski den jüdischen Einfluss auf die Entwicklung des römischen Rechts in der frühchristlichen Periode. Daraus lässt sich schließen, dass Bossowski sich wie ein moderner europäischer Romanist mit dem römischen Recht befassen wollte, sich aber in der strategischen Zielsetzung der romanistischen Forschungen eine gewisse Unabhängigkeit bewahrte. Es sei daran erinnert, dass die Gründe für die methodischen Neuerungen von Riccobono und Koschaker außerhalb der technischen Aspekte der Analyse der römischen Quellen lagen. Riccobonos Vision des römischen Rechts war mit seiner politischen Tätigkeit im faschistischen Italien verbunden.[85] Für Koschaker war es von entscheidender Bedeutung, die Präsenz des römischen Rechts an den juristischen Fakultäten des nationalsozialistischen Deutschlands beizubehalten.[86]

Bei der Suche nach möglichen Motiven für Bossowskis romanistische Forschungsstrategie ist zu berücksichtigen, dass er mit der Annahme der Berufung an die juristische Fakultät in Vilnius auch nicht aufhörte Privatrechtler zu sein. Zu berücksichtigen sind auch uns bekannte Beispiele seiner gesellschaftspolitischen Tätigkeit. Bossowskis Beteiligung an der Gründung der „National-Staatlichen Union" (*Unia Narodowo-Państwowa*) genannten Partei im Jahr 1922 zeigt, dass er zu Beginn der Zweiten Republik Polen daran beteiligt war,

---

[84] *Koschaker,* Die Krise des römischen Rechts und die romanistische Rechtswissenschaft, 1938, 75 ff.; vgl. *Beggio,* in: Avenarius/Baldus/Lamberti/Varvaro (Hrsg.), Gradenwitz, Riccobono und die Entwicklung der Interpolationenkritik, 2018, 121 (131).

[85] *Varvaro,* in: Avenarius/Baldus/Lamberti/Varvaro (Hrsg.), Gradenwitz, Riccobono, op. cit., 99.

[86] Vgl. *Kempski,* ARSP, 32 (1938–39), Nr. 3, 404 (409); *Beggio,* Paul Koschaker (1879–1951): Rediscovering the Roman Foundations of European Legal Tradition, 2018, 203.

die Stärke des Staates durch die Schwächung des Kampfes radikaler politischer Kräfte und den Aufbau einer breiten Bürgergemeinschaft zu unterstützen.[87] Die Partei scheiterte aber bei den Wahlen, und Bossowski war danach im rein politischen Leben nicht mehr aktiv.

Die Idee der entschlossenen Unterstützung eines starken polnischen Staates blieb ihm wichtig. Nach der verfassungswidrigen Machtübernahme von Piłsudski im Mai 1926 war Bossowski Kurator der Studentenverbindung „Cresovia", die sich dem Protest der akademischen Korporationen gegen die autoritäre Regierung in Warschau nicht anschloss,[88] sowie Kurator der Studentenverbindung „Unitania", die von jüdischen Studenten gegründet worden war.[89] Er gehörte dem Katholischen Akademischen Missionskreis und der akademischen Organisation „Myśl Mocarstwowa" (Machtgedanke) an, die die Idee eines starken Staates förderte.[90] In seinem Bericht über den romanistischen Kongress in Rom im Jahr 1933 berichtete er begeistert, dass „die Teilnehmer auf Schritt und Tritt den neuen Geist eines wiederbelebten, religiösen Italiens sehen konnten".[91] Er verwies auf die Verträge nach italienischem kollektiven Arbeitsrecht (rapporti collettivi del lavoro) und nach der deutschen Planwirtschaft als die Beispiele für wirklich neue Ideen im Privatrecht, die „etwas mehr als die romanistische lex contractus" sind.[92]

Der Vergleich der von Bossowski vertretenen Werte des öffentlichen Lebens mit den erkennbaren Spuren seiner romanistischen Forschungsstrategie lässt den Schluss zu, dass auch in seinem Fall die Motive der methodischen Entscheidungen über die technischen Aspekte der Analyse römischer Rechtsquellen hinausgingen. Bossowski assoziierte die Idee der organischen Entwicklung des Rechts mit den Interaktionen zwischen östlichen Rechten und dem antiken römischen Recht. Er betonte, dass die Wechselwirkungen zwischen der römischen Rechtstradition und dem Christentum die Grundlage für die Entwicklung eines neuen gemeinsamen Rechts bildeten. Es ist plausibel, dass Franciszek Bossowski ein moderner europäischer Romanist sein wollte, um die Ansicht zu unterstützen, dass die Tradition des römischen Rechts in ihrer organischen Entwicklung auch nicht-römische, aber auch jüdische und slawische Prinzipien umfasse. Im nächsten Schritt plädierte er für den Aufbau eines neuen *ius commune,* das auch die polnische Rechtskultur einschließt.

---

[87] Vgl. Unia Narodowo-Państwowa, Deklaracja programowa i uchwały konferencji krajowej z 28 i 29 czerwca 1922, 1922, 5 u. 11.

[88] https://www.archiwumkorporacyjne.pl/index.php/muzeum-korporacyjne/wilno/k-cresovia/ (11.08.2022).

[89] https://www.archiwumkorporacyjne.pl/index.php/muzeum-korporacyjne/wilno/pozo stale (11.08.2022).

[90] *Szczygielski,* Miscellanea Historico-Iuridica, 9 (2009), 71 (77).

[91] *Bossowski,* RPEiS, 13 (1933), Nr. 3, 790 (794).

[92] *Bossowski,* RPW, 4 (1930), 1 (8 u. 14).

Noch in einem Brief, den Bossowski am 12. Oktober 1939 im von den Deutschen besetzten Krakau an den Dekan der Fakultät für Rechts- und Sozialwissenschaften in dem von der sowjetischen Armee besetzten und seit kurzer Zeit an Litauen übergebenen Vilnius schrieb, bezeichnete er sich als „Franz von Bossowski, Ordentlicher Professor an der Stephan-Batory-Universität in Wilno, Mitglied der Internationalen Vereinigung für Recht und Sozialphilosophie in Berlin Grünwald, Korr. Mitglied des Istituto di Studi Legislativi in Rom".[93]

In seinen Veröffentlichungen betonte Bossowski die Rolle des Christentums für die Schaffung einer solchen Rechtsgemeinschaft. Er kritisierte jedoch nicht den Europazentrismus im Namen des *ius oecumenicum,* wie es Alvaro D'Ors ein Dutzend Jahre später aus der Perspektive des an der westlichen Grenze Europas gelegenen Navarra tat.[94] Der Romanist aus Vilnius verstand die Idee des *moderni usus pandectarum* geografisch breiter, flexibler und pluralistischer als es Riccobono und Koschaker getan hatten.

Die brutale Ablehnung der Rechtskulturgemeinschaft, die Bossowski aufbauen wollte, durch das nationalsozialistische Deutschland endete für ihn tragisch. Infolge des Ausbruchs des Zweiten Weltkriegs fand er sich in Krakau wieder und nahm im Oktober 1939 einen Lehrauftrag für Römisches Recht an der Jagiellonen-Universität an. Am 6. November 1939 traf er auf Einladung der Besatzungsbehörden im Collegium Maius der Universität ein und wurde zusammen mit Professoren der Jagiellonen-Universität und der Berg- und Hütten-Akademie im Rahmen der sogenannten Sonderaktion Krakau verhaftet.[95] Am 29. November 1939 wurde Bossowski als „Schutzhäftling" im KZ Sachsenhausen inhaftiert (Nr. 5202).[96] Anfang Februar 1940 aus dem Lager entlassen, kehrte er zu seiner Familie nach Krakau zurück.[97] Er sah in der grenzüberschreitenden Rechtswissenschaft, die sein Leben in den letzten zwanzig Jahren geprägt hatte, eine Alternative zur Tragödie der Besatzung. In einem Brief vom 22. Februar 1940 an Salvatore Riccobono, den er als „Excellenz" betitelte, dankte er dem Romanisten aus Palermo für seinen Brief. Bossowski teilte ihm kurz mit: „Ich bin nicht mehr Professor in Vilnius". Er bat um Hilfe bei der Suche nach einer unbesetzten Stelle im Ausland, „z.B. in Spanien oder Amerika", um seine „romanistischen oder rechtsvergleichenden Studien fortzusetzen".[98] Franciszek Bossowski starb

---

[93] LCVA, F. 175, I Bb, n. 704, 123.

[94] *Petrak,* in: Beggio/Grebieniow (Hrsg.), Methodenfragen der Romanistik im Wandel, 2020, 75 (81–83).

[95] Vgl. *August,* Sonderaktion Krakau: Die Verhaftung der Krakauer Wissenschaftler am 6. November 1939, 1997.

[96] Informationen für den Autor von der Stiftung Brandenburgische Gedenkstätten/Gedenkstätte und Museum Sachsenhausen vom 9. Februar 2022. Die erhaltenen Archivalien befinden sich im Russischen Staatlichen Militärarchiv, Moskau 1367/1/24, Bl. 63.

[97] *Szczygielski,* Miscellanea Historico-Iuridica, 9 (2009), 71 (79).

[98] Vgl. den Brief Bossowskis an Riccobono, Krakau 22.2.1940, den ich dank der Abschrift von Prof. Mario Varvaro (Università di Palermo) kenne.

am 3. Mai 1940 an einer Krankheit, die höchstwahrscheinlich durch die harten Bedingungen im Konzentrationslager verursacht worden war.[99]

Literaturverzeichnis

August, Jochen (Hrsg.), Sonderaktion Krakau. Die Verhaftung der Krakauer Wissenschaftler am 6. November 1939, Hamburg 1997

Baldus, Christian, Herausgabeklage des Eigentümers (*rei vindicatio*), in: Babusiaux/Baldus/Ernst/Meissel/Platschek/Rüfner (Hrsg.), Handbuch des Römischen Privatrechts, Tübingen 2023, Bd. 2, 1537–1631

ders., Vorlegungsklage (*actio ad exhibendum*) und Verwandtes, in: Babusiaux, Ulrike/Baldus, Christian/Ernst, Wolfgang/Meissel, Franz-Stefan/Platschek, Johannes/Rüfner, Thomas (Hrsg.), Handbuch des Römischen Privatrechts, Tübingen 2023, Bd. 2, 1773–1807

Beggio, Tommaso, Paul Koschaker (1879–1951). Rediscovering the Roman Foundations of European Legal Tradition, Heidelberg 2018

ders., La Interpolationenforschung agli occhi di Paul Koschaker. La critica a Gradenwitz e alla cosiddetta neuhumanistische Richtung e lo sguardo rivolto all'esempio di Salvatore Riccobono, in: Avenarius, Martin/Baldus, Christian/Lamberti, Francesca/Varvaro, Mario (Hrsg.), Gradenwitz, Riccobono und die Entwicklung der Interpolationenkritik, Tübingen 2018, 121–155

Bossowski, Franciszek, O pojęciu prawa zastawu jako prawa podmiotowego w prawie rzymskim [Zum Begriff des Pfandrechts als subjektives Recht im römischen Recht], Czasopismo Prawnicze i Ekonomiczne, 7 (1906), 95–152

ders., Ze studiów nad najmem i dzierżawą (szkic do rozprawy dogmatyczno-krytycznej) [Von den Studien über die Miete und die Pacht (Skizzen zur dogmatisch-kritischen Abhandlung)], Czasopismo Prawnicze i Ekonomiczne, 19 (1921), Heft 4, 144–160

ders., Projekt przepisów o prawie zatrzymania w nowym kodeksie cywilnym Państwa Polskiego [Der Entwurf der Vorschriften über das Zurückbehaltungsrecht im neuen Zivilgesetzbuch des polnischen Staates], Czasopismo Prawnicze i Ekonomiczne, 19 (1921), Heft 3, 148–160

ders., Ze studiów nad rzeczami wyjętymi z obiegu wedle prawa rzymskiego [Von den Studien über Sachen außerhalb des Geschäftsverkehrs nach dem römischen Recht], Gazeta Sądowa Warszawska, 51 (1923), Nr. 30, 257–260

ders., Ze studiów nad rzeczami wyjętymi z obiegu wedle prawa rzymskiego [Von den Studien über Sachen außerhalb des Geschäftsverkehrs nach dem römischen Recht], Gazeta Sądowa Warszawska, 51 (1923), Nr. 31, 265–266

ders., Ze studiów nad rzeczami wyjętymi z obiegu wedle prawa rzymskiego [Von den Studien über Sachen außerhalb des Geschäftsverkehrs nach dem römischen Recht], Gazeta Sądowa Warszawska, 51 (1923), Nr. 32, 277–279

ders., Znalezienie skarbu wedle prawa rzymskiego [Der Schatzfund nach dem römischen Recht], Warszawa-Kraków-Lublin-Łódź-Poznań, 1925

---

[99] *Szczygielski,* Miscellanea Historico-Iuridica, 9 (2009), 71 (79).

ders., Wpływ chrześcijaństwa na rozwój prawa rzymskiego [Der Einfluss des Christentums auf die Entwicklung des römischen Rechts], Przegląd Prawa i Administracji, 50 (1925), 307–317

ders., Ze studiów nad pierwotnym testamentem rzymskim (Krytyka dotychczasowych poglądów – próba nowej hipotezy) [Von den Studien über das archaische römische Testament (Kritik der früheren Ansichten – Versuch einer neuen Hypothese], Czasopismo Prawnicze i Ekonomiczne, 24 (1926), 257–325

ders., Actio ad exhibendum w prawie klasycznym i justyniańskim [Actio ad exhibendum im klassischen und justinianischen Recht], Kraków 1929

ders., Ancora sulla negotiorum gestio (studio rivolto a integrare le trattazioni del Partsch, Riccobono, Lyskowski e Frese), Bullettino dell'Istituto di Diritto Romano, 37 (1929), fasc. 4–6, 129–230

ders., Ze studiów nad rei vindicatio (Sprawa legitymacji biernej) [Von den Studien zur rei vindicatio (Die Frage der Passivlegitimation)], Rocznik Prawniczy Wileński, 3 (1929), 1–47

ders., Nowe idee w dziedzinie prawa prywatnego [Neue Ideen im Bereich des Privatrechts], Rocznik Prawniczy Wileński, 4 (1930), 1–14

ders., Romanistische und einheimische Elemente im System des ostpolnischen Zivilrechts, Wilno 1932

ders., I Międzynarodowy Kongres Prawa Rzymskiego [Der I. Internationale Kongress des römischen Rechts], Ruch Prawniczy Ekonomiczny i Socjologiczny, 13 (1933), Nr. 3, 790–79

ders., Wpływ sądownictwa polubownego biskupów na prawo rzymskie [Der Einfluss der Schiedsgerichtsbarkeit der Bischöfe auf das römische Recht], Rocznik Prawniczy Wileński, 6 (1933), 11–42

ders., Ochrona przeciwko nieuczciwej konkurencji ze stanowiska prawa porównawczego oraz prawa rzymskiego [Der Schutz gegen unlauteren Wettbewerb aus der Perspektive der Rechtsvergleichung und des römischen Rechts], Ruch Prawniczy Ekonomiczny i Socjologiczny, 15 (1935), Nr. 3, S. 125–133

ders., Nowela Justyniana 115 – Statut Litewski I R. IV. Art. 13 (14), Statut Litewski II i III R. VIII. Art. 7 – T. X. cz. 1 Art. 167 [Die justinianische Novelle 115 – Litauisches Statut I R. IV. Art. 13 (14), Litauisches Statut II und III R. VIII. Art. 7 – Bd. X. Teil 1. Art. 167], in: Ehrenkreutz, Stefan (Hrsg.), Księga pamiątkowa ku uczczeniu czterechsetnej rocznicy wydania Pierwszego Statutu Litewskiego [Festschrift zur Vierhundertjahrfeier der Ausgabe des Ersten Litauischen Statuts], Wilno 1935, 107–12

ders., Opinia na temat miejsca i znaczenia prawa rzymskiego w edukacji prawniczej (list F. Bossowskiego z 22. Maja 1935) [Gutachten über die Stellung und die Rolle des römischen Rechts in der juristischen Ausbildung (Schreiben von F. Bossowski vom 22. Mai 1935)], Przewodnik Historyczno-Prawny, 5 (1934–36), 152

ders., De gregis vindicatione, w: Studi in onore Salvatore Riccobono nel XL anno del suo insegnamento, Bd. 2, Palermo 1936, 257–273

ders., Das römische Recht und die vergleichende Rechtswissenschaft (Betrachtung einzelner Rechtsinstitute), in: Księga pamiątkowa ku czci Leona Pinińskiego [Gedenkbuch in Erinnerung an Leon Piniński], Bd. 1, Lwów 1936, 99–112

ders., Czy i jaką drogą prawo żydowskie wywarło wpływ na prawo prywatne rzymskie [Ob und auf welchem Weg das jüdische Recht das römische Recht beeinflusst hat], Rocznik Prawniczy Wileński, 10 (1939), 1–42 *ders.*, Die Nov. 118 Justinians und deren Vorgeschichte. Römische und orientalische Elemente, in: Festschrift Paul Koschaker, Bd. 2, Weimar 1939, 277–303

ders., Roman law and Hebrew private law, Bullettino dell'Istituto di Diritto Romano, 46 (1939), 354–363

ders., Śp. Stanisław Wróblewski, Czasopismo Prawnicze i Ekonomiczne, 19 (1939), Nr. 1, 220–222

Dajczak, Wojciech/Giaro, Tomasz/Longchamps de Bérier, Franciszek, Prawo rzymskie. U podstaw prawa prywatnego [Römisches Recht. An den Grundlagen des Privatrechts], 3. Aufl., Warszawa 2018

Grebieniow, Aleksander, Römisches Recht als Vergleichsfaktor. Ignacy Koschembahr-Łyskowski (1864–1945) und die Methodenfrage, in: Beggio, Tommaso/Grebieniow, Aleksander (Hrsg.), Methodenfragen der Romanistik im Wandel, Tübingen 2020, 165–210

Kempski, Jürgen, Krise des römischen Rechts oder Grundlagenkrise der Rechtswissenschaft?, Archiv für Rechts- und Sozialphilosophie, 32 (1938–39), Nr. 3, 404–409

Kolańczyk, Kazimierz, Stanislas Wróblewski, le ,Papinien Polonais' et son ,Précis de cours de droit romain', in: Studi Volterra, Bd. IV, Napoli 1971, 329–342

Koschaker, Paul, Die Krise des römischen Rechts und die romanistische Rechtswissenschaft, München 1938

Nancka, Grzegorz, Prawo rzymskie w pracach Marcelego Chlamtacza [Römisches Recht in den Werken von Marceli Chlamtacz], Katowice 2019

Petrak, Marko, Ius europeaum or ius oecumenicum? Koschacker, Schmitt and d'Ors on Roman Law and the Renewal of Legal Scholarschip in the Postwar Context, in: Beggio, Tommaso/Grebieniow, Aleksander (Hrsg.), Methodenfragen der Romanistik im Wandel, Tübingen 2020, 75–93

Supruniuk, Anna/Supruniuk, Mirosław, Archiwum Uniwersytetu Stefana Batorego w Wilnie (1919–1939/1942). Historia, stan i perspektywy badawcze [Archiv der Stefan-Batory-Universität in Wilno (1919–1939/1942). Geschichte, Zustand und Forschungsperspektiven], Z badań nad książką i księgozbiorami historycznymi, Sonderheft 2017, 147–169

Szczygielski, Krzysztof, Franciszek Bossowski (1879–1940). Szkic do biografii [Franciszek Bossowski (1879–1940). Skizze einer Biographie], Miscellanea Historico-Iuridica, 9 (2009), 71–83

Unia Narodowo-Państwowa, Deklaracja programowa i uchwały konferencji krajowej z 28 i 29 czerwca 1922 [Nationalstaatliche Union. Die Programmerklärung und Beschlüsse der Landkonferenz am 28 und 29. Juni 1922], Warszawa 1922

Varvaro, Mario, Circolazione e sviluppo di un modello metodologico. La critica testuale dell fonti giuridiche romane fra Otto Gradenwitz e Salvatore Riccobono, in: Avenarius, Martin/Baldus, Christian/Lamberti, Francesca/Varvaro, Mario (Hrsg.), Gradenwitz, Riccobono und die Entwicklung der Interpolationenkritik, Tübingen 2018, 55–100

Wróblewski, Stanisław, Potrzeby nauki polskiej a prawo rzymskie [Bedürfnisse der polnischen Wissenschaft und des römischen Rechts], Nauka Polska, 2 (1919), 262–266

URL-Verzeichnis

https://www.archiwumkorporacyjne.pl/index.php/muzeum-korporacyjne/wilno/k-cresovia/ (11.08.2022)

Borys Łapicki

Marxism as a Remedy for the Crisis in Roman Law

Franciszek Longchamps de Bérier

ABSTRACTS

Boris Łapicki erhielt die juristische Ausbildung im zaristischen Russland. Er erlebte dort die bolschewistische Revolution. Nach dem Ersten Weltkrieg ließ Leon Petrażycki seine Beziehungen spielen, um Łapicki eine akademische Stelle zu beschaffen. Nach dem Zweiten Weltkrieg war er der einzige unter den polnischen Professoren für römisches Recht, der den Marxismus als intellektuelle Chance betrachtete, und auch das Stalin-Regime störte ihn nicht. Nach dem Vorbild von Petrażycki zog er die historisch-soziologische der dogmatischen Methode vor. Er suchte im römischen Recht nach den Elementen, die es rechtfertigten, es „in der Gegenwart" zu behandeln. Er interessierte sich nicht für besondere privatrechtsdogmatische Fragen, sondern für allgemeine Werte wie Recht und Gerechtigkeit, Freiheit und Würde des Menschen, die soziale Frage und die Demokratie. Łapicki verstand die römische *aequitas* und die *concordia* als Ideen der Solidarität und Harmonie. In diesen Werten sah er universelle Auslegungsprinzipien. Diese Prinzipien galten für ihm als Garantie der menschlichen Freiheit, die den Erwartungen der Solidarität in den neueren Zeiten entsprachen.

Borys Łapicki pełne wykształcenie zdobył w carskiej Rosji. Stał się tam świadkiem rewolucji bolszewickiej. Po I wojnie światowej był w Warszawie protegowanym Leona Petrażyckiego. Po II wojnie światowej jako jedyny z polskich profesorów prawa rzymskiego potraktował marksizm jako szansę intelektualną; nie przeszkadzał mu stalinizm. Idąc za Petrażyckim, od metody dogmatycznej wolał metodę historyczno-socjologiczną. Szukał w prawie rzymskim elementów usprawiedliwiających zajmowanie się nim „w dobie obecnej". Nie interesowały go niuanse prawa prywatnego, lecz zagadnienia ogólne: prawo i słuszność, wolność i godność człowieka, problem społeczny, demokracja. Rzymskie *aequitas* oraz *concordia* jako idee solidarności i zgody wydawały mu się atrakcyjną i neutralną propozycją na nowe czasy jako uniwersalne kategorie oraz zasady interpretacji, które szanują wolność jednostki, jej prawa oraz potrzeby wynikające i zaspokajane we współpracy z innymi.

I. From the post-war world to pre-war jurisprudential ideas and conclusions

Borys Łapicki (1889–1974) seems to be unique among Polish Romanists, i.e. specialists in Roman law (both private and public) and European legal tradition. He was the only Polish Romanist who sincerely took up a communist approach to Roman law. "Unlike his colleagues from other [university] departments – sometimes even to their dismay – this lawyer considered that the act of writing a textbook was not a resignation of, but rather a commendable complement to, his life's research activity."[1] He was one of only two Polish scholars with a presumably communist approach who wrote influential textbooks on the subject of Roman law,[2] and whose textbooks – along with other books and articles they wrote – are still read and cited in the present day. The other was Kazimierz Kolańczyk (1915–1982), a scholar at least one generation younger than Łapicki, whose Marxism, however, seems a result of merely opportunistic choices. Kolańczyk made his entire academic career studying the legal history of thirteenth and fourteenth century Poland.[3] He changed his research interests to Roman law when he was faced with accusations (at that time determinative) of not using the works of the classics of Marxism (i.e. Karl Marx, Friedrich Engels and Vladimir Lenin) and being under the overwhelming influence of bourgeois scientific authorities.[4] His new textbook written on the subject of Roman private law opened the way for him to become a full professor in the Polish People's Republic. Kolańczyk's Marxism was patently superficial – even artificial – as he presented an interpretation of Roman private law that was in fact utterly traditional, one that could have been written by any nineteenth-century Pandectist. In terms of Marxism, it was a patently bourgeois approach. Admittedly, at the beginning of the textbook he inserted hints about how promising the methods of dialectical materialism and historical materialism might prove to be.[5] After this lip service, however, he only occasionally interwove remarks – of basically ornamental nature – about discrimination or oppression of the poor or of slaves, about the harsh social content of private law regulations, about various manifestations of class antagonisms.[6] He usually did so in subsections of one, or at

---

[1] *Longchamps,* Zeszyty Naukowe Uniwersytetu Wrocławskiego 1958, Prawo IV, Seria A, No. 15, 10.

[2] *Łapicki,* Prawo rzymskie, 1948; *Kolańczyk,* Prawo rzymskie, 1973.

[3] *Mossakowski,* Kazimierz Kolańczyk (1915–1982), in: Sokala/Mossakowski/Gajda (Hrsg.), 'Quinque Doctores'. Kierownicy Katedry Prawa Rzymskiego UMK (1945–2000), 2014, 70.

[4] *Dajczak,* Kazimierz Kolańczyk (1915–1982), in: Strzelczyk (Hrsg.), Wybitni historycy wielkopolscy, 2010, 449; *Dajczak,* Wprowadzenie – po pół wieku, in: Kolańczyk, Prawo rzymskie, 6th ed., 2021, 21.

[5] *Kolańczyk,* Prawo rzymskie, 4th ed., 1986, 17.

[6] Cf. e.g. *Kolańczyk,* Prawo, 1986, op. cit., 400.

most two, paragraphs, titled "Function and Meaning". Even at the end, he did not add any ideological quotation or footnote, the last sentence of the textbook reading: "In Roman society and its legal system, *legata* and *fideicommissa* were a theoretical and practical problem of exceptional importance."[7]

It is more difficult to find cause to accuse the first post-war generation of communists in Poland of such opportunism. A Polish professor of administrative law in Wrocław (Breslau), who was quite obviously not a communist (as was evident from his background, course of life, and beliefs), concluded in 1968, commenting rather bitterly on the realities of the world of art and science in his country where in fact socialism, not communism, reigned: "At least the Communists were on to something."[8] In his remarks on law and jurisprudence, which were published a year before his death, he expressed the conviction that one can and indeed should disagree with the Communists' understanding of the state and law, but it should also be acknowledged that the earlier generation of Marxists had at least cared about certain values. And these were precisely the values which Łapicki was concerned about. And was he not clearly concerned about them much earlier than this post-war period? In 1939, that is in the year of Germany's attack on Poland and the consequent outbreak of war, he had published a book under the already significant title *The Individual and the State in Ancient Rome: Historical Considerations against the Background of Transformations of Law and the State in the Present Era.*[9]

This book was inspired by a momentous consequence that had come out of the experience of the 1914–1918 war, World War I, a consequence which is quite fundamental for an understanding of law and the state in the post-war era. The consequence is this: seeing force as a way of establishing order and ensuring security even at the price of significant changes in the foundations of the constitutional system. As Łapicki tells us: "The three great countries, Germany, Italy and Russia, turned their post-World War I lives onto a new track, rebuilding their legal systems from scratch. Despite the significant differences between Bolshevism, the fascist system and Hitler's regime, some common features can be noticed. Here we should mention, first of all, the complete subordination of the individual to the state, both in political and private relations. This principle is further connected not only with the change of the constitutional system, but perhaps most importantly with the transformation of the concept of law and the state. Thus, law in the subjective sense, ceasing to be the freedom of the individual guaranteed vis-à-vis the state, transforms here into a mere function, that is, into serving the state. [...] The state, having stood above the law, appears

---

[7] *Kolańczyk,* Prawo, 1986, op. cit., 499.
[8] *Longchamps,* Z problemów poznania prawa, 1968.
[9] *Łapicki,* Jednostka i państwo w Rzymie starożytnym: rozważania historyczne na tle przeobrażeń prawa i państwa w dobie obecnej, 1939.

here as an omnipotent organisation of force, which, without any legal obstacles, can penetrate even the most intimate spheres of an individual's life."[10]

Łapicki did not explicitly mention the limitations on democracy that appeared in Poland after 1926. He rather emphasised that the experience brought by the war gave birth to the conviction – at least in some social groups – that statism and iron discipline, modelled on *military* discipline, were the best principles of social organisation in peacetime as well as times of war. As a consequence, the jurisprudential conviction that state coercion gives validity to laws was gaining acceptance in various – and otherwise very different – societies. Łapicki believed this to be simply unacceptable. Therefore, he recommended that "experience in matters of such momentous importance should be broadened and deepened, and should be based not only on what our own eyes have seen, but also on examples that the history of other epochs can provide us with."[11] In particular, he saw an opportunity in reaching out to the experience of Roman law. This is because it was his study of Roman law that created in Łapicki a belief in what he called law's "moralisation" – what we might more precisely term its "ethisation".[12] Law's *ethisation* leads, among other things, to a recognition and protection of the individual in society.

II. Łapicki's academic formation in pre-revolutionary Russia

Łapicki conducted his in-depth study of Roman law in the interwar years. During that period, he published his two volumes on paternal power, articles on *leges regiae* and *misericordia,* and the 1939 book cited above. He entered this period of work fully mature and educated, for he was born in 1889, though far from Poland in Krasnoyarsk, Siberia. It was there, deep in the Russian Empire, that his grandfather Hektor Łapicki[13] had been exiled for his participation in the 1863 Polish independence uprising. Borys, therefore, "despite his Russian first name and place of birth, was not a Russian, but a Pole,"[14] although he always retained a slight Russian accent in speaking Polish. It was in Siberia that he began his schooling, but it was in Moscow that he finished middle school, after which he studied at the Faculty of Law at Moscow University (1907–1911).

Łapicki, like many other students at the faculty, was greatly influenced by Sergey A. Muromtsev (1850–1910), a professor of Roman and civil law and a liberal

---

[10] *Łapicki,* Jednostka, op. cit., 5.
[11] *Łapicki,* ibid., 11.
[12] *Łapicki,* ibid., 7; *Łapicki,* Prawo, op. cit., 11.
[13] *Kozłowski,* Łapicki Hektor (1829/30–1904), in: Polski Słownik Biograficzny, Vol. 18, 1973, 210–211.
[14] *Kodrębski,* Borys Łapicki (1889–1974), in: Pikulska-Robaszkiewicz (Hrsg.), Profesorowi Janowi Kodrębskiemu 'in memoriam', 2000, 93.

political activist.¹⁵ Muromtsev's friend Gabriel F. Shershenevitch (1863–1912), a professor of civil and commercial law, who was also Polish, was a lecturer there too, and must also have been well known and important to Łapicki. These two professors were genuinely interested in the philosophy of law and also had a keen interest in sociology (it was widely known that Muromtsev was a follower of Rudolf von Ihering's *Interessenjurisprudenz*). However, it was Veniamin M. Chvostov (1868–1920), a brilliant scholar and professor of Roman law who was younger than the aforementioned Russian Romanist and was particularly close to neo-Kantianism, who became Łapicki's mentor while at Moscow University. Łapicki's inclination towards liberalism, along with his conviction concerning the significance of Roman law, led him to considerations about the nature of law itself and to perceive it as separate from the power and authority of the state. Consequently, legal positivism had no appeal or persuasiveness for Łapicki. Even in pre-revolutionary Russia, he had learned to consider law a social phenomenon and to appreciate it as essentially a part of culture.

It is hardly surprising that Leon Petrażycki (1867–1931),¹⁶ who came to the University of Warsaw from St. Petersburg via Finland in 1919, treated Łapicki as his disciple. As the further discussion of this chapter will show, he is rightly accepted today as Łapicki's mentor. At the very beginning when Łapicki came to Poland, Petrażycki supported his efforts to get a job. Petrażycki recommended him to the authorities of the Free University of Poland (*Wolna Wszechnica Polska*), a private and independent liberal higher school in Warsaw, where Petrażycki held the office of pro-rector. Łapicki was immediately given the chair of civil and Roman law there.¹⁷ In 1925, Łapicki was additionally appointed deputy professor at the University of Warsaw¹⁸, where, from 1926, he taught Roman law, assisting Ignacy Koschembahr-Łyskowski (1864–1945), who (he was a generation older) had previously been Rector of the University of Warsaw (from 1923 to 1924).

Łapicki was well-equipped to lecture at two universities simultaneously. After graduating from law school in 1911, he left Moscow in 1912 on a scholarship to Paris and London. After the outbreak of World War I, he returned to Moscow and in 1916 obtained a degree at Moscow University, which allowed him to teach law as a professor.¹⁹ Consequently, he soon began teaching Roman and civil law, his first post being in Yaroslavl, a town nearly 300 kilometres northeast of Moscow. After the outbreak of the Communist Revolution in November 1917, he

---

[15] *Avenarius,* Fremde Traditionen des römischen Rechts. Einfluß, Wahrnehmung und Argument des »rimskoe pravo« im russischen Zarenreich des 19. Jahrhunderts, 2014, 420–424.

[16] *Rudnicki,* Leon Petrażycki (1867–1931), in: Longchamps de Bérier/Domingo (Hrsg.), Law and Christianity in Poland. The Legacy of the Great Jurists, 2023, 157–173.

[17] *Szczygielski,* Zeszyty Prawnicze UKSW, 21 (2021) No. 1, 51–52.

[18] *Kodrębski,* Borys, op. cit., 95–96.

[19] *Kodrębski,* Borys, ibid., 95.

did not immediately abandon his academic career in Russia; indeed, he did not immediately come to Poland even after it had regained its independence in the autumn of 1918, and was only drawn to the country of his ancestors by his father Antoni, who had previously taken steps to pave the way for his son to go west. Borys arrived in Warsaw via Riga in Latvia, where his son Andrzej was born in 1924, and immediately became eagerly involved in the scientific community that was emerging there. Later, after World War II, he tried with similar zeal to build an academic community in Łódz, co-founding, and then serving as dean and vice-dean, the Faculty of Law and Economics of the University of Łódz (which was established in 1945).[20] He founded a chair of Roman law there which he presided over until his retirement in 1960.[21] Łapicki died in 1974.

III. Łapicki's postwar willingness to embrace Marxism

Łapicki received his entire education in tsarist Russia. He witnessed the revolution, learning about the consequences of communist upheaval for the state and for individuals. After World War II, fascination with Marxism became a fashion that many intellectuals succumbed to – sometimes not out of pure opportunism, and sometimes even against personal experience. It remains an undisputed fact that after World War II Łapicki worked in Poland unhindered. In those dark years, Polish patriots were commonly sentenced to death or long-term imprisonment by a justice system which was under the dominion of Stalin-era law – which was, in effect, nothing but statutory lawlessness. By contrast, Łapicki at that time was writing passionately in the language of Marxism-Leninism, that is, Stalinism. His sixteen-page introduction to a book he published in 1955 on *Legal views of Roman slaves and proletarians*[22] is pure propaganda of the so-called "communist science". Less gibberish, though no less ideological, is the book's ending. It is followed by a note in smaller print that the book's theses were presented in 1951 and so must have been written by then. And all this in Poland's worst Stalinist period. The middle section of the book, however, lends itself to being read because it contains well-founded analyses of ancient sources, i. e. of legal and literary texts. A predilection for conducting such analyses was an important characteristic of Łapicki's and had long been in evidence in his work – ever since his 1933 source-study pamphlet on the dating of Royal statutes in ancient Rome. This time, however, in contrast to earlier instances, the analyses fully served

---

[20] *Zabłocka,* Borys Łapicki 1889–1974, in: Bałtruszajtys (Hrsg.), Profesorowie Wydziału Prawa i Administracji Uniwersytetu Warszawskiego 1808–2008, 2008, 162–163.

[21] *Banyś/Korporowicz,* Borys Łapicki (1889–1974), in: Liszewska/Pikulska-Radomska (Hrsg.), 70 Lat Wydziału Prawa i Administracji Uniwersytetu Łódzkiego, 2015, 132.

[22] *Łapicki,* Poglądy prawne niewolników i proletariuszy rzymskich. Studium historyczne na tle bazy gospodarczej i antagonizmów klasowych, 1955, 8–22, 219–228.

the sanctioned assumptions characteristic of the Marxism-Leninism which he had adopted. Thus, the work was perfectly in keeping with the era, and received attention and even thoughtful criticism from zealous acolytes of Stalinism, including historians Bronisław Geremek and Tadeusz Łoposzko.[23]

The Russian professors of Roman law under whom Borys Łapicki studied were considered in addition to be sociologists. Sociology, as a bourgeois science, was rejected by Stalinism, which is why it was banned in Poland. The journal *Sociological Review* had also ceased to be published: volume 10 had come out in 1948, but volume 11 only in 1957. In the next volume, number 12, Łapicki published an article drawing on Roman law and devoted to one of Marxism's favourite topics, private property[24] – though, in line with ideological requirements, Łapicki termed it "individual property". While some forms of property were regarded by Marxism as "negative heroes", there were also positive ones, primarily social property, i.e. state and cooperative property, because this was the only one that properly served the ruling class in a socialist society. All forms of private property, on the other hand, were suspect and, as a rule, restricted, if not indeed eliminated entirely.

Łapicki readily accommodated this schema, dividing into two corresponding parts his slightly more than twenty-page article entitled *Ideological defence and critique of individual property in ancient Rome*. He used a method we know well from scholasticism: to the question posed, he first presented the resolution of the issue in terms of: *videtur quod ...* – "It seems that ...", and in this way introduced a defence of private property, so that in the second part of his text as *sed contra est...* – "On the contrary ..." he could lay out the eponymous critique of individual property. Unfortunately, the heart of the work does nothing more than echo the method of analysis he had used in his 1955 book. Łapicki begins by saying that for the Romans, as free people, the source of property in the times of the republic was supposed to be military conquest, that is, *victoria* – "the victory of Roman arms". Allegedly, however, "slaves as a producing class reasoned differently from the victors – from Roman citizens. The care and forethought with which the slave surrounds the *peculium,* i.e. thrift and diligent work – those are the sources of his property and its justification."[25] In a completely Marxist manner, Łapicki criticises property as a mere historical form, attempting to prove that already in ancient Rome there existed criticism of individual property as something characterised by negative qualities.[26] This criticism was directed towards both the Roman people and their slaves, especially those who participated in the Saturnalia, which were considered to be essentially an expression of illusory dreams "of the return of the kingdom of

---

[23] Słapek, Studia Iuridica Lublinensia, 30 (2021) No. 1, 275–283.
[24] Łapicki, Przegląd Socjologiczny, 12 (1958), 205–228.
[25] Łapicki, ibid., 209.
[26] Łapicki, ibid., 218.

Saturn, when there was neither individual property nor slavery nor misery."[27] According to Łapicki, the Romans, while criticising individual property, failed to "create any real plan for a new and more progressive mode of production and constitutional system" – in their delusory golden age of the past, the concept of property is simply and entirely absent, but "the idea of socialising property as the basis of the new system" – which was what communism and socialism favoured – "remains alien to the Romans."[28] This servile conclusion would have been appreciated by any Marxist reader of the late 1950s, though we might add that it is only at a new stage in the evolution of socialism that we have come to better understand the meaning of property, which, after all, is subject to historical change. At the end of Łapicki's work, however, we may note that there is an indirect critique of the Marxist approach, though even this critique should be regarded as merely intra-systemic and servile, though admittedly intelligent and accurate. What it does is warn against the utopia believed to result from the rejection of private property.[29] Łapicki apparently reasoned that since the oppressed class of proletarians and slaves also believed – as did the class of masters and owners, for here the views of the two classes converged – that individual property was a guarantee of freedom, the construction of communism must also guard against the categorical and unconditional negation of individual property. And this was so that individuals, the people who make up a modern socialist society, could maintain their personal freedom.

While, in the case of his reflections on property, Łapicki could expect a lively and possibly mixed reaction from the world of art and science, with regard to a broad attack on Christian ethics, he did not have to fear any criticism at all. Even if this had arisen, in the realities of the Polish People's Republic it would have had no chance of effectively breaking through and challenging the Romanist from Łódź to at least give other arguments for consideration to the Poles of the time. For after the discrediting and collapse of Stalinism in 1956, Communism in Poland had further intensified its attempt to rule people's souls absolutely.

Łapicki assisted in this project, launching a wide-ranging attack on Christian ethics by using the assumptions and 'scientific' methods characteristic of Marxists of the time. His critique was published in two comprehensive volumes, the first of which came out in 1958 as a book on *Ethical culture of Ancient Rome and early Christianity*.[30] Four years later, the second volume appeared under the title *On the heirs of Roman ideology – the period of Christianisation of the Roman Empire*.[31] Both works are a development of what had been seeded in a

---

[27] Łapicki, ibid., 223.
[28] Łapicki, ibid., 223.
[29] Łapicki, ibid., 227–228.
[30] Łapicki, Etyczna kultura starożytnego Rzymu a wczesne chrześcijaństwo, 1958.
[31] Łapicki, O spadkobiercach ideologii rzymskiej. Okres chrystianizacji cesarstwa rzymskiego, 1962.

fifteen-page article of his in 1936.[32] This article constituted a study of the use of the word *misericordia* in ancient texts in order to substantiate the claim that the understanding of this word in legal texts – even in Justinian's compilation, where it rarely occurs anyway – remained the same as in classical Roman law. Thus, according to Łapicki's account, mercy – one of the chief Christian virtues – did not influence this compilation, which in turn proved the autonomy of Roman ethics from Christian ethics.

Volume one, *Ethical culture,* is divided into two parts, one on Roman ethics, the other on early Christian ethics. From the beginning it presents and discusses the ancient sources in such a way as to demonstrate the profound differences that existed between the two ethics and that they express two fundamentally opposed worldviews.[33] In an analysis that is fully Marxist, Łapicki sought to achieve this aim in terms of culture, this way avoiding the language of totalitarian propaganda and any overt hostility towards the Christian religion or its founder (whom he refers to more than once as "Lord Jesus"). In a short conclusion, the author considers it proven that it is impossible "to state in even a single case that Roman and Christian ethics unanimously solve any fundamental issue."[34] Since law is an important component of human culture, and Łapicki cared about the *ethisation* of life through law, the irreconcilable opposition of the two ethics "meant that every time the idea of the coexistence of Roman and Christian culture arose, it turned out that their organic fusion into a single coherent whole is a highly difficult thing to do, not to say outright impossible."[35]

The second volume, *On the heirs of Roman ideology,* also consists of two parts. Now, however, the Christian evidence – understood as the writings of the Church Fathers – is analysed in the first part. Part two deals with Justinian's compilation as a work that comprised Roman ideology comprehensively. Everything leads to the conclusion that "Justinian, while creating a new law (*ius novum*) by means of his own free legislation, did not Christianise this law: Christian ethics remained outside its precincts, and the Christian religion played only an auxiliary role at the service of *utilitas rei publicae*."[36] Despite the extensiveness of the author's arguments, they include no serious reflection on the basic question of the extent to which law, and private law in particular, is able to take over the precepts of ethics or religion, if at all. And yet, it was private law that, through Justinian's compilation, was handed down to the Middle Ages and later epochs and so gave rise to the European legal tradition. All one hears in this work is the thesis that, in the struggle of the Church and the emperors for the victory of Christianity

---

[32] Łapicki, "Misericordia" w prawie rzymskim, in: Księga pamiątkowa ku czci Leona Pinińskiego, Vol. 2, 1936, 117–131. Cf. Czech-Jezierska, Studia Prawnicze KUL, 4 (2019), 58–63.
[33] Łapicki, O spadkobiercach, op. cit., 7, 300.
[34] Łapicki, Etyczna kultura, op. cit., 301.
[35] Łapicki, ibid., 304.
[36] Łapicki, O spadkobiercach, op. cit., 274.

and for the unity of the faith, "the Christian religion detaches itself from the humanitarian Christian ethics."[37] According to Łapicki, Justinian completely eliminates this ethics "from his legislation and bases his power on the strict dogmas of the Christian faith (*servitus Dei*) and on Eastern models of statism; here it reveals a tendency to moralise social relations through the reception of the basic principles of anthropocentric, humanistic and humanitarian Roman ethics. These are *honestas* and *libertas*."[38] Though announcing the triumphant return of Roman ethics, and thus making Christianity but a comma in the history of the world, Łapicki is forced, in accordance with Marxist dialectics, to speak at this point of a logically subsequent synthesis, and thus demonstrate the emergence of a historically new, progressive quality. We are told that this new quality is seen in Justinian's attempt at an improved "revival of Roman law and ideology", to which the emperor was prompted "not so much by his romantic love of the Roman past as by political considerations."[39] All of this, moreover, is presented schematically and with dogmatic exaggeration, and thus with little precision and, indeed, little conviction (like the once-fashionable contrast of Justinian's law with classical Roman law). On top of this, everything takes on a rather ominous complexion, since, it would seem, Łapicki, in writing both books, wanted his conclusions to be of a general nature, not limited to the time of early Christianity[40] but applicable also to the contemporary world.

We should note here that Łapicki enjoyed playing sophistically with words and concepts – for example, claiming that early Christian ethics was not humanistic ethics and yet probably they were humanitarian ethics after all.[41] Furthermore, Łapicki understood the fundamental difference and, indeed, incompatibility of the pagan world of the Romans with the Christian world as being based in the fact that, while Roman ethics was anthropocentric and humanistic, the ideology of early Christianity was theocentric and theistic[42]. Nevertheless, and leaving aside determinism[43] or the ubiquitous search for antinomies that stems from erroneous assumptions, and ignoring the doubts raised by the nature of the instruments used by historical materialism and dialectical materialism to demonstrate the class basis of early Christian ethics in volume one, and in the following book to examine the writings of the Church Fathers, we still need to note that, in Łapicki's particular case, the dilettantism of clever-sounding, dogmatic juxtapositions and oppositions stems from the fact that, while using the words "theocentric" and "theistic", he did not actually consider (even, perhaps, per-

---

[37] *Łapicki*, ibid., 299.
[38] *Łapicki*, ibid., 300.
[39] *Łapicki*, ibid., 300.
[40] *Czech-Jezierska*, Studia Prawnicze KUL, op. cit., 64.
[41] *Łapicki*, Etyczna kultura, op. cit., 302–303.
[42] *Łapicki*, ibid., 301–302; *Łapicki*, O spadkobiercach, op. cit., 7.
[43] Cf. e. g. *Łapicki*, O spadkobiercach, op. cit., 110–111.

sonally did not understand) the significance for Christians of the Incarnation and the sincere belief that Jesus Christ is true God and not just an ordinary man. This neglect ignores the fundamental dimension of faith – and of a faith which, after all, the Roman Empire did eventually adopt as its own. In this instance, that dimension imports Christocentrism. Christianity, including its ethics as a consistent adoption of faith in practice[44], wants to understand the Old Testament Christocentrically as well. It is only from such a viewpoint that Christians can recognise it as their Bible. This is also the basis of Christian anthropocentrism, because in Christ God became man. On the other hand, it is recognised that Christianity derived its understanding of *persona* from the Romans, rejecting the impersonality and collectivity of man characteristic of the Greek *polis*.[45] Łapicki has demonstrated that he really does have a great knowledge of the writings of the Church Fathers, so nothing excuses his negligence in this regard: the Christocentric debate, and in particular the efforts to understand who Jesus Christ is, was the mainstream of theological and dogmatic debates throughout Christian antiquity – in the works that Łapicki shows he is well acquainted with.

IV. Proving the universalisity of Roman ethics

Of all the writers of Christian antiquity, it was Pelagius that Łapicki seems to have valued the most, for the reason that his concept "comes close to Roman philosophy, and especially to the philosophy of Cicero. Indeed, this philosophy, based on the assumption of the greatness of man (*excellentia hominis*), builds the concept of the perfect man (*vir bonus*), who is the creator of his virtues (*artifex virtutum*) and, appearing in the splendour of his eminence (*honor, dignitas*), is surrounded by glory (*laudatio*) and universal respect (*verecundia*). Pelagius' concept stands in flagrant contradiction to the views of the New Testament and Pelagius' predecessors. For it is difficult to reconcile it with *humanitas* and *imbecillitas hominis,* as well as with the idea of man's total dependence on divine grace (*gratia Dei*)."[46] His presentation of Pelagius' thought gave Łapicki an opportunity to manifest his own ethical views, and thus his own understanding of Roman ethics. On the one hand, he was troubled by Pelagius' attempts to explain himself or prove that he had been misunderstood. On the other hand, Pelagius' factually inept grasp of the orthodoxy or otherwise of his views presented Łapicki with an example of the controversy between the two ethics and in particular of the fact that, notwithstanding the best efforts of one of the most astute and interesting minds of the era, Roman ethics is ultimately irreconcilable

---

[44] Łapicki, Etyczna kultura, op. cit., 207–223.
[45] Longchamps de Bérier, Persona: bearer of rights and anthropology for law, in: Puyol Montero (Hrsg.), Human dignity and law: studies on the dignity of human life, 2021, 25.
[46] Łapicki, O spadkobiercach, op. cit., 87.

with Christian ethics. Since Pelagianism remains to this day a threat to a correct understanding of a Christian's moral endeavours, this was also an opportune occasion for Łapicki to bring in Pelagius' thinking. In doing this, Łapicki proposed Roman ethics to the new socialist era as an ethics that was intrinsically free from Christianity. This undoubtedly serious proposal for the "new times" was prepared by Łapicki in the interwar period.

Łapicki knew Christianity well while it remains unclear whether he really understood it. However, he certainly understood Marxism. That is why the observation concerning the irreconcilable opposition of the two ethics which Łapicki made at the end of volume one served him well. It came out of a class analysis: "while the ethics of early Christianity became the ideology of the oppressed classes at a time when these classes, having lost faith in their strength and worth, were seeking salvation in God's mercy, the socialist humanism of today, on the contrary, is the ideology of a class which, full of awareness of its own strength and worth, is building a new world by its own creative efforts. *Come to me, all you who are weary and burdened, and I will give you rest*[47] – these are the words of the Gospel, which so vividly define the position and fate of man according to the teachings of early Christianity. In contrast, in the light of socialist humanism, man appears as the creator of his own history and the proud conqueror and organiser of nature."[48] With this remark, Łapicki proved that in 1958 he was aware of the basic axis of Marxism's dispute with Thomism and with the entire Christian or even biblical vision of the world. That axis was the anthropological dispute. Łapicki was alerting Marxism to this fact – though gently, from within. After all, Marxists followed their own vision of man and society, but they were not yet philosophically sophisticated and prepared for a serious debate.[49] Did Łapicki want to start paving the way for Marxism to engage with this controversy? He presented the Marxists with a large set of tools, but we must ask whether they were able to accept them. The truth is that few of Łapicki's contemporaries were capable of comprehending what he was alerting them to, just as very few among the jurists and outstanding intellectuals of the time matched his perspicacity of thought and life experience.

After reading Łapicki's post-war works, it is hard not to recognise him as an outspoken and sincere, though at times critical, Marxist. He embraced Marxism openly after World War II, but he was clearly led by beliefs that grew out of the research he had done earlier, i.e. between the wars. It is therefore impossible to give credence to Jan Kodrębski's assessment that Łapicki "remained a pre-revolutionary liberal throughout his life, sometimes resembling Chekhov's characters, but attempting, in various ways, to react to the terrible historical

---

[47] Mt 11,28.
[48] *Łapicki*, Etyczna kultura, op. cit., 306.
[49] *Longchamps de Bérier*, Persona, op. cit., 50–52.

events that he had the misfortune to witness and be a victim of."[50] Even if Łapicki considered himself a liberal, such a self-image was contradicted by the choices he made as a scholar and author of academic studies in the post-war era. Of course, Kodrębski, who died in 1997, had many reasons to interpret Łapicki charitably at the end of his life. In a way, Kodrębski was Łapicki's disciple (if so, then he was probably the only one). Kodrębski might have well liked Łapicki. From 1960 on, he himself was a member of the Polish United Workers' Party and participated in the apparatus of communist indoctrination, for example as a so-called lector of the Provincial Committee in Łódź of the local communist party.[51] It is understandable that it may have been important for Kodrębski to try to nuance Łapicki's situation. I myself had the good fortune to know Kodrębski, though only after the fall of communism. He had much personal charm as a man of extraordinary intelligence and was delightfully mischievous. With a noble glass of red wine by a campfire in the Tatra Mountains, he seemed to me fully aware of the total ignominy of the totalitarian aspect of the discussion of communist or socialist ideas in Poland at the time. It was these ideas that Łapicki promoted and put himself at the service of, with all his intelligence, ability, strength and many years of academic experience gained under a variety of circumstances.

Marxist methodology was not a mere ornament in Łapicki's academic works. He described and analysed the ancient world and Roman law with expertise in order to then evaluate them from Marxist positions. All of this without superficiality, because he saw in Marxism great scientific potential for understanding the world in order to make it better. Thus, the new post-war communist order was certainly moving in the direction Łapicki himself wanted to go in, or one might say that, at the very least, not only was he not bothered by this order, in all its various better and worse guises, but rather he pinned his hopes on it – hopes which were sincere and had originated in the interwar period.

V. In search of the actuality of Roman law

Soviet communism began to rage in Poland from 1945 onwards, brought on the bayonets of the Red Army. However, for Łapicki himself, this announced no major transformation in his life. His scientific output remained coherent as regards research directions, academic passions and tastes, and scientific views and convictions. Łapicki's message concerning the law remained unchanged for the new post-World War II world. He had worked out this message previously, as mentioned above, in the academic reflection he had undertaken under the influence of the experiences of World War I. And it was a message that was char-

---

[50] *Kodrębski*, Borys, op. cit., 94.
[51] Ze świadectwa profesora Jana Kodrębskiego. Rozmawiała Joanna Wiszniewicz (1 czerwca 1996 r.), 2009, 24.

acterised, above all, by anti-positivism. In this sense, Łapicki's opinion about law and his vision of law were consistent. His opposition to legal positivism[52] consisted in presenting a competing concept that was deeply rooted in ethics, as it expressed the aforementioned postulate of ethisation. This concept was seen in two books of differing nature: in the 1939 monograph published before the war itself (cited above), and in a post-war textbook from 1948 entitled *Roman Law.*

Our scholar's most direct and personal – and perhaps most important – confession can be found elsewhere, however. This confession reads: "I was concerned with finding in Roman law elements that would justify lectures of Roman law in the present day."[53] So confided Łapicki in a speech *de domo sua,* i. e. in a lengthy *Response* to a negative review of his textbook *Roman Law,* written by Rafał Taubenschlag (1881–1958).[54] Considering Taubenschlag to be a negative character, Łapicki recalled the division into two groups of those writing reviews of other people's works. One group is made up of those making unsympathetic criticism, essentially searching for their opponent's mistakes; the other group consists of authors writing perhaps not so much particularly sympathetically as striving for objective and balanced criticism. The distinction remains apt even today. And it is not at all surprising, if one is aware of the weaknesses of human nature. It is always possible to find unkind critics – complacent, full of personal complexes, defensive of their own positions, or even sociopathic.

As early as 1939, Boris Łapicki noted that he does not prioritise the dogmatic method. He is more interested in the experience and message carried by Roman law than in the technical details of private law itself. At that time, he wrote: "By distinguishing the law of thinking (*ratio*) from the law, which organises social life (*ius*), Roman jurists fortunately avoided the so-called *Begriffsjurisprudenz,* and also understood perfectly well that logic is not a factor that could itself create social order. Thus, it was not logical reasoning – which, according to the law of thinking, leads to inevitable consequences – that constituted the method of Roman jurists, but the assessment and evaluation of the phenomena life which required legal sanctions."[55] Though the statement, "authentic Roman law is of great value, because it is the basis of our social humanistic culture," sounds rather general, for Łapicki it became "clear that the importance of Roman law in the present era can be confirmed not by its formal and technical merits, but only by its role in the development of humanistic culture, if such a role can be demonstrated."[56] This he tried with all his might, which is why in the textbook the third part comprises the author's story of Roman private law – though not

---

[52] *Banach,* Rzymska tradycja prawna w myśli politycznej Narodowej Demokracji (1918–1939), 2010, 176.

[53] *Łapicki,* Myśl Współczesna, 10 (1949), 113.

[54] *Taubenschlag,* Czasopismo Prawno-Historyczne, 2 (1949), 483–491.

[55] *Łapicki,* Jednostka, op. cit., 121.

[56] *Łapicki,* Myśl Współczesna, op. cit., 113, 115.

in a very extensive manner, being only 182 pages long. The second part of 93 pages is devoted to the history of the Roman state and public law, upon which, it is interesting to note, a separate exam is given in law faculties in Italy, in contrast to the vast majority of countries in continental Europe, in which this matter is not taught at all and is not even expected to make the most minimal appearance in law faculties. The first part of the textbook, on the other hand, is 120 pages long and is entitled "General rules". This part is devoted to theoretical issues that arise from the experience of Roman society and law. With this solid introduction to the other two parts, the textbook turned out to be not only innovative, but also of much greater interest. Łapicki mischievously responded to criticism by commenting that his work may have been the envy of Taubenschlag, a noted papyrologist but, as regards Roman private law, a fan of the outdated Pandectist-style lecture. In this context, it is apposite to note that Henryk Kupiszewski told me that he had gone so far as to criticise Kolańczyk to his face for a characteristically Pandectist textbook which simply repeated the nineteenth-century vision of Roman law, because "the messages and facts in it flow like a bit of tap water" – that is to say, without showing any intrinsic connection with Roman ideology, as Łapicki would have said.

The confession quoted above concerning the justification of lectures on Roman law in the present day may have been a response to the growing threats during this era to the very study of Roman law and it being taught in law faculties in any form. After all, "there have been claims that [the study of] Roman law is even detrimental to the formation of a socialist jurist, because it introduces the law of Roman exploiters into socialist relations."[57] Łapicki suggested we should avoid a focus on what is bourgeois in private law and, following Petrażycki, use the historical-sociological method in preference to the dogmatic.[58] Łapicki's concern was to search for what was most Roman, i.e. *form*.[59] As a result, he was not interested in private law's details or nuances, as one might suppose that Taubenschlag expected. It was rather *general* issues that fascinated him: law and equity, freedom and human dignity, the social problem, democracy.[60] And indeed he attached great importance to concepts and notions. Additionally, he would, if possible, operate with Latin terms, because they created for him windows through which he could introduce the light provided by the original Roman solutions "untainted by Christianity", so to speak.[61] After all, he wanted to implement Roman ethics as absolutely distinct from Christian ethics – indeed, competitive with it and, in comparison, more promising and universal.

---

[57] Kuryłowicz, Z Dziejów Prawa, 12 (2019), 934.
[58] Łapicki, Myśl Współczesna, op. cit., 125.
[59] Brague, Europe. La voie romaine, 1992.
[60] Łapicki, Myśl Współczesna, op. cit., 125.
[61] Longchamps de Bérier, L'abuso del diritto nell'esperienza del diritto privato romano, 2013, xiii.

VI. The historical and sociological key for legal interpretations

Łapicki, unlike many of our contemporary scholars in the field of law, was not afraid of offering definitions, even if only by simply translating concepts and notions from the Latin. He understood *iustitia* simply as the rule of law[62], seeing justice only in *aequitas,* which he called equity. He inferred from Roman sources that "*ratio iuris* should not abrogate *aequitas,* which is the basis of *intepretatio prudentium.*"[63] Thus, he did not define law only with the words of the jurist Celsus, although this is, in fact, the only definition of law that the tradition of Roman law and the sources found so far have given to modern times. In the same breath, Łapicki quoted Celsus's *ius est ars boni et aequi* – "the law is the art of [what is] good and just" (handed down by the jurist Ulpian: D. 1,1,1 pr. Ulpian *Institutions,* book 1) – along with an excerpt from Cicero's work *Topica,* i. e.: *ius civile est aequitas constituta eis qui eiusdem civitatis sunt ad res suas obtinendas* – „Civil law is equity established among men who belong to the same city for the purpose of insuring each man in the possession of his property and right" (Cic. *top.* 9). Łapicki thus put the two definitions on an equal footing, although in the second case Cicero speaks not of law in general, but of the civil law as the law of Roman citizens. Although this second definition is at least 150 years older, it comes, however, from a philosophical text – of an excellent rhetor, well-versed in the law of the Roman republic, but nevertheless considered a non-legal source. Despite this, Łapicki is perfectly correct in juxtaposing the two texts. Since *aequitas* plays a central role in law, the belief that law should always be in close connection with justice is brilliantly expressed by Cicero's remark that law is simply an articulation of justice – *aequitas constituta.* As well as guarding against Ulpian's (intentional) philological falsity, Cicero's expression seems not only more precise but also more accurate than Ulpian's juxtaposition of *ius* and *iustitia,* which was in fact a play on words and made for this very purpose by this Severan jurist. After all, just before quoting Celsus's definition in the introduction to his textbook on Roman law (titled *Institutiones*), Ulpian wrote: *unde nomen iuris descendat; est autem a institia iustitia appellatum* – "from whence the derivation of the word *ius:* it obtains its name from *iustitia*" (D. 1,1,1 pr. Ulpian *Institutions,* book 1).

Thus, Łapicki concluded on the basis of his analysis of ancient sources that "law, according to the Romans, occurs not only as an organised (*vinculum civitatis*) social order and peace (*otium*), but also as the realisation of equity, *aequitas: ars boni et aequi.* These are not theoretical formulations (*regulae*), but deductions, based on the life experience of a number of generations of Roman society. [...] By contrast, *vis,* as a disruptor of the social order – *negotium* – is

---

[62] *Łapicki,* Prawo rzymskie, op. cit., 11.
[63] *Łapicki,* Jednostka, op. cit., 133.

a denial of both law and equity: it is *iniuria* in this twofold sense."[64] What Łapicki emphasised, in *aequum ac bonum* – "just and good" (also referred to in the writings of the jurist Paulus: D. 1,1,11 Paulus *Sabinus,* book 14) – was not "merely a doctrine or a certain ideal of law, but a principle that was applied in practice."[65] In turn, existence of the aforementioned *vis* – force – does not signify the existence of law, because for the Romans *vis* was not a source of power and authority – which is why, according to Łapicki, law can be understood correctly only if one is able to perceive it independent of the existence and activity of the state.[66] Our scholar, aware of the experiences in Russia in the nineteenth century, was keen to stress that the Romans never came up with idea of anarchy. For it was obvious to them that the common denominator shared by both law and the state is authority, which as an organisational factor "comes down, in the matters concerned, to consent, freely declared by all citizens."[67] The findings Łapicki made on the basis of the Roman experience served as a warning against the Marxist ideas of fully combining law with state coercion and consequently making law dogmatically dependent and subordinated to the state.

In writing on the subject of reduction (by introducing the notion of *auctoritas* and *pietas* as parallel principles) of the burden imposed by authority and coercion, Łapicki wanted to remind us, first, of the need to preserve and guard individual freedom, and second, of the role of natural law. "Well, if the law of nature, as has been said, was formed in Rome on the model of civil law, it is now to be concluded that civil law has undergone a transformation under the influence of natural law."[68] At this point, 'now' means on the basis of the arguments he had made concerning late classical law (i. e. in the third century AD). But Łapicki's observation has timeless applicability, and not only because it is a moral lesson about law in general (assuming that the theory of the law of nature justifies the view that man is by nature a social being and association with one's fellow men is an inborn need).[69] Individually and as a group, man naturally realises the great social value of law as an agent of order. "Law is not an instrument, placed at the service of the state (*res publica*) or economics (*utilitas*); rather, it is the realisation of equity (*aequitas*), that is to say, of freedom equal for all. Equity – and even more so law – being an expression of the human spirit (*ratio*), is a superior factor in relation to the phenomena of social life, which evaluates these phenomena and then organises them in accordance with ethical requirements. Hence the resemblance of law to art (*ars*), which, in accordance

---

[64] Łapicki, ibid., 47–48.
[65] Łapicki, ibid., 50.
[66] Łapicki, Prawo, op. cit., 52–57.
[67] Łapicki, Prawo, op. cit., 37; Łapicki, Jednostka, op. cit., 98.
[68] Łapicki, Prawo, op. cit., 18.
[69] Łapicki, ibid., 15.

with the requirements of aesthetics, reworks the selected material."[70] Therefore, the validity of the law, its binding force, is determined "not by state coercion, but by the ethical value of its provisions."[71] This, in turn, suggests the possibility of seeking the anthropologically acceptable 'right' answer to a question, according to the law of the land in such-and-such cases.

At this point it is appropriate to recall Łapicki's basic postulate and assumption: the *ethisation* of social relations, i. e. "their subordination to the requirements of the human spirit."[72] For Łapicki, the two most important elements of Roman ethics were morality and law.[73] But he did not consider these as separate factors – independent components – of Roman ethics, and consequently offer a definition of its parts 'by division' (*partitio*). Rather, these basic elements remained in various relations with each other, interacting although always distinguishable, retaining their distinctiveness and their own specificity. For Roman ethics, to the extent that it is relevant *to* law and even more so *to* the state, the close connection between freedom and equity (justice) was of fundamental importance. Indeed, Łapicki actually defined Roman *aequitas* as "equality in freedom, and further a balance between freely-acting individuals."[74] The preparatory investigation for this definition was Łapicki's four-page study included in a pamphlet entitled *Observations about the crisis of Roman law,* although this work mainly expresses his moderate position (which in Poland was unoriginal) on the issue of the search for interpolations.[75] According to Łapicki, freedom was understood in Rome in the way that we have understood subjective right since the nineteenth century, i. e. it was *ius libertatis,* which, both with Cicero in the first century BC and with the jurist Papinian in the third century AD, retained its efficacy under all circumstances, including vis-à-vis state power. Freedom, then, is simply a subjective right.[76]

Łapicki believed that if in Rome they defined the law as the realisation of *aequitas,* "it was understood primarily in the sense that the law secures the freedom of all citizens on the basis of equality. [...] Having inextricably linked law and the state with the freedom of the individual, the Romans consistently made both the structure of state power and the definition of its limits dependent on

---

[70] Łapicki, Jednostka, op. cit., 272.
[71] Łapicki, Prawo, op. cit., 52.
[72] Łapicki, ibid., 11.
[73] Łapicki, Etyczna kultura, op. cit., 7.
[74] Łapicki, Jednostka, op. cit., 153, 274.
[75] Łapicki, Uwagi o kryzysie prawa rzymskiego, 1936, 40–44. In detail about the interpolation dispute in interwar Poland just on the occasion of Łapicki's pamphlet, cf. Giaro, 'Provisionally dead'. Roman law and juristic papyrology in interwar Poland, in: Buongiorno/Gallo/Mecella (Hrsg.), Segmenti della ricerca antichistica e giusantichistica negli anni trenta, Vol. 1, 2022, 696–698, and previously Giaro, Paul Koschaker sotto il nazismo: un fiancheggiatore 'malgré soi', in: 'Iuris vincula'. Studi in onore di M. Talamanca, Vol. 4, 2001, 168–169.
[76] Łapicki, Prawo, op. cit., 60; Łapicki, Jednostka, op. cit., 160, 275.

this principle."⁷⁷ In this context, however, the basic message for any 'new times' – those after World War I, those after World War II, and any other time of peace – remained, according to Łapicki, the idea of solidarity, or civic consent. In Cicero it appeared under the name *concordia civium,* and in Varro and Livy as *concordia civilis*. And this is the most interesting moral lesson about law based on Roman experience that Łapicki had to tell, not only to lawyers but to modern readers in general: "Rejecting state and class concepts as destructive, the Romans sought a social synthesis and, above all, a principle that would make it possible to create a compact and orderly whole out of separate social strata."⁷⁸

According to Łapicki, the idea of civic consent or solidarity can be found in the Roman family, which had had political significance since the very dawn of Rome.⁷⁹ It can be seen, of course, in the Roman republic, which remained nothing more than the sum of its citizens – their *corpus*. It can be seen in the solidarity of the members of the Roman contract of *societas* – civil company (as *ius fraternitatis*) – and in the concept of an ideal participant in economic transactions (*vir bonus*), in civic unity and in universal brotherhood (known from Seneca as *cognatio*). "As for the mutual relations between free individuals, they were defined by the principle of ethical balance (*aequitas*), and then by the principle of unity and civic consent (*concordia*)."⁸⁰ Consequently, the solidarity of citizens is more fundamental than the state. Their freedom is the limit of state power.

VII. Towards a conclusion

The idea of solidarity, which assumes the freedom and cooperation of individuals, seems to be Łapicki's central message.⁸¹ It is true that nowadays the freedom and dignity of the individual differ in content – for obvious reasons – from the corresponding concepts in ancient Rome.⁸² *Concordia* – the idea of solidarity and civic consent – was, in its implementation of *ethisation* through law, much more universally inscribed in the populace than is usual nowadays. The idea of solidarity was arrived at by Łapicki through an optimistic study of Roman sources, legal and non-legal. It is true, however, that the only sincere Polish Marxist among the Romanists remained faithful to at least some of his "class

---

⁷⁷ Łapicki, Jednostka, op. cit., 120.
⁷⁸ Łapicki, Prawo, op. cit., 130.
⁷⁹ The issue discussed by *Łapicki* in detail in two volumes: *Łapicki,* Władza ojcowska w starożytnym Rzymie. Część I: Czasy królewskie. Część II: Czasy republikańskie, 1933, and *Łapicki,* Władza ojcowska w starożytnym Rzymie. Okres klasyczny, 1937. Cf. *Longchamps de Bérier,* L'abuso, 51–69.
⁸⁰ Łapicki, Jednostka, op. cit., 277.
⁸¹ Łapicki, Prawo, op. cit., 129–133.
⁸² *Czech-Jezierska,* Studia Prawnoustrojowe, 46 (2019), 64.

prejudices" – such as the old animosity, characteristic of certain social strata, concerning, for example, the pursuit of professions considered insufficiently honourable. There is an anecdote that was repeated to me by students who met Łapicki during their classes: he used to say to them: "Study, dear student, study! Because if you don't study, you will end up a comedian like my son." His son Andrzej Łapicki (1924–2012), mentioned before as the one born in Riga, became a famous Polish actor and, in 1989, was elected a member of the Sejm – the lower house of the bicameral parliament in the semi-free Polish legislative elections, being on the non-communist side as a candidate supported by the *Solidarity* Citizens' Committee. Hardly, one would have thought, an ignominious career.

If any Roman law professor took Marxism as an intellectual opportunity, and also had no objection to the imposition of communism in Poland after World War II, it was Borys Łapicki. After what he had experienced in Russia, it is impossible to think this might have been from naivety. Moreover, his research methodology showed a preference for the historical-sociological method over the dogmatic (apparently in search of what is most Roman form), and he had little interest in the details or nuances of private law (as Taubenschlag expected to see), but rather in general issues: law and equity, freedom and human dignity, the social problem, democracy. Łapicki was always in search of something greater, of what was more universal. Evidently, in taking this approach he must have been much concerned with Petrażycki's critical stance against Roman law studies, his interpretation of the subject as "establishing innumerable theses of microscopic scientific importance," and as putting forward and fiercely defending "microscopic verbalistic hypotheses."[83] Łapicki, on the contrary, looked at Roman law not through a microscope, but through a telescope. That is why to him Roman law always seemed very close, his own, personal concern. And even at a time when basic freedoms of the individual were being trampled upon.

Aequitas and *concordia* – as originating in ancient Rome and considered incompatible with Christian ethics – may have seemed to Łapicki neutral ideals to propose for the new age he was living in, as universal categories and principles of interpretation that respect the freedom of the individual, his rights and needs arising from and satisfied in cooperation with others. Łapicki's proposition is interesting even if we do not agree with his thesis that humanism cannot be reconciled with Christianity. For it may turn out to be Christianity, in fact, that promotes and valorises this humanism (e. g., by developing and practicing solidarity), and also recognises it as its own just as it once brought it out of the darkness of antiquity. One might disagree with Łapicki's proposal for a number of other research or source reasons, although the basic objection is rather formal: for the interpretation of private law, and even public law, whether in new times

---

[83] *Petrażycki*, Zagadnienia prawa zwyczajowego, 1938, 62. Cf. *Giaro*, 'Provisionally dead', op. cit., 696.

or old, the idea of solidarity and civic consent, as also of the freedom of the individual, rather abstractly transplanted in this way from Roman ethics, just seems too general and hopelessly vague when it comes to applying it to the concreteness of life. The paradox consists in the fact that Łapicki happened to care a great deal about the concreteness of life. But it was probably as a result of this vagueness in his proposal that he found no disciples (merely biographers) in his immediate circle or, indeed, for 50 years after his death[84]. The timeless though unoriginal message he bequeathed remains the appeal, in the interpretation of the law, to *aequitas* – most germane both in antiquity and today. Of equally universal validity, but unfortunately less widely accepted, is Łapicki's research and academic *credo*, as a Romanist by sincere choice, to find in Roman law something useful, i. e. a message for our times, for it should be the concern of any lawyer or jurist dealing with Roman law to find elements in the subject that are able to justify lectures on it in the present day. And that applies in our time as in Łapicki's.

Bibliography

Avenarius, Martin, Fremde Traditionen des römischen Rechts. Einfluß, Wahrnehmung und Argument des »rimskoe pravo« im russischen Zarenreich des 19. Jahrhunderts, Göttingen 2014

Banach, Tomasz, Rzymska tradycja prawna w myśli politycznej Narodowej Demokracji (1918–1939) [Roman legal tradition in the political thought of National Democracy (1918–1939)], Warszawa 2010

Banyś, Tomasz/Korporowicz, Łukasz, Borys Łapicki (1889–1974), in: Liszewska, Agnieszka/Pikulska-Radomska, Anna (Hrsg.), 70 Lat Wydziału Prawa i Administracji Uniwersytetu Łódzkiego [70 Years of the Faculty of Law and Administration of the University of Łódź], Łódź 2015, 129–134

Brague, Rémi, Europe. La voie romaine, Paris 1992

Czech-Jezierska, Bożena, 'Utilitas rei publicae contra misericordiam'. Justinian's Criminal Legislation in Borys Łapicki's View, Studia Prawnicze KUL, 4 (2019), 57–73

eadem, Wolność i godność w starożytnym Rzymie – dobra osobiste czy społeczne? Kilka uwag na tle poglądów Borysa Łapickiego [Liberty and dignity in ancient Rome – personal or public goods? Few remarks on Borys Łapicki's grounds], Studia Prawnoustrojowe, 46 (2019), 51–67

Dajczak, Wojciech, Kazimierz Kolańczyk (1915–1982), in: Strzelczyk, Jerzy (Hrsg.), Wybitni historycy wielkopolscy [Prominent historians of Greater Poland], Poznań 2010, 445–454

idem, Wprowadzenie – po pół wieku [Introduction – after half a century], in: Kolańczyk, Kazimierz, Prawo rzymskie [Roman law], 6th ed., Warszawa 2021, 21–26

Giaro, Tomasz, Paul Koschaker sotto il nazismo: un fiancheggiatore 'malgré soi', in: 'Iuris vincula'. Studi in onore di M. Talamanca, Vol. 4, Napoli 2001, 159–187

---

[84] *Longchamps de Bérier,* Być prawnikiem. Trzy medytacje, 2023, 89–102.

idem, 'Provisionally dead'. Roman law and juristic papyrology in interwar Poland, in: Buongiorno, Pierangelo/Gallo, Annarosa/Mecella, Laura (Hrsg.), Segmenti della ricerca antichistica e giusantichistica negli anni trenta, Vol. 1, Napoli 2022, 667–721

Kodrębski, Jan, Borys Łapicki (1889–1974), in: Pikulska-Robaszkiewicz, Anna (Hrsg.), Profesorowi Janowi Kodrębskiemu 'in memoriam' [To Professor Jan Kodrębski 'in memoriam'], Łódź 2000, 93–115

Kolańczyk, Kazimierz, Prawo rzymskie [Roman law], 1st ed., Warszawa 1973; 4th ed., Warszawa 1986; 6th ed., Warszawa 2021

Kozłowski, Eligiusz, Łapicki Hektor (1829/30–1904), in: Polski Słownik Biograficzny [Polish biographical dictionary], Vol. 18, No 1, Wrocław/Warszawa/Kraków/Gdańsk 1973, 210–211

Kuryłowicz, Marek, Szkic do dziejów tzw. romanistyki marksistowskiej [A sketch for the history of the so-called Marxist Romanistics], Z Dziejów Prawa, 12 (2019), 933–950

Longchamps, Franciszek (1912–1969), O prawniku w rzeczypospolitej nauk [About a lawyer in the commonwealth of arts and sciences], Zeszyty Naukowe Uniwersytetu Wrocławskiego, Prawo, 4 (1958), Seria A, No 15, 9–13

idem, Z problemów poznania prawa [On the problems of knowledge of law], Wrocław 1968

Longchamps de Bérier, Franciszek (1969–), L'abuso del diritto nell'esperienza del diritto privato romano, Torino 2013

idem, Persona: bearer of rights and anthropology for law, in: Puyol Montero, José María (Hrsg.), Human dignity and law: studies on the dignity of human life, Valencia 2021, 23–54

idem, Być prawnikiem. Trzy medytacje [Being a lawyer. Three meditations], Warszawa 2023

Łapicki, Borys, Władza ojcowska w starożytnym Rzymie. Część I: Czasy królewskie. Część II: Czasy republikańskie [Paternal power in ancient Rome. Part I: The period of the Monarchy. Part II: The period of Republic], Warszawa 1933

idem, „Misericordia" w prawie rzymskim ["Misericordia" in Roman law], in: Księga pamiątkowa ku czci Leona Pinińskiego [Commemorative book in honor of Leon Pinińskiego], Vol. 2, Lwów 1936, 117–131

idem, Uwagi o kryzysie prawa rzymskiego [Observations on the crisis of Roman law], Warszawa 1936

idem, Władza ojcowska w starożytnym Rzymie. Okres klasyczny [Paternal power in ancient Rome. The classical period], Warszawa 1937

idem, Jednostka i państwo w Rzymie starożytnym: rozważania historyczne na tle przeobrażeń prawa i państwa w dobie obecnej [The Individual and the state in ancient Rome: historical considerations against the background of transformations of law and the state in the present era], Warszawa 1939

idem, Prawo rzymskie [Roman law], Warszawa 1948

idem, Odpowiedź na krytykę mojego podręcznika „Prawo rzymskie" [Response to criticism of my textbook "Roman Law"], Myśl Współczesna, 10 (1949), 113–125

idem, Poglądy prawne niewolników i proletariuszy rzymskich. Studium historyczne na tle bazy gospodarczej i antagonizmów klasowych [Legal views of Roman slaves and proletarians. A historical study against the background of the economic base and class antagonisms], Łódź 1955 *idem,* Ideologiczna obrona i krytyka własności jednostkowej w starożytnym Rzymie [Ideological defense and critique of individual property in ancient Rome], Przegląd Socjologiczny, 12 (1958), 205–228

idem, Etyczna kultura starożytnego Rzymu a wczesne chrześcijaństwo [Ethical culture of ancient Rome and early Christianity], Przegląd Socjologiczny, Łódź 1958

idem, O spadkobiercach ideologii rzymskiej. Okres chrystianizacji cesarstwa rzymskiego [On the heirs of Roman ideology; The Period of Christianization of the Roman Empire], Łódź 1962

Mossakowski, Wiesław, Kazimierz Kolańczyk (1915–1982), in: Sokala, Andrzej/Mossakowski, Wiesław/Gajda, Ewa (Hrsg.), 'Quinque Doctores'. Kierownicy Katedry Prawa Rzymskiego UMK (1945–2000) [Heads of the Department of Roman Law at UMK (1945–2000)], Toruń 2014, 65–79

Petrażycki, Leon, Zagadnienia prawa zwyczajowego [Issues of customary law], transl. Jan Sunderland, Warszawa 1938

Rudnicki, Jan, Leon Petrażycki (1867–1931), in: Longchamps de Bérier, Franciszek/Domingo, Rafael (Hrsg.), Law and Christianity in Poland. The Legacy of the Great Jurists, London/New York 2023, 157–173

Słapek, Dariusz, Solidarism vs Marxism: "Legal Views of Slaves and Roman Proletarians" by Borys Łapicki Revisited, Studia Iuridica Lublinensia, 30 (2021), No. 1, 265–288

Szczygielski, Krzysztof, Prawo rzymskie w Wolnej Wszechnicy Polskiej w okresie dwudziestolecia międzywojennego [Roman law at Wolna Wszechnica Polska in the interwar period], Zeszyty Prawnicze UKSW, 21 (2021), No. 1, 45–79

Taubenschlag, Rafał, Borys Łapicki: Prawo rzymskie, Warszawa 1948, Spółdzielnia wydawnicza „Książka", str. 449 [Borys Łapicki: Roman Law, Warszawa 1948, Publishing cooperative "Book", pp. 449], Czasopismo Prawno-Historyczne, 2 (1949), 483–491

Zabłocka, Maria, Borys Łapicki 1889–1974, in: Bałtruszajtys, Grażyna (Hrsg.), Profesorowie Wydziału Prawa i Administracji Uniwersytetu Warszawskiego 1808–2008 [Professors of the Faculty of Law and Administration of the University of Warsaw 1808–2008], Warszawa 2008, 162–163

Ze świadectwa profesora Jana Kodrębskiego. Rozmawiała Joanna Wiszniewicz (1 czerwca 1996 r.) [From the testimony of Professor Jan Kodrębski. Interviewed by Joanna Wiszniewicz (June 1, 1996)], Łódź 2009

Ștefan Longinescu and Constantin Stoicescu

Important Romanists of the Interwar Period

Mihnea-Dan Radu

ABSTRACTS

In der Zwischenkriegszeit entwickelte sich die Rechtswissenschaft grundsätzlich an vier rumänischen Universitäten: Bukarest, Cluj, Iași und Cernăuți. Einer der angesehensten Romanisten dieser Zeit war Professor Stefan G. Longinescu. Seine Arbeit umfasst hauptsächlich Werke, die dem römischen Recht gewidmet sind, aber auch der Geschichte des rumänischen Rechts, wobei er häufig die Verbindungen zwischen ihnen betont hat. S. G. Longinescu war ein Vertreter der alten Schule des römischen Rechts. Er verwendete hauptsächlich die exegetische, pandektistische Methode, aber in der Endphase seiner Karriere nutzte er auch die historische Methode, die von anderen rumänischen Romanisten dieser Zeit angewandt wurde. Einer von ihnen, der von seinen Zeitgenossen als innovativer Forscher angesehen wurde, war Professor Constantin Stoicescu. Er verwendete die historische Methode, die mit den neuesten romanistischen Studien der Epoche verbunden war. Sein wichtigstes veröffentlichtes Werk in drei Auflagen war der Grundkurs des römischen Rechts, der auch heute noch als eines der besten rumänischen Bücher seiner Art gilt. Stoicescu war darüber hinaus stark am öffentlichen Leben beteiligt und bekleidete verschiedene hohe Positionen im Staat.

W okresie międzywojennym nauka prawa rozwijała się zasadniczo na czterech rumuńskich uniwersytetach, tj. w Bukareszcie, Kłużu, Jassy i Czerniowcach. Jednym z najbardziej uznanych romanistów tego czasu był profesor Stefan G. Longinescu. Jego dorobek obejmuje głównie dzieła poświęcone prawu rzymskiemu. Publikował też prace z zakresu historii prawa rumuńskiego wskazujące na powiązania z prawem rzymskim. Longinescu był przedstawicielem starej szkoły romanistów. Stosował głównie metodę egzegetyczną, pandektystyczną, choć w końcowej fazie swej kariery naukowej stosował także metodę historyczną, którą posługiwali się inni rumuńscy romaniści tego czasu. Jednym spośród nich był profesor Constantin Stoicescu, który przez współczesnych był postrzegany jako innowacyjny badacz. Stosował on metodę historyczną w powiązaniu z najnowszymi badaniami romanistycznymi w owym czasie. Najważniejszą opublikowaną jego pracą jest trzytomowy wykład podstaw prawa rzymskiego, który i dziś uchodzi za jedną z najlepszych rumuńskich książek tego rodzaju. Stoicescu był też zaangażowany w życie publiczne. Zajmował szereg ważnych stanowisk państwowych.

I. Overview

During the interwar period (1919–1940), in the territory of the reunified Romanian state, which brought together for the first time in a modern unitary state all historical provinces inhabited mainly by Romanians, several universities operated, whose activity tried to keep up with the times, despite the vicissitudes of the economic order they faced.[1] In 1942, the academician Andrei Rădulescu deplored the poor appreciation of our legal culture abroad, explaining this shortcoming "by the fact that our most important works in the various subjects of law have not been made known there through good translations or works written by the most competent".[2] He notes with sadness that foreigners often know us from superficial works.

The University of Bucharest, the country's capital, was the most important, and of course had the most substantial resources. A university of tradition was that of Iași. In Cluj, the newly founded "King Ferdinand I" University took over the heritage of the Hungarian university that had long operated in the Transylvanian city. In addition to these, there was also the University of Cernăuți, the capital of Bucovina, a province that had been under Austrian rule (and nowadays is in Ukraine). In the first three decades of the 20th century, there was a flourishing scientific activity, with research in the field of law characterised by the development of original theories and points of view and by the concern to support judicial practice. Important works were written on both public and private law.[3]

The study of Roman law had some prominent representatives in the Romanian state during the interwar period. We mention here Constantin Stoicescu, Matei Nicolau, Nicolae Corodeanu, George Dumitriu, Grigore Dimitrescu in Bucharest, Ștefan G. Longinescu, Ilie Popescu-Spineni and Gheorghe A. Cuza in Iași, Valentin Georgescu in Cernăuți and Ioan C. Cătuneanu as well as Tiberiu Moșoiu in Cluj.[4]

Matei Nicolau was not only a very good romanist but also an eminent linguist, who had passed his doctorate in law at the University of Paris with the thesis "*Causa liberalis. Étude historique et comparative du procès de liberté dans les législations anciennes*" in 1933. He became an assistant professor of Greek at the Faculty of Letters in Bucharest and published valuable studies on classical philology and Roman law as well as a first volume of a course on Roman law, together with the elder professor of civil law Constantin Hamangiu. Unfortunately, he never completed his work, dying at the age of only 33.[5]

---

[1] *Ceterchi/Firoiu/Marcu/et alii,* Istoria dreptului românesc, vol. II/2, 1987, 443.
[2] *Rădulescu,* Cultura juridică românească, Pandectele Române [abbrev.: PR], 1942, 3 (15).
[3] *Ionașcu,* Istoria Științelor în România, vol. 2, Științe juridice, 1975, 28.
[4] *Ionașcu/Duțu,* Istoria științelor juridice în România, 2014, 55; *Toader/Mâță/Costea,* Dicționarul personalităților juridice române, 2008.
[5] *Toader/Mâță/Costea,* Dicționarul, op. cit., 177.

Born in 1908, Valentin Georgescu was one of the most important representatives of the new wave of young scholars to emerge during this period. He received his doctorate in law from the University of Paris with his thesis *"Essai d'une théorie générale des leges privatae"* in 1932. He studied Roman law in Paris, Heidelberg, Brussels and Vienna. After the Second World War, he put aside his research in the field of Roman law, concentrating instead on Byzantinology and the study of the history of Romanian law.[6]

In the following pages, we will take a closer look at Professor Ștefan G. Longinescu, who worked both in Iași and Bucharest, and Professor Constantin Stoicescu from Bucharest. The former was the most prominent exponent of the old school, with a significant work in the context of Romanist studies in Romania at that time. He left to posterity the most extensive treatise on Roman law ever written in Romanian. The latter is an exponent of the newer currents of thought. In addition to his teaching and scientific work, he also held public offices, such as that of Minister of Justice.

II. Ștefan G. Longinescu

Born in 1865 in Focșani, he graduated from the Faculty of Law in Iași in legal sciences with a thesis entitled "The guarantee of eviction in Roman and Romanian law" in 1886.[7] At the same time, he studied physical and chemical sciences, which left an important mark on his legal thinking. "For Longinescu, Roman law was not literature, but mathematics. Hence his method, of many divisions and subdivisions, which to some seem tiresome, but which alone has the gift of disciplining judgement, giving it scientific seriousness."[8] He pursued a career first as a civil servant and then briefly as a judge.[9] In 1892 he began his doctoral studies in Berlin, completing his thesis in 1896. He returned to Romania and became professor of Roman law at the Faculty of Law in Iași, where he was also dean (1901). In 1906 he was appointed by competitive examination to the chair of Roman law at the Faculty of Law of the University of Bucharest. Here he also taught History of Romanian Law until his death in 1931. Ever since 1910 he was a corresponding member of the Romanian Academy.[10] From the point of view of his teaching career, Professor Longinescu was renowned for his professional probity, his severity, but also his correctness, being considered "a true master"[11]

---

[6] *Toader/Mâță/Costea,* Dicționarul, op. cit., 112–113.
[7] *Longinescu,* Garanția de evicțiune în dreptul roman și român, 1886.
[8] *Spulber,* in: In memoriam S. G. Longinescu – la zece ani de la moartea sa, 1943, 3 (3).
[9] *Stoenescu-Dunăre,* Natura, 1932, 24 (25).
[10] *Toader/Mâță/Costea,* Dicționarul, op. cit., 149; *Ștefănescu/et alii,* Enciclopedia istoriografiei românești, 1978, 201.
[11] *Giurăscu,* Revista istorică română, 1931, 333 (333).

and a "figure with a legendary profile"[12]. A tireless researcher, S. G. Longinescu published numerous volumes and articles on both Roman law and the history of Romanian law. In his doctoral thesis, entitled *"Caius der Rechtsgelehrte"*[13], the young scholar put forward a hypothesis that subsequently generated much debate in Romanist literature: Gaius, the author of the famous *Institutiones,* is one and the same as Caius Cassius Longinus, the leader of the Sabinian school. Therefore, the textbook accordingly had to be dated to the middle of the 1st century AD. By this, Longinescu dared to contradict the majority view that Gaius lived in the 2nd century AD and, moreover, to deny the very existence of this jurisconsult as a distinct individual, identifying him with the famous school founder of the time of Emperor Nero.

In order to support his thesis, Longinescu resorted to the so-called "gap (*lacunae*) theory", noting the absence of mentioning of several events and institutions in Gaius's Institutes which can be dated with certainty to the 2nd century and which, had he lived in the same century, Gaius could not have ignored.[14] Beyond the merit of the Romanian author in making an inventory of these gaps, his theory was not sufficiently proven, and later opposed by other authors.[15] Ştefan Longinescu's claims have been countered as follows[16]:

1. Gaius makes no reference to the *senatusconsultum Vellaeanum* of 46 AD. This omission is not necessarily the result of the fact that the Institutes were written before that date. It is apparent that Gaius did not make an exhaustive inventory of the sources of Roman law, omitting other normative acts that appeared at the time.
2. Longinescu claims that Gaius omitted the *senatusconsultum Tertullianum* from the time of Emperor Hadrian and the *senatusconsultum Orphitianum* from the time of Commodus. However, these allegations are incorrect because a deeper analysis of relevant passages of the Verona manuscript (III, 32–33), which before were difficult to read, shows that Gaius knew the two *senatusconsulta* which he also wrote about separately.
3. The common argument that the Institutes were written partly at the time of Antoninus and partly after, since up to paragraph II, 151 Antoninus is called emperor and from II, 195 onwards he is called *divus,* has been questioned by Longinescu on the grounds that if this were so, the same attribute should also be used with regard to Trajan and Hadrian. All later editions of the Institutes contain the attribute *divus* for both Trajan (III, 72) and Hadrian (III, 73).

---

[12] *Corodeanu,* Revista Clasică, Secția de Drept roman [abbrev.: RC], 1941–1943, 167 (167).

[13] *Longinescu,* Gaius der Rechtsgelehrte, 1896.

[14] *Kokourek,* Qui erat Gaius? Indagatio nova questionis, in: Atti del Congresso internazionale di Diritto Romano, Roma volume secondo, 1935, 503–504.

[15] *Girard,* Textes de droit romain, 1937, 219.

[16] *Popescu,* Gaius – Instituțiunile, 1983, 23.

4. Longinescu points out that in paragraph III, 90, speaking of *mutuum* Gaius omits the other real contracts (*commodatum, depositum* and *pignus*), which are dealt with later. However, Gaius refers to these three contracts in his work *Res cotidianae.*
5. The *Istitutiones* lack references to unnamed contracts which appeared in the time of Emperor Trajan thanks to the jurisconsult Titius Aristo. A possible explanation for this gap could be that Gaius, as a representative of the Sabinian school, did not wish his theoretical work to include such procedures, which had been established by means of a judicial technique and theoretically supported by the opposing school.

In conclusion, Ștefan Longinescu's thesis had the merit of courageously assuming an original hypothesis and supporting it with arguments that were plausible at the time, given the level of the available sources. Through the debates generated at the doctrinal level[17] it contributed to the clarification of some aspects related to the life and work of Gaius, thus proving to be "useful and fruitful" for Roman studies.[18]

Between 1902 and 1905 Professor Longinescu edited a didactic work in four volumes entitled "The syllabus of the Roman law course at the Faculty of Law in Iasi". Initially conceived as a simple and succinct aid to his lectures, the work acquired an increasing breadth, from one volume to the next, both in terms of number of pages and depth of detail. In 1908 Longinescu got into a virulent polemic with Professor Dimitrie Alexandrescu, the author of an extensive work in 11 volumes entitled "Theoretical and Practical Explanation of Romanian Civil Law". The young Romanist's criticisms came from a desire to correct certain errors made by the older professor of civil law when he referred to matters of Roman law.

"It is necessary to see that Roman law is well grasped and understood. For this, and since the Law is the most faithful icon of the intellectual and social state of a given epoch, we must first of all know how to revive the whole Roman life of more than twelve centuries, and then live again in each of its epochs, beginning by following the legal principles, from the time when they are in the process of formation, in order to understand them in the crystallised form, which has come down to us, to see them with our own eyes, as they change according to the social needs of each age, and thus to know whether and in what way they are fit to be useful. Otherwise, by studies lacking in depth and especially by hasty erudition, we shall put to the account of Roman law principles foreign to it, which, being spread, may diminish its value and cause injustices revolting and harmful to the people."[19]

From these lines it is clear that Longinescu was aware of the value of a historical approach to Roman law while emphasising the practical aspects of the study.

---

[17] *Girard,* Textes, op. cit., 219; *Kokourek,* Qui erat, op. cit., 504.
[18] *Popescu,* Gaius, op. cit., 25.
[19] *Longinescu,* Dreptul roman în literatura juridică românească, 1908, 4.

Accused of a lack of originality in the writing of his first published course,[20] Longinescu defended himself as follows:

"No one can claim, as a professor, at the undergraduate level, to make a course original in all its parts ... The syllabus, like any university course, is for the most part not at all original but gathered, not only from Maynz but also from other authors, whom we quote and who have printed writings, as well as from unprinted works – the lectures of illustrious professors, foreign and Romanian (such as P. Suciu, G. Mârzescu, G. Bejan) whom we had the good fortune to listen to."[21]

He also repeated the same idea in the preface to the first edition of his course entitled "Elements of Roman Law" in 1908:

"What we are publishing today is nothing but a part of the undergraduate course in Roman law. Therefore, let it not be thought that we covet to be acknowledged by anyone as having done an original work. Those who have been acquainted with the life of Roman law know that this was not possible even for the great Roman jurists of the time of the Empire who copied, mostly word for word, the rules laid down by the *veteres,* contenting themselves with adding either the new rules of the new law of their time or the new explanations for the complicated cases which arose for the first time in their practice. We have followed in the footsteps of these highly regarded teachers."[22]

Longinescu goes on to point out that he used as sources of inspiration both printed lectures and lectures that never saw the light of print, showing which authors were cited. These are writings in French, German and Romanian, the Italian doctrine being completely ignored, probably due to the author's lack of knowledge of the language. The most cited authors are Charles Maynz and Alphonse Rivier. Among the authors who wrote in German are Dernburg, Eck, Gradenwitz, Pernice and Regelsberger, and among the Romanian authors, G. Danielopol, G. Mârzescu and P. Suciu. Cujas, Doneau, Ihering, Windscheid, E. Picard, G. Tarde, L. Tanon, Cuq, Girard and others, as well as the *Zeitschrift der Savigny-Stiftung für Rechtsgeschichte, Romanistische Abteilung* were also used as references.

In the preface to the 1914 edition of his course, Longinescu states:

"In our exposition we have always had in mind above all to show the evolution of the institutions of law and to give as many examples as possible in order to facilitate the understanding of the rules of law. We have also drawn attention to those rules which have been preserved in the law of today or have had an influence on it or are only similar to it."[23]

It should be noted that this edition was based on consultation of a much larger number of bibliographical sources than the previous edition (54 authors are

---

[20] *Longinescu,* Programa cursului de drept roman de la Facultatea juridică din Iași, 1902–1905.

[21] *Longinescu,* Revista cursurilor de la Doctoratul în Drept, 1908, 3 (12).

[22] *Longinescu,* Elemente de Drept Roman, Partea Generală, vol. I, 1908, 5.

[23] *Longinescu,* Elemente de Drept Roman, Curs pentru licența în drept, vol. I, 1914, 3.

named). Over time, he completed several editions of his course, the most complete being the one entitled "Elements of Roman Law", 3 volumes (1922–1929), totalling 2086 pages (306 + 517 + 1263). About this true treatise the Romanist Nicolae Corodeanu wrote:

"It is a monument of architectural structure where each element of composition acquires the right to life and in which general ideas are given life only when their content is ready. His system of analysis and of breaking down an institution into numbered elements, combined with an unrelenting concern for synthesis, impresses. But nothing could be more natural and simpler once the whole system is understood. No random conjecture or impression. The difficulties in the texts whose contact is never left are resolved simply and naturally with inspirations from the great Roman jurisconsults. The sobriety of exposition and that sincerity of form, characteristic of the scholar, lead to a precision and clarity, like a mathematical argument. The style takes the form of a short sentence rendered in a rare beauty of the Romanian language, which often requires the removal of unnecessary neologism. However, it may seem otherwise to a hasty reader, in reality Longinescu's method is a reaction against pedantry as well as scientific romanticism."[24]

Longinescu was said to be "a convinced pandectist, of an often too rigid conviction, but not refusing, especially after the war, the historical direction ...".[25] The presentation of the material is done systematically by institutions, using mainly the exegetical method. However, as we have shown, he also demonstrated a certain openness to the historical method.

With regard to the sources of obligations, Longinescu presents the evolution of contracts by following its historical stages[26]. He argues that the opinion that *stipulatio,* real contracts, consensual contracts and literal contracts have developed from *nexum* is unfounded and that a convention must have a *causa civilis* in order to become a contract.[27] He also follows a historical approach, for example, to *pignus* and *hypotheca*[28], stipulation, consensual contracts, unnamed contracts, pacts, theft, unjust damage, *iniuria,* noxious actions, the development of assignment of claims, the enforcement of obligations, the forms of wills and the development of the universal fideicommissum[29]. His application of the historical method has a personal, highly pedagogical style. The use of sources is constant and complete, but without the interpolationist perspective. The construction of the course is very logical due to the scientific and mathematical training that the professor had received. His style is clear, precise and simple to be easily understood by students. Towards the end of his career, a course on the

---

[24] *Corodeanu,* RC, 1941–1943, 167 (168).
[25] *Georgescu,* in: In Memoriam S. G. Longinescu – la zece ani de la moartea sa, 1943, 16 (20).
[26] *Longinescu,* Elemente de drept roman, vol. II, 1929, 204.
[27] *Longinescu,* Elemente, op. cit., 1929, 205.
[28] *Longinescu,* Elemente de drept roman vol. I – partea a doua, 1922, 240.
[29] *Longinescu,* Elemente, op. cit., 1929, passim.

History of Roman Law also appeared in a lithographed format based on notes taken by his students[30].

Professor Longinescu's main concern for Roman law is combined with the study of the history of Romanian law with remarkable results. Having been assigned to the chair of History of Romanian Law at the Faculty of Law in Bucharest, he published a course dedicated to this discipline in 1908. However, he did not limit himself to teaching activities in this field but, by deepening his research, he succeeded in making one of the most important discoveries in the field at that time. Vasile Lupu's Law (*Pravila*) or „*Cartea românească de învățătură de la pravilele împărătești și de la alte giudeațe*"[31] (Romanian Book of Teaching from the Laws of the Emperors and Other laws), printed in 1646 in Iași, Moldavia, was the first official secular law in Romanian.[32] The doctrine of the time unanimously considered this law to be inspired exclusively by Byzantine law.[33] By carefully analysing the 17th century text, Professor Longinescu moved from clue to clue, finally coming to the conclusion that a large part of the law, more precisely the second part, which regulates aspects of criminal law, was inspired by a Greek translation of the work *Praxis et theoricae criminalis* by the Italian Romanist Prospero Farinacci (also known as Prosper Farinaccius) who lived between 1544 and 1618. This discovery was followed by the publication of a monumental comparative edition of the law, which contained, in addition to the original text, compared with its sources and with the similar legislation of Wallachia, entitled "*Îndreptarea legii*", its translation into French to make it accessible to Western scholars.[34]

A year after the professor's death, in 1932, it was said: "Today the brilliant figure of Ștefan G. Longinescu has passed away. His work will shine on forever and it will continue to illuminate the eternally open paths of the beauty of science".[35]

III. Constantin C. Stoicescu

Born in 1881 in Bucharest, he graduated from the Faculty of Law in Paris. He also studied for his doctorate in the city of lights, obtaining his doctorate with his thesis "*De l'enrichement sans cause*" in 1904. He specialised in Roman law at the University of Berlin (1905). In addition to his teaching career at the Faculty of Law of the University of Bucharest (professor of Roman law from 1907 until

---

[30] Longinescu, Istoria Dreptului Roman, 1929.

[31] Rădulescu, Carte Românească de Învățătură – ediție critică, 1961.

[32] Longinescu tried to authenticate the idea there was an older, fourteenth-century piece of legislation attributed to Alexandru cel Bun, but his demonstration did not hold up. See Longinescu, Pravila lui Alexandru cel Bun, 1923.

[33] Longinescu, Pravila lui Vasile Lupu și Prosper Farinaccius romanistul italian, 1909.

[34] Longinescu, Legi vechi românești și isvoarele lor, 1912.

[35] Stoenescu-Dunăre, Natura, 1932, op. cit., 26.

his death in 1944) he also held administrative positions in academia, such as dean of the Faculty of Law in Bucharest (1934–1936) and rector of the University of Bucharest for two mandates (1936–1938 and 1938–1940).[36] In official recognition of his outstanding qualities, he was elected a corresponding member of the Romanian Academy in 1936 and a member of the Academy of Moral and Political Sciences in 1940. At the same time, he pursued a successful political career, being successively elected as a deputy and senator in the Romanian Parliament. He also served as Minister of Justice (1941–1942). As a result of his prodigious career, he was rewarded with a series of distinctions such as Commander of the Star of Romania, Commander of the Crown of Romania, Officer of the Legion of Honour, Grand Officer of the Order of Polonia Restituta.

He is known as the promoter of the historical method in Romanian Romanistic:

"Leaving aside the exegetical explanation of texts, he makes a history of Roman legal institutions, following their development from their emergence on the field of law until the age of Justinian, studying their changes and looking for the causes of these changes in social conditions and political history".[37]

In the same "homage" it is said that:

"In teaching his course, Professor Stoicescu brings together features that are rarely found together: on the one hand a profound erudition acquired through studies undertaken, without the slightest solution of continuity, throughout his life, as well as a critical spirit which enables him easily to find the weak parts of an opinion and to formulate his own thoroughly argued solutions, and on the other, a sober, clear, convincing exposition, free from the ballast of cheap rhetorical flourishes, combined with that sense of proportion which, by distinguishing the essential from the detail, places things on different levels of perspective according to their importance, giving the lecture a harmonious relief."[38]

He wrote numerous scientific works, both in Romanian and French. In the field of Roman law, in 1905 he published a monograph dedicated to civil procedure "*Contribution à l'étude de la formule arbitraire*", followed in 1907 by a study dedicated to tort liability "*Noile teorii asupra iniuriei. Studiu de drept roman*" (The New Theories on Iniuria. Roman Law Study). He was also concerned with the relationship between Romanian law and Roman law, publishing several articles on this subject, such as "*La magie dans l'ancien droit roumain. Raprochement avec le droit romain*"[39] (1926) and "*L'influence du droit romain sur le droit civil roumain*"[40] (1935).

---

[36] Toader/Mâță/Costea, Dicționarul, op. cit., 230.
[37] Omagiu profesorului Constantin Stoicescu pentru 30 de ani de învățământ, 1940, III.
[38] Ibidem.
[39] Stoicescu, in: Mélanges de droit romain dédiés à Georges Cornil, 1926, 455 (458).
[40] Stoicescu, in: Atti del Congresso internazionale di Diritto Romano, 1935.

In the first study, Stoicescu, leaving the beaten path of exegesis, explores new avenues, calling on branches auxiliary to the study of Roman law such as linguistics, ethnology, archaeology and comparative law. The danger of these studies is, in the opinion of the Romanian author, that of slipping down the slope of the picturesque, losing sight of the contact with the legal element that should concern us[41]. Throughout the 39 pages of his passionate study, we are presented not only with the various beliefs and practices of a magical nature in the tradition of the Romanian people, but also their reflection in the medieval laws of Romanian countries. Important similarities with the old Roman superstitions are highlighted as evidence of the Latin origin of the Romanian people.

In the second study, the extent to which Romanian civil law was influenced by Roman law is analysed. The influences came in several ways, both through Byzantine and French law. It is known that, for the most part, the Romanian Civil Code of 1864 was inspired by the French Civil Code of 1804. However, Stoicescu points out there are certain provisions in the Romanian Civil Code that are undeniably Roman in origin and are not to be found in the Napoleonic Code.[42] These are, for example, some impediments to marriage, some aspects regarding the newborn child, some peculiarities of the right of habitation, *negotiorum gestio,* etc. These, according to the author, were implemented in the Code from the older Romanian legislation, which was also of Roman inspiration.[43]

The most important work published by Professor Stoicescu was his Course of Roman Law, the first edition of which saw the light of print in 1923 but reached its completion in the third edition in 1931.[44] This course is considered a model of the genre, some authors even consider it to be "the best Romanian handbook of Roman law".[45] This is why, in 2009, the course was reedited under the care of Professor Mircea Dan Bob. The course is an abridged version of the lectures given to students, in order to support them by facilitating their access to the essential elements of the subject. The relatively small size of the volume is explained by the author's desire to keep the work at an accessible level, both from a didactic and an economic point of view of the price under the difficult conditions of the post-World War I period. However, Stoicescu took great care not to omit any of the important issues that cannot be missing from an exposition of Roman law. The task of reconciling the two requirements proved to be a very difficult one for the author who nevertheless managed to find the necessary balance, with a prioritisation of brevity in expression.

---

[41] *Stoicescu,* Mélanges, op. cit., 455 (458).
[42] *Stoicescu,* Atti, op. cit., 191 (196).
[43] *Stoicescu,* Atti, op. cit., 197.
[44] *Stoicescu,* Curs elementar de Drept Roman, 1923.
[45] *Bob,* Introduction to Constantin Stoicescu, Curs elementar de Drept Roman, retipărire după "Ediţiunea a III-a revăzută şi adăogită", 2009, 10.

"My aim is not to place in the hands of the reader a book that encompasses all the issues that arise in the vast arena of Roman law. I have also avoided the abuse of classifications (all of which are somewhat artificial in character), divisions and subdivisions, which have the defect of presenting this branch of law, especially in the eyes of those who are not familiar with it, in a rebarbative and arid aspect that must necessarily be removed. The aim I have pursued is also more modest and perhaps more complex. I have sought – but I do not know how far I have succeeded – to present a general picture, an overview, of the development of Roman legal institutions from their origins to their decline. The old methods have lived on. The exegesis of Justinian's Institutions, confessed or disguised, can no longer survive today. If the modern critical spirit no longer allows the study of Roman law as a whole, all on the same plane, it naturally follows that the only rational method is the one we have used .... The reader who will take the trouble to peruse these pages will not, of course, possess the whole of Roman law, but only its general outlines; on the other hand, he will be acquainted with the latest conclusions of science, with the most recent results acquired on the few questions which have been the order of the day in recent years."[46]

Regarding the bibliography, the work is mainly based on the classical treatises of professors Windscheid, Girard, Cuq and Bonfante (specifically mentioned by the author[47]), to which are added studies, theses, journal articles of the latest date, the course thus being very closely connected with western Romanistic science.

A question that has particularly preoccupied Professor Stoicescu over the years has been whether classicism in education should be maintained or sacrificed to modernism.[48] In other words, the question that arose was whether classical culture had become a useless waste or was endowed with eternal youth? To this question, the author also dedicated a lecture given at the Faculty of Law in Cluj-Sibiu[49] in 1942, which was subsequently published.[50] After a detailed and extremely well-documented analysis of the trends in western countries such as Germany and France, the professor turns his attention to the Romanian environment, noting that the disputes in more developed countries were also found here, albeit on a smaller scale. A clear trend could be detected consisting of a reduction or even suppression of classical studies, both in secondary and higher education. In the legal field, this trend had been reflected in attempts to suppress subjects such as Roman law and the history of law, which some were considering

---

[46] *Stoicescu,* Curs elementar, op. cit., 1923, 4–5.
[47] See the preface to the 3rd edition of the Course. However, the bibliography is much more comprehensive, including all the reference works from the specialised literature, French, German, Italian and Romanian, as well as the main profile magazines of the time: Revue historique de droit francais et etranger, Zeitschrift der Savigny-Stiftung für Rechtsgeschichte and Bulletino dell'Istituto di diritto romano.
[48] *Stoicescu,* Soarta studiilor clasice în zilele noastre, 1934.
[49] After the Vienna Dictate of 1940, by which Northern Transylvania, including the city of Cluj, became part of Hungary, the Faculty of Law from Cluj continued to function in refuge, in Sibiu.
[50] *Stoicescu,* Cultură clasică ori modernism?, 1942.

boring and of no practical use. In Stoicescu's view, this trend was particularly dangerous, with serious consequences for society as a whole.

"The greatest danger arising from the boycott of classicism is the wild rush into the University of a bunch of unadaptable, unfit, unprepared people. There must be a dam, a brake, and that is classicism ... Overpopulation of the University is a sign of decay, not progress. It's like enjoying inflation ... No one today argues that there is an antagonism between democracy and classicism."[51]

To underline these ideas, the former French Minister of Public Instruction, Eugene Spuller, is quoted saying that:

"Democracy must not have the effect of lowering the general level of society ...; it must serve to raise the greatest possible number of citizens to a knowledge of what was formerly destined for only a few .... We must not make the knowledge of antiquity and the moral knowledge, which flows from it the prerogative of the privileged few but seek to spread it to all and for the benefit of all."[52]

Stoicescu reinforces this idea: "We must not make a selection according to wealth, giving only the rich the power to approach higher culture. What is needed is a selection according to merit, to effort and aptitude."[53] Of course, today, this attitude seems too radical because no one can claim publicly that universities are overcrowded or that barriers or brakes should be put in the way of candidates ...

The conclusion of this lecture is that classicism cannot be abandoned, but on the contrary, it will never be lost, and the complete, general culture will be based on classical culture. To what extent the optimism expressed by Professor Stoicescu in 1942 was confirmed by subsequent facts is open to debate. In any case, Latin is still studied in Romania today, even if only for one year, at the general secondary school level, there are philological profiles at high school where Latin is studied and there are specialisations in classical languages at higher education level. Roman law and the history of law are still studied at law faculties, even though they have become semester subjects and there is a tendency to marginalise them. There are, however, doctoral studies in Roman law.

As proof of the esteem in which the Romanian scholar was held by his contemporaries, there is the volume entitled "Homage to Professor Constantin Stoicescu for 30 years of teaching"[54], published in 1940, to which some of the most important Romanists of the time, such as Emilio Albertario and André Giffard, contributed. The preface to the volume states:

"To colleagues at home and abroad and to former students, friends and admirers of Constantin Stoicescu, who brought to life with a regenerative spirit the study of Roman law in

---

[51] Ibidem.
[52] Ibidem.
[53] *Stoicescu,* Soarta studiilor, op. cit., 20.
[54] Omagiu, op. cit., VI.

Romania, the celebration of thirty years of university teaching is a happy occasion to show their admiration and affection by offering him this homage volume. They wish Professor Stoicescu to enjoy the fruits of his work for a long time to come, spreading the treasures of his profound knowledge and generous soul as he has done up to now."[55]

Unfortunately, despite these kind wishes, Professor Stoicescu left this world prematurely, on 29 May 1944, at the age of only 62, without being able to continue to make a contribution that would undoubtedly have been significant to the science of Roman law.

IV. Conclusions

In Romania, Romanistic studies underwent a significant development during the period in consideration. The connection to western knowledge was mainly achieved by the fact that the most important professors and researchers carried out doctoral studies and specialisations at prestigious universities in France and Germany. The cultural tradition brought us closer to the French-speaking sphere, with much fewer links to Italian doctrine. Some of the Romanian authors have enjoyed international recognition, participating in various conferences, publishing works abroad and being quoted by great Western authors such as P. F. Girard. Both authors, whose works we have analysed in more detail, have had a significant impact on Romanian legal culture, and their works are still a point of reference today. The two are exponents of two different generations, the first still anchored in the more rigid and outdated methods of the exegetical school and the second open to novelties and much more dynamic.

Professor Ștefan Longinescu generated extensive debate in the literature with his thesis in which he argued that the jurisconsult Gaius was in fact one and the same with Caius Cassius Longinus, the leader of the Sabinian school. Although seemingly purely fanciful, this hypothesis was thoroughly argued, but most of the arguments were later dismantled by doctrine. Another original contribution of the Romanian professor was to identify the true main source of inspiration for the first official secular law in Romanian, "*Cartea românească de învățătură de la pravilele împărătești și de la alte giudeațe*", printed in 1646 in Iași, Moldova. Longinescu demonstrated that this law was not exclusively inspired by Byzantine law, as was believed until then, but was based on a Greek translation of the work "*Praxis et theoricae criminalis*" by the Italian Romanist Prospero Farinacci. In addition to this discovery, the Romanian professor also took care of the publication of a comparative edition of the 17th century law, which, thanks to the French version, made it accessible to Western researchers.

---

[55] Omagiu, op. cit., VII.

Constantin Stoicescu, for his part, had a prodigious career, leaving to posterity numerous studies in the field of Roman law and the history of Romanian law. His greatest achievement was the Course of Roman Law, still considered today as perhaps the best Romanian handbook of its kind. With this work, a new, modern breath is brought to the field of Romanian Romanistics. The historical method used by the author aims to sketch a general picture of Roman law, enabling students to understand the mechanisms that set legal institutions in motion. Stoicescu has not shied away from using in his research the auxiliary branches of Roman law such as linguistics, ethnology, archaeology and comparative law.

We can therefore say that the study of Roman law has enjoyed its rightful place in the Romanian educational system, with prominent exponents.

Bibliography

Ceterchi, Ioan/Firoiu, Dumitru/Marcu, Liviu/et alii, Istoria dreptului românesc [History of Romanian Law], vol. II/2, București 1987

Corodeanu, Nicolae, Ștefan Longinescu, Revista Clasică, Secția de Drept roman, 3–5 (1941–1943), 167–171

Georgescu, Valentin, În amintirea lui S. G. Longinescu [In memory of S. G. Longinescu], in: In Memoriam S. G. Longinescu – la zece ani de la moartea sa [In Memoriam S. G. Longinescu – ten years after his death], București 1943, 16–24

Girard, Paul Frederic, Textes de droit romain, Paris 1937

Giurăscu, Constantin, Cronica [Chronic], Revista istorică română, 3 (1931), 333–336

Ionașcu, Traian, Istoria Științelor în România, vol. 2, Științe juridice [History of Sciences in Romania, vol. 2, Legal Sciences], București 1975

Ionașcu, Traian/Duțu, Mircea, Istoria științelor juridice în România [History of legal sciences in Romania], București 2014

Kokourek, Albert, Qui erat Gaius? Indagatio nova questionis, in: Atti del Congresso internazionale di Diritto Romano, Roma vol. 2, Pavia 1935, 495–526

Longinescu, Ștefan G., Garanția de evicțiune în dreptul roman și român [The eviction guarantee in Roman and Romanian law], Iași 1886

idem, Gaius der Rechtsgelehrte, Berlin 1896

idem, Programa cursului de drept roman de la Facultatea juridică din Iași [Syllabus of the Roman Law course at the Faculty of Law in Iasi], Iași 1902

idem, Programa cursului de drept roman de la Facultatea juridică din Iași – partea a doua [Syllabus of the Roman Law course at the Faculty of Law in Iasi – part two], Iași 1903

idem, Programa cursului de drept roman de la Facultatea juridică din Iași – partea a treia [Syllabus of the Roman Law course at the Faculty of Law in Iasi – part three], Iași 1904

idem, Programa cursului de drept roman de la Facultatea juridică din Iași – partea a patra [Syllabus of the Roman Law course at the Faculty of Law in Iasi – part four], Iași 1905

idem, Dreptul roman în literatura juridică românească [Roman law in Romanian legal literature], București 1908

idem, Dreptul roman în literatura juridică românească, Replică la un "Răspuns" [Roman law in Romanian legal literature, Reply to an "Answer"], Revista cursurilor de la Doctoratul în Drept, 13 (1908), 3–14

idem, Elemente de drept roman – Partea generală [Elements of Roman Law – General Part], București 1908

idem, Istoria dreptului românesc [History of Romanian Law], București 1908

idem, Pravila lui Vasile Lupu și Prosper Farinaccius romanistul italian [The Law of Vasile Lupu and Prosper Farinaccius the Italian], București 1909

idem, Legi vechi românești și isvoarele lor [Ancient Romanian laws and their sources], București 1912

idem, Elemente de drept roman vol. I – partea a doua [Elements of Roman Law vol. I – part two], București 1922

idem, Pravila lui Alexandru cel Bun [The Law of Alexandru the Good], București 1923

idem, Elemente de drept roman, vol. I [Elements of Roman Law, part one], București 1926

idem, Elemente de drept roman, vol. II [Elements of Roman Law, part two], București 1929

Omagiu profesorului Constantin Stoicescu pentru 30 de ani de învățământ [Homage to Professor Constantin Stoicescu for 30 years of teaching], București 1940

Popescu, Aurel, Gaius – Instituțiunile [Gaius – Institutions], București 1983

Rădulescu, Andrei, Cultura juridică românească [Romanian legal culture], Pandectele Române, 1–3 (1942), 3–19

idem, Carte Românească de Învățătură – ediție critică [Romanian Teaching Book – critical edition], București 1961

Spulber, Constantin/Corodeanu, Nicolae/Georgescu, Valentin Alexandru, In memoriam S. G. Longinescu – la zece ani de la moartea sa [In memoriam S. G. Longinescu – ten years after his death], București-Paris, 1943

Ștefănescu, Ștefan/et alii, Enciclopedia istoriografiei românești [Encyclopedia of Romanian historiography], București 1978

Stoenescu-Dunăre, Jean, Profesorul Ștefan G. Longinescu – Din conferința omagială ținută la Teatrul Maior Gh. Pastia din Focșani în seara de 14 mai 1932 [Professor Ștefan G. Longinescu – From the homage conference held at the Major Gh. Pastia in Focșani on the evening of 14 May 1932], Natura, 7 (1932), 24–27

Stoicescu, Constantin, De l'erichissement sans cause, thesis, Paris 1904

idem, Contribution à l'etude de la formule arbitraire, Berlin 1906

idem, Noile teorii asupra injuriei – studiu de drept roman [New theories on outrage – a study of Roman law], București 1907

idem, Drept Roman (Obligațiunile) [Roman Law (Obligations)], București 1912

idem, Curs elementar de Drept Roman [Elementary course in Roman Law], București 1923

idem, La Magie dans l'ancien Droit Roumain. Rapprochements avec le Droit Romain, in: Mélanges de droit romain dédiés à Georges Cornil, Gand 1926, vol. 2, 455–496

idem, Curs elementar de Drept Roman [Elementary course in Roman Law], 3rd edition, București 1931

idem, Soarta studiilor clasice in zilele noastre [The fate of classical studies nowadays], București 1934

idem, L'influence du droit romain sur le droit civil roumain, in: Atti del Congresso internazionale di Diritto Romano, Bologna, Volume secondo, Pavia, 1935, 191–201 *idem,* Opera legislativă a împăratului Iustinian [The legislative work of emperor Justinian], București 1940

idem, Cultură clasică ori modernism? [Classical culture or modernism?], București 1942

idem, Curs elementar de Drept Roman, reprint after "Edițiunea a III-a revăzută și adăogită" [Elementary Course in Roman Law, reprint after "Revised and expanded 3rd edition"], Universul Juridic, București 2009

Toader, Tudorel/Mâță, Dumitru/Costea, Ioana, Dicționarul personalităților juridice române [Dictionary of Romanian Legal Personalities], București 2008

Bürgerliches Recht im revolutionären Russland

Verteidigung und Fortentwicklung des bedrohten Privatrechtsdenkens bei Pokrovskij und Kantorovič

Martin Avenarius

Abstracts

This article aims to outline the reception and interpretation of civil law in early twentieth-century Russia by presenting the works of two jurists, written at different times and under very different conditions. On the brink of the revolution in autumn 1917, I. A. Pokrovsky published his *Basic Problems of Civil Law,* in which the author envisioned basic principles of a liberal civil law, which he considered valid independently from the outcome of the approaching restructuring of the state. Certain aspects of this work were picked up and refined in Ya. A. Kantorovich's *Basic Ideas of Civil Law* in 1928, despite their inherent contradictions to the by then much more consolidated soviet state. Both opuses are examined individually and in comparison, as well as with regard to their respective historic backgrounds. Subsequently, an outlook is given to their role in legal science both at the times of their composition and in contemporary scholarship.

Celem tego rozdziału jest naszkicowanie procesu recepcji i interpretacji prawa cywilnego w Rosji u początku dwudziestego stulecia. Postawę szkicu stanowią prace dwóch prawników pisane w różnym czasie i bardzo odmiennych okolicznościach. U progu rewolucji październikowej w roku 1917, I. A. Pokrowskij opublikował "Podstawowe problemy prawa cywilnego". W pracy tej autor wskazał podstawowe, oczekiwane zasady liberalnego prawa cywilnego, których obowiązywanie było – jego zdaniem – niezależne od postaw dotyczących przebudowy państwa. Niektóre elementy tej pracy zostały przejęte i zmodyfikowane przez J. A. Kantoroviča w jego dziele "Podstawowe idee prawa cywilnego". Stało się to w roku 1928, pomimo wewnętrznych sprzeczności jakie występowały w znacznie wzmocnionym państwie Sowietów. Oba dzieła są analizowane samodzielnie, a nadto stanowią przedmiot porównania w ramach którego uwzględniono kontekst historyczny. W ten sposób prezentowany szkic pokazuje rolę doktryny prawa tak w momencie jej tworzenia, jak i w nauce z wczesnego okresu Rosji Sowieckiej.

I. Einführung

Ein Privatrecht im engeren Sinne, das den Menschen unter den Bedingungen von Freiheit und bürgerlicher Gleichheit die selbstbestimmte Ordnung ihrer Rechtsbeziehungen ermöglicht und auch insoweit, als es ergänzende Bestimmungen bereitstellt, der Verwirklichung privater Interessen und dem angemessenen Ausgleich zwischen denselben dient, kann sich nur in Verhältnissen entwickeln, in denen den Bürgern dauerhaft die Freiheit zur Gestaltung ihrer Lebensverhältnisse gewährleistet ist und ihnen zugleich hinreichende Teilhabe und Verantwortung im Gemeinwesen zukommt. Ordnungen, in denen die Institutionen der Staatsmacht den Menschen fürsorglich oder bevormundend ein Regelungssystem an die Hand geben, begünstigen dagegen nicht selten die Durchsetzung bestimmter überindividueller Zwecke auf Kosten von Freiheit und Privatautonomie der Bürger.

Es kann unter diesen Umständen nicht verwundern, dass die Geschichte des Privatrechtsdenkens in Russland vergleichsweise jung ist.[1] Man kann sie zugleich als Aufeinanderfolge mehr oder weniger aussichtsreich erscheinender Bemühungen um eine Emanzipation des Privatrechts von staatlicher Bevormundung wahrnehmen – einer Bevormundung, die unter sehr verschiedenen Rahmenbedingungen stattfand. Die genannte Entwicklung erlebte das Ringen um eine Verwissenschaftlichung des russischen Rechts unter dem Einfluss der Pandektenwissenschaft sowie die Verselbständigung der Erträge als „Dogma", das nicht identisch mit dem geltenden Recht war, aber auf dasselbe ausstrahlte.[2] Wichtige Impulse ergaben sich hierbei aus der Anknüpfung an fortschrittliche europäische Rechte der Zeit, vor allem an das Recht Deutschlands, das am Ende des 19. Jahrhunderts nicht nur als Zentrum der Pandektenwissenschaft gelten konnte, sondern zugleich mit den Kodifikationsarbeiten am BGB die Aufmerksamkeit zahlreicher Juristen des russischen Zarenreichs auf sich zog.[3] Die allmähliche Öffnung der obersten Gerichtsbarkeit für eine freiere Auslegung des positiven Rechts und den Eingang „allgemeiner", oftmals auf die römisch-europäische Tradition gestützter Rechtsgrundsätze sowie die Vorbereitung einer zeitgemäßen Kodifikation für das Zarenreich ließen auf eine Entwicklung zum Besseren hoffen,[4] bis der Umsturz vom Herbst 1917 bewirkte, dass die Aussichten auf die Verwirklichung von Rechtsstaatlichkeit schwanden und sich mit den Bol'ševiki sogar Kräfte durchsetzten, die programmatische Forderungen nach „Abschaffung" des Rechts überhaupt erhoben.[5]

Zwei Dokumente des russischen Privatrechtsdenkens im frühen 20. Jahrhundert spiegeln – jeweils für eine bestimmte Phase der Rechtsentwicklung – die Auseinandersetzung mit dem Umbruch und dessen Folgen: Iosif Alekseevič Pokrovskijs „Grundprobleme des bürgerlichen Rechts" von 1917 und Jakov Abramovič Kantorovič' „Grundideen des bürgerlichen Rechts" von 1928. Beide

---

[1] *Avenarius,* Fremde Traditionen, 36, 107 u. 318 f.
[2] Vgl. *Avenarius,* Rechtswissenschaft, 37–42.
[3] *Avenarius,* Fremde Traditionen, 318, 373, 521 und öfter; ders., ZEuP, 6 (1998), 893–908; ders., *„Non ambigitur senatum ius facere posse",* 183–205; ders., Das pandektistische Rechtsstudium, 67 f.
[4] *Avenarius,* Fremde Traditionen, 455–519 u. 521–578.
[5] Vgl. *Avenarius,* Continuità, 179–182; ders., CPH, 60/2 (2008), 41–43.

Bücher legen auf jeweils charakteristische Weise Zeugnis von den Bemühungen ihrer Verfasser um eine Herstellung und nähere Begründung des Zusammenhangs zwischen dem von ihnen vertretenen Rechtsdenken und der römisch-europäischen Privatrechtstradition ab. Es handelt sich sozusagen um zwei „Programmschriften" der Privatrechtskultur, die unterschiedliche methodische Ausrichtungen aufweisen.

II. Pokrovskijs „Grundprobleme des bürgerlichen Rechts"

Im Herbst 1917, möglicherweise gerade im Oktober, legte Pokrovskij seine „Grundprobleme des bürgerlichen Rechts" vor.[6] Der Autor,[7] als hochgebildeter Romanist und Zivilrechtswissenschaftler Inhaber eines prestigeträchtigen Lehrstuhls in Sankt Petersburg und später infolge politischer Maßregelung einer bescheideneren Professur in Moskau,[8] hatte einige Jahrzehnte erlebt, in denen im Zarenreich langsam eine Modernisierung des bürgerlichen Rechts nach dem Vorbild moderner europäischer Kodifikationen zum Entstehen kam. Wie andere Liberale exponierte er sich als Verfechter bürgerlicher Teilhabe an der gesellschaftlichen Verantwortung und rechtsstaatlicher Standards, indem er mehr forderte, als im Rahmen der halbherzigen und inkonsequent betriebenen Modernisierung der Zarenadministration zugelassen wurde, und wurde deswegen mehrfach abgestraft.

Pokrovskijs Buch entstand angesichts des Scheiterns der alten Ordnung. Unter dem Eindruck der Februarrevolution von 1917 und dem Ende der Zarenherrschaft drängte sich dem Autor die Vorstellung auf, daß der „Faden der historischen Evolution" für Russland „abgerissen" sei.[9] Die insoweit treffend wahrgenommene Zäsur lässt nach einer Zuordnung seiner „Grundprobleme" zur juristischen Literatur der „Zwischenkriegszeit" fragen. Sie wird allerdings nur unter bestimmten Vorbehalten erfolgen können. Als das Buch erschien, zeichnete sich aus russischer Sicht zwar die Aussichtslosigkeit einer weiteren Teilnahme am Ersten Weltkrieg ab, ohne dass allerdings ein Frieden bevorstand. Das revolutionäre Russland schied mit dem Waffenstillstand vom

---

[6] *Pokrovskij,* Osnovnye problemy; nachfolgend werden für den Text und die Anhänge jeweils der Nachdruck von 2003 und die deutsche Übersetzung (Grundprobleme, 2015) zitiert. Zur Einordnung des Werks vgl. *Avenarius,* Osnovnye problemy, 438–442.

[7] Pokrovskij wurde am 5.9.1868 (alten Stils) im Kreis Gluchov (heute: Hluchiv/Ukraine) geboren und verstarb am 13.4.1920 in Moskau. Eine biographische Darstellung bietet *Makovskij,* Vypavšee zveno, 9–19 (*ders.,* Kettenglied, 332–343). Der 2020 verstorbene Autor des einfühlsamen Lebensbildes war Enkelschüler Pokrovskijs, vermittelt durch dessen Schülerin Ekaterina A. Flejšic (s. unten Fn. 24).

[8] *Zimeleva,* Reč pamjati, 320–326; *Poljanskij,* Iosif Alekseevič Pokrovskij, 327–340.

[9] *Pokrovskij,* Rossija i sovremennyj mir 2007, Nr. 4 (57), 213. Der Autor spielt offenbar auf das berühmte Wort „The time is out of joint" (*Shakespeare,* Hamlet I,5,186) an; vgl. *Makovskij,* Vypavšee zveno, 33 (= *ders.,* Kettenglied, 358).

Dezember 1917 und dem Vertrag von Brest-Litowsk aus dem Krieg gegen die Mittelmächte aus, doch schlossen sich der Bürgerkrieg (bis 1922) und der polnisch-sowjetische Krieg von 1920/21 an. Was die „Grundprobleme" immerhin in einen Zusammenhang mit der Zwischenkriegsliteratur zu rücken erlaubt, ist der in die Zukunft gerichtete Blick Pokrovskijs, der zentrale Aspekte einer unter neuen Bedingungen angestrebten Privatrechtsordnung entwirft. Das Buch enthielt, wie in seinem Titel zum Ausdruck kam, sowohl ein wissenschaftliches Bekenntnis als auch ein rechtspolitisches Programm. Das Vorwort, das Pokrovskij im Juni 1917 schrieb, legt ein dramatisches Zeugnis über die Besorgnis ab, mit der der Autor in die Zukunft seines Landes blickte. Gleichwohl konnte er die Zerstörungen nicht vorhersehen, die Oktoberrevolution und Bürgerkrieg nach sich ziehen würden. Noch war eine Entwicklung der Dinge in gemäßigten Bahnen offenbar vorstellbar. Das Buch ist von der Hoffnung getragen, dass sich Russland auf dem Weg zu gesellschaftlichem Fortschritt und rechtsstaatlicher Entwicklung befinde, und gleichzeitig warnt der Autor davor, dass diese Orientierung aus dem Blick geraten könne. Pokrovskij beendet das Vorwort mit einer Mahnung:

„Wir meinen aber, dass es für die Politik [...] einen Kompass gibt. Die Nadel dieses Kompasses wendet sich immer demselben Punkt zu – nämlich dem, in dem die Freiheit und die soziale Solidarität aufeinandertreffen, und möge die russische Gesellschaft nie von diesem Wege abkommen."[10]

Zugleich können Pokrovskijs „Grundprobleme" noch als Hauptwerk der allgemeinen Privatrechtstheorie des späten Zarenreiches wahrgenommen werden. Der Autor hatte die Erträge einer langen wissenschaftlichen Beschäftigung mit Grundlagen des Rechts in sein Buch einarbeiten können. Pokrovskij untersucht das seinerzeit geltende Recht Russlands und anderer Staaten auf der Grundlage der historischen Entwicklung und vor dem Hintergrund bestimmter Idealvorstellungen vom Recht. Dabei hält er den Zusammenhang der europäischen Rechtswissenschaft bewusst, indem er auf die römischen Quellen verweist und mit der historischen, auch Russland umfassenden Entwicklung sowie dem Rechtsvergleich argumentiert. Aus der Tradition des römischen Rechts gewinnt er dabei wichtige Anregungen. Dies betrifft z. B. die Idee der selbstständigen und autonomen Persönlichkeit, das Konzept des Naturrechts, das bei den römischen Juristen bekanntlich große praktische Bedeutung erlangte und die Vorstellung vom universellen Charakter des römischen Rechts begünstigte, sowie schließlich die Idee der Bestimmtheit des Rechts als Antwort auf die Frage nach dem Verhältnis zwischen richterlicher Entscheidungsmacht und Gesetz. Diese Konzepte waren im russischen Recht der Zeit kaum ansatzweise verwirklicht. Gleiches galt für andere zentrale Elemente einer modernen Privatrechtsordnung, wie etwa ein ausgewogenes Verhältnis zwischen individueller, bürgerlicher Freiheit und

---

[10] Pokrovskij, Osnovnye problemy, 40 (= ders., Grundprobleme, 5).

sozialer Verantwortung. Insbesondere die Eigenständigkeit des Privatrechts und die Einordnung privater Rechte als subjektive Rechte des Individuums waren mit dem Rechtssystem des Zarenreiches unvereinbar.

Angesichts der offenen Angriffe, die in Russland 1917 schon seit Längerem gegen die tradierte Rechtsordnung geführt wurden und die nicht nur allgemein gegen das überwiegend als rückständig geltende Recht des Zarenreichs gerichtet waren, sondern im Besonderen gegen die Grundlagen des Privatrechts, wie es sich in Europa entwickelt hatte und in seiner modernen Ausprägung seit einigen Jahrzehnten auch in Russland rezipiert zu werden begann, musste Pokrovskij nach festen Anknüpfungspunkten für das Recht suchen. Im Streben nach Gerechtigkeit und im Interesse einer Bewertung des Rechts nach seinen Zwecken wandte sich Pokrovskij dem Naturrechtsdenken zu. Es handelte sich um einen methodischen Schritt, wie er in der Geschichte des Rechts öfters vorgenommen worden ist, wenn im Angesicht einer schweren Erschütterung der bestehenden Verhältnisse und der Erosion des positiven Rechts Orientierung in einer höheren Ordnung gefunden werden sollte. Ein entsprechendes Konzept einer „renaissance du droit naturel" war kurz zuvor in der französischen Rechtsphilosophie erörtert worden, besonders wirkungsmächtig etwa von Raymond Saleilles und Joseph Charmont.[11] Für die Rechtswissenschaft des Zarenreiches konnte Pokrovskij auf die Diskussion einer „Wiedergeburt des Naturrechts" (vozroždenie estestvennogo prava) zurückblicken, die schon um die Wende zum 20. Jahrhundert u.a. von Leon Petrażycki und Vladimir Gessen betrieben worden war.[12] Er selbst dürfte doppelten Anlass dazu gesehen haben, sich überpositiver Grundsätze zu vergewissern: Im Unterschied zu seinen russischen Vorgängern hatte er nicht allein das defizitäre Recht des Zarenreichs vor Augen, sondern außerdem die konkrete Gefährdung des Rechts schlechthin durch die Bol'ševiki und andere radikale Kräfte. Pokrovskij war sich allerdings der potentiellen Gefährlichkeit bewusst, die mit der Berufung auf Naturrecht verbunden sein kann. Daher trat er dafür ein, dass es dem positiven Recht zwar *theoretisch* vorgehen solle, in der *praktischen* Anwendung allerdings mit dem Gesetz nicht konkurrieren dürfe, weil dies die Bestimmtheit des Rechts gefährden könne.

---

[11] *Charmont*, La renaissance; ähnlich bereits *Saleilles*, Revue trimestrielle de droit civil, 1 (1902), 88.
Ein anderes wichtiges Beispiel sollte später – nach mehreren ähnlich betitelten Schriften unterschiedlicher politischer Stoßrichtungen aus der Zwischenkriegszeit – jene „Renaissance des Naturrechts" bieten, die in Deutschland nach 1945 durch Werke von Autoren wie Radbruch und Welzel repräsentiert wurde und bedeutenden Einfluss auf die höchstrichterliche Entscheidungspraxis der 1950er Jahre nahm; vgl. *Wieacker*, Privatrechtsgeschichte, 603–609.
[12] Der Ausdruck „Wiedergeburt des Naturrechts" tritt offenbar erstmals bei *von Petrażycki*, Lehre vom Einkommen, Bd. 2, 579, Fn. 1 auf. Das russische Äquivalent wählte *Gessen* anschließend als Aufsatztitel („Vozroždenie estestvennogo prava"), Pravo, 10 (1902), 475–484 und Pravo, 11 (1902), 533–547.

Bei der weiteren Bestimmung von Pokrovskijs Standpunkt im Rahmen der Methodendiskussion, die seit der Wende zum 20. Jahrhundert in verschiedenen europäischen Ländern stattfand, ist besonders seine kritische Haltung gegenüber der Freirechtsschule aufschlussreich. In Abgrenzung von deren Postulat eines von gesetzlichen Vorgaben weitgehend freien Entscheidungsspielraums des Richters verteidigte der Autor das Prinzip der Gesetzesbindung, das den Einzelnen vor unbestimmten staatlichen Forderungen schützen soll, als ein notwendiges Merkmal des Privatrechts. Von der Bedeutung, die die kritische Auseinandersetzung mit der Freirechtsschule für Pokrovskij hatte, zeugt die wiederholte Erörterung der berühmten Anfangsartikel des schweizerischen Zivilgesetzbuchs. Immerhin den Ansatz einer Diskussion führte Pokrovskij sogar noch mit seinen Kritikern, indem er in Fußnoten auf Standpunkte einging, die sie in Rezensionen zu einer ersten Fassung des Textes geäußert hatten, welche der Autor schon 1916 in einer begrenzten Anzahl an Exemplaren drucken und ausgewählten Wissenschaftlern und potentiellen Rezensenten hatte zuleiten lassen. In der kurzen rechtsliterarischen Diskussion, die das Buch damals erlebte, wurde es als „wahrlich herausragender Beitrag zur Wissenschaft des bürgerlichen Rechts" anerkannt,[13] das „einen ganz besonderen Platz in der zivilrechtlichen Literatur einnehmen" müsse.[14] Einwände formulierten die Rezensenten insbesondere gegenüber Pokrovskijs Ablehnung der Freirechtsschule; sie befürworteten einen vermittelnden Standpunkt, der dem freien richterlichen Ermessen breiteren Raum geben sollte. Eine Pointe des von Pokrovskij vertretenen Standpunkts dürfte darin zu sehen sein, dass ein Teil der der Freirechtslehre nahestehenden Autoren das Freirecht in die Nähe des Naturrechts gerückt hatte. Die Anregung dazu hatten bestimmte römische Quellentexte geliefert, nach denen der Prätor durch seine kraft Amtsgewalt gewährten Jurisdiktionsakte die natürliche Vernunft (*ratio naturalis*) verwirklicht haben soll. So hat Hermann Kantorowicz, der früheste Autor dieses Denkens, das, was der Richter verwirklichen sollte, als Naturrecht verstanden. In seiner Programmschrift „Der Kampf um die Rechtswissenschaft" von 1906 sprach er von einer „Auferstehung des Naturrechtes".[15]

Pokrovskijs Eintreten für eine engere Bindung des Richters an das Gesetz muss im Zusammenhang mit den im Zarenreich bestehenden Rahmenbedingungen des Rechts verstanden werden. Das autokratische System ging mit dem Grundsatz einher, dass der Zar letztlich alleinige Rechtsquelle sei und das Recht mit dem Gesetz identifiziert werden müsse.[16] Es handelte sich um Gesetzespositivismus im Sinne der Vorstellung, dass „*alles* Recht vom staatlichen

---

[13] *Nol'de,* Vestnik graždanskogo prava, 1916, Nr. 2, 163.
[14] *Lappa-Starženeckaja,* Žurnal Ministerstva Justicii, 1916, Nr. 6, 336.
[15] *Gnaeus Flavius,* Kampf um die Rechtswissenschaft, 10; vgl. dazu *Braun,* Einführung, 49.
[16] Vgl. *Avenarius,* Fremde Traditionen, 242; *ders.,* in: Peterson (Hrsg.), Rechtswissenschaft, 33.

Gesetzgeber erzeugt werde und sich in seinen Befehlen erschöpfe", wie Wieacker es formuliert hat.[17] Die Auslegung der Normen durch Gerichte konnte sich erst langsam im letzten Drittel des 19. Jahrhunderts etablieren; der Ergänzung des positiven Rechts bei Bedarf standen dauerhafte Hindernisse entgegen. Konservative Rechtsdenker wie z. B. Konstantin P. Pobedonoscev verteidigen diese Restriktion. Unter anderen Vorzeichen konnten allerdings auch liberale Juristen die Forderung nach Bindung des Gerichts an das Gesetz vertreten, mit dem Argument nämlich, dass dies das Recht auch gegenüber dem Staat stabilisieren und der Willkür entgegenwirken mochte. Rechtssicherheit und Verhinderung von Willkür waren traditionelle Motive von Gesetzespositivismus und Auslegungsverboten gewesen, wie sie zahlreiche absolutistische Staaten gekannt hatten. Liberale Juristen versuchten, die entsprechende Berechenbarkeit des Rechts und die Gewährleistung persönlicher Freiheit durch einen rechtswissenschaftlichen Positivismus zu erreichen, welcher das Recht und seine Anwendung auf rechtswissenschaftliche Begriffe und Methoden beschränkt sah und „freier" Entscheidungsfindung keinen Raum ließ. Dies galt auch für Pokrovskij. Er dürfte die Neigung zum rechtswissenschaftlichen Positivismus in besonderem Maße der „deutschen" Phase seiner wissenschaftlichen Heranbildung verdanken, die er als junger Jurist am „Russischen Seminar für römisches Recht" an der Berliner Universität erfahren hatte.[18] Die maßgebenden Rechtslehrer an dieser Einrichtung – Heinrich Dernburg, Ernst Eck und Alfred Pernice – waren bedeutende Vertreter der späten Pandektenwissenschaft, welcher der rechtswissenschaftliche Positivismus zugrunde lag.[19]

Pokrovskij trat für die Eigenständigkeit des Privatrechts gegenüber Einflüssen des öffentlichen Rechts ein, allerdings unter Anerkennung bestimmter Bereiche, die einer dem öffentlichen Recht gemäßen Regelung vorbehalten sein müssten. Er beschrieb den grundsätzlichen Unterschied in der Eigenart einerseits des öffentlichen Rechts und andererseits des Privatrechts damit, dass das öffentliche Recht durch eine Zentralisierung der Rechtsbeziehungen gekennzeichnet sei, während das Privatrecht für juristische Dezentralisierung stehe.[20] Während Schaffung und Regelung von Rechtsverhältnissen also im Bereich des öffentlichen Rechts einseitig in der Hand der Staatsgewalt lägen, müssten im Bereich des Privatrechts richtigerweise Privatautonomie und Gestaltungsfreiheit herrschen. Auf juristische Zentralisierung und Dezentralisierung als Systembegriffe bezog sich Pokrovskij im Anschluss an Leon Petrażycki und Rudolf Stammler.[21]

---

[17] *Wieacker*, Privatrechtsgeschichte, 431 f.
[18] Vgl. *Avenarius*, Fremde Traditionen, 339–341; ders., ZEuP, 6 (1998), 901 f.
[19] Vgl. *Kolbinger*, Im Schleppseil Europas?, 101–110.
[20] *Pokrovskij*, Osnovnye problemy, 44 (= ders., Grundprobleme, 10).
[21] *Von Petrażycki*, Lehre vom Einkommen, Bd. 2, 462 ff. („Decentralisation"); ähnlich *Stammler*, Wirtschaft und Recht, 51 u. 139 f.

Im Mittelpunkt von Pokrovskijs Privatrechtsdenken steht der Mensch, dessen Rechte durch Gesetz und Gerichte gewährleistet werden müssen, auch gegenüber dem Staat. Der Autor versucht, mit rechtlichen Mitteln einen Ausgleich zwischen der freien Persönlichkeit und der gesellschaftlichen Pflichtenbindung herbeizuführen. Da Pokrovskij zugleich Verständnis für die Erwartungen hat, die die Gemeinschaft an den Einzelnen richtet, tritt er für eine jeweils verschiedene Behandlung der höchstpersönlichen Sphäre eines Menschen und der äußeren wirtschaftlichen Beziehungen desselben ein. Persönliche, geistige Freiheit gilt ihm als höchster und absoluter Wert. Demgegenüber kommt der wirtschaftlichen Freiheit eine geringere Bedeutung zu. Sie soll erforderlichenfalls eingeschränkt werden können, sofern der Staat die Belange des Einzelnen und der Gesellschaft nur grundsätzlich gleich gewichtet.

Pokrovskij rezipiert maßgebliche Beiträge des neuzeitlichen Rechtsdenkens seit der Aufklärung und stützt sich, was das juristische Schrifttum betrifft, hauptsächlich auf die deutsche und französische Literatur seiner Zeit. Wichtige Anregungen gewinnt er aus den modernen Kodifikationen des 19. und beginnenden 20. Jahrhunderts, wie es auch andere Autoren sowie die Arbeiten an einer Privatrechtskodifikation für das Russische Reich getan hatten. Offen für modernste Entwicklungen seiner Zeit, nimmt Pokrovskij Anregungen aus der entstehenden Sozialwissenschaft auf und erörtert z. B. das zu seiner Zeit noch relativ neue Versicherungsrecht.[22]

Die zu einem für die Rezeption denkbar schlechten Zeitpunkt erschienenen „Grundprobleme" wurden zunächst kaum bekannt. Besonders ungünstig waren die Aussichten auf eine Verwirklichung von Pokrovskijs Ideen freilich unter den durch die sozialistische Revolution geschaffenen Bedingungen. Sie bewirkten geradezu, dass die Tradition, für die Pokrovskijs „Grundprobleme" standen, zum Abbruch kam. Bekanntlich gingen die meisten Schriften über „bürgerliches" Recht, die in der Sowjetunion erschienen, von einem völlig anderen Rechtsdenken aus.

Aber Pokrovskijs Werk bot auch Anknüpfungspunkte für die neuen Rechtsvorstellungen. Obwohl Verfechter der Rechte des Einzelnen, lehnte er sozialistische Elemente ja nicht grundsätzlich ab, wenn er dafür eintrat, dass im Bereich der Wirtschaft eine gewisse „Vergesellschaftung" möglich sei. Auch war Pokrovskij ein Fortschrittsdenken, wie es – unter anderen Vorzeichen – den Marxismus kennzeichnet, nicht grundsätzlich fremd. Daher beriefen sich sowjetische Autoren durchaus vereinzelt auf ihn.[23] Die Anerkennung, die er insoweit gelegentlich erfuhr, war jeweils mit dem Vorbehalt verbunden, dass es sich ja nur um einen „bourgeoisen" Autor handelte. Aber immerhin konnten einzelne Schüler Pokrovskijs, die sich zu sowjetischen Juristen von teilweise einiger Bekanntheit

---

[22] *Pokrovskij,* Osnovnye problemy, 291–203 (= ders., Grundprobleme, 293–295).
[23] *Avenarius,* Fremde Traditionen, 463.

entwickelten, in einem bescheidenen Rahmen an seine Lehren anknüpfen. Besonders wichtig wurde in dieser Hinsicht Ekaterina A. Flejšic (1888–1968).[24] Diese sowjetische Zivilrechtswissenschaftlerin, die als erste Frau im Zarenreich Zugang zur Anwaltschaft erlangt hatte und sich später als Hochschullehrerin etablierte, kann jedenfalls in bestimmten Aspekten als Vermittlerin von Pokrovskijs Lehren gelten,[25] etwa durch ihre Monografie über Persönlichkeitsrechte in der Sowjetunion und anderer Staaten.[26] Im Übrigen erfolgte die Berufung auf Pokrovskij eher selektiv und konnte ihm damit insgesamt nicht gerecht werden.

III. Kantorovič' „Grundideen des bürgerlichen Rechts"

Acht Jahre nach dem Erscheinen von Pokrovskijs Buch verstarb in Leningrad Jakov Abramovič Kantorovič.[27] Im Unterschied zu dem Hochschullehrer Pokrovskij war Kantorovič Rechtsanwalt.[28] Er war ein wissenschaftlich interessierter und produktiver Jurist – der Moskauer Zivilrechtler Vadim A. Belov nennt ihn in diesem Sinne einen „Gelehrten-Anwalt"[29] –, der gleichwohl keine akademische Karriere verfolgen konnte, weil er als Jude keine realistische Aussicht auf eine Karriere im Staatsdienst des Zarenreiches hatte. Und doch förderte Kantorovič mit viel Energie die rechtsliterarische Diskussion.[30] Als die relativ kleine Schicht der stadtbürgerlichen Zivilgesellschaft, die sich gegen Ende des 19. Jahrhunderts konsolidierte und in Ermangelung von nennenswertem politischem Einfluss zunehmende Bereitschaft zur Diskussion der Rahmenbedingungen des gesellschaftlichen Zusammenlebens zeigte, die Grundlagen für die Entstehung einer ganzen Reihe von juristischen Periodika bereitet hatte, wurde Kantorovič Redakteur u. a. der Fachzeitschriften „Sudebnoe Obozrenie" („Gerichtliche Rundschau"), „Vestnik Senatskoj praktiki" („Bote der Senatspraxis") und „Vestnik zakonodatel'stva i cirkuljarnych rasporjaženij" („Bote der Gesetz-

---

[24] Über E. A. Flejšic vgl. *Šilochvost*, Russkie civilisty, 152–153. Sie war Mitverfasserin des von Novickij und Pereterskij herausgegebenen Lehrbuchs Rimskoe častnoe pravo (1948) – vgl. *Avenarius*, SZ (RA), 116 (1999), 643 f. – sowie mehrerer zivilrechtlicher Kommentierungen und Lehrwerke. Vgl. auch *Kantorovič*, Osnovnye idei, 38, 48 u. passim.

[25] *Avenarius*, Fremde Traditionen, 462, Fn. 385.

[26] *Flejšic*, Ličnye prava.

[27] Kantorovič wurde am 1.1.1859 (alten Stils) in Minsk geboren und verstarb am 16.10.1925 in Leningrad.

[28] Kantorovič absolvierte das Rechtsstudium an der juristischen Fakultät der Sankt Petersburger Universität. Über die Studienbedingungen und den Einfluss der modernen europäischen Rechtswissenschaft vgl. *Avenarius*, in: Dajczak/Knothe (Hrsg.), Deutsches Sachenrecht, 52–68.

[29] *Belov*, „... Umel izbirat'", 14 („učenyj-advokat").

[30] Keine öffentliche Position des Autors also, sondern die publizistische Tätigkeit desselben führte zu kurzen Lexikoneinträgen. Auf dem Stand von 1904 ist der Kantorovič gewidmete Artikel in: Brokgauz/Efron (Hrsg.), Ėnciklopedičeskij slovar', jünger dagegen, aber noch kürzer der Artikel in: Brokgauz/Efron (Hrsg.), Evrejskaja Ėnciklopedija.

gebung und Runderlasse"). In zahlreichen eigenen Publikationen beschäftigte er sich mit praktischen Themen, um zur Dogmatik verschiedener Rechtsgebiete beizutragen, die erst im Entstehen begriffen waren. Ein weiterer Teil seiner Schriften befasste sich, das verbreitete, angesichts der Krise des positiven Rechts wachsende Interesse an den Grundlagen aufgreifend, mit rechtstheoretischen[31] und historischen Gegenständen.[32] Kantorovič setzte sich z. B. mit dem Problem der Rechtsstellung der Frauen auseinander,[33] das im ausgehenden 19. Jahrhundert viel Aufmerksamkeit auf sich zog und im Zarenreich in einzelnen Hinsichten auf modernere Weise bewältigt wurde als in anderen Ländern.[34] Als Jude selbst einem Bevölkerungsteil angehörend, der im Zarenreich durch positives Recht zurückgesetzt war, bewies Kantorovič hier ein feines Gespür für ungerechte Bestimmungen, die im Zusammenhang mit der Modernisierung des Rechts, die von den seit 1882 betriebenen Kodifikationsarbeiten erwartet wurde,[35] beseitigt oder jedenfalls abgemildert werden sollten. Besonders zwischen 1906 und 1917, als das Bestehen eines Parlaments eine beschränkte Beteiligung des Bürgertums am politischen Geschehen zu ermöglichen versprach, veröffentlichte Kantorovič zahlreiche zivilrechtliche und rechtspolitische Arbeiten.[36] Durch seine Tätigkeit als Herausgeber und Autor hatte er unter Juristen einige Bekanntheit erlangt.[37] Auch nach der Oktoberrevolution war als juristischer Autor tätig und arbeitete u. a. für die Zeitschrift „Pravo i Žizn'" („Recht und Leben"). Aus sowjetischer Sicht blieb er allerdings zweifellos ein als „bourgeois" zu qualifizierender Autor.[38]

Bei seinem Tod hinterließ Kantorovič ein unpubliziertes Werk mit dem Titel „Grundideen des bürgerlichen Rechts", in dem er mehrere seiner bereits zu Lebzeiten erschienenen Arbeiten zusammengeführt hatte.[39] Es wurde 1928 postum veröffentlicht.[40] Mit diesem Buch, einer Übersichtsdarstellung verschiedener grundsätzlicher Fragen des bürgerlichen Rechts, nahm der Autor den Faden

---

[31] Vgl. *Kantorovič*, Čelovek i životnoe, *ders.*, Iz oblasti verotepimosti, *ders.*, Kljatva.

[32] Aus diesen Forschungen Kantorovič' gingen z. B. Arbeiten über mittelalterliche Prozesse gegen „Hexen" und Tiere hervor.

[33] In diesen Zusammenhang gehören *Kantorovič*, Žénščina v prave (mehrfach rezensiert), *ders.*, Zakony o brake, *ders.*, Zakony o žénščinach, *ders.*, O sojuze bračnom.

[34] Dies gilt z. B. für das Frauenstudium, das seit 1878 in Sankt Petersburg im Rahmen der Bestužev-Kurse stattfand. Sie waren ähnlich einer Universität organisiert; hier lehrten Universitätsprofessoren. Vgl. *Avenarius,* Fremde Traditionen, 355–360. Die Bestužev-Kurse boten Ekaterina Flejšic (s. oben S. 24) die Möglichkeit, sich unter der Anleitung von Pokrovskij und Michail Jakovlevič Pergament zur Hochschullehrerin zu qualifizieren.

[35] Vgl. *Avenarius,* Fremde Traditionen, 521–578.

[36] Übersicht bei *Šilochvost,* Russkie civilisty, 80–81.

[37] Vgl. *Malickij,* Predislovie, 3–4.

[38] Vgl. den Nachruf von *Ljublinskij,* Pravo i Žizn', 1925/9–10, 111–113.

[39] Übersicht seiner zivilrechtlichen Schriften bei *Kantorovič,* Osnovnye idei, Nachdruck 2009, 496–501.

[40] *Kantorovič,* Osnovnye idei, Char'kov 1928; eine zweite Ausgabe erschien in demselben Jahr in Leningrad, ein Nachdruck in Moskau 2009. Zitiert wird nachfolgend nach der in Char'kov erschienenen Ausgabe, weil diese am leichtesten zugänglich ist.

auf, der mit Pokrovskij abgerissen war, allerdings unter neuen Voraussetzungen. Im Vergleich zu den Verhältnissen, die die Entstehung von Pokrovskijs Werk geprägt hatten, hatten sich die Rahmenbedingungen des Rechts inzwischen radikal geändert. Nachdem die Bol'ševiki in Folge der Oktoberrevolution die Macht übernommen hatten, hatten sie sich im Bürgerkrieg weit genug durchgesetzt, um das Sowjetsystem in Russland und anschließend auf Unionsebene zu festigen. Auf der Ebene der Privatrechtsentwicklung hatte man das „Bürgerliche Gesetzbuch" (Graždanskij Kodeks) von 1922 und andere Elemente des als „vorläufig noch notwendig" empfundenen bürgerlichen Rechts geschaffen, während gleichzeitig weit darüber hinausgehende, im Marxismus begründete Vorstellungen von einer künftigen Abschaffung des Rechts vertreten wurden.[41] Juristen, die ihre professionelle Bildung im letzten Viertel des 19. Jahrhunderts erhalten hatten, als das Zarenreich den Weg zu einer Modernisierung des Rechts unter den modernsten Einflüssen der Zeit anstrebte und die Rechtswissenschaft zahlreiche wichtige Beiträge zur europäischen Rechtsliteratur hervorbrachte,[42] waren im tradierten Zivilrechtsdenken verhaftet und mussten nun unter dem Eindruck der programmatischen Ankündigungen des Regimes in Betracht ziehen, dass Grundelemente der bürgerlichen Rechtsordnung von vollständiger Abschaffung bedroht waren.

Der Werktitel „Grundideen des bürgerlichen Rechts" erinnert keineswegs zufällig an Pokrovskijs Buch. Nachdem sich die Sowjetmacht einmal hatte etablieren können, griffen nurmehr wenige Autoren Standpunkte auf, die Pokrovskij vertreten hatte. Kantorovič jedoch tat dies ganz offen. Teilweise verteidigte er Pokrovskijs Meinungen, in anderen Fällen entwickelte er sie mit Rücksicht auf die inzwischen herrschenden Verhältnisse weiter. Er äußerte sich also ausgehend vom sowjetischen Zivilrecht, stellte vergleichende Betrachtungen desselben an und entwarf Überlegungen zu dessen dogmatischer Ausarbeitung. Kantorovič ging von einer ausgeprägten Nähe zwischen dem westeuropäischen und dem sowjetischen Recht aus. Auf dieser Grundlage versuchte er, das noch relativ wenig ausdifferenzierte sowjetische Recht unter Heranziehung ausländischer Gesetzgebung und Dogmatik fortzuentwickeln. Er entwickelte seine „Ideen", monographisch Schwerpunkte setzend, in kritischer Auseinandersetzung mit römischen Rechtseinrichtungen und einem relativ breiten Spektrum an „bourgeoiser" Zivilrechtsliteratur. Dabei bediente sich Kantorovič der rechtsvergleichenden Methode.[43] Das Bemühen des Autors darum, unter Einbeziehung des Schrifttums aus „bürgerlichen" Rechtsordnungen sowie des römischen Rechts

---

[41] S. oben Fn. 5.
[42] Das von Dauchy u. a. herausgegebene Sammelwerk „The Formation and Transmission of Western Legal Culture. 150 Books that Made the Law in the Age of Printing" enthält als wichtige Beispiele für maßgebliche Werke von Angehörigen des Zarenreiches Schriften der Russen Mejer, Djuvernua und Muromcev sowie der Polen Szerszeniewicz und Petrażycki.
[43] *Arslanov*, Konvergencija, 165.

Grundsätze des Privatrechts herauszuarbeiten, wird durch die Dürftigkeit der Bestimmungen des vergleichsweise knapp gehaltenen Bürgerlichen Gesetzbuchs von 1922 sowie das vielfach völlig unzureichende Niveau des frühen Schrifttums zum sowjetischen Zivilrecht zu erklären sein. Kantorovič konnte seine Aufgabe insoweit als nicht unähnlich derjenigen wahrnehmen, die sich den Autoren privatrechtlicher Werke im späten Zarenreich gestellt hatten.

Den Hintergrund für Kantorovič' Erörterungen bildete eine im revolutionären Russland der 1920er Jahre noch relative Offenheit der Frage, welchen Weg die Entwicklung von Staat und Recht künftig nehmen würde. Es wäre unangemessen, betrachtete man die damaligen Ausrichtungen des Rechtsdenkens nur aus der heutigen Perspektive und im Wissen darum, wie sich der Stalinismus bis zur Erstarrung des totalitären Systems weiterentwickeln würde, um die Bemühungen in der Anfangszeit der Sowjetunion als von vornherein aussichtslos wahrzunehmen. Wenn man vielmehr eine gewisse anfängliche Offenheit der Entwicklung in Betracht zieht, wird verständlich, dass Kantorovič es z. B. für sinnvoll halten konnte, seine Meinung zum Verhältnis zwischen bürgerlichem und öffentlichem Recht zu erörtern. Grundsätzlich, wenn auch in aller gebotenen Vorsicht, verteidigte Kantorovič den Eigenwert des Privatrechts im Sinne von Pokrovskij. Er erörterte den Begriff des Privatrechts auch ohne die im sowjetischen Schrifttum nicht selten zu beobachtende denunziatorische Tendenz. Zunächst ging er auf die Abgrenzung gegenüber dem öffentlichen Recht auf Grundlage der notorischen Definition Ulpians ein. Bei der näheren Bestimmung der Bereiche, die von den beiden Rechtsgebieten jeweils erfasst werden sollten, kam Kantorovič dem Marxismus immerhin insoweit entgegen, als er dessen Forderung nach einer Überwindung der Unterscheidung zwischen öffentlichem Recht und Privatrecht ein Stück weit zu verwirklichen bereit war. Kantorovič meint, die scharfe Unterscheidung habe „in der heutigen Zeit mit der Komplikation des gesellschaftlichen Lebens und der Ausweitung der staatlichen Aufgaben ihre Bedeutung verloren".[44] Er stellt damit erkennbar die nun unter neuen Vorzeichen erfolgende Unterordnung privater Rechtsbeziehungen unter den Vorbehalt staatlicher Lenkung in den Kontext des Fortschrittsdenkens.

Anknüpfend an Pokrovskijs Meinung, dass der grundsätzliche Unterschied zwischen dem öffentlichen Recht und dem Privatrecht darin liege, dass das öffentliche Recht durch eine Zentralisierung der Rechtsbeziehungen gekennzeichnet sei, während das Privatrecht für juristische Dezentralisierung stehe,[45] erklärt Kantorovič, in vielen Bereichen könnten private Interessen nicht vollständig der Initiative und der freien Willensbetätigung von Privatpersonen überantwortet werden, weil sie allgemein-staatliche Bedeutung und damit öffentlichen Charakter hätten. Sie müssten also richtigerweise dem Bereich der zwangsweisen

---

[44] *Kantorovič*, Osnovnye idei, 38.
[45] *Pokrovskij*, Osnovnye problemy, 44 (= *ders.*, Grundprobleme, 10); s. oben 195.

Reglementierung von Seiten der Staatsmacht und damit dem System der juristischen Zentralisierung unterfallen.[46] In diesem Zusammenhang zeigt sich, dass Kantorovič offenbar deutlich mehr als Pokrovskij zu Zugeständnissen an das marxistische Rechts- und Wirtschaftsdenken bereit war, was den in Russland herrschenden Verhältnissen zweifellos längst entsprach.[47] Obwohl er selbst kein Marxist war, hatte sein Entwurf des bürgerlichen Rechts grundsätzlich ausgeprägte sowjetische Züge, und weit mehr als bei Pokrovskij wird das Recht von kollektiven Interessen aus entworfen, wobei Kantorovič verschiedentlich ausdrücklich Vergesellschaftung und Einschränkung individueller Rechte in Betracht zieht. Diejenigen Bereiche, in denen individuelle Handlungs- und Gestaltungsfreiheit herrschen soll, bleiben bei ihm demgegenüber eher begrenzt.

In bestimmten Bereichen tritt Kantorovič allerdings für die Selbständigkeit des Privatrechts ein. Dies betrifft z. B. die Sphäre des Warenverkehrs. Der Autor weist darauf hin, dass natürlich auch im sowjetischen Staat Handel und Warenverkehr stattfinde, und meint, daraus folge die Notwendigkeit des Fortbestehens von Privatrecht.[48] Er erörtert dies besonders im Hinblick auf die Bedeutung der privaten Schuldverhältnisse. Für den Bereich des Warenverkehrs geht Kantorovič sogar so weit zu erklären, hier herrsche mehr als auf anderen Gebieten das Prinzip der Privatautonomie („častnoj avtonomii"). Er verbindet dies mit der Tradition des Naturrechtsdenkens und verweist auf den Ausdruck des Prinzips in der Formel „pacta sunt servanda". Kantorovič erklärt, auf dieser Grundlage werde dem individuellen Willen „allergrößter Freiraum" gegeben.[49] Die intensive Erörterung der Bedeutung des Individualwillens im Bereich derjenigen Privatrechtsordnung, die er als erforderlich beschreibt, führt Kantorovič zur Auseinandersetzung mit Willens- und Erklärungstheorie sowie zur Behandlung der Irrtumslehre, bei der er an Savigny anknüpft.[50] Die Überzeugung, dass ein aufgrund Täuschung eingegangenes Rechtsgeschäft nicht wirksam sein dürfe, entwickelt Kantorovič ausgehend von dem berühmten, bei Cicero referierten Fall, in dem ein in der Nähe von Syrakus gelegener Park veräußert wird, wobei der Erwerbsinteressent dadurch zum Einverständnis mit einem überhöhten Kaufpreis veranlasst wird, dass der Eigentümer das Grundstück durch Manipulationen in besonders günstigem Licht erscheinen lässt.[51] Den Autor erinnert dieses Verhalten verständlicherweise an die berühmte Szenerie, die Fürst Potemkin aufgebaut haben soll, um seine Zarin zu beeindrucken.[52] Die Darstellung Kantorovič' mag

---

[46] *Kantorovič*, Osnovnye idei, 38.
[47] *Kelmann/Freund* (Hrsg.), Die juristische Literatur, 73.
[48] Vgl. *Makarova*, Vlijanie rimskogo prava, 61, 71 u. 201.
[49] *Kantorovič*, Osnovnye idei, 50.
[50] *Kantorovič*, Osnovnye idei, 51–79.
[51] *Cicero, de officiis* 3,14,58–60.
[52] *Kantorovič*, Osnovnye idei, 82 f. Der Autor begründet die Wirksamkeit der vertraglichen Verpflichtung damit, daß damals noch nicht das „zakon" („Gesetz") des C. Aquilius Gallus gegen den *dolus* gegolten habe. Gemeint ist die *actio de dolo*, die der Mucius-Schüler Aquilius

insoweit vielleicht anekdotisch wirken. Und dass ein sowjetischer Autor die Verbindlichkeit eines Rechtssatzes mit Cicero belegt, könnte durchaus überraschen, wenn man dahinter nicht eine methodische Absicht vermuten dürfte. Denn Kantorovič durfte davon ausgehen, dass Verweisungen auf römisches Recht aus Sicht der marxistischen Ideologie weniger leicht auf Vorbehalte stoßen mochten als die Argumentation mit dem Privatrecht zeitgenössischer Staaten, in denen konkurrierende politische Systeme herrschten. Insgesamt ließ die Vielfalt der in Bezug genommenen Rechtsordnungen an eine gewisse Allgemeingültigkeit bestimmter Regelungen denken, die dieselben – jedenfalls zunächst – auch für das revolutionäre Russland akzeptabler erscheinen lassen mochten.

In der frühen Sowjetunion kam es naheliegenderweise eher selten vor, dass das Werk eines offenkundig nicht-marxistischen Autors im Druck erscheinen konnte, das sich auf einen Gegenstand wie das Recht bezog, der von der offiziellen Ideologie ausdrücklich erfasst war. Im Fall von Kantorovič' „Grundideen" waren es möglicherweise die durch die „Neue Ökonomische Politik" (NĖP) geprägten wirtschaftlichen Rahmenbedingungen, die die Veröffentlichung begünstigten.[53] Nicht ausgeschlossen ist auch, dass die postume Veröffentlichung der Schrift den Behörden als Instrument diente, um dem Ausland zu demonstrieren, dass in der Sowjetunion Meinungsfreiheit gewährleistet sei.[54] Sicherlich gehörte aber das Vorwort, das Aleksandr L. Malickij dem Buch beigab, zu den Voraussetzungen für die Veröffentlichung. Dieser Jurist ordnet Kantorovič' Buch für den Leser in den Kontext der herrschenden Ideologie ein. Die Problematik von Gegenstand und Methode offensichtlich klar erkennend, erklärt Malickij, dass der Autor es versäumt habe, den spezifischen, auf die Differenzierung zwischen den gesellschaftlichen Klassen zurückgehenden Unterschied zwischen dem „bourgeoisen" und dem sowjetischen bürgerlichen Recht angemessen zum Ausdruck zu bringen, was an „Fehlern und unrichtigen Voraussetzungen an vielen Stellen seines Werks" zu erkennen sei.[55] Allerdings sei das Buch für sowjetische Juristen „nicht gefährlich". Nachdem Kantorovič, wie gesehen, durchaus eine Vermittlung wichtiger Merkmale des Privatrechtsdenkens an die in der frühen Sowjetunion herrschenden Bedingungen und mit Rücksicht auf die Vorgaben

---

Gallus, ein Servius nahestehender Jurist und Vertreter des von diesem begründeten neuen, frühen klassischen Rechtsdenkens, als Prätor (66 v. Chr.) proponierte; vgl. *Kaser,* Das römische Privatrecht, Bd. 1, 627.

[53] Dass das Werk 1928 sowohl in Char'kov, der damaligen Hauptstadt der Ukrainischen Sozialistischen Sowjetrepublik, als auch in Leningrad erscheinen konnte, mag, wie Marju Luts-Sootak in der Diskussion des diesem Beitrag zugrundeliegenden Vortrags vermutet hat, damit zusammenhängen, dass vor der Beendigung der NĖP durch Stalin 1928/29 offenbar noch relativ günstige Voraussetzungen für eine Publikation mit klar „bourgeoiser" Tendenz bestanden. Das ist insoweit plausibel, als die NĖP einstweilen einen gewissen Freiraum für privat verantworteten Warenverkehr gewährleistete und Kantorovič rechtliche Grundlagen desselben erörterte.

[54] Für diese Vermutung vgl. Belov, „... Umel izbirat'", 9.

[55] *Malickij,* Predislovie, 4; vgl. Belov, „... Umel izbirat'", 8.

der marxistischen Doktrin angestrebt hatte, greift Malickij nun diese Tendenz auf und nimmt Kantorovič geradezu als Beförderer des sowjetischen Rechtsdenkens in Anspruch. Er erklärt, der Autor betrachte das sowjetische Recht als die „Quintessenz" des westeuropäischen Rechtsdenkens und sehe in ihm jene Ordnung, auf die in der Logik des marxistischen Fortschrittsdenkens auch das westliche System hinauslaufe.[56] Nach Malickijs Darstellung erweist sich an den „Grundideen" angeblich, dass der Individualismus im Recht dem Kollektivismus nachstehe und seine Bedeutung für das Recht vollständig verlieren werde. Das Vorwort erweckt den Eindruck, als zeige Kantorovič, dass die Zulassung von Vertragsfreiheit sowie freier Märkte und Wirtschaftsbeziehungen notwendigerweise zur Entstehung eines Zivilrechts eigener Art führen werde, welches Raum für lenkende Eingriffe des Staates in den Vermögensverkehr, eine Regulierung der Vertragsfreiheit sowie eine Kontrolle der Willensfreiheit der Parteien geben werde.[57] Auf diese Weise verbindet Malickij die wirtschaftliche Grundausrichtung der „Neuen Ökonomischen Politik" der 1920er Jahre mit der marxistischen Doktrin. Hierbei suggeriert er allerdings eine Zwangsläufigkeit der Entwicklung, von der Kantorovič selbst wahrscheinlich keineswegs ausgegangen ist.

Man wird insgesamt in Betracht ziehen müssen, dass diese Vereinnahmung von Kantorovič' Werk die Intention seines Autors verzerrte, der eine Richtigstellung wohl auch dann nicht mehr hätte vornehmen können, wenn er noch am Leben gewesen wäre. Seine Absicht war offenbar eher auf Vermittlung und Konsolidierung als auf eine Förderung der Rechtsentwicklung im ausgeprägt marxistischen Sinne gerichtet gewesen. Belov hat zur Erklärung der Tendenz des Vorworts vermutet, dass Malickij für Kantorovič' Rechtsdenken einige Bewunderung aufbrachte.[58] Den im Vorwort formulierten grundsätzlichen Vorbehalten zum Trotz wies Malickij viele der in dem Buch entwickelten einzelnen Standpunkte gerade nicht zurück, sondern wollte sie vielleicht sogar als Anregung für den Umgang mit Problemen des sowjetischen Rechts verstehen.

Es ist nach allem nicht ausgeschlossen, dass Malickij Kantorovič' Rechtsdenken bewusst einen marxistischen „Spin" verlieh, der nicht in der Absicht des Verfassers gelegen hatte, um das Erscheinen des Buches zu begünstigen. Auch der distanzierende Hinweis auf den „bourgeoisen" Hintergrund Kantorovič' könnte insoweit als rein formal geboten zu verstehen sein.[59] Der Verbreitung von Kantorovič Gedanken konnte Malickijs Interpretation allerdings nichts nützen. Person und Werk sind in der sowjetischen Diskussion des Zivilrechts nicht nennenswert beachtet worden.[60] Man überging seine Ausführungen, die

---

[56] *Malickij,* Predislovie, 3–4.
[57] Vgl. *Malickij,* Predislovie, 4.
[58] Vgl. *Belov,* „… Umel izbirat'", 9–10.
[59] Vgl. *Belov,* a. a. O., 8–9.
[60] *Belov,* a. a. O., 6 u. 11–12.

kaum verhohlen wesentliche methodische Neuorientierungen des sowjetischen Rechts anregten, mit Schweigen.[61]

IV. Vergleichende Betrachtung und methodische Gesichtspunkte

Pokrovskij hatte 1917 schon davon ausgehen müssen, dass mit dem Ende der Zarenherrschaft die Rahmenbedingungen entfallen waren, die das tradierte Recht getragen hatten. Er schloss sein Werk in der nur wenige Monate währenden Zeit der Russischen Republik ab. Was die Zukunft bringen würde, war unklar, aber noch war das Privatrecht nicht schlechthin zur Disposition gestellt worden. Für Kantorovič stellte sich die Lage grundsätzlich anders dar. Anstelle eines modernen Privatrechts war ein ideologischen Vorbehalten unterstelltes Gesetzbuch geschaffen worden. Dieses verdankte seine Ausgestaltung zwar maßgeblich dem Einfluss des Romanisten Vasilij A. Krasnokutskij[62] und hieß mit Rücksicht auf die aus der früheren Ordnung unverkennbar übernommenen Elemente auch noch „Bürgerliches Gesetzbuch", doch hatte es die entsprechenden Begriffe eher der Form nach übernommen. Tatsächlich handelte es sich insoweit um neuen Wein in alten Schläuchen.[63] Statt einer Rechtsordnung, die eine grundsätzlich freie Gestaltung der Rechtsverhältnisse Privater ermöglicht hätte, war das neue System von Regelungsinstrumenten des Staates dominiert, die die Beziehungen der Menschen untereinander beherrschten. Unter diesen Umständen konnte Kantorovič seine Standpunkte auch nicht mehr in freier Anknüpfung an freiheitliche und moderne Grundsätze entwickeln, sondern musste von marxistischen Grundsätzen ausgehen, konnte aber auch an westliche Lehren anknüpfen, die etwa das subjektive Recht zurückdrängen wollten und von Pokrovskij noch klar abgelehnt worden waren. Trotz des ausdrücklichen Anschlusses Kantorovič' an das Rechtsdenken Pokrovskijs und bei allen Übereinstimmungen beider Autoren in der Grundtendenz unterschieden sich die beiden Werke doch in bestimmter, den Entstehungsumständen geschuldeter Weise.

Mit Rücksicht hierauf hat Belov vergleichende Überlegungen zu den Werktiteln angestellt. Er hat die – vielleicht etwas überspitzte, aber doch anregende – Überlegung entwickelt, eigentlich passe zu jedem der beiden Bücher der Titel des jeweils anderen. Pokrovskijs Werk behandele nämlich allgemeinere Ideen und andere „philosophische" Gegenstände, während Kantorovič' eher eine im engeren Sinne „juristische" Abhandlung vorgelegt habe, die eher privatrecht-

---

[61] *Belov*, a.a.O., 11–12.
[62] Über Vasilij Aleksandrovič Krasnokutskij (1873–1945) vgl. *Avenarius*, Fremde Traditionen, 625 mit Nachweisen.
[63] Vgl. *Avenarius*, Fremde Traditionen, 628–631.

liche Institute und Probleme betreffe.[64] Die Lektüre bestätigt diesen Eindruck zwar nicht durchgehend, aber dennoch trifft die Bemerkung etwas Richtiges. Sie überzeugt nämlich insoweit, als Pokrovskij in einer Zeit des Übergangs, in der die weitere Entwicklung relativ offen erscheinen konnte, eingehend seine ausdrücklich an Ideen orientierten Grundsätze des Privatrechts entwickelte, wobei die Dramatik, die er im Herbst 1917 an der Zuspitzung der Entwicklung wahrnahm, eher in der Einleitung Ausdruck fand. Demgegenüber konnte Kantorovič das auf traditionelle Weise verstandene bürgerliche Recht in ungleich stärkerem Maße als in einer bereits herrschenden Krise befindlich wahrnehmen. Er ging davon aus, dass es sich, soweit es unter den Bedingungen der sozialistischen Gesellschaftsordnung überhaupt weiterbestehen konnte, in wichtigen Merkmalen würde ändern müssen. Im Hinblick darauf hat Belov sogar vermutet, dass Kantorovič' Arbeit tatsächlich zunächst auch „Grundprobleme" („Osnovnye problemy") und nicht „Grundideen" („Osnovnye idei") habe heißen sollen.[65]

Wichtige Unterschiede zwischen den Standpunkten Pokrovskijs und Kantorovič gehen allerdings nicht nur auf die verschiedenen historischen Rahmenbedingungen ihrer jeweiligen Entwicklung zurück. Sie hängen vielmehr auch zusammen mit der jeweiligen Sicht auf das Verhältnis zwischen dem überkommenen bürgerlichen Recht und demjenigen, das sich in der frühen Sowjetunion entwickelte. Pokrovskij, der zur Zeit der Niederschrift seines Buches radikale politische Forderungen hinsichtlich einer künftigen Rechtsordnung kannte, wenn auch noch nicht deren Verwirklichung, hielt einen grundsätzlichen Abbruch der Tradition des bürgerlichen Rechts für möglich und warnte eindringlich davor. Kantorovič dagegen, der den Umbruch erlebt hatte und ebenso erste radikale Maßnahmen wie anschließend die Rücknahme eines Teils derselben verfolgt hatte,[66] nahm die Auswirkungen des Systemwechsels auf das bürgerliche Recht nicht so sehr als einen Einschnitt wie vielmehr als einen Schritt in einer fortschreitenden Rechtsentwicklung wahr, der aus seiner Sicht mit einer Verflechtung sowjetischer, vorrevolutionär-russischer und ausländischer Erfahrungen mit dem Recht einherging.[67]

Zwar erklärt Kantorovič gleich zu Beginn seines Buchs, das „bourgeoise" Recht sei durchdrungen von einer individualistischen Sichtweise und diene der

---

[64] *Belov*, „... Umel izbirat'", 32. In der Tat liefert der Vergleich beider Werke Anhaltspunkte für diese Wahrnehmung.

[65] Vgl. *Belov*, „... Umel izbirat'", 31–33.

[66] Ein prominentes Beispiel bildet die einer marxistischen Forderung folgende „Abschaffung" des privaten Erbrechts. In der RSFSR wurde durch ein Dekret vom 27.4.1918 bestimmt, dass das mit dem Tod einer Person freiwerdende Vermögen – von unbedeutenden Vorbehalten zugunsten Verwandter abgesehen – aufgrund öffentlichen Rechts an den Staat falle. Die Regelung bewährte sich nicht, und so wurde das private Erbrecht bis 1922 stufenweise wieder eingeführt, so dass der Graždanskij Kodeks wieder Einzelregelungen enthalten konnte. Vgl. *von Gabain,* Das Erbrecht, 8, 13 u. 21 f.

[67] Vgl. *Arslanov,* Konvergencija, 165.

Wirtschaftsordnung der bürgerlichen Gesellschaft, während das sowjetische auf öffentlich-rechtlichen Grundsätzen beruhe und auf das kollektivistische Prinzip ausgerichtet sei.[68] Diesem wesentlichen Unterschied zum Trotz verweist Kantorovič aber auf gemeinsame Wurzeln beider und nennt rechtliche Ideen, Grundlagen, Institutionen und dogmatische Konstrukte, die er auf das römische Recht zurückführt. Hiervon ausgehend beschreibt der Autor eine Entwicklung, die im Einklang mit dem programmgemäßen Voranschreiten der Gesellschaft ein modernes sowjetisches Recht entstehen lasse.[69]

Wenn Kantorovič insoweit den Gedanken einer geradezu kontinuierlichen Entwicklung aufwertet, steht dies im auffallenden Gegensatz zu der offiziell vielfach propagierten Auffassung, die neue Ordnung habe mit der alten grundsätzlich gebrochen und sei revolutionären Ursprungs. Malickij ordnet Kantorovič' Standpunkt so ein, dass aus dessen Sicht das sowjetische Recht zwar als Ergebnis der Revolution, aber doch im Wesentlichen auf dem Wege der Evolution entstehe.[70] Kantorovič erklärt sogar, das moderne sowjetische Vermögensrecht mit seiner kollektivistischen Ausrichtung sei im Grunde „Fleisch vom Fleisch und Bein vom Bein" des individualistischen Vermögensrechts.[71] Die seinerzeit gewagte Behauptung einer Schaffung des sowjetischen Vermögensrechts aus dem Stoff seines „bourgeoisen" Pendants wird so auf höchst suggestive Weise mit einem Tora-Zitat verdeutlicht.[72] Tatsächlich geben zahlreiche Einrichtungen des Bürgerlichen Gesetzbuchs von 1922 Anlass zur Feststellung auffallender Einflüsse der römisch-westeuropäischen Rechtstradition. Was bei insoweit formaler Betrachtung tatsächlich an Kontinuität denken lassen könnte, muss jedoch im Licht einschneidender Vorbehalte gesehen werden, die im sowjetischen Recht die Verwirklichung der marxistischen Ideologie sicherten und damit ein Recht schufen, das seiner Eigenart und Zielsetzung nach sicherlich nicht mehr als Privatrecht im eigentlichen Sinne verstanden werden konnte.[73]

Methodisch beruhen beide Werke auf dem Kerngedanken, dass an der Verbindung zwischen dem russischen bzw. sowjetischen Recht und der europäischen Rechtstradition um jener Grundwerte Willen festgehalten werden müsse, zu deren Gewährleistung sich die letztere entwickelt hatte. Beide Autoren sind sich der Distanz voll bewusst, die zwischen ihren Konzepten und der Rechtswirklichkeit besteht. Während Pokrovskij den spezifisch russischen Erfahrungshorizont in seine Betrachtungen einfließen lässt und die Vermittlung moderner Rechtsgrundsätze an denselben erörtert, versucht Kantorovič', ein Privatrechts-

---

[68] *Kantorovič*, Osnovnye idei, 5.
[69] *Kantorovič*, Osnovnye idei, 5.
[70] *Malickij*, Predislovie, 3.
[71] *Kantorovič*, Osnovnye idei, 5.
[72] Kantorovič zitiert, wenn auch in umgekehrter Reihenfolge, die Worte Adams in Bereschit 2,23: עֶצֶם מֵעֲצָמַי וּבָשָׂר מִבְּשָׂרִי; vgl. entsprechend Genesis 2,23 nach der 2017 revidierten Luther-Übersetzung: „Die ist nun Bein von meinem Bein und Fleisch von meinem Fleisch ...".
[73] Vgl. *Avenarius*, Fremde Traditionen, 628–631.

denken zu entwerfen, in dem, den unabweisbaren Vorgaben seiner Zeit gemäß, kollektive Interessen und staatliche Eingriffsvorbehalte zur Geltung kommen, und zugleich dem einzelnen Menschen ein Bereich der Selbstbestimmung bleibt.

Unterschiedliche methodische Voraussetzungen ergaben sich für die beiden Autoren insoweit, als es Pokrovskij kaum darum ging, Privatrechtsprobleme auf Grundlage des positiven Rechts seiner Zeit zu erörtern, weil dieses noch immer auf Teil X/1 des defizitären Svod Zakonov von 1835 beruhte. Seine Überlegungen richteten sich auf ein zeitgemäßes Privatrecht, wie es ja auch im Zarenreich jahrzehntelang vorbereitet worden war, ohne schließlich in Gesetzeskraft zu gelangen. Für Kantorovič stellte sich die Lage insofern grundsätzlich anders dar, als er von der Geltung des Graždanskij Kodex von 1922 ausgehen musste und auf dieser Grundlage den Anschluss an Grundsätze der europäischen Rechtstradition suchen musste, in deren Licht die gesetzlichen Bestimmungen verstanden werden sollten. Beide Werke stellen damit auf jeweils eigene Weise die Verbindung zur römisch-europäischen Tradition des Privatrechtsdenkens her. Während Pokrovskij allerdings vielfach auf Gesetzgebung und anderweitige Rechtseinrichtungen des westlichen Auslands verweist, ist Kantorovič insoweit zurückhaltender und verknüpft solche Rechtsgrundsätze, für deren Verbindlichkeit er eintritt, verschiedentlich eher mit der Überlieferung des römischen Rechts. Eigentümlicherweise erinnert dieses Vorgehen an eine Methode, auf die Juristen des Zarenreiches hatten zurückgreifen müssen, wenn Sie „allgemeine Rechtsgrundsätze" in dem Rahmen zur Geltung bringen wollten, den das positive Recht einräumte. Sie leiteten diese Grundsätze aus dem römischen Recht ab und konnten es so vermeiden, sich auf das Recht bestimmter ausländischer Staaten zu berufen.

V. Schluss

Leider blieb das gedankliche Potential beider Werke jahrzehntelang fast ungenutzt, bevor sie nach dem Systemwechsel von 1989/90 neue Aufmerksamkeit errangen. Es erschienen verschiedene Nachdrucke. Das neue Interesse richtete sich vor allem auf Pokrovskijs Buch, das inzwischen ins moderne Hebräisch und ins Deutsche übersetzt worden ist.[74] Ein gewisser Vorzug Pokrovskijs im Unterschied zu Kantorovič mag sich daraus ergeben, dass die russische Rechtswissenschaft in den 1990er Jahren Anschluss an jene „eigenen" früheren Forschungsarbeiten suchte, die in ihrer Zeit auf dem Niveau der führenden Rechtswissenschaft Europas gewesen waren, sie als „Klassiker der russländischen Zivilrechtswissenschaft" wahrnahm und Pokrovskij zu ihnen zählte.[75]

---

[74] Vgl. die Bibliographie bei *Pokrovskij,* Grundprobleme, 361–368.
[75] Seit 1997 erscheint bei dem Moskauer Verlag „Statut" die Schriftenreihe „Klassiki Rossijskoj Civilistiki", die sich in ihrem Namen mit „russländisch" allerdings auf die Rechtswissenschaft des Zarenreiches bezieht, deren Autoren keineswegs durchgehend Russen waren.

Das subjektive Recht und die Autonomie des Privatrechts gegenüber dem Staat warfen in den Jahren nach dem Systemwechsel ungelöste Probleme auf, und die russische Rechtswissenschaft knüpfte jedenfalls für einige Zeit mit großem Interesse an die abgebrochene Tradition des von Pokrovskij und zahlreichen seiner Zeitgenossen repräsentierten Rechtsdenkens an. Es ist kein Zufall, dass das 1993 erstmals erschienene, von Suchanov herausgegebene Lehrbuch des bürgerlichen Rechts in vier Bänden schon in der Einführung des Herausgebers programmatisch auf Pokrovskij als „bedeutendsten vaterländischen Zivilrechtler der vorrevolutionären Epoche" Bezug nimmt und ihn mehrfach wörtlich zitiert.[76] Prominenten Ausdruck fand der Anschluss an Pokrovskij in der 2010 erschienenen Festschrift für den Moskauer Zivilrechtswissenschaftler Aleksandr Makovskij (1930–2020).[77] Diese lehnt sich nicht nur in ihrem Titel „Grundprobleme des Privatrechts" an den von Pokrovskijs Buch an, sondern enthält gleich am Beginn einen Neuabdruck von Makovskijs Aufsatz „Das herausgefallene Kettenglied" und greift damit das Bild von Abriss und Wiederaufnahme der russischen zivilrechtswissenschaftlichen Tradition auf. Aus Sicht der Herausgeber erweist sich hier die „untrennbare geistige Verbindung zwischen längst vergangenen und jetzt lebenden Koryphäen des russländischen Privatrechts".[78] Sie beschreiben den Geehrten als bedeutenden Vertreter dieser Tradition und betrachten gerade den genannten Aufsatz als Selbstzeugnis über seine wissenschaftliche Ausrichtung.[79] Zuletzt hat die Kanonisierung Pokrovskijs sogar dazu geführt, dass man Audio-Dateien von seinem Werk hergestellt hat: Prominente Juristen tragen das Buch und die darauf bezogenen, in den Nachdrucken enthaltenen Aufsätze kapitelweise vor, stimmungsvoll umrahmt durch ein Präludium von Skrjabin.[80]

Sowjetisches Schrifttum wurde demgegenüber marginalisiert. Dass das zu dieser Kategorie gehörende Werk Kantorovič' seiner Grundausrichtung nach aus dem Rahmen der sowjetischen Rechtsliteratur fällt, konnte ihm keine besondere Aufmerksamkeit einbringen. Heute bestehen für die Rezeption noch ungünstigere Bedingungen, weil der Horizont des sowjetischen Rechts, vor dem Kantorovič sich geäußert hatte, weggefallen ist. Die gegenwärtigen Bedrohungen für die Privatrechtsordnung werden weniger offen formuliert als in

---

In der Reihe sind zahlreiche Standardwerke nachgedruckt worden, unter ihnen auch *Pokrovskijs* Osnovnye problemy.

[76] Vgl. *Suchanov* (Hrsg.), Graždanskoe pravo, Bd. 1, 5–7.
[77] *Vitrjanskij/Suchanov* (Hrsg.), Osnovnye problemy; vgl. auch oben Fn. 7.
[78] *Vitrjanskij/Suchanov*, in: dies. (Hrsg.), Osnovnye problemy, 12.
[79] *Vitrjanskij/Suchanov*, in: dies. (Hrsg.), Osnovnye problemy, 12.
[80] Es handelt sich um das Projekt „Juristy čitajut klassiku" („Juristen lesen die Klassik"); https://soundstream.media/playlist/yuristy-chitayut-klassiku-pokrovskiy-i-a-osnovnyye-problemy-grazhdanskogo-prava (07.08.2024). Ob das Ergebnis für sich genommen geschmackvoll ist oder nicht, bleibt dem Urteil der Hörer überlassen; bittere Empfindungen ruft die Präsentation jedenfalls angesichts der zunehmenden Distanz zur Rechtswirklichkeit hervor.

der frühen Sowjetunion, ohne freilich weniger gefährlich zu sein. Die Zuversicht hinsichtlich der Entwicklung des russischen Privatrechtsdenkens, zu der noch vor einigen Jahren hinreichender Grund bestand, dürfte auf absehbare Zeit kaum noch gerechtfertigt sein.

Beide Werke verdienen allerdings mehr Beachtung.[81] An den Auseinandersetzungen russischer Juristen mit den Grundlagen des Privatrechts ist immer besonders lehrreich gewesen, wie die Bedeutung dieser Grundlagen gerade von dem Hintergrund ihrer Gefährdung hervortritt, und besonders eindrucksvoll, mit welcher Leidenschaft diejenigen, die den Wert einer auf bürgerlicher Freiheit beruhenden Rechtsordnung aufgrund eigenen Erlebens zu schätzen wissen, jeweils für dieselbe eingetreten sind. Vor dem Hintergrund langer kollektiver Erfahrung mit Unfreiheit und Vereinnahmung, vor der Folie der Erosion der Rahmenbedingungen und der Bedrohung der Grundlagen, auf denen eine Privatrechtsordnung gedeihen kann, die diesen Namen verdient, ist das Plädoyer für die Verteidigung eines modernen und menschengemäßen Privatrechts immer wieder besonders überzeugend formuliert worden.

Literaturverzeichnis

Anonymer Autor, Art. Kantorovič (Jakov Abramovič), in: Brokgauz, Fridrich A./Efron, Il'ja A. (Hrsg.), Ėnciklopedičeskij slovar' [Enzyklopädisches Wörterbuch], Supplementband I a, S.-Peterburg 1905, 872

Anonymer Autor, Art. Kantorovič, Jakov Abramovic, in: Brokgauz, Fridrich A./Efron, Il'ja A. (Hrsg.), Evrejskaja Ėnciklopedija [Jüdische Enzyklopädie], Bd. 9, S.-Peterburg 1911, Sp. 244

Arslanov, Kamil' Maratovič, Konvergencija Rossijskogo i Germanskogo opyta graždansko-pravovogo regulirovanija: Istorija, sovremennost' i perspektiva [Konvergenz der russischen und deutschen Erfahrungen mit dem Privatrechtsregime: Geschichte, Gegenwart und Aussichten], Diss. Kazan' 2020, 165

Avenarius, Martin, Das russische Seminar für römisches Recht in Berlin (1887–1896), ZEuP, 6 (1998), 893–908

ders., Römisches Recht in slavischen Sprachen III, SZ (RA), 116 (1999), 638–646

ders., Das pandektistische Rechtsstudium in St. Petersburg in den letzten Jahrzehnten der Zarenherrschaft, in: Dajczak, Wojciech/Knothe, Hans-Georg (Hrsg.), Deutsches Sachenrecht in polnischer Gerichtspraxis. Das BGB-Sachenrecht in der polnischen höchstrichterlichen Rechtsprechung in den Jahren 1920–1939: Tradition und europäische Perspektive, Berlin 2005, 51–75

ders., Pandektystyczna myśl prawna w okresie przejściowym od Rosji carskiej do Związku Sowieckiego. Rozważania nad włączeniem perspektywy rosyjskiej do badań nad pra-

---

[81] Darauf weisen im Falle Pokrovskijs die russischen Nachdrucke ebenso hin wie – für die Bedeutung der Wahrnehmung im Ausland – die Rezensionen der deutschen Übersetzung: Breig, Review of Central and East European Law 40 (2015), 371–373; Wedde, DRJV-Mitteilungen 26 (2015), 50–53; Posch, Osteuropa-Recht 63 (2017), 133–135.

wem rzymskim [Pandektistisches Rechtsdenken im Übergang zwischen Zarenreich und Sowjetrussland. Betrachtungen auf dem Wege zu einer Einbeziehung der russischen Perspektive in die Erforschung des römischen Rechts], CPH, 60/2 (2008), 37–55

ders., Continuità nel radicale cambiamento: il pensiero giuridico della Pandettistica nella Russia rivoluzionaria, in: Miglietta, Massimo/Santucci, Gianni (Hrsg.), Diritto romano e regimi totalitari nel '900 Europeo. Atti del seminario internazionale (Trento, 20–21 ottobre 2006), Trento 2009, 175–198

ders., „Sie treiben gewissermaßen ein Missionsgeschäft …". Religiöse Grundlagen von Savignys Rechtstheorie und das Privatrecht des Zarenreichs zwischen Kodifikation und wissenschaftlicher Kolonisation, in: Peterson, Claes (Hrsg.), Rechtswissenschaft als juristische Doktrin, Stockholm 2011, 17–82

ders., Fremde Traditionen des römischen Rechts. Einfluß, Wahrnehmung und Argument des *rimskoe pravo* im russischen Zarenreich des 19. Jahrhunderts, Göttingen 2014

ders., „*Non ambigitur senatum ius facere posse*". Römisches Recht in der Rechtsfortbildung durch die Kassationsabteilung des Dirigierenden Senats im Zarenreich, in: Schermaier, Martin Josef/Gephart, Werner (Hrsg.), Rezeption und Rechtskulturwandel. Europäische Rechtstraditionen in Ostasien und Russland, Frankfurt am Main 2016, 183–205

ders., Osnovnye problemy graždanskogo prava (Basic Problems of Private Law) 1917. Iosif Alekseevich Pokrovsky (1868–1920), in: Dauchy, Serge/Martyn, Georges/Musson, Anthony/Pihlajamäki, Heikki/Wijffels, Alain (Hrsg.), The Formation and Transmission of Western Legal Culture. 150 Books that Made the Law in the Age of Printing, Cham 2016, 438–442

ders., Rechtswissenschaft als „Dogma". Die Ablösung der Dogmatik vom positiven Recht und die Weiterentwicklung des Rechtsdenkens in Russland, in: Haferkamp, Hans-Peter/Repgen, Tilman (Hrsg.), Wie pandektistisch war die Pandektistik? Symposion aus Anlass des 80. Geburtstags von Klaus Luig am 11. September 2015, Tübingen 2017, 35–50

Belov, Vadim Anatol'evič, „… Umel izbirat' praktičeski nužnye i živye temy i izlagat' ich v dostupnom vide" [„… Er konnte praktisch relevante und aktuelle Themen wählen und sie in leicht verständlicher Perspektive darstellen"], in: Kantorovič, Osnovnye idei graždanskogo prava [Grundprobleme des bürgerlichen Rechts], Nachdruck Moskva 2009, 5–47

Braun, Johann, Einführung in die Rechtsphilosophie. Der Gedanke des Rechts, 3. Aufl., Tübingen 2022

Breig, Burkhard, Rezension von: Pokrovskij, Grundprobleme des bürgerlichen Rechts (1917), Review of Central and East European Law, 40 (2015), 371–373

Charmont, Joseph, La renaissance du droit naturel, Montpellier 1910, 2. Aufl., Paris 1927

Dauchy, Serge/Martyn, Georges/Musson, Anthony/Pihlajamäki, Heikki/Wijffels, Alain (Hrsg.), The Formation and Transmission of Western Legal Culture. 150 Books that Made the Law in the Age of Printing, Cham 2016

Flejšic, Ekaterina Abramovna, Ličnye prava v graždanskom prave Sojuza SSR i kapitalističeskich stran [Persönlichkeitsrechte im bürgerlichen Recht der UdSSR und der kapitalistischen Länder], Moskva 1941

Gabain, Kurt Eduard von, Das Erbrecht in Sowjetrussland. Seine Entwicklung und heutige Geltung, Bern 1929

Gessen, Vladimir Matveevič, Vozroždenie estestvennogo prava [Wiedergeburt des Naturrechts], Pravo, 10 (1902), 475–484, und Pravo, 11 (1902), 533–547

Gnaeus Flavius [= Hermann Kantorowicz], Der Kampf um die Rechtswissenschaft, Heidelberg 1906
Kantorovič, Jakov Abramovič, Ženščina v prave: S priloženiem vsech postanovlenij dejstvujuščego zakonodatel'stva [Die Frau im Recht: Unter Beifügung aller Bestimmungen der geltenden Gesetzgebung], S.-Peterburg 1895
ders., Čelovek i životnoe: Ėtiko-juridičeskij očerk [Mensch und Tier: Ein ethnisch-juristischer Abriß], S.-Peterburg 1898
ders., Zakony o brake i razvode [Gesetze über Ehe und Scheidung], S.-Peterburg 1899
ders., Zakony o ženščinach [Gesetze über die Frauen], S.-Peterburg 1899
ders., O sojuze bračnom: Svod Zakonov Rossijskoj Imperii, t. X, č. 1 [Über die eheliche Gemeinschaft: Sammlung der Gesetze des Russländischen Reiches, Bd. X, Tl. 1], S.-Peterburg 1904
ders., Iz oblasti veroterpimosti [Aus dem Bereich der Toleranz], S.-Peterburg 1904
ders., Kljatva po sovremennym učenijam [Der Eid nach heutiger Lehre], S.-Peterburg 1904
ders., Osnovnye idei graždanskogo prava [Grundideen des bürgerlichen Rechts], Char'kov 1928, Nachdruck Moskva 2009
Kaser, Max, Das römische Privatrecht, Bd. 1, 2. Aufl., München 1971
Kelmann, Eugen/Freund, Heinrich (Hrsg.), Die juristische Literatur der Sowjet-Union. Entwicklung und Bibliographie, Berlin 1926
Kolbinger, Florian, Im Schleppseil Europas? Das russische Seminar für römisches Recht bei der juristischen Fakultät der Universität Berlin in den Jahren 1887–1896, Frankfurt am Main 2004
Lappa-Starženeckaja, Ekaterina Aleksandrovna, Prof. I. A. Pokrovskij. Osnovnye problemy graždanskogo prava, [Grundprobleme des bürgerlichen Rechts], Žurnal Ministerstva Justicii, 1916, Nr. 6, 326–336
Ljublinskij, Pavel Isaakovič, Ja. A. Kantorovič (Nekrolog), Pravo i Žizn', 1925/9–10, 111–113
Makarova, Irina Vladimirovna, Vlijanie rimskogo prava na stanovlenie instituta objazatel'stvennogo prava v Rossii: voprosy teorii i istorii [Der Einfluß des römischen Rechts auf die Entstehung der Einrichtung des Schuldrechts in Russland: Fragen der Theorie und der Geschichte], Moskva 2006
Makovskij, Aleksandr L'vovič, Vypavšee zveno [Das herausgefallene Kettenglied], in: Pokrovskij, Osnovnye problemy graždanskogo prava [Grundprobleme des bürgerlichen Rechts], Nachdruck Moskva 2003, 7–36
ders., Das herausgefallene Kettenglied, in: Pokrovskij, Grundprobleme des bürgerlichen Rechts (1917), Tübingen 2015, 329–360
Malickij, Aleksandr Leonidovič, Predislovie [Vorwort], in: Kantorovič, Jakov Abramovič, Osnovnye idei graždanskogo prava [Grundprobleme des bürgerlichen Rechts], Char'kov 1928, 3–4
Nol'de, Aleksandr Ėmil'evič, Očerednye voprosy v literature graždanskogo prava [Aktuellste Fragen in der Literatur zum bürgerlichen Recht], Vestnik graždanskogo prava, 1916, Nr. 2, 145–165
Novickij, Ivan Borisovič/Pereterskij, Ivan Sergeevič (Hrsg.), Rimskoe častnoe pravo [Römisches Privatrecht], Moskva 1948
Petražycki, Leo von, Die Lehre vom Einkommen, Bd. 2, Berlin 1895
Pokrovskij, Iosif Alekseevič, Ėtičeskie predposylki svobodnogo stroja. Lekcija, čitannaja na kursach dlja podgotovki narodnych lektorov v Moskovskom kommerčeskom institute

[Ethische Vorbedingungen einer freien Ordnung. Vorlesung, gehalten in den Kursen für die Ausbildung von Volks-Lektoren am Moskauer Handels-Institut], Moskva 1917, Nachdruck in: Rossija i sovremennyj mir, 2007, Nr. 4 (57), 211–224

ders., Osnovnye problemy graždanskogo prava [Grundprobleme des bürgerlichen Rechts], Petrograd 1917, Nachdrucke Moskva 1998, 2001 und 2003

ders., Grundprobleme des bürgerlichen Rechts (1917). Übersetzt, herausgegeben und eingeleitet von Martin Avenarius und Anastasia Berger, Tübingen 2015

Poljanskij, Nikolaj Nikolaevič, Iosif Alekseevič Pokrovskij (Ličnost' pokojnogo i ego učenye trudy) [Iosif Alekseevič Pokrovskij (Die Persönlichkeit des Verstorbenen und seine gelehrten Arbeiten)] (1922), in: Pokrovskij, Osnovnye problemy graždanskogo prava [Grundprobleme des bürgerlichen Rechts], Nachdruck Moskva 2003, 327–340

Posch, Willibald, Rezension von: Pokrovskij, Grundprobleme des bürgerlichen Rechts (1917), Osteuropa-Recht, 63 (2017), 133–135

Saleilles, Raymond, École historique et droit naturel d'apres quelques ouvrages récents, Revue trimestrielle de droit civil, 1 (1902), 80–112

Stammler, Rudolf, Wirtschaft und Recht nach der materialistischen Geschichtsauffassung, Leipzig 1896

Suchanov, Evgenij Alekseevič (Red.), Graždanskoe pravo, Tom. 1: Obščaja čast' [Bürgerliches Recht, Bd. 1: Allgemeiner Teil], 3. Aufl., Moskva 2008

Šilochvost, Oleg Jur'evič, Russkie civilisty seredina XVIII – načalo XX v. [Russische Zivilrechtler von der Mitte des 18. bis zum 20. Jahrhundert], Moskva 2005

Vitrjanskij, Vasilij Vladimirovič/Suchanov, Evgenij Alekseevič (Hrsg.), Osnovnye problemy častnogo prava. Sbornik statej k jubileju doktora juridičeskich nauk, professora Aleksandra L'voviča Makovskogo [Grundprobleme des Privatrechts. Sammlung von Aufsätzen zum Jubiläum des Doktors der Rechtswissenschaften und Professors Aleksandr L'vovič Makovskij], Moskva 2010

Wedde, Rainer, Rezension von: Pokrovskij, Grundprobleme des bürgerlichen Rechts (1917), DRJV-Mitteilungen, 26 (2015), 50–53

Wieacker, Franz, Privatrechtsgeschichte der Neuzeit, 2. Aufl., Göttingen 1967

Zimeleva, Marija Vladimirovna, Reč pamjati Iosifa Alekseeviča Pokrovskogo, čitannaja na sobranii Obščestva ostavlennych pri fakul'tete obščestvennych nauk Moskovskogo gosudarstvennogo universiteta v mae 1920 goda [Gedenkrede für Iosif Alekseevič Pokrovskij, gehalten auf einer Versammlung der Gesellschaft der Überlebenden der Fakultät für Sozialwissenschaften der Staatlichen Universität Moskau im Mai 1920], abgedruckt in: Pokrovskij, Osnovnye problemy, 320–326

URL-Verzeichnis

https://soundstream.media/playlist/yuristy-chitayut-klassiku-pokrovskiy-i-a-osnovnyye-problemy-grazhdanskogo-prava (07.08.2024)

Miroslav Boháček

Ein tschechoslowakischer Wissenschaftler von europäischem Rang

Jakub Razim

ABSTRACTS

This brief portrait of Miroslav Boháček (1899–1982) introduces this influential Czechoslovak scholar to a broader international audience. The author aims to identify methodological impulses that Boháček first received during his legal education in Prague and Palermo and then developed further as a university teacher. This figure was chosen in particular because of his firm establishment in the academic elite of the first Czechoslovak Republic (1918–1938), as well as the role played by his influential publications. These works, which were highly appreciated by contemporaries and successors, branch out into three main directions. Boháček's literary legacy consists of critical studies on the history of Roman classical and Justinian law, treatises on the significance of Roman law in modern legal culture and how it should be studied and taught, as well as contributions to the history of romanisation and Czech legal history. This article is structured in two main parts. The first section is dedicated to Boháček's preparation for his academic career. It deals with his studies at the Prague Law Faculty and his professors, especially the role of Otakar Sommer as a mentor and protector and the influence of the legal historian Jan Kapras are emphasised here. It then turns to Boháček's study visit to the Faculty of Law in Palermo, with the focus on him attending Riccobono's lectures on the institutions of Roman law and his exegetical seminar as well as Salvatore Di Marzo's courses on property law. The second main section draws attention to the subsequent period when Boháček returned to his homeland and made a rapid career as a teacher of Roman law at the universities in Prague and Bratislava.

Krótki portret Miroslava Boháčka przedstawia tego wpływowego akademika czechosłowackiego szerszemu kręgowi międzynarodowych czytelników. Celem autora jest przedstawienie inspiracji, jakim Boháček uległ najpierw w czasie studiów w Pradze i Palermo, a następnie w czasie swej kariery akademickiej. Bohater tego rozdziału został wybrany także z uwagi na jego pozycję w akademickiej elicie Republiki Czechosłowackiej (1918–1938). Nie bez znaczenia były jego publikacje. Wysoko ceniony przez sobie współczesnych i kolejne pokolenia rozwijał swe badania w trzech kierunkach. Do jego naukowej spuścizny należą krytyczne badania historii klasycznego i justyniańskiego prawa rzymskiego, rozprawy o znaczeniu prawa rzymskiego dla współczesnej kultury prawnej, jak powinno być badane i uczone, oraz prace historyczne poświęcone wpływom romanistycznym na prawo czeskie. Spośród dwóch głównych części rozdziału, pierwsza poświęcona jest przygotowaniom Boháčka do kariery akademickiej. Przedstawione są jego studia na praskim wydziale prawa i jego tamtejsi profesorowie. Następnie Boháček przebywał na wydziale prawa w Palermo, gdzie uczęszczał na wykłady Riccobono i uczestniczył w jego seminarium poświęconym egzegezie źródeł. Słuchał też wykładu Salvatore Di Marzo o prawie własności. Druga część rozdziału poświęcona jest okresowi po powrocie Boháčka do ojczyzny i jego błyskotliwej karierze jako wykładowcy prawa rzymskiego na uniwersytetach w Pradze i Bratysławie.

I. Der Wissenschafts-Star

In diesem Beitrag geht es darum, ein kurzgefasstes wissenschaftliches Porträt des bedeutenden Gelehrten zu entwerfen und methodische Impulse zu identifizieren, die er zuerst im Zuge seiner Ausbildung erhielt und dann als Lehrer und Wissenschaftler weiterentwickelte.[1] Der Grund, warum die Wahl auf Miroslav Boháček (1899–1982) fiel, liegt sowohl in seiner festen Verankerung in der akademischen Elite der ersten tschechoslowakischen Republik (1918–1938) als auch in seiner von Zeitgenossen[2] sowie von den Nachfolgern[3] hoch geschätzten Publikationstätigkeit, die sich in drei Hauptrichtungen verzweigt. Es gehören hierzu: 1. kritische Studien zur Geschichte des römischen klassischen und justinianischen Rechts, 2. Abhandlungen über die Bedeutung des römischen Rechts in der modernen Rechtskultur und die Art und Weise, wie es studiert und unterrichtet werden sollte, 3. Beiträge zur Rezeptionsgeschichte und zur böhmischen Rechtsgeschichte.[4]

---

[1] Was die Literatur zum Thema betrifft, gibt es nur zwei Monografien, die Boháček größeren Platz einräumen. Das erste Buch ist ein kleines, von Dušan Straňák herausgegebenes Sammelwerk, das Gedenk- und wissenschaftliche Beiträge von mehreren Autoren enthält, die das Glück hatten, Boháček persönlich treffen zu können. Diese Kollektivmonografie ist nach wie vor der grundlegende Ausgangspunkt für die Erforschung des Lebens von Miroslav Boháček. Das zweite Werk stammt aus der Feder von Martin Gregor und beschreibt die Historiografie des römischen Rechts in der Slowakei. Leider muss sich aber der Leser des letztgenannten Buchs mit im Grunde bekannten biografischen Daten befriedigen, ohne einen näheren Einblick in die geistige Welt der Wissenschaftler zu gewinnen. Vgl. Straňák/u. a. (Hrsg.), Život a působení profesora Miroslava Boháčka, 2000; *Gregor*, Historiografia rímskeho práva na Slovensku: príbeh štyroch profesorov, 2021. Von den verfügbaren Archivbeständen wurden die im Masaryk-Institut und Archiv der Akademie der Wissenschaften der Tschechischen Republik (tsch.: *Masarykův ústav a Archiv Akademie věd České republiky*, weiter nur AAV), Institut für Geschichte und Archiv der Karlsuniversität in Prag (tsch.: *Ústav dějin Univerzity Karlovy a Archiv Univerzity Karlovy*, weiter nur AUK) und Nationalarchiv Prag (tsch.: *Národní archiv Praha*, weiter nur NA Praha) aufbewahrten Materialien verwendet. Dieser Beitrag wurde gefördert durch das Projekt *Majetková ochrana ženy po smrti manžela v proměnách dědického práva* (VGS PF UP 2023).

[2] Z. B. das Gutachten *Sommer*, Vyjádření o vědecké a učitelské činnosti prof. Boháčka, NA Praha, Archivfonds MŠK – osobní, Karton-Nr. 8.

[3] *Kejř*, Právní historik Miroslav Boháček (1899–1982), in: Šmahel (Hrsg.), Učenci očima kolegů a žáků, 2004, 59–68.

[4] Vgl. das anonyme interne Universitätsgutachten *Vědecká činnost prof. Dr. Miroslava Boháčka*, AUK, Archivfonds Právnická fakulta Univerzity Karlovy 1882–1953, Miroslav Boháček, Inventar-Nr.72, Karton-Nr. 8.

Den Lehrstuhl für römisches Recht in Prag, den Boháček seit dem Jahre 1945 innehatte, „erbte" er nach seinem Mentor und Protektor Otakar Sommer, mit dem er sowohl durch persönliche als auch intellektuelle Nähe und Offenheit gegenüber der europäischen *communitas eruditorum* verbunden war. So verkörperte Boháček als Universitätsprofessor die Kontinuität seines Faches, die zunächst wegen der Schließung der Universitäten im Jahre 1939 durch das Naziregime und dann wieder nach der kommunistischen Machtübernahme im Jahre 1948 leiden musste. Kurz nach Ende des zweiten Weltkrieges wurde nämlich das römische Recht durch die Rechtsgeschichte des Altertums ersetzt und verlor nicht nur seinen prominenten Platz im Lehrplan der juristischen Fakultät, sondern auch die selbständige Professur. Demzufolge sank die Romanistik in den Augen der marxistischen Wissenschaftskoryphäen zu einer nicht mehr als historischen Disziplin mit geringer Bedeutung für die juristische Ausbildung herab.[5]

Ungeachtet der politischen Umwälzungen nach 1948 und ihrer Folgen ist es aber heute unbestritten, dass Boháček das große Verdienst hat, das römische Recht zu einem attraktiven Diskussionsthema für die juristische Öffentlichkeit gemacht und den Horizont seiner heimischen Fachgenossen einerseits auf bisher vernachlässigte Rechtsgebiete, andererseits auf die Rezeptionszeit erweitert zu haben. Auch deshalb trifft die Einschätzung zu, dass er stärker historisch ausgerichtet war als der dogmatisch arbeitende Sommer.[6] Wie er Jahre später verriet, betrachtete Boháček seine Nachkriegsarbeit über römischrechtliche Elemente in der Rechtskultur der böhmischen Länder als Höhepunkt seiner wissenschaftlichen Laufbahn, die durch seine bisher unübertroffene, in der Editionsreihe des „Neuen Savigny" veröffentlichte Monografie *Einflüsse des Römischen Rechts in Böhmen und Mähren* gekrönt wurde.[7] Obwohl die meisten Titel in Boháčeks rechtsgeschichtlicher Bibliografie nach seinem erzwungenen Ausscheiden aus der Karls-Universität in 1949 geschrieben wurden – als Nichtkommunist entsprach Boháček nämlich nicht den Bedürfnissen der neuen Ausbildungspolitik und wurde vom Bildungsministerium auf eine weniger exponierte Position im Staatlichen Historischen Institut versetzt –, ist es doch nicht zu leugnen, dass die Wurzeln seines Forschungsansatzes bis in die formative Zwischenkriegszeit zurückreichen.

---

[5] Näher dazu vgl. *Rebro*, Socialistická spoločnosť a rímskoprávna kultúra, 1979, 21 ff.; *Bartošek*, Římské právo a socialistická společnost, 1966, 105 f.
[6] *Havránek/Pousta* (Hrsg.), Dějiny Univerzity Karlovy IV (1918–1990), 1998, 90.
[7] *Straňák/u. a.* (Hrsg.), Život a působení profesora, op. cit., 51.

II. Von Prag nach Palermo ...

Boháček immatrikulierte sich im September 1918 an der tschechischen juristischen Fakultät der Karlsuniversität in Prag und trat damit in die Fußstapfen seines Bruders Adolf, der 1908 sein Jurastudium abgeschlossen hatte und übrigens ein Kommilitone und Freund von Otakar Sommer war.[8] Es ist naheliegend, dass Adolf Boháček seinem jüngeren Bruder half, sich an der Universität zurechtzufinden.[9] Andererseits bleibt es jedoch rätselhaft, inwieweit er dazu beigetragen haben könnte, den frisch immatrikulierten Miroslav dem römischen Recht und Otakar Sommer näherzubringen. Nach seinen eigenen Worten war Boháček anfangs von der tschechischen Rechtsgeschichte begeistert, aber die leblose, langweilige Arbeit mit den böhmischen Quellen im Seminar von Jan Kapras konnte mit der Attraktivität der romanistischen Seminare und Übungen nicht mithalten. Diese wurden unter der Leitung von Leopold Heyrovský, der als Patriarch des Faches galt, von dem populären Josef Vančura und von dem rednerisch begabten Sommer abgehalten. Wie sich die Teilnehmer erinnern, waren sowohl der ältere Professor Vančura als auch der jüngere Dozent Sommer darauf bedacht, kollegiale Beziehungen zu pflegen und ihre Studenten bei der Stange zu halten. Besonders Sommer war bekannt dafür, dass er sich um das Wohl seiner Hörer kümmerte und ihnen auf jede erdenkliche Weise half.[10]

Die tschechoslowakische Studienordnung verlangte das Bestehen des historischen juristischen Staatsexamens (mit den Schwerpunkten Rechtsgeschichte, Kirchenrecht und römisches Recht) als eine der drei separaten Staatsprüfungen, die man alle ablegen musste, um einen akademischen Grad an der juristischen Fakultät zu erlangen. Für die Zulassung zur Prüfung reichte es jedenfalls aus, wenn die Jura-Kandidaten eine bestimmte Anzahl von Vorlesungen belegten.[11] Boháček hingegen gab sich besondere Mühe und kehrte – neben den von Sommer gehaltenen Lehrveranstaltungen – immer wieder zu den Seminaren zurück, die seine wissenschaftliche Richtung vorgegeben hatten. Sie hatten zu ihrer Zeit elitären Charakter und dienten einem kleinen Kreis von Enthusiasten in erster Linie zur Vertiefung ihrer theoretischen Kenntnisse und zur Vorbereitung auf die eigenständige Forschung. Boháček absolvierte mit Auszeichnung drei Seminare in tschechischer Rechtsgeschichte, in denen er sich seit dem SoSe 1919 unter Betreuung von Kapras kontinuierlich mit dem Gang der mittelalterlichen Rezeption am Beispiel des Brünner Stadtbuchs befasste, und drei im römischen

---

[8] Dazu online Universitätsmatrikel *Studenti pražských univerzit 1882–1945:* http://is.cuni.cz/webapps/archiv/public/?lang=cs. (01.05.2024).

[9] *Straňák/u.a.* (Hrsg.), Život a působení profesora, op. cit., 16–18.

[10] Vgl. die Erinnerungsbeiträge, die in der FS Otakar Sommer, Turnov, 1941, gesammelt wurden.

[11] Näher dazu *Vojáček*, Časopis pro právní vědu a praxi, 15/2 (2007), 150 ff.; *ders.*, Časopis pro právní vědu a praxi, 15/4 (2007), 329 f.

Recht, geleitet von Heyrovský und Vančura, wo er sich seit dem WiSe 1919/1920 mit den Instituten *depositum irregulare* und *custodia* auseinandersetzte.[12] Durch sein Talent und seinen Fleiß gewann er die Zuneigung der Professoren Kapras und Vančura, die seine Leistungen würdigten, indem sie ihm eine finanzielle Belohnung für seine Ergebnisse vorschlugen und empfahlen, ihm ein Stipendium für Studien im Ausland zu gewähren.[13] Unterstützung fand er vor allem bei Sommer, der in seinem zukünftigen Kollegen Potenzial sah. Da Sommer nicht nur Akademiker, sondern auch Sektionsrat in der Abteilung des Unterrichtsministeriums war, konnte er Boháček in seinem Büro anstellen, bis ihn die Professorenschaft als bezahlten Assistenten in der Seminarbibliothek der juristischen Fakultät vorschlug. Darüber hinaus erwies sich Sommer als ein väterlicher Begleiter in der Welt der Romanistik, der über zahlreiche Kontakte zu ausländischen Rechtswissenschaftlern von Rang und Namen verfügte.

Zwei Persönlichkeiten, mit denen Otakar Sommer korrespondierte, sei es offiziell oder privat, begegnete auch Miroslav Boháček in der Rolle eines motivierten Studenten, der entschlossen war, seine Fachkompetenzen in der Arbeit mit den römischen Rechtsquellen durch Kurse außerhalb der Alma Mater zu vertiefen. Die Schritte des lerneifrigen jungen Mannes führten ihn zuerst in das papyrologische Seminar von Prof. Mariano San Nicolò an der Deutschen juristischen Fakultät in Prag.[14] Es fehlt allerdings an detaillierten Belegen für Boháčeks Engagement im Rahmen dieser Quellenübungen, die er nachweislich im SoSe 1920 und 1921 als Hospitant besuchte.[15] In der Literatur taucht die Meinung auf, dass sich die tschechische und die deutsche Universität in Prag in der Zwischenkriegszeit fast als Parallelwelten entwickelt hätten, in denen nur wenige Wissenschaftler, meist jüdischer Herkunft, den Kontakt zueinander pflegten.[16] In unserem, wenn auch nicht ganz üblichen Fall wurde diese tschechisch-deutsche Verschlossenheit durchbrochen, und obwohl Boháček nach dem Zeugnis seines Habilitanden Josef Klíma keine systematische Papyrusforschung betrieb, interessierte er sich lebenslang für die Entwicklungen auf diesem Feld.[17]

---

[12] Curriculum vitae, NA Praha, Archivfonds MŠK – osobní, Karton-Nr. 8. Beide maschinenschriftliche Arbeiten zum römischen Recht befinden sich im AAV: Depositum irregulare. Referát, AAV, Archivfonds Miroslav Boháček, Inventar-Nr. 563, Karton-Nr. 12; Custodiam praesta[re], AAV, Archivfonds Miroslav Boháček, Inventar-Nr. 564, Karton-Nr. 12.

[13] Die handschriftlichen Gutachten von Prof. Vančura (Prag, 16.9.1921), AAV, Archivfonds Miroslav Boháček, Inventar-Nr. 5/1, Karton-Nr. 1, und von Prof. Kapras (undatiert), AUK, Archivfonds Právnická fakulta Univerzity Karlovy 1882–1953, Miroslav Boháček, Inventar-Nr. 72, Karton-Nr. 8.

[14] Über San Nicolò *Oberkofler*, Die Vertreter des römischen Rechts mit deutscher Unterrichtssprache an der Karls-Universität in Prag: vom Vormärz bis 1945, 1991, 54–56.

[15] Curriculum vitae, NA Praha, Archivfonds MŠK – osobní, Karton-Nr. 8.

[16] *Havránek/Pousta* (Hrsg.), Dějiny Univerzity Karlovy, 185.

[17] *Klíma*, Revue Internationale des Droits de l'Antiquité, 30 (1983), 10 f. Vgl. auch *Merell*, Papyry a kritika novozákonního textu, 1939, 39.

Stärker wurde Boháček durch seinen Stipendienaufenthalt an der Königlichen Universität von Palermo beeinflusst, einem zu der Zeit berühmten Zentrum für die Erforschung des römischen Rechts.[18] Seine erste nähere Begegnung mit dem ausländischen Universitätsmilieu, die im WiSe 1921/1922 erfolgte, schildert er folgendermaßen:

„In Palermo widmete ich mich ausschließlich dem Studium des römischen Rechts und besuchte die Vorlesungen und Übungen der dortigen Romanisten Prof. S. Riccobono und Prof. S. di Marzo. Mein Lehrer war jedoch vor allem der erstgenannte, unter dessen Betreuung ich während des gesamten Semesters sowohl ein systematisches Studium der grundlegenden Werke der modernen Romanistik als auch die Seminararbeit betrieb. Damit habe ich vor allem mein Fachwissen vertieft, aber auch moderne Methoden der kritischen Interpolationsforschung gründlich kennengelernt. Gleichzeitig hat mir die Arbeit im Seminar von Riccobono aber auch gezeigt, dass die Interpolationskritik nicht nur kein Selbstzweck ist, sondern dass ihr üblicher Zweck, nämlich die Ermittlung der von den Kompilatoren an den klassischen Texten vorgenommenen Änderungen, nicht das Endziel der Romanistik ist, die sich um eine genauere Kenntnis des klassischen Rechts bemühen muss, da in dieser Periode der größten Entwicklung des römischen Rechts zweifellos der Ursprung der meisten Änderungen gesucht werden muss, die heute als nachklassische oder justinianische Neuerungen und damit als Grundlage des modernen Privatrechts im Allgemeinen gelten. Ich betrachte die Aneignung dieser Sichtweise der modernen romanistischen Wissenschaft […] als einen der größten Gewinne meines Aufenthalts in Palermo."[19]

Aus dem im Nachlass von Otakar Sommer erhaltenen Briefwechsel geht hervor, dass sich der immer hilfsbereite Sommer zuerst bei Salvatore Riccobono nach den Möglichkeiten und Bedingungen der Reise erkundigte und dass der berühmte Palermitaner in seiner brieflichen Antwort zusagte, den tschechischen Stipendiaten aufzunehmen.[20] Weitere Einzelheiten ergeben sich dann aus den Berichten, die Boháček an Sommer nach Prag schickte und in denen er seine Fortschritte in Palermo beschrieb.[21] So erfährt man, dass er sowohl die Vorlesungen von Riccobono über die Institutionen des römischen Rechts und sein exegetisches Seminar als auch die Veranstaltungen von Salvatore Di Marzo über das Sachenrecht belegte.[22] Wenn wir seinen Worten Glauben schenken, war er beeindruckt von der väterlichen Haltung und Redegewandtheit Riccobonos, der

---

[18] Z. B. *Marrone*, Index, 25 (1997), 587–616, Online-Version: https://sites.unipa.it/dipstdir/pub/marrone/romanisti_palermo.htm (01.05.2024).

[19] Zit. nach Curriculum vitae, NA Praha, Archivfonds MŠK – osobní, Karton-Nr. 8.

[20] Brief an Sommer von Riccobono, Palermo, 30.8.1921, AAV, Archivfonds Miroslav Boháček, Inventar-Nr. 350, Karton-Nr. 8.

[21] Briefe an Sommer von Boháček, Palermo, 10.11.1921, 27.11.1921 und 18.12.1921, AAV, Archivfonds Otakar Sommer, Sign. IIb.

[22] Zu den Professoren vgl. mit weiterer Literatur die biographischen Artikel *D'Angelo*, Di Marzo, Salvatore, in: Birocchi/Cortese/Mattone/Miletti (Hrsg.), Dizionario biografico dei giuristi italiani (XII–XX secolo) 1, 2013, 763 f.; *Varvaro*, Riccobono, Salvatore sr., in: Birocchi/Cortese/Mattone/Miletti (Hrsg.), Dizionario biografico dei giuristi italiani (XII–XX secolo) 2, 2013, 1685–1688, mit der Erwähnung von Boháček auf S. 1685.

nicht versäumte, seinen Gast mit italienischer und deutscher Literatur und vor allem mit Neuerscheinungen zu versorgen. Dank dieser Lektüre soll Boháček, wie er selbst zugibt, zum ersten Mal Bekanntschaft mit dem römischen Strafrecht gemacht haben, das später zu einem seiner Lieblingsthemen wurde.

Die an sich wertvolle persönliche Selbstreflexion von Boháček, die sich in seiner Korrespondenz mit Sommer widerspiegelt, ergänzt sich gut mit seinen Vorlesungsmitschriften und Literaturauszügen, die sich aus der sizilianischen Lebensperiode erhalten haben. Während nur ein Torso von Riccobonos Vorlesungen in dem von Boháček geführten Notizbuch (*Quaderno*) zu finden ist,[23] sind die Vorträge von Di Marzo gewissenhaft aufgezeichnet, wahrscheinlich weil der aus der Tschechoslowakei angereiste Zuhörer hier die Chance sah, viel Neues kennenzulernen.[24] Nach den Stunden, die Boháček in Riccobonos Gesellschaft verbrachte, hielt es der junge Student für angebracht, zumindest einige Beobachtungen über den kompilativen Charakter des *Corpus Iuris Civilis* sowie die Möglichkeiten und Grenzen der Rekonstruktion des klassischen Rechts auf der Grundlage der justinianischen Kodifikation festzuhalten. Die romanistische Einführung in das Sachenrecht, für die Di Marzo zuständig war, lehnte sich konsequent an die Systematik der Gaius-Institutionen an. Ausgangspunkt waren der gaianische *res*-Begriff und die Einteilung der Dinge, kritisch gemessen an den Ergebnissen sowohl klassischer als auch neuerer Fachliteratur und dargestellt in einer vergleichenden Perspektive, die einerseits auf das justinianische Recht, u. a. auf die im CIC enthaltenen Fragmente der *Res cottidianae* von Gaius, andererseits auf die literarischen Quellen wie z. B. die Werke von Cicero und die Plinius-Briefe Rücksicht nahm. So wurde im Unterricht eine ausgewogene Kombination der dogmatischen und entwicklungsorientierten Ansätze erreicht.

Von den Übungen unter Leitung von Riccobono, die darauf abzielten, praktische Fertigkeiten im Umgang mit römischen Rechtstexten zu entwickeln, liegen uns weder Anweisungen des *maestro* noch ein Feedback des Kursteilnehmers vor, so dass wir uns mit Boháčeks Literaturrecherche und Hausarbeit zufriedengeben müssen. Zur Seminarvorbereitung gehörte vor allem die Lektüre, die Hintergrundinformationen zu den Digesten als Ausgangspunkt für die romanistische Forschung liefert.[25] Auszüge aus Pietro Bonfantes *Lezioni di storia del diritto romano* (1919), die Boháček eigenhändig angefertigt hat, befassen sich ausschließlich mit dem Kapitel über die Interpolationen und der breiten Skala von Kriterien, die zu deren Aufdeckung durch die moderne Rechtswissenschaft entwickelt wurden. Demselben propädeutischen Zweck, d. h. der Rekonstruktion des justinianischen Textes und seiner klassischen Vorstufen, dienten weiter

---

[23] AAV, Archivfonds Miroslav Boháček, Inventar-Nr. 825, Karton-Nr. 33.
[24] So Boháček im Brief an Sommer, Palermo, 27.11.1921, AAV, Archivfonds Otakar Sommer, Sign. IIb.
[25] AAV, Archivfonds Miroslav Boháček, Inventar-Nr. 826/1, Karton-Nr. 33.

die Notizen, die aus der *Einführung in das Studium der Digesten* (1916) von Fritz Schulz abgeschrieben sind.

Anders war es mit Biagio Brugi und seiner Abhandlung *Per la storia della giurisprudenza e delle università Italiane* (1921), wo der Autor auf das „zweite Leben" des römischen Rechts im Mittelalter eingeht. Seit seiner Studienzeit beschäftigte sich Boháček ebenfalls mit der Frage der Rezeption, doch beschränkte er sich bisher auf einen Vergleich der Standardausgaben des CIC und des sog. Brünner Rechtsbuchs.[26] Wenn er in seinen späteren Analysen den mittelalterlichen Handschriften und ihrer Texttradition, die eine Kulturbrücke zwischen der antiken Rechtsordnung und den von ihr inspirierten einheimischen Rechtsdenkmälern bildete, viel mehr Aufmerksamkeit schenkte, kann man darin den positiven Einfluss des Studienaufenthalts in Sizilien erahnen.[27] Boháček fand es jedenfalls ratsam, aus Brugis Buch einige Beobachtungen über die Schulen der Glossatoren resp. Kommentatoren und ihre Bedeutung für die Gegenwart zu übernehmen, die er mit einem eigenen vielsagenden Zusatz versah: *„Die älteren Juristen (= Glossatoren) haben das römische Recht oft besser verstanden als wir und sind daher auch für den modernen Romanisten die nützlichste Hilfe".*

Eine solche hohe Wertschätzung des wissenschaftlichen Erbes der mittelalterlichen Gelehrten deckt sich mit den Ansichten von Riccobono,[28] dessen eigene quellennahe Studien über Miteigentum, Förmlichkeit der Stipulation, griechische Papyrusfragmente mit dem Kommentar zu Ulpian (bekannt als *Scholia Sinaitica*) bzw. über die juristische Kompilationsschrift *libri ad Minicium* kaum überraschend einen bedeutenden Teil von Boháčeks Auszügen bilden.[29] Ein vergleichbares Interesse wird nur der Monografie mit kriminologischem Schwerpunkt gewidmet, die Emilio Costa unter dem Titel *Crimini e pene da Romolo a Giustiniano* (1921) veröffentlichte. Ausführliche, die chronologische Entwicklung der kriminellen Bestrafung von den ältesten Zeiten bis Justinian nachvollziehende Exzerpte einschließlich einer kommentierten Bibliografie, die bis zum Mittelalter reicht, scheinen den wesentlichen Ansporn für künftige strafrechtliche Beiträge von Boháček gegeben zu haben, in welchen Costas Name in den Fußnoten wiederholt auftaucht.

---

[26] *Boháček*, Římské právní prvky v právní knize brněnského písaře Jana, 1924. Vgl. *Straňák/u. a.* (Hrsg.), Život a působení profesora, op. cit., 13.

[27] Vgl. bereits *Boháček*, Ještě k římskoprávnímu obsahu brněnské právní knihy, in: Sborník prací z dějin práva československého I. K padesátým narozeninám profesora Jana Kaprasa jeho žáci, 1930, 39–49.

[28] *Varvaro*, Riccobono e la critica interpolazionistica, in: ders. (Hrsg.), L'eredità di Salvatore Riccobono, 2020, 41–46.

[29] *Dalla Communio del diritto quiritario alla comproprietà moderna* (1913), *La forma della stipulatio a proposito del fr. 35,2 D. (45,1)* (1921), *Scholia Sinaitica* (1898), *Libri VI Iuliani ad Minicium* (1894–5). Vgl. dazu *Baviera*, Salvatore Riccobono e l'opera sua, in: Studi in onore di Salvatore Riccobono 1, 1936, XXXIII ff.

Schließlich nimmt die Studie namens *Dies vel condicio. Lineamenti della dottrina romana della condizione* (1914) aus der Feder von Filippo Vassalli einen besonderen Platz auf der Leseliste ein. Vassalli hat Quellentexte zu verschiedenen Arten von Rechtshandlungen gesammelt, deren Wirkungen entweder durch eine Bedingung oder durch eine Zeitbestimmung modifiziert werden, und sie unter die Lupe genommen. Und es war gerade seine Lehre über die bedingten Rechtsgeschäfte, wonach die Kompilatoren die klassische Doktrin über die *condicio* in den Digesten nicht übernommen, sondern sie an die Rechtskonstruktion von *dies* angepasst haben, die Boháček seinerseits bejahte und als aktuelle Grundlage für seine unter dem Titel *Note esegetiche* (1923) in der Reihe *Annali del Seminario giuridico della R. Università di Palermo* gedruckte Seminararbeit nahm.[30] Das Ziel war nicht so sehr eine dogmatische Revision der Ansichten Vassallis, sondern vielmehr – im Einklang mit der Hauptaufgabe des Riccobono-Seminars – die Klärung einiger noch strittiger Punkte durch exegetische Methode und damit die Anregung zu weiterer Forschung. Obwohl es sich um eines der Erstlingswerke dieses Autors handelt, wurde *Note esegetiche* im Ganzen positiv bewertet, wie aus der Rezension hervorgeht, deren Resultat lautet:

„Die Erhebungen B[oháček]s werden teils als Ergänzungen, teils als Weiterführung der bahnbrechenden Ergebnisse von Vassalli über die Funktionen des bedingten Rechtsgeschäfts [...], auf denen sie gründen, künftig bei erneuter Aufnahme des Fragenkomplexes mitzuberücksichtigen sein".[31]

III. ... zurück in der Heimat

Nach seiner Rückkehr aus Sizilien und Wiederaufnahme des Studiengangs in Prag dauerte es nicht lange, bis der zielstrebige Boháček im Jahre 1923 zum Doctor iuris promoviert wurde. Nun stand ihm nichts mehr im Wege, um sich schnell in den akademischen Kreisen der ersten Tschechoslowakischen Republik zu etablieren. Schon in den 1920er Jahren begann der begabte Schützling von Otakar Sommer eine „fabelhafte" Karriere und stieg vom Assistenten in der Seminarbibliothek zum außerordentlichen Dozenten und schließlich zum Professor auf.[32] In unserem Kontext brauchen wir nicht alle seine diversen, mit den juristischen Fakultäten in Prag und Bratislava verbundenen Aktivitäten detailliert zu verfolgen. Es lohnt sich jedoch, einige Schlüsselmomente in seinem Berufsleben hervorzuheben, in denen Boháček als Vermittler und Verfechter der pädagogisch-wissenschaftlichen Anregungen seiner Lehrer in den Vordergrund tritt.

---

[30] Vorbereitungsmaterial unter der Bezeichnung *Exegetické poznámky k nauce o výmince* aufbewahrt in AAV, Archivfonds Miroslav Boháček, Inventar-Nr. 825, Karton-Nr. 33.
[31] Ebrard, SZ (RA), 47 (1927), 423 f.
[32] So *Gregor*, Historiografia rímskeho práva, op. cit., 128.

1. Aus der breiten Palette von Themen des (nach-)klassischen römischen Rechts, die Sommers tatkräftiger Schüler und späterer Kollege zwischen den beiden Weltkriegen literarisch behandelte, sind vor allem drei seiner innovativen Untersuchungen zum Strafrecht erwähnenswert.[33] Die erste und umfangreichste, die später in zwei kleinere Festschriftenbeiträge umgewandelt wurde,[34] trägt den Titel *Berytské nauky v justiniánské kompilaci (Cod. Just. 2, 4, 18)*.[35] In dieser Abhandlung, die nicht zufällig Salvatore Riccobono gewidmet ist, geht der Verfasser näher auf die Einflüsse der Rechtsschule von Berytus auf die Kompilation Justinians ein, deren Bestätigung oder Leugnung zu der Zeit, als Boháček sein Werk schrieb, unter den Romanisten heftig umstritten war.[36] Inhaltlich geht es um eine minutiöse Analyse der Kaiserkonstitution von Diokletian und Maxentius aus dem Jahre 293 n. Chr., die in den Codex übernommen wurde und in der kodifizierten, schwierig zu interpretierenden Fassung festlegt, dass mit Ausnahme des Ehebruchs das gerichtliche Vergleichsverfahren bei allen Kapitalverbrechen zulässig ist, während bei anderen öffentlichen Verbrechen, die nicht mit dem Tod bestraft werden, jeder Vergleich ausgeschlossen ist. Die enigmatische Codex-Stelle über die Zulässigkeit privater Vereinbarungen über den Verzicht auf ein Strafverfahren ist deshalb von Belang, weil der zeitgenössische französische Romanist und Kenner der Schule des syrischen Berytus/Beirut, Paul Collinet, gerade in C. 2. 4. 18 den Hauptbeweis für seine These vom schöpferischen Beitrag der orientalischen Rechtsschulen zur Umgestaltung des klassischen römischen Rechts in das justinianische sah. Zu den entschiedensten Kritikern einer solchen Auffassung gehörte niemand anderes als Riccobono, der an die organische Rechtsentwicklung bei den Römern glaubte. Leistungen der nachklassischen Jurisprudenz betrachtete er als epigonal und vermutete, dass sich das römische Recht immer nur durch seine eigene schöpferische Kraft gewandelt habe. Auch der eher gemäßigte Boháček steht den Schlussfolgerungen Collinets skeptisch gegenüber und räumt zwar ein, dass C. 2. 4. 18 ein Beleg für den Anteil der berytischen Juristen und namentlich des berühmten Professor Patrikios am CIC ist, gleichzeitig mache aber dieselbe Quellenstelle den Verfall der Schulkultur in Berytus deutlich, sodass der Autor hier im Gegensatz zu Collinet *„den größten Anlass zur Vorsicht bei der Beurteilung der Fähigkeiten und*

---

[33] Vgl. *Skřejpek*, Boháček – romanista, in: Straňák/u. a. (Hrsg.), Život a působení profesora, op. cit., 74 f.

[34] *Boháček*, Praevarikace žalobcova v trestním řízení římském a ustanovení zákona Aciliova k ní se vztahující, in: Pocta k sedmdesátým narozeninám univ. prof. dra Augusta Miřičky, 1933, 93–105; *ders.*, Un esempio dell'insegnamento di Berito ai Compilatori: Cod. Just. 2, 14, 18, in: Studi in onore di Salvatore Riccobono 1, 335–398.

[35] *Boháček*, Berytské nauky v justiniánské kompilaci (Cod. Just. 2, 4, 18), 1931. Begutachtet von *Sommer*, *Vyjádření o vědecké a učitelské činnosti*, 1–5.

[36] Näher dazu *Wenger*, Der heutige Stand der römischen Rechtswissenschaft: Erreichtes und Erstrebtes, 1970, 25 ff.

der Produktion der nachklassischen orientalischen Rechtsschulen und ihres Einflusses auf die Entstehung des justinianischen Rechts" sieht.[37]

2. Im Einklang mit dem von Riccobono vertretenen Lehrprogramm, das sich vereinfacht mit der Parole „Romanistik im Dienst der Rechtsdogmatik" zusammenfassen lässt, weil es auf ein tieferes Verständnis des geltenden Rechts durch die Vermittlung seiner römisch-rechtlichen Voraussetzungen abzielt,[38] und in demselben Geist wie Sommer[39] griff auch Boháček in eine literarische Debatte unter den Rechtswissenschaftlern seiner Zeit ein, von denen einige die Aktualität des römischen Rechts und seine Rolle im Curriculum der juristischen Fakultät verteidigten und andere sie in Frage stellten. Es darf ebenfalls nicht vergessen werden, dass dieser rege Meinungsaustausch in der Atmosphäre der Vorbereitungen für die Reform der Juristenausbildung verlief. Die Notwendigkeit der Veränderungen wurde von der interessierten Öffentlichkeit bereits vor dem Ersten Weltkrieg erkannt und sollte sich in der ersten Tschechoslowakei unter anderem in der Reduktion des Unterrichts in den rechtshistorischen Disziplinen ausdrücken, damit sich das Studium stärker an den Bedürfnissen der Praxis orientieren könnte.[40]

Boháčeks Gegner im „Kampf" um das römische Recht war niemand geringerer als František Weyr, das anerkannte Haupt der sog. Brünner normativen Schule, deren Anhänger ideologisch Hans Kelsen und seiner reinen Rechtslehre nahe standen.[41] Weyr, ein scharfer und ironischer Polemiker, dessen Wesen man treffend als antihistorisch und -romantisch beschreiben kann,[42] förderte seine „reine Rechtstheorie" auf Kosten der von ihm denunzierten „Römischen Rechtstheorie", die in der 1918 neu gegründeten Tschechoslowakei noch immer als Propädeutikum für das Studium des geltenden Rechts diente und eine ungewollte Konkurrenz darstellte.[43]

Anlass dazu, eine öffentliche Stellungnahme für oder gegen römisches Recht abzugeben, lieferte die Entscheidung des Obersten Gerichtshofs in Brünn Nr. Rv I 238/29, die von der Vorjudikatur abwich, und zwar in der Frage, ob absoluter Rechtsschutz auch dem Vertragsberechtigten zu gewähren ist. Die Richter hatten

---

[37] *Boháček*, Berytské nauky, 73.
[38] *Wieacker*, SZ (RA), 76/1 (1959), 679 f.; *Koschaker*, Europa und das römische Recht, 1966, 304 f.
[39] *Sommer*, Reforma právnických studií, 1925, 53 ff.; *ders.*, Všehrd, 17/4 (1935–1936), 144–145. Vgl. auch *Boháček*, Otakar Sommer, 1949, 19, 20.
[40] *Vojáček*, Notitiae ex Academiae Bratislavensi Iurisprudentiae, 1 (2007), 28 ff.; *Pousta*, Výuka na Právnické fakultě Univerzity Karlovy a pokus o reformu studia v meziválečném období, in: Malý/Soukup (Hrsg.), Československé právo a právní věda v meziválečném období (1918–1938) a jejich místo ve střední Evropě 1, 2010, 248 ff. Im Gegensatz zu Sommers wesentlich ausführlicherer Stellungnahme nahm Boháček nur in einer kurzen Glosse direkt zu den Reformvorschlägen Stellung in *Boháček*, Všehrd, 18/7 (1937), 281 ff.
[41] Dazu *Kubeš*, Brněnská škola ryzí nauky právní, in: Weinberger/Kubeš (Hrsg.), Brněnská škola právní teorie, 2003, 9 ff.
[42] *Horák*, Brněnská normativní civilistika (postavy, projekty, polemiky), 2019, 67.
[43] Vgl. *Sommer*, Reforma, op. cit., 15.

dies mit der Begründung bejaht, dass der Nießbraucher wegen Verletzung des Nießbrauchsrechts nicht nur dann klagen kann, wenn der Verpächter selbst der Störer ist, sondern auch wenn es sich um einen Dritten handelt, der das Recht des Pächters stört. In diesem Punkt widersprach der Romanist Boháček, der in der Entscheidung einen Verstoß gegen den im Zivilgesetzbuch verankerten römischen Grundsatz des Pachtrechtsschutzes *inter partes* sah,[44] während der Theoretiker Weyr zustimmte, wobei er die Originalität des richterlichen Denkens lobte und kategorisch erklärte, dass die Argumentation der Judikatur auf dem Gesetz und nicht auf den „Dogmen" des römischen Rechts beruhen sollte.[45] Beide kritisierten allerdings das *obiter dictum,* in dem es hieß: *„für die Justiz bleiben Fragen der Doktrin beiseite, sie nimmt Rücksicht nur auf das praktische Leben und seine wirtschaftlichen Bedürfnisse".*

Weyr und Boháček hatten also den geworfenen Fehdehandschuh aufgenommen und nutzten die kontroverse Judikatur als Gelegenheit, um nicht nur ihren eigenen Wissenschaftsstatus zu verteidigen, sondern auch um ihren Gegner vor der Fachwelt zu diskreditieren.[46] Auf theoretischer Ebene ging aber der Gelehrtenstreit in den 1930er Jahren weiter. Ersterer wiederholte und entwickelte seine pessimistische Einschätzung der römischen Rechtslehre und ihrer Auswirkungen auf die Ausbildung künftiger Juristen in seiner einflussreichen Monografie zur Rechtstheorie (*Teorie práva*) weiter.[47] Letzterer verteidigte sich mit dem Hinweis darauf, dass, selbst wenn die Römer keine Rechtstheorie im Sinne Weyrs, d. h. keine Rechtsphilosophie, geschaffen hätten, es nicht zu leugnen sei, dass *„sie der Menschheit auf diesem Gebiet einen beeindruckenden und vor allem für das Privatrecht immer noch unverzichtbaren Bestand an juristischen Denkformen gegeben haben."*[48] Darüber hinaus argumentiert Boháček, dass sein Gegner in Unkenntnis der modernen Fachliteratur einen Fehler begehe, wenn er in seiner pauschalen Kritik nicht zwischen der römischen Jurisprudenz und der späteren romanistischen Forschungstradition unterscheide und wenn er übersehe, dass die in *Teorie práva* angegriffene Pandektistik in den Fragen der Systematik und Begriffsbildung, die Weyr am meisten interessieren, mehrmals zu Lehren gelangt sei, die nicht aus den Schriften der römischen Juristen entnommen wurden, was sich dadurch erkläre, dass Pandektisten die Quellen der Antike eigentlich nur zu Demonstrationszwecken verwendet hätten.[49]

---

[44] *Boháček*, Bratislava, 4/1 (1930), 408 ff.; *ders.,* Bratislava, 5/1 (1931), 165 ff.

[45] *Weyr*, Teorie a praxe, Časopis pro právní a státní vědu, 13 (1930), 253 ff.

[46] In diesem Sinne vgl. schon *Horák*, Právní rozhledy, 23/4 (2015), 116 in Anm. 9. Siehe auch die Wiedergabe der Argumentation bei *Dostalík*, Obligační nebo věcně-právní účinky pachtu? Spor mezi Františkem Weyrem a Miroslavem Boháčkem, in: Bubelová (Hrsg.), Polemiky a spory v právní vědě, 2010, 19 ff.; *Mlkvá-Illýová*, Historia et theoria iuris, 12/1 (2020), 74 ff.

[47] *Weyr*, Teorie práva, 1936, 144 ff.

[48] *Boháček*, O vlivu římskoprávního myšlení na moderní právní vědu, in: Pocta k 60. narozeninám prof. dr. Alberta Miloty, 1937, 11 ff. mit dem Zitat auf S. 13.

[49] *Boháček*, O vlivu, op. cit., 16 f.

Es sei der Vollständigkeit halber hinzugefügt, dass in der Rechtspraxis beide Stimmen ein Echo fanden.[50] Was die Rechtsprechung betrifft, akzeptierte nämlich der Oberste Gerichtshof die Kritik an seinen früheren Entscheidungen und folgte den Schlussfolgerungen von Boháček in der Plenarentscheidung Nr. Pres. 1965/31 aus dem Jahre 1932. So wurde entschieden, dass der Mietvertrag ein bloßes Schuldverhältnis zwischen Vertragsparteien begründet und keinen Schutz gegen Eingriffe anderer Personen bietet. Während der Rekodifikation wurde hingegen dem von Weyr geförderten Konzept der sachenrechtlichen Wirkungen des Mietvertrags Rechnung getragen, und im Regierungsentwurf des Bürgerlichen Gesetzbuchs von 1936/37 wurde in § 155 eine Bestimmung über den petitorischen Schutz des Mieters gegen Dritte eingearbeitet.

3. Entsprechend der hohen Wertschätzung, die Riccobono den mittelalterlichen Rechtsgelehrten als vortrefflichen Auslegern des justinianischen Corpus entgegenbrachte,[51] und zugleich im Sinne des von Otakar Sommer formulierten Forschungsprogramms[52] gelang es Boháček schließlich, aus seiner engen Spezialisierung auszubrechen und mit dem interdisziplinären Thema des Eindringens des römischen Rechts in die böhmischen Länder die Historiker anzusprechen. Zwar hatte Sommer einmal die „Erforschung der späteren Entwicklung des römischen Rechts" zu einer der romanistischen Grundfragen erklärt, doch hatte er selbst die Rezeption nicht näher thematisiert. Erst Boháček, der im rechtshistorischen Seminar unter Leitung von Jan Kapras für diese Aufgabe vorbereitet worden war, setzte die Pläne seines verehrten Lehrers in die Tat um.

Während der Zwischenkriegszeit lag der Schwerpunkt von Boháčeks historischem Interesse, abgesehen von seinen eher nebensächlichen, wenn auch sorgfältigen Rezensionen,[53] auf dem stark romanisierten Brünner Rechtsbuch aus der Mitte des 14. Jahrhunderts, dessen Erstellung dem Stadtschreiber Johannes zugeschrieben wird. In einem schmalen, aber wichtigen Büchlein *Římské právní nauky v právní knize brněnského písaře Jana,* das konzeptionell der modernen Rechtsgliederung folgt, geht der Autor auf die einzelnen Sachgebiete ein und registriert, wenn auch meist nur kurz, wie viele und welche Regeln des römischen Rechts in diesem Rechtsdenkmal, das in der älteren Geschichtsschreibung auch

---

[50] *Horák*, Právník, 156/12 (2017), 1116; *Melzer/Tégl*, Absolutní ochrana relativních práv? K výkladu § 1044 občanského zákoníku, aneb po devadesáti letech opět na začátku, in: Rekodifikace obchodního práva – pět let poté. Svazek II. Pocta Ireně Pelikánové, 2019, 243 ff.

[51] Zit. bei *Varvaro*, Riccobono e la critica, op. cit., 44. Vgl. auch *Boháček*, Otakar Sommer, op. cit., 48.

[52] *Sommer*, Novější směry v romanistice, in: Památník Spolku českých právníků Všehrd, 1918, 76 f., 82 f.

[53] *Boháček*, Sborník věd právních a státních, 42 (1942), 185–193. Es ist kaum überraschend, wenn Boháček ausgerechnet dem Festschriftbeitrag von Eberhard Schmidt *Inquisitionsprozess und Rezeption. Studien zur Geschichte des Strafverfahrens in Deutschland vom 13. bis 16. Jahrhundert* bzw. seiner Darstellung zu den Ursprüngen des Inquisitionsverfahrens und der Folter im Brünner Stadtrecht, einen großen Raum widmet.

als Schöffenbuch bezeichnet wird, enthalten sind. Angesichts der herausragenden Stellung des sog. Schöffenbuchs in der heimischen Rechtsentwicklung hoffte Boháček, auf diese Weise herausfinden zu können, welche römisch-rechtlichen Normen ihren Weg in unser Stadtrecht gefunden haben. Allerdings ließ er auch den formalen Aspekt nicht außer Acht und charakterisierte das Objekt seiner Untersuchung als alphabetisch geordnete Sammlung von Entscheidungen des Stadtgerichts, deren Typologie er anschließend ausarbeitete.[54]

Was die Textvorlagen betrifft, mithilfe derer sich der Brünner Stadtschreiber Johannes im römischen Recht unterweisen ließ, überließ Boháček ihre genaue Identifizierung einem besonderen Beitrag zu Ehren seines Lehrers Jan Kapras. In den theoretischen Passagen des Stadtbuchs, die antike Einflüsse zeigen, war Boháček imstande, drei Schichten zu unterscheiden, die aus der justinianischen Kompilation, der legistischen Glosse und anderen Werken des Mittelalters stammen. Dabei hielt er es für die wahrscheinlichste Hypothese, dass das Wissen über das römische Recht nicht direkt aus dem CIC, der Glossa Accursii oder den großen Summen des Mittelalters geschöpft worden war, sondern aus den praktischen Handbüchern der nachaccursischen Legisten.[55]

So sammelte Miroslav Boháček durch eigene Quellenarbeit genug Erfahrung, um eine zuverlässige Bilanz des Erreichten auf dem Feld der Rezeptionsforschung ziehen und weitere Perspektiven dieser Fachrichtung sachkundig aufzeigen zu können. Dazu kam es im Mai 1937 im Gebäude der Philosophischen Fakultät in Prag auf dem Ersten Kongress der tschechoslowakischen Historiker, dessen Einberufung durch die Verschärfung der internationalen politischen Lage in Mitteleuropa Mitte der 1930er Jahre mitangeregt wurde. Ziel des Treffens, dem auch Boháček sein Korreferat zum Hauptreferat des Rechtshistorikers František Čáda angepasst hatte, war es, aufgrund eines Rückblicks auf mehrere Jahrzehnte tschechischer und slowakischer historischer Arbeit aktuelle und künftige Bedürfnisse und Herausforderungen zu ermitteln.[56]

In seiner programmatischen Rede vor der Prager Historikerversammlung stellte Miroslav Boháček mit Bedauern fest, dass das „zweite Leben" des römischen Rechts bei seinen Fachkollegen im In- und Ausland wenig Beachtung finde, abgesehen von Italien, wo die Rezeptionszeit als Teil der italienischen Rechtsgeschichte gelte. In den wenigen Fällen, in denen sich ein Forscher mit der Rezeptionsgeschichte auseinandersetze, handele es sich meistens um die

---

[54] *Boháček*, Římské právní prvky.
[55] *Boháček*, Ještě k římskoprávnímu obsahu.
[56] *Vorel*, Zpravodaj Historického klubu, 22/1–2 (2011), 94; *Kutnar/Marek*, Přehledné dějiny českého a slovenského dějepisectví: od počátků národní kultury až do sklonku třicátých let 20. století, 1997, 782; *Kostlán*, Druhý sjezd československých historiků (5.–11. října 1947) a jeho místo ve vývoji českého dějepisectví v letech 1935–1948, 1993, 37–47. Ausführlicher über den Verlauf des Kongresses vgl. den Tagungsband (První sjezd československých historiků 1937: přednášky a debaty, 1938) und die Zusammenfassung von *Kutnar*, Český časopis historický, 43/2 (1937), 343 ff.

„äußere" Geschichte, also um eine generelle Darstellung der Ausbreitung des römischen Rechts mit dem Fokus auf Ursachen und Verlauf. Boháček schlug dagegen vor, die Aufmerksamkeit auf die „innere" Geschichte zu lenken. Das bedeutet, jede einzelne, seit der Antike tradierte Regel unter Berücksichtigung ihrer mittelalterlichen Vermittler zu studieren. Es verstehe sich von selbst, dass dabei die historische Rechtspraxis kaum ausgeklammert werden kann.[57] Die Leitfragen, die sich ein (Rechts-)Historiker stellen sollte, lauten konsequent: Wie viel, was und von wo aus wurde in das heimische Recht rezipiert?[58]

IV. Wissenschaftliches Vermächtnis

Es bleibt nur zusammenfassend anzumerken, dass viel von dem, was Miroslav Boháček zwischen den Weltkriegen schrieb, an wissenschaftlicher Bedeutung und Aktualität bis zum heutigen Tag nicht verloren hat. Mit den strafrechtlichen Untersuchungen wies er auf einen Teil des römischen Rechts hin, der zwar ein Forschungspotenzial hat, aber in seiner Zeit und auch später am Rande des romanistischen Mainstreams in Tschechien stand.[59] Seine Ansicht, dass das römische Recht einen festen Platz im Curriculum der juristischen Fakultäten verdient, weil es juristisches Denken lehrt und die Studierenden mit der Kompetenz ausstattet, mit dem geltenden Recht zu arbeiten, findet weiterhin Anklang.[60] Und nicht anders ist es mit den methodischen Wegen, die Boháček auf dem historischen Kongress im Jahre 1937 aufzeigte und später in seinen zahlreichen Texten erprobte, denn sie werden noch heute von der tschechischen Rechtsmediävistik gern beschritten.[61]

---

[57] *Boháček*, Nynější stav bádání o československých, in: První sjezd československých historiků, 1938, 163 ff.

[58] Diese zentrale Überlegung erscheint in vereinfachter Form bereits im Vorlesungskonzept Boháčeks: *„Man kann nicht nur den äußeren Rezeptionsvorgang erfassen, sondern es sollte auch versucht werden, herauszufinden, was (wie viel) und wann übernommen wurde."* AAV, Archivfonds Miroslav Boháček, Inventar-Nr. 825, Karton-Nr. 33.

[59] Vgl. *Skřejpek*, Česká právní romanistika v letech 1918 až 1938, in: Malý/Soukup (Hrsg.), Československé právo a právní věda, 282.

[60] Z. B. D*ostalík*, Římské právo učí studenty právně myslet a pracovat s informacemi. Online-Version des Gesprächs: www.ceska-justice.cz (25.02.2023); *Skřejpek*, Právnická fakulta není jen technická *přípravka*. Online-Version des Gesprächs: www.issuu.com (25.02.2023).

[61] *Kejř*, Medievistické dílo profesora Miroslava Boháčka, in: Straňák/u. a. (Hrsg.), Život a působení profesora Miroslava Boháčka, 83 ff.

Literaturverzeichnis

Bartošek, Milan, Římské právo a socialistická společnost [Römisches Recht und sozialistische Gesellschaft], Praha 1966

Baviera, Giovanni, Salvatore Riccobono e l'opera sua, in: Studi in onore di Salvatore Riccobono 1, Palermo 1936, XIX–CVIII

Boháček, Miroslav, Římské právní prvky v právní knize brněnského písaře Jana [Römische Rechtselemente im Rechtbuch des Brünner Schreibers Jan], Praha 1924

ders., Ještě k římskoprávnímu obsahu brněnské právní knihy [Mehr zum römischen Recht im Brünner Gesetzbuch], in: Sborník prací z dějin práva československého I. K padesátým narozeninám profesora Jana Kaprasa jeho žáci [Gesammelte Werke zur Geschichte des tschechoslowakischen Rechts. I. Zum 50. Geburtstag von Professor Jan Kapras, von seinen Schülern], Praha 1930, 39–49

ders., Nový názor Nejvyššího soudu na otázku právní ochrany pachtýře proti třetím osobám. Kritické poznámky k rozhodnutí nevyššího soudu ze dne 28. července 1929, Rv I 238/29, Váž. Civ. 9076 [Die neue Meinung des Obersten Gerichtshofs zur Frage des Rechtsschutzes eines Pächters gegenüber Dritten. Kritische Anmerkungen zur Entscheidung des Obersten Gerichtshofs vom 28. Juli 1929, Rv I 238/29, Abwägung Civ. 9076], Bratislava, 4/1 (1930), 408–418

ders., Berytské nauky v justiniánské kompilaci (Cod. Just. 2, 4, 18) [Die berytischen Lehren in der Justinianischen Kompilation (Cod. Just. 2, 4, 18)], Bratislava 1931

ders., Kritika rozhodnutí Nejvyššího soudu a její teoretické dozvuky [Kritik an der Entscheidung des Obersten Gerichtshofs und ihr theoretischer Nachhall], Bratislava, 5/1 (1931), 165–169

ders., Praevarikace žalobcova v trestním řízení římském a ustanovení zákona Aciliova k ní se vztahující [Die Prävarikation des Klägers im römischen Strafverfahren und die diesbezüglichen Bestimmungen des Acilius-Gesetzes], in: Pocta k sedmdesátým narozeninám univ. prof. dra Augusta Miřičky [Ehrung zum siebzigsten Geburtstag von Prof. Dr. August Miřička], Praha 1933, 93–105

ders., Un esempio dell'insegnamento di Berito ai Compilatori: Cod. Just. 2, 14, 18, in: Studi in onore di Salvatore Riccobono 1, Palermo 1936, 335–398

ders., K reformě právnického studia [Zur Reform des Rechtsstudiums], Všehrd, 18/7 (1937), 281–285

ders., O vlivu římskoprávního myšlení na moderní právní vědu [Über den Einfluss des römischen Rechtsdenkens auf die moderne Rechtswissenschaft], in: Pocta k 60. narozeninám prof. dr. Alberta Miloty [Ehrung zum 60. Geburtstag von Prof. Dr. Albert Milota], Praha 1937, 11–20

ders., Nynější stav bádání v československých dějinách právních [Der aktuelle Stand der Forschung auf dem Gebiet der tschechoslowakischen Rechtsgeschichte], in: První sjezd československých historiků 1937: přednášky a debaty [Erster Kongress der tschechoslowakischen Historiker 1937: Vorträge und Debatten], Praha 1938, 163–173

ders. (Hrsg.), Otakar Sommer: 7.6.1885–15.8.1940, Turnov 1941

ders., Rezensionen zu Festschrift der Leipziger Juristenfakultät für Heinrich Siber, Sborník věd právních a státních, 42 (1942), 185–193

ders., Otakar Sommer, Praha 1949

D'Angelo, Giacomo, Di Marzo, Salvatore, in: Birocchi, Italo/Cortese, Ennio/Mattone, Antonello/Miletti, Marco Nicola (Hrsg.), Dizionario biografico dei giuristi italiani (XII–XX secolo) 1, Bologna 2013, 763–764

Dostalík, Petr, Obligační nebo věcně-právní účinky pachtu? Spor mezi Františkem Weyrem a Miroslavem Boháčkem [Obligatorische oder dingliche Wirkungen eines Mietvertrags? Der Streit zwischen František Weyr und Miroslav Boháček], in: Bubelová, Kamila (Hrsg.), Polemiky a spory v právní vědě [Kontroversen und Streitigkeiten in der Rechtswissenschaft], Olomouc 2010, 19–28

ders., Římské právo učí studenty právně myslet a pracovat s informacemi [Römisches Recht bringt den Studenten bei, rechtlich zu denken und mit Informationen zu arbeiten], https://www.ceska-justice.cz/2019/03/petr-dostalik-rimske-pravo-uci-studenty-pravne-myslet-a-pracovat-s-informacemi/ (01.05.2024)

Ebrard, Friedrich, Rezension zu Miroslav Boháček, Note esegetiche, SZ (RA), 47 (1927), 423–424

Gregor, Martin, Historiografia rímskeho práva na Slovensku: príbeh štyroch profesorov [Historiographie des römischen Rechts in der Slowakei: die Lebensgeschichte von vier Professoren], Praha 2021

Havránek, Jan/Pousta, Zdeněk (Hrsg.), Dějiny Univerzity Karlovy IV (1918–1990) [Geschichte der Karls-Universität IV (1918–1990)], Praha 1998

Horák, Ondřej, Ochrana oprávněného detentora proti zásahům třetích osob (ke kořenům a výkladu § 1044 ObčZ) [Schutz des bevollmächtigten Verwahrers vor Eingriffen Dritter (zu den Wurzeln und der Auslegung von § 1044 des Bürgerlichen Gesetzbuchs)], Právní rozhledy, 23/4 (2015), 115–119

ders., K proměnám koncepce vlastnického práva od rakouských ústav do současnosti [Zu den Veränderungen des Eigentumsbegriffs von den österreichischen Verfassungen bis zur Gegenwart], Právník, 156/12 (2017), 1109–1123

ders., Brněnská normativní civilistika (postavy, projekty, polemiky) [Brünner Normative Zivilistik (Persönlichkeiten, Projekte, Kontroversen)], Praha 2019

Kejř, Jiří, Medievistické dílo profesora Miroslava Boháčka [Mediävistisches Werk von Professor Miroslav Boháček], in: Straňák, Dušan/u. a. (Hrsg.), Život a působení profesora Miroslava Boháčka [Das Leben und Werk von Professor Miroslav Boháček], Praha 2000, 83–90

ders., Právní historik Miroslav Boháček (1899–1982) [Rechtshistoriker Miroslav Boháček (1899–1982)], in: Šmahel, František (Hrsg.), Učenci očima kolegů a žáků [Wissenschaftler aus der Sicht von Kollegen und Schülern], Praha 2004, 59–68

Klíma, Josef, In Memoriam Miroslav Boháček (1899–1982), Revue Internationale des Droits de l'Antiquité, 30 (1983), 9–13

Koschaker, Paul, Europa und das römische Recht, München-Berlin 1966

Kostlán, Antonín, Druhý sjezd československých historiků (5. – 11. října 1947) a jeho místo ve vývoji českého dějepisectví v letech 1935–1948 [Der Zweite Kongress der tschechoslowakischen Historiker (5.–11. Oktober 1947) und sein Platz in der Entwicklung der tschechischen Geschichtsschreibung in den Jahren 1935–1948], Praha 1993

Kubeš, Vladimír, Brněnská škola ryzí nauky právní [Brünner Schule der reinen Rechtslehre], in: Weinberger, Ota/Kubeš, Vladimír (Hrsg.), Brněnská škola právní teorie [Brünner Schule für Rechtstheorie], Praha 2003, 9–34

Kutnar, František, Po prvním sjezdu československých historiků [Nach dem ersten Kongress der tschechoslowakischen Historiker], Český časopis historický, 43/2 (1937), 343–349

Kutnar, František/Marek, Jaroslav, Přehledné dějiny českého a slovenského dějepisectví: od počátků národní kultury až do sklonku třicátých let 20. století [Überblick über die Geschichte der tschechischen und slowakischen Geschichtsschreibung: von den Anfängen der Nationalkultur bis zum Ende der 1930er Jahre], Praha 1997

Marrone, Matteo, Romanisti professori a Palermo, Index, 25 (1997), 587–616. Online-Version: https://sites.unipa.it/dipstdir/pub/marrone/romanisti_palermo.htm (01.05.2024)

Melzer, Filip/Tégl, Petr, Absolutní ochrana relativních práv? K výkladu § 1044 občanského zákoníku, aneb po devadesáti letech opět na začátku [Absoluter Schutz der relativen Rechte? Zur Auslegung des Paragraphen 1044 des Bürgerlichen Gesetzbuches, oder nach neunzig Jahren zurück am Anfang], in: Rekodifikace obchodního práva – pět let poté. Svazek II. Pocta Ireně Pelikánové [Die Neukodifizierung des Handelsrechts – fünf Jahre danach, Band II, Hommage an Irena Pelikánová], Praha 2019, 237–266

Merell, Jan, Papyry a kritika novozákonního textu [Papyri und neutestamentliche Textkritik], Praha 1939

Mlkvá-Illýová, Zuzana, Právne postavenie nájomcu v medzivojnovom právnom poriadku (judikatúra a polemiky) [Die Rechtsstellung des Mieters in der Rechtsordnung der Zwischenkriegszeit (Rechtsprechung und Kontroversen)], Historia et theoria iuris, 12/1 (2020), 74–83

Oberkofler, Gerhard, Die Vertreter des römischen Rechts mit deutscher Unterrichtssprache an der Karls-Universität in Prag: vom Vormärz bis 1945, Frankfurt/Bern/New York/Paris 1991

Pousta, Zdeněk, Výuka na Právnické fakultě Univerzity Karlovy a pokus o reformu studia v meziválečném období [Die Lehrtätigkeit an der Juristischen Fakultät der Karls-Universität und der Versuch einer Studienreform in der Zwischenkriegszeit], in: Malý, Karel/Soukup, Ladislav (Hrsg.), Československé právo a právní věda v meziválečném období (1918–1938) a jejich místo ve střední Evropě 1 [Das tschechoslowakische Recht und die Rechtswissenschaft in der Zwischenkriegszeit (1918–1938) und ihre Stellung in Mitteleuropa, 1], Praha 2010, 248–272

První sjezd československých historiků 1937: přednášky a debaty [Erster Kongress der tschechoslowakischen Historiker 1937: Vorträge und Debatten], Praha 1938

Rebro, Karol, Socialistická spoločnosť a rímskoprávna kultúra [Sozialistische Gesellschaft und römische Rechtskultur], Bratislava 1979

Skřejpek, Michal, Boháček – romanista [Boháček als Romanist], in: Straňák, Dušan/u. a. (Hrsg.), Život a působení profesora Miroslava Boháčka [Das Leben und Werk von Professor Miroslav Boháček], Praha 2000, 71–82

ders., Česká právní romanistika v letech 1918 až 1938 [Tschechische Romanistik zwischen 1918 und 1938], in: Malý, Karel/Soukup, Ladislav (Hrsg.), Československé právo a právní věda v meziválečném období (1918–1938) a jejich místo ve střední Evropě 1 [Das tschechoslowakische Recht und die Rechtswissenschaft in der Zwischenkriegszeit (1918–1938) und ihre Stellung in Mitteleuropa, 1], Praha 2010, 273–298

ders., Právnická fakulta není jen technická přípravka [Die juristische Fakultät ist nicht nur eine technische Vorbereitungsschule], https://issuu.com/paragrafuk/docs/paragraf_1_2015_v2 (25.02.2023)

Sommer, Otakar, Novější směry v romanistice [Neuere Tendenzen in der Romanistik], in: Památník Spolku českých právníků Všehrd, Praha 1918, 75–84

ders., Reforma právnických studií [Reform des Rechtsstudiums], Bratislava 1925

ders., Reformuje se studium práv? [Wird das Rechtsstudium reformiert?], Všehrd, 17/4 (1935–1936), 142–145

Straňák, Dušan/u. a. (Hrsg.), Život a působení profesora Miroslava Boháčka [Das Leben und Werk von Professor Miroslav Boháček], Praha 2000

Varvaro, Mario, Riccobono, Salvatore sr., in: Birocchi, Italo/Cortese, Ennio/Mattone, Antonello/Miletti, Marco Nicola (Hrsg.), Dizionario biografico dei giuristi italiani (XII–XX secolo) 2, Bologna 2013, 1685–1688

ders., Riccobono e la critica interpolazionistica, in: ders. (Hrsg.), L'eredità di Salvatore Riccobono, Palermo 2020, 21–73

Vojáček, Ladislav, Právnické fakulty v právní úpravě meziválečného Československa (se zvláštním zřetelem na poměry v Brně) [Die juristischen Fakultäten im Recht der Tschechoslowakei der Zwischenkriegszeit (unter besonderer Berücksichtigung der Situation in Brünn], Časopis pro právní vědu a praxi, 15/2 (2007), 147–158

ders., Příprava reformy právnického studia v první ČSR a učitelé brněnské právnické [Die Vorbereitung der Reform des Rechtsstudiums in der ersten Tschechoslowakei und die Lehrer der Brünner juristischen Fakultät], Notitiae ex Academiae Bratislavensi Iurisprudentiae, 1 (2007), 28–49

ders., Studenti právnických fakult v právní úpravě meziválečného Československa (se zvláštním zřetelem na poměry v Brně), [Jurastudenten im Recht der Tschechoslowakei der Zwischenkriegszeit (unter besonderer Berücksichtigung der Situation in Brünn], Časopis pro právní vědu a praxi, 15/4 (2007), 329–335

Vorel, Petr, Česká historiografie ve světle sjezdů historiků v letech 1993–2011 [Die tschechische Geschichtsschreibung im Lichte der Historikerkongresse 1993–2011], Zpravodaj Historického klubu, 22/1–2 (2011), 8–36

Wenger, Leopold, Der heutige Stand der römischen Rechtswissenschaft: Erreichtes und Erstrebtes, München 1970

Weyr, František, Teorie a praxe [Theorie und Praxis], Časopis pro právní a státní vědu, 13 (1930), 253–265

ders., Teorie práva [Rechtstheorie], Brno, Praha 1936

Wieacker, Franz, Salvatore Riccobono – In Memoriam, SZ (RA), 76/1 (1959), 677–682

URL-Verzeichnis

Studenti pražských univerzit 1882–1945 [Studenten der Prager Universitäten 1882–1945], http://is.cuni.cz/webapps/archiv/public/?lang=cs (01.05.2024)

Heyrovský und Sommer – Gründer und Nachfolger

Pavel Salák jr.

Abstracts

In 1882, the Charles-Ferdinand University in Prague was divided into a Czech and a German part. Leopold Heyrovský (1852–1924) became the first professor of Roman law at a Czech university. His approach was historical and focused on ancient law while ignoring pandectistics. He was influenced by positivist scientists, such as historian J. Goll and linguist J. Král, with whom he collaborated. Despite not participating in interpolation research, he did reflect on it. The first book applying the interpolation method was the habilitation of Otakar Sommer (1885–1940), who received inspiration from L. Mitteis during a stay in Leipzig, where he also came in contact with the Italian Roman law research. He was aware that, in addition to classical Roman law, attention should be paid to its reception, towards which he even oriented his students. Heyrovský opened Roman law to the Czech language, Otakar Sommer then introduced Czech Roman law studies to an international audience.

W roku 1882 Uniwersytet Karola i Ferdynanda w Pradze był podzielony na część czeską i niemiecką. Leopold Heyrovský został pierwszym profesorem prawa rzymskiego na czeskim uniwersytecie. Miał podejście historyczne, skupione na prawie antycznym, ignorował pandektystykę. Był pod wpływem badaczy pozytywistycznych, takich jak historyk Jaroslav Goll i językoznawca J. Král, z którymi współpracował. Nie brał udziału w badaniach interpolacji, ale zwracał na nie uwagę. Pierwszą pracą opartą na zastosowaniu metody interpolacjonistycznej była habilitacja Otakara Sommera, będącego pod wpływem pobytu badawczego u L. Mitteisa w Lipsku. Tak też wszedł w kontakt z włoską szkołą romanistyczną. Był świadom, że w uzupełnieniu do klasycznego prawa rzymskiego należy skierować uwagę także na jego recepcję. Ten kierunek wskazywał swoim studentom. Heyrovský udostępnił prawo rzymskie czytelnikom języka czeskiego. Otakar Sommer wprowadził czeską romanistykę na forum międzynarodowe.

I. Einleitung

Obwohl das Ziel dieser Studie darin liegt, die Entwicklung der Methodologie in der Rechtsromanistik auf dem Gebiet der Tschechoslowakei vom Ende des 19. Jahrhunderts bis zur Mitte des 20. Jahrhunderts zu umfassen, ist es nicht möglich, diese Problematik allein durch eine Analyse der wissenschaftlichen Tätigkeit von L. Heyrovský und O. Sommer zu behandeln, ohne M. Boháček einzubeziehen. Für ein näheres Verständnis ist zumindest kurz auf das Umfeld hinzuweisen, in dem sich diese Personen bewegten und das auch ihre Arbeit beeinflusste.

II. Drei entscheidende Daten für die Universitäten in der Tschechoslowakei

Die Entwicklung der Romanistik wurde seit dem Ende des 19. Jahrhunderts bis in die Mitte des 20. Jahrhunderts durch drei Daten beeinflusst. Diese Daten bildeten einen Rahmen, innerhalb dessen die Entwicklung der Universitätsausbildung und auch des römischen Rechts ermöglicht wurde.

Erstens handelte es sich um das Jahr 1849, als das Hochschulgesetz in Österreich angenommen wurde; im Allgemeinen spricht man von der sog. Thun'schen Reform.[1] Das Gesetz ging von der deutschen Vorlage Humboldts (1810) aus und bestimmte die Form des tschechischen Bildungswesens bis zum Anfang des Zweiten Weltkrieges. Diese Reform stärkte die Wissenschaftstätigkeit der Professoren und bedeutete den Zuzug einer Reihe junger Wissenschaftler aus Deutschland.

Das Jahr 1882 galt als Wendezeit, weil die Karl-Ferdinands-Universität in Prag in einen tschechischen und einen deutschen Teil geteilt wurde. Die Entstehung der tschechischsprachigen Universität verstärkte die Stellung der Professoren und schuf eine gewisse Autonomie der selbstständigen tschechischen Wissenschaft (im sprachlichen und nationalen Sinne des Wortes), die es früher nicht gab.[2] Daneben verstärkte sie vor allem im Bereich des Rechts das Bedürfnis der Bildung einer tschechischen Rechtsterminologie, die ganz spontan und unkoordiniert schon mit dem Ende des 18. Jahrhunderts begonnen hatte. Die Entstehung der tschechischsprachigen Universitäten ermöglichte es, diese Entwicklung zusammenzuführen und zu verbessern. Dies ist das Umfeld, in dem ein Großteil des akademischen Wirkens von Leopold Heyrovský und die Anfänge von Otakar Sommer stattfanden.

Drittens handelt es sich um die Entstehung der selbständigen Tschechoslowakei. Aus der Sicht der Prager Verhältnisse kam es hier zu keiner markanten Veränderung; die Juristische Fakultät existierte sowohl an der Karls- als auch an der Deutschen Universität. Die Änderung betraf auch die anderen Länder des neuen Staats. Von Anfang an gab es hier die Initiative, neue Universitäten zu bilden, die durch die Gründung der Masaryk-Universität in Brünn und der Comenius-Universität in Pressburg realisiert wurde, an denen es von Anfang an juristische Fakultäten gab. Die Entstehung neuer Universitäten brachte auch den Bedarf an neuen Hochschullehrern mit sich, die an den Universitäten

---

[1] So nach dem Graf Leopold (Leo) Thun-Hohenstein (1811–1888) benannt.
[2] Bisher publizierten tschechische Wissenschaftler praktisch nur auf Deutsch.

wirken sollten. Dieses Problem galt vor allem für die Universität in Pressburg, wo das Wirken der Professoren aus der St.-Elisabeth-Universität[3] wegen ihrer starken ungarischen Orientierung ausgeschlossen war. Infolge der starken Magyarisierung in der Slowakei gab es dort auch einen Mangel an juristisch ausgebildeten Slowaken für die Besetzung der Gerichts- oder Verwaltungsposten. Infolgedessen kamen Juristen aus Böhmen und Mähren. Für das Umfeld der juristischen Fakultät bedeutete das, dass es keine Professoren für bestimmte juristische Studienfächer gab. Ein ähnliches Problem hatte auch die juristische Fakultät in Brünn.[4] Aus diesem Grunde wurde das römische Recht in Brünn außer von Zivilisten auch von Professoren des Verwaltungsrechts unterrichtet. Die Romanisten aus Pressburg dagegen nahmen am Unterricht des Zivilrechts, Urheberrechts und auch des internationalen Privatrechts teil. In diesem Umfeld verbrachte Otakar Sommer den Großteil seines wissenschaftlichen Lebens und fing Miroslav Boháček seine wissenschaftliche Karriere an.

III. Leopold Heyrovský

Leopold Heyrovský wurde am 14.11.1852 in České Budějovice in eine Familie geboren, die ihre Wurzeln in einer städtischen bürokratischen Schicht hatte. Sein Vater und auch sein Großvater waren beide Juristen, was seine zukünftige Karriere in gewisser Weise beeinflusste. Es ist auch notwendig, seine Verwandtschaftsbeziehung zur Familie von František Palacký, einer bekannten Persönlichkeit der tschechischen Wiedergeburtsbewegung, zu erwähnen.[5] In den Jahren 1872 bis 1876 studierte er an der juristischen Fakultät. Nach seinem Studium folgten Studienreisen nach München und Berlin, was zur Orientierung zur Rechtsgeschichte respektive zum römischen Recht führte. Im Jahre 1878 habilitierte er sich im Bereich des römischen Rechts an der Fakultät in Prag. 1882 wurde er der erste außerordentliche Professor des römischen Rechts, und im Jahre 1890 wurde er der erste ordentliche Professor. Mit der Universität war er bis in das Jahr 1922 sein ganzes Leben lang eng verknüpft. Im Jahre 1918 war er aus gesundheitlichen Gründen dazu gezwungen, sein Wirken zu beschränken. Obwohl er zurückkehrte, führten diese Gründe zu seinem definitiven Ausscheiden im Jahre 1922. Am 17.2.1924 starb er in Prag. Sein Begräbnis wurde durch

---

[3] Die St. Elisabeth Universität wurde im Jahre 1912 in Preßburg gegründet. Die juristische Fakultät begann ihre Tätigkeit im akademischen Jahr 1914/1915. Die Universität wurde am 30.6.1919 aufgelöst. Alžbetínska univerzita, in: Pedagogická encyklopédia Slovenska, 1. Band, A – O, 31; auch *Gregor*, Historiografia rímskeho práva na Slovensku: Príbeh štyroch profesorov, 2021, 29 ff.

[4] Ihre Position war ein bisschen günstiger, weil sich ein akademischer Kader der Universität bereits früher an der Technischen Hochschule in Brünn formiert hatte. Der Grund war, dass es Versuche zur Gründung dieser Universität schon am Anfang des 20. Jh. gab.

[5] Der Onkel von Heyrovský war Palackýs Schwager.

Einäscherung durchgeführt, die in dieser Zeit ganz ungewöhnlich war; de facto war diese Methode sehr progressiv. Diese Kleinigkeit charakterisiert die Persönlichkeit von Heyrovský recht gut. Wichtigen Einflüssen auf seine Entwicklung zum Trotz war er kein Traditionalist, sondern stand eher für das Gegenteil.[6] Dieses Kennzeichen sticht im Vergleich mit seinem jüngeren Kollegen Professor Josef Vančura[7] hervor, der als Ordinarius des zweiten Lehrstuhls des römischen Rechts an der tschechischsprachigen juristischen Fakultät der Karls-Universität wirkte.

IV. Otakar Sommer

Otakar Sommer wurde am 7.5.1885 in Příbram in die Familie eines Mittelschullehrers geboren. Die Familie zog später nach Prag um, wo sein Vater wirkte und wo O. Sommer sein Studium an der juristischen Fakultät im Jahr 1903 aufnahm. Während seines Studiums widmete er sich vor allem dem Zivilrecht, inspiriert von Prof. Stupecký, der sein entfernter Verwandter war. Stupecký – auch Zivilist – führte den jungen Sommer an Prof. Heyrovský und das römische Recht heran, und Stupecký stellte ihm auch Lenels Kommentar zum prätorischen Edikt zur Verfügung.[8] Aus der Kollegenbeziehung von Heyrovský und Sommer wurde Freundschaft. Ein anderer wichtiger Moment in seiner romanistischen Karriere waren seine Studienaufenthalte in Berlin und Leipzig.

Sommers Wirken im Hochschulreferat des Schulministeriums und der Nationalaufklärung der neu entstandenen Tschechoslowakei (1918–1922) war zwar kurz, aber bedeutend. Unter anderem beteiligte er sich an der Gründung

---

[6] Das zeigte sich auch in seiner Beziehung zur Religion oder Monarchie, wie Memoiren seiner Tochter beweisen. *Hofbauerová-Heyrovská, Mezi vědci a umělci*, 1947, passim.

[7] Josef Vančura (1870–1930) habilitierte sich im römischen Recht an der tschechischen juristischen Fakultät im Jahre 1898. Im Jahre 1906 wurde er zum außerordentlichen Professor ernannt, im Jahre 1909 zum ordentlichen Professor. Mit ihm ist die Einführung der Papyrologie in das tschechische Umfeld verknüpft.

[8] Stupecký half, die Persönlichkeit des jungen O. Sommer auch in anderen Richtungen zu formen, z. B. in der Richtung der Rechtsphilosophie, *Boháček*, Otakar Sommer, 1949, 17. Es kann hier erwähnt werden, dass Boháček entweder auf „Notizen" oder auf ein „Tagebuch" hinweist, doch obwohl der Fonds des Nachlasses von O. Sommer umfangreich ist, hat er nie (auch nicht in uninventarisierten Materialien) Notizen oder Tagebücher enthalten. Mit Rücksicht auf die Nähe von O. Sommer und M. Boháček scheint seine Behauptung glaubwürdig zu sein, und man kann vermuten, dass er mit ihnen bei der Vorbereitung der Festschrift gearbeitet hat. Trotzdem wurden diese Materialien aus irgendeinem Grund zur Archivierung nicht übergeben und sind wahrscheinlich zerstört worden. Ebenso häufig weist Boháček auf „Briefe F" hin – es handelte sich wahrscheinlich um den Kommilitonen Filsak. Leider sind in Sommers Fonds nur Briefe von Filsak an Sommer erhalten. Es ist wahrscheinlich, dass Filsak die Korrespondenz von Sommer an Boháček zur Verfügung gestellt hat. Vgl. in Masarykův ústav a Archiv Akademie věd České republiky [Masaryk-Institut und Archiv der Akademie der Wissenschaften der Tschechischen Republik], im Folgenden: AAV Prag, Fonds Otakar Sommer.

der Comenius-Universität, an der er fast zehn Jahre wirkte. Im Jahre 1928 kehrte O. Sommer aus Preßburg nach Prag zurück, um den Lehrstuhl von Professor Heyrovský im Jahre 1928 zu übernehmen.[9] Hier wirkte er bis zur Schließung der Universität durch die Nazis im Jahr 1939. In den Jahren 1938 und 1939 wurde sein Gesundheitszustand schlechter. Im Frühjahr 1940 wurde er ins Krankenhaus eingeliefert, wo er am 15.8.1940 an Krebs starb.

V. Das Werk und die Methodologie von Heyrovský und Sommer

Im Jahre 1918 wurde die Tschechoslowakei gegründet, und der Rechtsverein Všehrd[10] feierte sein fünfzigjähriges Jubiläum. Aus diesem Anlass gab der Verein das Werk „Památník" (Gedenkschrift) heraus. Hierin wurde ein Beitrag von Leopold Heyrovský sowie ein anderer von Otakar Sommer veröffentlicht. Es ist kennzeichnend, dass L. Heyrovský, dessen Berufs- und Lebensetappe sich ihrem Ende zu neigten, an seinen Lehrer erinnerte.[11] O. Sommer, dessen Wissenschaftskarriere gerade anfing, nannte seinen Text „Neuere Richtungen in der Romanistik".[12] Obwohl Sommers Text die Welttrends betrifft, stellt den Ausgangspunkt die aktuelle Heimatsituation dar. Im einheimischen Umfeld kam das römische Recht in die Situation, dass eine Reihe der Kollegen aus modernen Rechtsgebieten und auch die Praktiker glaubten, dass das römische Recht „der abgestorbene Zweig auf dem massiven Lebensbaum des Rechts" sei.[13] Nach Ansicht der mit dem geltenden Recht arbeitenden Juristen war das römische Recht für seinen übertriebenen Historismus, seine Zwecklosigkeit und seine Ersetzbarkeit zu kritisieren. Die Kritiker betrachteten es als interessantes Fach nur für Historiker oder Philologen, nicht für Juristen.

Es ist wahr, dass die Wissenschaftstätigkeit von Prof. Heyrovský zu diesen Meinungen beitragen konnte. In „Právník" [Jurist], der wichtigsten tschechischen Rechtszeitschrift, erschienen die Texte von Heyrovský nur selten, und es handelte sich eher um Nekrologe. Dagegen wurde eine Reihe seiner Texte im „Athenaeum"[14] publiziert, welches sich eher an Realisten richtete, an die an der

---

[9] Dieser Lehrstuhl war seit dem Tod des Prof. Heyrovský nicht besetzt. Der Hauptgrund seiner Rückkehr nach Prag war die Erkrankung des Prof. Vančura (1928) und die Gefahr, dass kein Lehrstuhl in Prag besetzt sein könnte.

[10] Der Verein ist nach dem tschechischen Juristen aus dem 16. Jh. Viktorin Kornel von Všehrdy benannt.

[11] *Heyrovský*, in: Kallab (Hrsg.), Památník spolku českých právníků Všehrd, 1918, 72–74.

[12] *Sommer*, in: Kallab (Hrsg.), Památník spolku českých právníků Všehrd, 1918, 75–84.

[13] *Sommer*, in: Kallab (Hrsg.), op. cit., 75.

[14] Athenaeum – Blätter für die Literatur und wissenschaftliche Kritik. Die Zeitschrift erschien in den Jahren 1883–1893, ihr Chefredakteur war bis zum Jahr 1888 T. G. Masaryk. Die Zeitschrift wurde vor allem durch den Streit um die Richtigkeit der Grünberger und der Königinhofer Handschrift (Rukopis Královédvorský) bekannt.

Philosophischen Fakultät der tschechischen Universität wirkenden Kollegen, als an die konservativen Rechtskreise. Verbindungen hatte Heyrovský vor allem mit dem Linguisten Josef Král und mit dem Historiker Jaroslav Goll, dem Gründer der sog. Goll-Schule.[15]

Dass Heyrovský die Wissenschaftskarriere verfolgen würde, entschied sich in dem Moment, in dem er dank A. Randa ein Auslandsstipendium erhielt. Die ursprüngliche Vorstellung war, dass er sich mit dem Zivilrecht befassen sollte. Während seines Studiums traf er sich mit dem Zivilisten P. Roth und dem Pandektisten A. Brinz. Es wirkt ein wenig ironisch: Dank Brinz[16] widmete er seine Aufmerksamkeit nicht der Pandektistik, sondern dem römischen Recht. Ihm lag die Auffassung nah, die er als Student von Karl Esmarch in Prag kennenlernte – die Auffassung des römischen Rechts als Fach der Rechtsgeschichte. Er orientierte sich nicht mehr am Zivilrecht, und nach dem Aufenthalt in München studierte er das römische Recht in Berlin bei Karl Georg Bruns und Theodor Mommsen detaillierter. Hier bestärkte er seine Meinung, dass das römische Recht nicht notwendigerweise nur der modernen Dogmatik dienen müsse. Nach ein paar Jahren sah er ein, dass es sich um Karl Esmarch handelte, der früher diese Richtung andeutete, als er die Entwicklung des römischen Rechts durch die klassische Zeit für abgeschlossen hielt: *„... Legislative von Diokletianus bis zu Justinian ... gehört nicht mehr zu jenem vollständigen Kunstwerk, das der Geist des römischen Rechts bildete.“*[17] Heyrovský wurde sich dessen bewusst, dass eine Reihe von Begriffen und Ansichten, die der moderne Jurist verwendet, zwar das Produkt römischrechtlicher Auffassungen sind, aber nicht der Zeit entsprechen, mit der er sich befasst. Er war sich auch bewusst, dass es notwendig ist, mit den Begriffen zu arbeiten, die den Quellen entsprechen. Dazu benutzte er kritisch vor allem philologische und historische Methoden,[18] so etwa in seiner Habilitation „Über die rechtliche Grundlage der leges contractus bei Rechtsgeschäften zwischen dem römischen Staat und Privaten". Hier griff er das bisherige Verständnis dieser Verträge an und ersetzte es durch die Erkenntnis, dass sie mithilfe des Magistratimperiums gültig sind.

Seine historische Orientierung spiegelte sich auch in Gestalt eines Lehrbuchs, das insgesamt sieben Ausgaben erreichte und tschechische Jurastudenten seit dem Jahr 1886 bis in den Anfang der 30er Jahre des folgenden Jahrhunderts

---

[15] Goll betonte die Qualität der wissenschaftlichen Tätigkeit, die auf einem ordentlichen Studium der Quellen und auf dem Erklären der tschechischen Geschichte im europäischen Kontext basieren soll. Zu seinen Studenten gehörte z. B. auch Josef Pekař.

[16] Sie standen auch später im Kontakt. Siehe *Urfus*, Acta Universitatis Carolinae – Historia Universitatis Carolinae Pragensis 1982, 113 (116). Leider erhielt sich der Nachlass von Heyrovský wahrscheinlich nicht; in den Fonds der Ústav dějin Univerzity Karlovy a Archiv Univerzity Karlovy [Institut für Geschichte und Archiv der Karlsuniversität in Prag], im Folgenden auch: AUK, gibt es nur Personalien.

[17] *Heyrovský*, in: Kallab (Hrsg.), op. cit., 73.

[18] *Boháček*, Věstník české akademie věd a umění, Nr. 5 Jahrgang LXI, 91 (94–95).

begleitete.[19] Ganz klar charakterisierte er am Anfang die Institutionen des römischen Rechts und orientierte sich an den Pandekten: „*... während die Institutionen heute sowohl die Rechtspropädeutik als auch die Geschichte des reinen römischen Rechts vertreten, sind die Pandekten wegen der Rechtsdogmatik wesentlich.*"[20] Seine Studenten schätzten an dem Lehrbuch vor allem die Verbindung der dogmatischen und der genetischen Deutung von Rechtsbegriffen, die zum Verständnis der Funktion von Rechtsinstituten in ihrer Entwicklung und im Zusammenhang mit Moral-, Wirtschafts- und Sozialaspekten dieser Zeit beitrug. Geschätzt wurde auch die Tatsache, dass er seine Auslegung mit einer Auswahl an Quellen ergänzte und dadurch den behandelten Stoff veranschaulichte.[21] Der Text des Lehrbuchs wurde immer so bearbeitet, dass er den neuesten kritischen Erkenntnissen der Zeit entsprach. Die Bedeutung dieses Lehrbuchs bestand auch darin, dass es sich um das erste ursprüngliche System der zivilistischen Lehren auf Tschechisch handelte.[22] Es ist ein bisschen ironisch, dass ein solches Buch gerade das Lehrbuch des römischen Rechts wurde, das seit seiner dritten Herausgabe auch den neuen Namen „Dějiny a systém římského práva soukromého" [Geschichte und System des römischen Privatrechts] trug, der besser seiner Ansicht entsprach.

Das Lehrbuch von Heyrovský ist das einzige Buch, das zu seinen Lebzeiten herausgegeben wurde, was auch als Äußerung seines positivistischen Denkens verstanden werden kann. Seine Kenntnisse und sein Überblick zeigten sich in Nachrichten über die neuesten wissenschaftlichen Richtungen[23] sowie in Rezensionen, die manchmal auch den Charakter selbstständiger Wissenschaftsstudien hatten.[24] Heyrovský führte keine eigenen Forschungen zu Interpolationen durch, lehnte Ergebnisse dieser Methode jedoch nicht ab und reflektierte sie sehr vorsichtig.[25] Sein Hauptwerk, an dem er sein ganzes Leben lang arbeitete

---

[19] Die ersten beiden Ausgaben trugen den Titel „Instituce práva římského" [Institutionen des römischen Rechts], die nächste „Dějiny a systém římského práva soukromého" [Geschichte und System des römischen Privatrechts]. Die Ausgaben aus den Jahren 1925 und 1927 waren postum von O. Sommer und J. Vážný bearbeitet worden.

[20] Institutionen von Heyrovský, § 1, zitiert nach *Boháček*, Věstník české akademie věd a umění, Nr. 5 Jahrgang LXI, 91 (97).

[21] Diese Materialienquelle wurde in der 3. (1903), 4. (1910) und 5. (1921) Ausgabe allmählich breiter, während der Text in der 5. Ausgabe wieder ein bisschen weniger wurde.

[22] In demselben Jahr wie die erste Ausgabe erschienen auch die „Pandekten" von Arndts, was aber nur eine Übersetzung darstellte. Im Bereich des Zivilrechts erschienen nur Einzelteile, das Gesamtlehrbuch des Rechts wurde von Krčmář erst im Jahr 1929 herausgegeben.

[23] Er informierte tschechische Leser über neue Erkenntnisse in der Papyrologie und war der erste, der über die Interpolationsmethode berichtete, *Heyrovský*, in: Athenaeum, Nr. 1, Jahrgang 9 (1891–1892), 6–8.

[24] Valentin Urfus führt als das beste Beispiel die Rezension der Habilitation über das Römische Agrarrecht von Vančura an. *Urfus*, Acta Universitatis Carolinae – Historia Universitatis Carolinae Pragensis, 1982, 113 (120).

[25] Vgl. Heyrovskýs „Studie k římskému procesu civilnímu" [Studien zur römischen Zivilprozessordnung], welche in Sborník věd právních a státních [Sammlung Rechts- und Staats-

und zu dem er auch einzelne Studien veröffentlichte, das aber leider unvollendet blieb, betraf die Frage des Prozessrechts. Seine Entscheidung zum Fokus auf das Prozessrecht ging davon aus, dass es den größten Kontrast zum modernen Recht bildet. Hier sah er die größte Chance, in die Gedanken der klassischen römischen Juristen einzudringen. Er ging von der Voraussetzung aus, dass das perfekte Verständnis ihrer Gedanken ohne ein Eindringen in Prozessinstitute nicht möglich ist; die Forschung im Bereich des Prozesses ermöglichte es, dem Recht nicht nur statisch, sondern auch dynamisch zu folgen.[26] Die Publikation „Římský civilní proces" [Der Römische Zivilprozess], wurde erst im Jahr 1925 in Zusammenarbeit seiner Erben (seiner Ehefrau und seiner Kinder) mit O. Sommer herausgegeben.[27] In dieser Arbeit bemühte sich Heyrovský, das Prozessrecht in seiner ganzen Entwicklung von der ältesten Zeit bis zu Justinian zu erfassen. Nur ein Torso dieses Werks konnte herausgegeben werden.[28] Der Vergleich mit der Publikation „Institutionen des römischen Zivilprozeßrechts" von L. Wenger, die in demselben Jahr herausgegeben wurde, ist sehr interessant. Eine prägnante Charakteristik beider Werke bietet M. Boháček an:

„… Wengers Schrift, die die Problematik der moderneren Prozessliteratur zusammenfasst und die auf die in ihr behandelten Fragen durch überlegte subjektive Auffassung reagiert, scheint wie die Grundauslegung der Struktur des römischen Prozesses in einzelnen Etappen seiner Entwicklung … Die Publikation von Heyrovský ist eine detaillierte Analyse einzelner Prozessinstitute in ihrer selbständigen Funktion und im Zusammenhang ihrer Gesamtheit, die sich durch Überlegung der rechtlichen Details, durch Literatur des häufig Aufgeworfenen oder Vergessenen auszeichnet, weil er selbst das Material in monographischem Umfang bearbeitet."[29]

Boháček versteht es so, dass beide Bücher hierdurch auf gleichem Niveau stehen könnten. Heyrovskýs Werk wurde leider durch zwei Aspekte disqualifiziert. Der eine war die Sprache – Tschechisch. Leopold Heyrovský publizierte nämlich seit der Entstehung der tschechischen Universität nur auf Tschechisch. Dieser Schritt, für einen der „Gründer" der tschechischen Universität ganz ver-

---

wissenschaften] in den Jahren 1911–1919 publiziert wurden. Auf komplexe rechtshistorisch-philologische Beweise, die für damalige romanistische Monografien typisch waren, verzichtete er jedoch, weil es ihm in erster Linie um die Fragen der Konstruktion und flüssigen Interpretation ging, *Boháček*, in: Boháček (Hrsg.), Otakar Sommer: 7.6.1885–15.8.1940, 1941, 13 (36).

[26] *Boháček*, Věstník české akademie věd a umění, op. cit., 99.

[27] Die Tatsache, dass das Buch so bald herausgegeben wurde, ist dadurch beeinflusst, dass die Arbeiten an seiner Herausgabe in Zusammenarbeit mit Heyrovskýs Söhnen noch während Heyrovskýs Leben anfingen, als sich abzeichnete, dass er sein Werk nicht beenden würde. Siehe die Korrespondenz von O. Sommer mit Heyrovskýs Sohn Jaroslav, AAV Prag, Fonds Otakar Sommer, Sign. IIb. persönliche Korrespondenz, Heyrovský, Jaroslav.

[28] Im Nachlass sind zahlreiche Materialien und etwa 350 Seiten des Textes erhalten geblieben. Insgesamt sollte das Buch acht Kapitel umfassen, es wurden aber nur fünf bearbeitet – die drei letzten umfassen nur Überschriften. *Boháček*, Věstník české akademie věd a umění, op. cit., 100.

[29] *Boháček*, ebd.

ständlich, schloss ihn von einer höheren wissenschaftlichen Anerkennung im Ausland aus. Die ausländischen Romanisten konnten eine Vorstellung über sein Werk aus seinen Quellen gewinnen.[30] Aber das genügte dazu, dass unter ihnen ein markantes Interesse an der Übersetzung entstand. Prof. Riccobono bat M. Boháček bei der Herausgabe um die Übersetzung der Passage betreffend *actiones ficticiae*.[31] Obwohl es Interesse an einer Übersetzung des Jahres 1931 aus dem Ausland gab, sorgte der konservative Charakter – im Zusammenhang mit der kommenden Krise – dafür, dass es zu keiner Übersetzung kam, denn ein Verleger wäre schwierig zu finden gewesen.[32]

Auf dem Lehrstuhl des römischen Rechts knüpfte O. Sommer als sein Nachfolger in Vielem an Heyrovskýs Werk an. Obwohl Sommer viel publizierte – die Mehrheit seiner Texte hat den Charakter von Studien und Artikeln –, verhält es im Falle der Monografien ähnlich wie bei Heyrovský. Auch hier kann behauptet werden, dass sein bedeutendstes Werk sein Lehrbuch ist bzw. die Sammlung von Lehrhilfsmitteln, die er Anfang der 30er Jahre herausgab. Bei dieser Sammlung nebst dem zweiteiligen Lehrbuch handelte es sich um „Texty ke studiu soukromého práva římského" (Texte zum Studium des römischen Privatrechts, im Folgenden „Texty"), also um ein Übungsbuch, und vor allem um „Prameny římského práva soukromého" (Quellen des römischen Privatrechts, im Folgenden „Prameny"), die unten detaillierter analysiert werden.

Wenn wir zu dem Aufsatz über Romanistik zurückkehren, so ist zu sagen, dass Sommer zwar eine kritische Stellung zur Historischen Schule bezog,[33] diese jedoch nicht gänzlich verwarf. Er warf ihr vor, dass sie ein Ziel hatte – das klassische Recht –, das sie nicht erreichte. Der Grund lag darin, dass die Historische Schule zu viel am geltenden Recht interessiert war, dem sie in erster Linie dienen wollte. Dadurch entstand eine Verbindung zwischen Historischer Schule und Dogmatik. Angestrebt wurde eine Rückkehr zum „reinen römischen Recht" – d. h. dem korrekt interpretierten Recht der Justinianischen Kompilation, von späteren „Fehlern" befreit (später Puchta, Savigny – z. B. System des heutigen römischen Rechts). Dieser puristische Ansatz ging vor allem zu Lasten der Rezeption vom Mittelalter bis zum Beginn des 19. Jahrhunderts.

Somit gab es eine Lücke zwischen Theorie und Praxis dergestalt, dass die auf der Grundlage der Pandekten als Kodex entwickelten Konzepte und Kategorien

---

[30] Wengers Brief an Otakar Sommer vom 21.4.1925: „... erhielt ich den Römischen Zivilprozess von Leopold Heyrovský nachgeschickt, den Sie herausgegeben. Wie schade, dass ich das Buch nicht lesen kann... Aus der Literatur, die Heyrovský zitiert, sah ich die eingehende Bearbeitung, die der Stoff bei ihm gefunden.", AAV Prag, Fonds Otakar Sommer, Sign. IIb. (Privatkorrespondenz), Wenger, L., Text Nr. 1.

[31] Boháček, Věstník české akademie věd a umění, op. cit., 100.

[32] Boháček, a. a. O., 101.

[33] Es ist hier zu erwähnen, dass die Rede vom Ausland ist – also von Deutschland. Die Entwicklung in der Heimat war sicher gewissermaßen dessen Abbild, keinesfalls ist der Text aber als Kritik an Heyrovský und seinen Methoden gemeint.

zu verallgemeinernd waren. Dieses dogmatische Spannungsfeld wird am besten durch die Lehre von Korreal- und Solidarobligationen nach der Pandektenlehre illustriert. Das Einheitsinstitut war Sommers Meinung nach in keine richtige Quellenauslegung gegliedert, denn den klassischen Juristen war diese Gliederung unbekannt.[34] Sommers Meinung nach war sich die moderne Romanistik dieses Fehlers bewusst und verfolgte zwei Ziele:

1. Die Vertiefung der Kenntnisse des klassischen römischen Rechts und eine möglichst treue Rekonstruktion seiner Gestalt. Damit hing – möglicherweise – die Bemühung um Schilderung der universalen Rechtsgeschichte des Altertums zusammen.
2. Die Herausarbeitung der weiteren Entwicklung der Rezeption des römischen Rechts bis in das 19. Jh.

Das war auch das Ziel von Sommers wissenschaftlicher Richtung. Einerseits setzte Sommer voraus, dass die tiefere Kenntnis des römischen Rechts zum besseren Verständnis der Entscheidungen klassischer römischer Juristen führte. Andererseits setzte er voraus, dass diese Forschung zur Klärung des modernen (damals gültigen) Rechts dienen werde.

Hier weist Sommer auf Josef Stupecký hin, der in seinen Vorlesungen die Bedeutung der allgemeinrechtlichen Theorie des 17. und 18. Jahrhunderts betonte[35] (und dem Sommer auch die „Texty" widmete). Laut Sommer sind exegetische Übungen zur Erkenntnis des klassischen Rechts am besten.[36] Damit knüpfte er sowohl an Stupeckýs Übungen an als auch an Mitteis.[37] In einem Aspekt ehrte Sommer Stupecký: mit der Gliederung des Buchs entsprechend Lenels Rekonstruktion des prätorischen Edikts. Das prätorische Edikt hielt Sommer für das interessanteste Werk des rechtlichen römischen Geistes.[38] Seine Struktur wurde auch gewählt, weil Sommer Institute nie statisch verstand, sondern dynamisch im Zusammenhang mit dem Prozessrecht. Die ausgewählten Fragmente enthalten immer ein Rechtsproblem. Das Ziel ist, Rechtsgedanken im engeren Sinne zu pflegen. Nicht im materiellen Inhalt, sondern in der formellen Vollkommenheit sah Sommer die Verbindung und den Beitrag des römischen Rechts zum modernen Recht.[39]

Er bewies so, dass das römische Recht auch nach der Geschichtsauffassung dem klassischen modernen Recht zugutekam. Das tat er so selbst in einigen

---

[34] *Sommer*, in: Kallab (Hrsg.), op. cit., 76.
[35] *Sommer*, in: Kallab (Hrsg.), op. cit., 77.
[36] *Sommer*, in: Kallab (Hrsg.), op. cit., 83.
[37] *Boháček*, in: Boháček (Hrsg.), Otakar Sommer: 7.6.1885–15.8.1940, 1941, 13 (35).
[38] *Sommer*, Texty ke studiu soukromého práva římského, 1932, Vorwort.
[39] „*Die römische Kasuistik ist heutzutage die beste Schule des rechtlichen Denkens und der rechtlichen Entscheidung, denn sie vermeidet die ganze dogmatische Strenge, sie dient den praktischen Lebensbedürfnissen und verlässt den Rechtsboden nie.*", *Sommer*, Prameny soukromého práva římského, 2. přepracované vydání, 1932, 14 ff.

Teilstudien, z. B. im Jahre 1916 in der Schrift „Ručení za zřízence v římském právu" [Haftung für Bedienstete im römischen Recht].[40] Die Rechtsregelung der Arbeitgeberhaftung für Bedienstete in modernen Gesetzbüchern dieser Zeit war nur auf die Verantwortlichkeit für schuldhaftes Verhalten (des Arbeitnehmers und Arbeitgebers) beschränkt. Diese Regelung war unpassend und wurde als unheilvolles Erbe des römischen Rechts verstanden.[41] Sommer wies mit seiner Analyse darauf hin, dass dieser Aufbau dem justinianischen Recht entsprach und dem klassischen römischen Recht fremd war. Er wies auch darauf hin, dass diese Regelung in justinianischer Zeit nicht unpassend und unpraktisch sein musste. In jener Zeit existierte noch die Auffassung der Noxalhaftung für den von unfreien Bediensteten verursachten Schaden, die im Laufe der mittelalterlichen Rezeption entfiel und für die moderne Auffassung lückenhaft scheint: „... *es wird für zukünftige Gesetzgeber Pflicht sein, dass sie diese Irrtümer vermeiden. Die feste Stütze wird die neuere romanistische Forschung für sie sein.*"[42] So stellte er die Bedeutung beider Richtungen dar, denen die moderne Romanistik folgen sollte.

Die Entwicklung neuer Forschungen wurde durch Papyrusfunde und Interpolationsmethoden ermöglicht. Für diese zwei Methoden war in Sommers Leben der Aufenthalt in den Jahren 1910 bis 1911 in Deutschland entscheidend. Seinen Aufenthalt begann er in Berlin, wo er Küblers Vorlesungen, P. M. Meyers[43] Seminare, Vorlesungen über hellenistische Dichtung bei Wilamowitz-Moellendorf und andere Veranstaltungen[44] besuchte.

Das Letztgenannte weist auf einen anderen Zug in Sommers Charakter hin, nämlich dass er sich nicht so sehr für das Recht interessierte, sondern für Kultur. Auch die mit dem Recht nicht zusammenhängenden Kleinigkeiten können eine bedeutende Rolle beim Gewinn von Berufskontakten spielen. Neben dem römischen Recht und der Verbindung mit Prag hat die Musik Sommer mit Koschaker eng verknüpft.[45]

---

[40] *Sommer*, Sborník věd právních a státních, 1916, 121–136.

[41] *Sommer*, a. a. O., 123.

[42] *Sommer*, a. a. O., 135.

[43] In Sommers Nachlass sind Auszüge aus Küblers Vorlesungen „System des römischen Privatrechts" und „Kursus zur sprachlichen Einführung in die Quellen des römischen Rechts" sowie aus Meyers Vorlesung „Einführung in die Papyruskunde" enthalten, AAV Prag, Fonds Otakar Sommer, Karton Nr. 23 sing. IIIg.

[44] *Boháček*, in: Boháček (Hrsg.), Otakar Sommer: 7.6.1885–15.8.1940, 1941, 13 (27).

[45] Aus Sommers Nachlass sind insgesamt 41 Blätter von P. Koschaker aus den Jahren 1921–1940 erhalten. Die Freundschaftsbeziehung kann folgende Kleinigkeit beweisen: Im Brief vom 28.10.1927 bittet Koschaker ihn um Zusendung u. a. von Suks Quintett Op. 8. und auch „Bagatela (mit der Blume in der Hand) für Flöte, Geige und Klavier". Im folgenden Brief dankt er für den Erhalt der Kompositionen und schreibt, dass man die Bagatelle in jener Woche aufführen wolle. Neben den Dankesworten erwähnt Koschaker in dem Brief seine Schuld über die Erwerbskosten der von Sommer gesandten Noten. Er bittet Sommer, ihm eine Rechnung zu schicken oder ein Buch anzugeben, das er diesem als Erfüllungssurrogat in Leipzig kaufen

O. Sommers Aufenthalt in Berlin war nur eine Vorbereitung auf seinen Aufenthalt in Leipzig bei Professor Mitteis, der außer Stupecký und Heyrovský sein drittes und wahrscheinlich auch sein bedeutendstes Vorbild war. Mitteis' Vorlesungen[46] zeigten ihm die Möglichkeit, neue wissenschaftliche Verfahren im römischen Recht mit dem modernen Recht zu verknüpfen – manchmal unerwartet, wie im Falle der „Grundlehren der Pandekten als romanistische Einführung in das heutige bürgerliche Recht."[47] Mitteis beeinflusste Sommer auch im Wahlthema seiner Habilitation[48] über „Dies cedens".[49] Es ist wieder charakteristisch für Sommer, dass er sich nicht auf Mitteis' Vorlesungen im Bereich des römischen Rechts[50] oder auf Wilkens Papyrologie beschränkte, sondern sich bemühte, meistens unter dem Motto zu studieren[51]: *„je solider der Grund, desto besser."*[52] Das Interesse an der Wissenschaft, so wie damals bei Kübler in Berlin, brachte Sommer Mitteis derart nahe, dass er im Jahre 1911 zur Arbeit an der Schlussbearbeitung des Index der Interpolationen eingeladen wurde.[53] Die Hauptrollen dieser Redaktionsarbeit spielten Hans Peters und August Simonius, die Sommer in Leipzig nahestanden. Sommer wurde vor allem von Peters beeinflusst, mit dem er oft über die Frage der Entstehung der Digesten[54] diskutierte.[55] Peters' Gedanken spiegelten sich auch in Sommers „Prame-

---

könne, AAV Prag, Fonds Otakar Sommer, Sign. IIb. (Privatkorrespondenz), Koschaker, Paul, Text Nr. 27, 28.

[46] In Sommers Nachlass sind Auszüge aus Mitteis' Vorlesungen „Deutsches Bürgerliches Recht. Allgemeiner Teil", „Grundlehren der Pandekten als romanistische Einführung in das heutige bürgerliche Recht" und „Pandektenexegese", AAV Prag, Fonds Otakar Sommer, Karton Nr. 23, Sign. IIIg.

[47] *Sommer*, Sborník právnické fakulty university Komenského v Bratislave, 1928, 13. Der Pandektenunterricht in Prag hatte unter dem Einfluss der neuen Kodifikationen in Deutschland und in der Schweiz praktisch geendet.

[48] AAV Prag, Fonds Otakar Sommer, Sign. IIb. (Privatkorrespondenz), Heyrovský, Leopold (senior), Text Nr. 6 (10.7.1911), 2.

[49] *Sommer*, Dies cedens v právu římském, 1913; kurzer Auszug: *Sommer*, SZ (RA), 1913, 394–401.

[50] Dank dessen konnte er z. B. die Informationen von Mitteis' Lesungen über das Autorenrecht nutzen, als er diese Problematik an der Preßburger Universität vortrug.

[51] Im März 1911 besuchte er auch Stammlers Vorlesung in Halle, musste darüber aber in Leipzig schweigen, *„... weil in Leipzig Rechtsempirie herrscht."* Brief an F [Filsak?] vom 8.3.1911, zitiert von *Boháček*, in: Boháček, M. (Hrsg.), Otakar Sommer: 7.6.1885–15.8.1940, 1941, 13 (32).

[52] Sommers Brief an seine Eltern vom 12.2.1911, *Boháček*, in: Boháček (Hrsg.), Otakar Sommer: 7.6.1885–15.8.1940, 1941, 13 (28).

[53] Sommer hat für den Probedruck Dig. 2.14 und D. 45.1 verarbeitet und arbeitete auch nach seiner Rückkehr nach Prag weiter (vgl. Index interpolationum I, pag. III).

[54] *Peters*, Die oströmischen Digestenkommentare und die Entstehung der Digesten, 1913.

[55] Mit Rücksicht auf Sommers Tagebücher *Boháček*, in: Boháček (Hrsg.), Otakar Sommer: 7.6.1885–15.8.1940, 1941, 13 (27). In Sommers Nachlass befindet sich kein Brief von Peters. Ihre Kommunikation führten sie vor allem persönlich in Leipzig, wohin Sommer nach dem Abschluss seines Aufenthalts wegen der Redaktion des Indexes fuhr. Der andere Grund ist die Tatsache, dass Peters im Krieg sehr bald fiel.

ny".[56] Peters erweiterte Sommers Horizont auch in der Frage der Philosophie und in der Kenntnis deutscher romanistischer und zivilistischer Literatur, vor allem der Historischen Schule.[57] Die Stadt Leipzig und Mitteis beeinflussten also die zukünftige Forschung und gewissermaßen auch die didaktische Wirkung von O. Sommer.

Das Buch „Prameny" wurde Heyrovský und Mitteis gewidmet.[58] „Prameny" unterschied sich von „Texty" insofern, als es primär kein Lehrbuch war, sondern ein Handbuch für junge Wissenschaftler.[59] Diese Publikation war nicht nur die erste tschechische monografische Bearbeitung der Problematik des römischen Rechts[60], sondern ist vor allem wegen der von Sommer gewählten Systematik interessant.[61] Er ging nicht von der Periodisierung des Privatrechts aus, wie es damals üblich war, sondern vom Gedanken der Quellenverbindung des römischen und des Verfassungsrechts. Die Darstellung im Lehrbuch ist daher nicht nur chronologisch. Ziel ist es, den Zusammenhang zwischen der Verfassung und der Quellenentwicklung des römischen Rechts aufzuzeigen. Diese synchrone Deutung ermöglicht es, das Verhältnis der einzelnen Kräfte hervorzuheben, die die Entwicklung des Privatrechts beeinflusst haben. So stellt beispielsweise die Analyse des Gesetzgebungsverfahrens die einzelnen Komponenten des politischen Lebens sowie das Gleichgewicht zwischen den einzelnen Komponenten politischer Macht dar.[62] Sie bemüht sich auch um das Reflektieren der anderen Bestandteile des schöpferischen Rechtsprozesses. Sommer wird sich der Verbindung des Rechts mit der Gesellschaft und mit den wirtschaftlichen Verhältnissen bewusst, jedoch nicht in solchem Maße, wie es z. B. bei Bonfante der Fall war.[63] Die Arbeit ist sowohl aufgrund ihres umfangreichen Literaturverzeichnisses bedeutend als auch deshalb, weil sie über Stellungnahmen zu ungelösten Fragen berichtet. Neben den justinianischen Interpolationen ver-

---

[56] Bei der Entstehungsfrage zu den Digesten neigte Sommer zur Theorie von Bluhme, aber mit Bemerkungen von Peters: *Vážný*, in: Boháček (Hrsg.), Otakar Sommer: 7.6.1885–15.8.1940, 1941, 71 (77f.).

[57] *Boháček*, in: Boháček (Hrsg.), Otakar Sommer: 7.6.1885–15.8.1940, 1941, 13 (28).

[58] Die Reflexion dieser zwei Persönlichkeiten drückte Jan Vážný in seiner Rezension sehr schön aus: „*Sorgfältige Beachtung zur ganzen (...) riesigen Sammlung der Wissenschaftsliteratur, auch zum ganzen Quellenapparat, immer nach den neuesten wo auch immer im Ausland herausgegebenen Ausgaben, zeigt die Schulung von Heyrovský. Die seltsame lebendige Darlegung weist auf den erfolgreichen Einfluss und auf das Leben von Mitteis hin.*" *Vážný*, Bratislava, 1928, 793 (799).

[59] Wie aus dem Vorwort der 2. Ausgabe „Prameny" folgt, war die erste Ausgabe eher ein Hilfsmittel für diejenigen, die die Einführung in die Wissenschaftsarbeit im Bereich des römischen Rechts suchen würden.

[60] Bis jetzt gab es nur eine Kurzübersicht in Lehrbüchern von Heyrovský und Vančura auf Tschechisch.

[61] Ein Vorgänger könnte hier in gewisser Hinsicht der Artikel von Heyrovský sein: *Heyrovský*, in: Sborník věd právních a státních, 1908, 233–254.

[62] *Vážný*, in: Boháček (Hrsg.), Otakar Sommer: 7.6.1885–15.8.1940, 1941, 71 (72).

[63] *Vážný*, Bratislava, 1928, 793 (793).

meidet er auch die Frage der vorjustinianischen Eingriffe nicht, zudem betont er die Frage nach möglichen Interpolationen in Gaius' Institutionen auf Grund der neueren Papyrusfunde.[64] Aus Sicht der Methodologie betont er die Bedeutung der philologischen Methode.[65]

Ebenfalls weist er auf die Bedeutung der komparativen Methode hin. Die komparative Wissenschaft versteht er (Sommer) als eine sehr bedeutende Tätigkeit der Rechtshistoriker, aber er ist sich ihrer Grenzen bewusst. Hier ist jedoch auch ein gewisser Fortschritt sichtbar. Nachdem er eine der Ansichten der universalen Rechtsgeschichte im Altertum in seinem Text über neuere Richtungen in der Romanistik erwähnt hat, ist seine Einstellung zu dieser Idee bald ganz reserviert. Er lehnt die Idee des antiken universalen Rechts nicht ab, sondern zielt auf die Schlussfolgerung ab, dass die Kenntnis der anderen antiken Rechte den Ausgangspunkt für den potenziellen Vergleich darstellt:

„Die Universalgeschichte des Altertumsrechts – immer so eine Täuschung! In ihnen ertönt stark der Gedanke der vergleichenden Rechtswissenschaft, jedoch ist sie die wichtigste Forschungsmethode auf dem Feld der Rechtsgeschichte. Jeder Vergleich setzt voraus, dass etwas verglichen werden kann, und dadurch, dass man außer dem römischen Recht irgendwelches antike Recht verwendet, befindet man sich immer noch am Anfang unserer Erkenntnisse, und meistens kann nicht abgesehen werden, wie tief unsere Erkenntnis auf Grund der Quellen gelangt. Es wird bezweifelt, ob man es schafft, so weit zu gelangen, wie man heutzutage im griechischen Recht ist, in dem gerade das tiefere Studium unsere Abwendung von der ehemaligen Idee der griechisch-römischen Gemeinschaft bewirkte. – All das ist weniger als Zukunftsmusik."[66]

Auch hier besteht ein Einfluss von Mitteis, denn Sommer kannte Mitteis' Vorlesung zu dieser Frage[67] und diskutierte über dieses Thema mit Riccobono, der die Übersetzung dieser Vorlesung anfertigte.[68] Der vergleichenden Methode wird auch in anderen Zusammenhängen Aufmerksamkeit geschenkt[69] – auch

---

[64] Zur Anmerkung über P.Oxy.XVII 2103 in der ersten Herausgabe von „Prameny"; die zweite Ausgabe wurde um ein neues Gaius-Fragment (P S I Nr. 1182) erweitert.

[65] Hier betont er das Werk von Bonfante.

[66] Sommer, Prúdy Nr. 2, 1925, 110–111; derselbe auch: „O methodě srovnávací právovědy", Notizen zur Vorlesung für den Verein Všehrd (24.3.1936), 3. Mit dem Hinweis auf Koschakers Keilschriftrecht aus dem Jahre 1935 spricht er hier davon, dass es sich um die Wissenschaft der Zukunft handele, AAV Prag, Fonds Otakar Sommer, Schachtel Nr. 8 des uninventarisierten Materials.

[67] *Mitteis*, Antike Rechtsgeschichte und romanistisches Rechtsstudium (Vortrag, geh. im Verein d. Freunde d. humanist. Gymnasiums am 3. VI. 1917), 1917, 309–312.

[68] *„... E il Leist lodò il grande riserbo del Mitteis interno alle conseguenze di quei primi risultati. Ma in proposito il professor Sommer, della Università di Bratislava in una simpatica ed interessante conversazione avuta con me' nell'Aprile di quest'anno (1928), in Roma, mi comunicava che il Mitteis nel suo corso di Esegesi spiegava lo sviluppo del diritto dotale con gli stessi elementi romani.",* Riccobono, in: Annali del Seminario giuridico di Palermo, Jahrgang XII., 1929, 500 (582).

[69] „O metodě srovnávací právovědy" [Zur Methode der Rechtsvergleichung]: Notizen zur Vorlesung für den Verein Všehrd (24.3.1936), AAV Prag, Fonds Otakar Sommer, Schachtel Nr. 8

in Bezug auf das damals gültige Recht, wenn er auf geistlose Normenübernahme aus anderen Rechtsordnungen hinweist, ohne dass der Kontext respektiert wird, aus dem diese Normen stammen.[70] Sommer trat auch auf dem internationalen Kongress der komparativen Rechtswissenschaft im Jahr 1937 in Den Haag auf. Sein auf Französisch vorgetragener Beitrag „*La théorie romaine de la responsabilité contractuelle*" war der Frage der vertraglichen Haftung, primär der romanistischen, gewidmet. Er schätzte Riccobonos Arbeiten sehr und verwies außerdem auf das Problem der weiterhin unklaren Entwicklung in der postklassischen Zeit vor der justinianischen Kodifikation. Auch verknüpfte er das römische Recht mit aktuellen Fragen, die aus den Verhandlungen des Ausschusses der Akademie für Deutsches Recht für das Personal-, Bundes- und Obligationsrecht hervorgingen, die von Stoll im Jahr 1936 veröffentlicht wurden. Er weist darauf hin, dass sich Stoll zwar dem klassischen Recht (im Unterschied zum BGB) nähere, eine bloße Akzentuierung der Haftung für das Ergebnis unabhängig vom Verschulden jedoch falsch sei: Sie unterschätze das römische Prinzip der *bona fides* und interpretiere zudem sowohl Mitteis als auch Arangio Ruiz falsch. Er beweist so, dass das römische Recht keine beschreibende, sondern eine juristische Wissenschaft ist.[71] Neben der Interpolationsmethode betont er die Bedeutung der Papyrologie für die Erkenntnis der Rechtspraxis von Ptolemaios' Ägypten und die Entwicklung in der postklassischen Zeit. Im Falle der justinianischen Kodifikation weist er auf die Tatsache hin, dass maßgeblich auf das byzantinische Recht Rücksicht genommen werden muss, wenn man sich der anderen Aufgabe der Romanistik widmet – der Aufgabe, ihre Entwicklung bis zu den heutigen Tagen nachzuvollziehen, im Einklang mit dem zweiten Aspekt, der Richtung der modernen Romanistik (siehe oben). Diese Pläne waren sehr umfangreich und umzusetzen menschenunmöglich, aber im Zusammenhang damit tritt Sommers Bedeutung als Didaktiker und Organisator hervor. Seine Rolle für die Gestaltung des Unterrichts des römischen Rechts in der Tschechoslowakei und in ihrem Rahmen auch die sehr aktive Bemühung um die Bildung einer Gruppe von Nachfolgern war sehr wichtig. Er betont, dass der Auslandsaufenthalt für die Forschungs-

---

des uninventarisierten Materials. Außer den zwei Seiten der kurzen Einleitung besteht der Rest des Textes nur aus kurzen Notizen zu einzelnen Autoren oder Stellungnahmen. Die erste Seite gibt wahrscheinlich die Struktur der Vorlesung wieder: a) ethnologische Stellung (Mazzarelle), b) historische Stellung (Kohler, Sauser-Hall) c) Vergleich des geltenden Rechts.

[70] Es ist notwendig, sich der Unifikationsbemühungen der Tschechoslowakei in der Zwischenkriegszeit bewusst zu werden, in der die übernommene österreichische Rechtsordnung in Böhmen, Mähren und Schlesien sowie die ungarische Rechtsordnung in der Slowakei und in der Karpatenukraine galten.

[71] Vgl. die letzte Seite des Vorlesungstextes. Der Text wurde wahrscheinlich nie publiziert und liegt nur in einer unvollständigen tschechischen Maschinenschrift, in einer unvollständigen tschechischen Handschrift und in zwei wahrscheinlich kompletten französischen Handschriften vor. AAV Prag, Fonds Otakar Sommer, Schachtel Nr. 8 des uninventarisierten Materials.

entwicklung zentral ist.[72] Hier zeigt sich die Bedeutung von Mitteis' Schule in Leipzig.[73]

Es war in Leipzig, wo Sommer die deutsche Literatur und vor allem die neueste italienische Literatur kennenlernte. Die Gestaltung eines ausreichend literarischen Umfelds einzelner – vor allem neu entstandener – Fakultäten war die erste Voraussetzung für die Gestaltung einer hochwertigen Wissenschaft. Persönlich trug er zur Gründung der Seminarbibliothek des römischen Rechts in Pressburg[74] und in Prag[75] bei.[76]

Die Kontakte mit Italien begannen im Falle Sommers vor dem Ersten Weltkrieg – die erste datierte Postkarte von Riccobono stammt aus dem Januar 1914. Er dankt hier Sommer für den kurzen Auszug aus seiner Habilitation und interessierte sich dabei vor allem für die Frage der *ademptio tacita* sehr.[77] Erst die Nachkriegszeit ermöglichte eine Kommunikation in größerem Umfang. In diesem Augenblick schien der Umstand entscheidend, dass O. Sommer im Schulministerium und dem Referat der Hochschulen tätig war, was ihm ermöglichte, Auslandsaufenthalte zu fördern. Seine Person spielte eine sehr bedeutende Rolle bei Studienaufenthalten von M. Boháček oder J. Vážný Anfang der 20er Jahre. Diese nutzten ihren Aufenthalt zum Einkauf der neuesten Literatur für die Bibliotheken. Auch nachdem er nicht mehr am Ministerium tätig war, unterstützte er die jungen Wissenschaftler weiter, vor allem dank seiner Kontakte. Die jungen tschechoslowakischen[78] Romanisten zogen nach Italien (v. a.

---

[72] „... unsere Fakultäten waren nie Forschungsinstitute, es handelte sich einfach um Schulen." Der Text „Zahraniční studium" [Auslandsstudium], AAV Prag, Fonds Otakar Sommer, Schachtel Nr. 8 des uninventalisierten Materials. Der Text widmet sich der sog. Denis-Stiftung zur Unterstützung der Studenten, leider ist aber nicht ersichtlich, aus welchem Jahr er stammt (andere Handschriften wurden in der Nähe dieses Textes um die Jahreswende 1939–1940 publiziert). Dieser Text wurde wahrscheinlich nicht publiziert.

[73] „... und ich freue mich schon darauf, bald einen Kreis gleichgesinnter und gleichermaßen strebender ganzer Menschen zu schaffen ...": Sommers Brief an F [Filsak?] vom 28.5.1911, zitiert von *Boháček*, in: Boháček (Hrsg.), Otakar Sommer: 7.6.1885–15.8.1940, 1941, 13 (34).

[74] Die Bibliothek wurde z. B. von V. Budil positiv bewertet, als er sie mit der Bibliothek in München verglich. Die positive Bewertung erwähnt auch San Nicolò im über den Besuch der deutschen Professoren in Preßburg referierenden Brief an M. Boháček, AAV Prag, Fonds Otakar Sommer, Sign. IIb. (Privatkorrespondenz), Budil, Václav, Text Nr. 92 (7.11.1932), 2.; AAV Prag, Fonds Miroslav Boháček, Sign. IIb. (Privatkorrespondenz), Budil, Václav, Text Nr. 62 (6.2.1940), 2.

[75] *Klíma*, in: Boháček (Hsrg.), Otakar Sommer: 7.6.1885–15.8.1940, 1941, 189–194.

[76] Ein Bestandteil der Seminarbibliothek in Prag wurde u. a. auch die Bibliothek des Nachlasses von L. Mitteis. Es handelte sich um ein Geschenk des Schulministeriums, das die Bibliothek kaufte. Für diesen Kauf intervenierte O. Sommer sehr intensiv. Siehe AUK, Juristische Fakultät, Einträge aus der Sitzung des Professorenkollegiums, 1923–1924, Eintrag vom 24.5.1924, Punkt XV. Weiter AAV Prag, Fonds Otakar Sommer, Karton Nr. 23, Sign. IIIc., Punkt 3 Mitteisova knihovna [Gutachten zur Bibliothek Mitteis].

[77] AAV Prag, Fonds Otakar Sommer, Sign. IIb. (Privatkorrespondenz), Riccobono, S., Text Nr. 7 (14.1.1914). Der andere datierte Brief stammt erst aus dem Jahr 1923.

[78] Es ist wahr, dass die Slowaken vielleicht nur von Karol Rebro vertreten wurden.

zu S. Riccobono, bzw. zu P. Bonfante), oder nach Deutschland – zu L. Wenger nach München oder zu P. Koschaker nach Berlin. Neben den ausländischen Kontakten ist vor allem ein einheimischer Kontakt zu erwähnen, und zwar der zu Mariano San Nicolò, dem Professor des römischen Rechts an der deutschen Universität in Prag. Die Beziehung zwischen San Nicolò und O. Sommer, die am Anfang rein offiziell war, änderte sich im Laufe der Zeit zur Kollegenbeziehung bzw. zur Freundschaft.[79] Diese Art Kontakt zwischen den beiden unterschied sich von dem im heimischen Umfeld üblichen, weil Mariano San Nicolò zu den Vertretern des deutschen Nationalsozialismus gehörte und in der Opposition zu den pro-tschechoslowakischen Professoren an der Deutschen Universität stand.[80] Beide waren vor allem durch das Interesse am römischen Recht eng verbunden. O. Sommer und M. San Nicolò entwickelten am Ende der 20er Jahre das Projekt der Schaffung eines auf die Geschichte des römischen (antiken) Rechts ausgerichteten Instituts, das ohne eine direkte Bindung an diese oder jene Universität entstehen sollte und das allen Interessenten für das römische Recht ohne Rücksicht auf ihre Nationalität zugänglich sein sollte. Es sollte sich gewissermaßen um eine tschechoslowakische Version des „Istituto di diritto romano" in Rom oder des Münchner „Instituts für Antike Rechtsgeschichte und Papyrusforschung" von L. Wenger handeln. Leider wurde dieses Projekt durch das Ministerium nicht unterstützt und daher nie realisiert.[81]

Trotzdem ist es notwendig zu erwähnen, dass sowohl tschechische Studenten ins Ausland zogen als auch einige italienische Romanisten Prag besuchten. Es handelte sich um Ubaldo Robbe, Guglielmo Nocera, Gabrio Lombardi und Manlio Sargenti.[82] Leider ist es nicht gelungen, weitere Informationen zu ihrem Aufenthalt aus den Jahren 1933[83] bis 1937[84] im Archiv der Karls-Universität (AUK) zu finden.

---

[79] Das wird sowohl durch die Änderung in der Anrede in einzelnen Briefen von San Nicolò an Sommer als auch durch zahlreiche Erwähnungen deutlich. An diese Freundschaftsbeziehung erinnert auch E. Hácha. *Hácha*, in: Boháček (Hrsg.), Otakar Sommer: 7.6.1885–15.8.1940, 1941, 9.
[80] Eine sehr negative Stellung hatte er zu Egon Weiß, wahrscheinlich wegen seiner jüdischen Herkunft. Die Beziehung zwischen Sommer und Weiß war kollegial, es handelte sich um keine Freundschaft. Die jüdische Herkunft spielte hier keine Rolle. Zu Sommers guten Bekannten gehörte Prof. Guido Kisch. Diese Streitigkeiten waren eine der Gründe des Abgangs von Mariano San Nicolò nach München im Jahr 1935. Siehe AAV Prag, Fonds Otakar Sommer, Sign. IIb. (Privatkorrespondenz) San, Mariano; Kisch, Guido; Weiß, Egon.
[81] In Sommers Nachlass gibt es einen Vorschlag für entsprechende Satzungen (auf Tschechisch und auf Deutsch) und die Kommunikation mit dem Ministerium, aus der hervorgeht, dass die Frage des Instituts „in die Zukunft" verschoben wurde. AAV Prag, Fonds Otakar Sommer, Schachtel Nr. 1 des uninventarisierten Materials.
[82] AAV Prag, Fonds Miroslav Boháček, Sign. IIb. (Privatkorrespondenz), Vážný, Jan (Senior), Konzept Nr. 2. S.2.
[83] Nocera, G.; AUK Prag, Studierendenkatalog der Rechtswissenschaftlichen Fakultät.

VI. Zusammenfassung

O. Sommer knüpfte an das Werk von L. Heyrovský vor allem in seinem Interesse am Prozessrecht an, wenn er die römische *actio* als wesentlich bestimmend für das Verständnis des römischen klassischen Rechts hielt. Im Unterschied zu Heyrovský bewies er ganz klar, dass die gründliche Kenntnis der historischen Entwicklung die Einordnung des gegebenen Rechtsinstituts in die gesamte politische, wirtschaftliche und soziale Situation dieser Zeit bedeutet. Das gilt für das Verständnis des damals geltenden Rechts und es gilt auch heute. Er zeigte, dass das römische Recht seine Stellung in der Ausbildung der zukünftigen Juristen hat: nicht hinsichtlich der materiellen Normenseite, sondern vor allem der Art und Weise des Denkens der klassischen Juristen.

Abschließend kann festgestellt werden, dass Leopold Heyrovský das römische Recht der tschechischen Sprache nahebrachte, Otakar Sommer dagegen die tschechische Romanistik in die Weltszene einführte, sodass sich seine Studenten unter ihre deutschen oder italienischen Zeitgenossen getrost und ganz gleichwertig einreihen konnten. Ihre Spezialisierung ermöglichte oft sogar, dass sie sich ihrer Wissenschaftstätigkeit auch in der Zeit des Kommunismus widmen konnten, als das römische Recht in Ungnade fiel.[85]

Literaturverzeichnis

Alžbetínska univerzita. [Elisabethuniversität], in: Pedagogická encyklopédia Slovenska [Pädagogische Enzyklopädie der Slowakei], 1. Band, A-O, Bratislava 1984, 31
Boháček, Miroslav, Jak rostl a pracoval Otakar Sommer [Wie Otakar Sommer wuchs und arbeitete], in: Boháček, Otakar Sommer: 7.6.1885-15.8.1940, Turnov 1941, 13-70
ders. (Hrsg.), Otakar Sommer: 7.6.1885-15.8.1940, Turnov 1941
ders., Otakar Sommer, Praha 1949
ders., Vzpomínka na Leopolda Heyrovského u příležitosti stého výročí jeho narození. [Gedenken an Leopold Heyrovský anlässlich seines 100. Geburtstags], Věstník české akademie věd a umění, Nr. 5 Jahrgang LXI, 91-102

---

[84] Lombardi (1935-1936), Sargenti, M. (1937) AUK Prag, Studierendenkatalog der Rechtswissenschaftlichen Fakultät.

[85] Als Beispiel kann z. B. Josef Klíma erwähnt werden, der sich von Anfang an neben dem römischen Recht eher auf Assyriologie spezialisierte und 1953 nach dem Tod von Bedřich Hrozný langjähriger Chef der Abteilung des Nahen Ostens am Orientalischen Institut der Tschechoslowakischen Akademie der Wissenschaften wurde (bis zur Pensionierung 1971). Ähnliches gilt auch für Jiří Cvetler, der nach der Auflösung der juristischen Fakultät in Brünn (1953) dank seiner Kenntnisse des byzantinischen Rechts an der philosophischen Fakultät tätig war, an der er sich den Balkanstudien widmete, vor allem der Geschichte Bulgariens. Zum römischen Recht konnte er nur kurz in den Jahren 1969-1971 an der wiedergeschaffenen Fakultät in Brünn zurückkehren. Einen ähnlichen Weg nahm auch M. Boháček.

Gregor, Martin, Prínos profesora Otakara Sommera pre rozvoj slovenskej právnej vedy, [Der Beitrag von Professor Otakar Sommer zur Entwicklung der slowakischen Rechtswissenschaft], Právník, Nr. 12 Jahrgang 159 (2020), 942–955

ders., Historiografia rímskeho práva na Slovensku: Príbeh štyroch profesorov, [Historiographie des römischen Rechts in der Slowakei: Die Geschichte von vier Professoren], Praha, 2021

Hácha, Emil, Úvodní slovo [Vorwort], in: Boháček, Otakar Sommer: 7.6.1885–15.8.1940, Turnov 1941, 7–10

Heyrovský, Leopold, Interpolace v Pandektách a Kodexu [Interpolationen in Pandekten und Codex], Athenaeum, 9 (1891–1892), 6–8

ders., Instituce práva římského [Institutionen des römischen Rechts], Prag 1894

ders., O právní platnosti konstitucí římských císařů [Zur Rechtsgültigkeit der Verfassungen der römischen Kaiser], Sborník věd právních a státních, IX (1908), 233–254

ders., Dějiny a systém římského práva soukromého [Geschichte und System des römischen Privatrechts], Prag 1910

ders., Studie k římskému procesu civilnímu [Studien zur römischen Zivilprozessordnung] Sborník věd právních a státních [Sammlung Rechts- und Staatswissenschaften], XI (1911), 231–253; 355–374

ders., Studie k římskému procesu civilnímu [Studien zur römischen Zivilprozessordnung], Sborník věd právních a státních, XIII (1913), 135–154

ders., Studie k římskému procesu civilnímu [Studien zur römischen Zivilprozessordnung], Sborník věd právních a státních, XIV (1914), 229–256

ders., Studie k římskému procesu civilnímu [Studien zur römischen Zivilprozessordnung], Sborník věd právních a státních, XVI (1916), 219–248

ders., Otto Gradenwitz, Versuch einer Dekomposition des Rubrischen Fragmentes, Sborník věd právních a státních, XVI (1916), 309–312

ders., Studie k římskému procesu civilnímu [Studien zur römischen Zivilprozessordnung], Sborník věd právních a státních, XVII (1917), 249–273

ders., Prof. Dr. Karel Esmarch, in: Kallab J. Památník spolku českých právníků Všehrd [Gedenkschrift der Vereinigung tschechischer Juristen Všehrd], Praha 1918, 72–74

ders., Studie k římskému procesu civilnímu [Studien zur römischen Zivilprozessordnung], Sborník věd právních a státních, XIX (1919), 1–34

Hofbauerová-Heyrovská, Klára, Mezi vědci a umělci [Zwischen Wissenschaftlern und Künstlern], Praha 1947

Klíma, Josef, Sommer v knihovně pražského romanistického semináře [Sommer in der Bibliothek des Prager Romanistischen Seminars], in: Boháček, Miroslav (Hrsg.), Otakar Sommer: 7.6.1885–15.8.1940, Turnov 1941, 189–194

Mitteis, Ludwig, Antike Rechtsgeschichte und romanistisches Rechtsstudium [Vortrag. Geh. im Verein d. Freunde d. humanist. Gymnasiums am 3. VI. 1917], Wien 1917, 309–312

Peters, Hans, Die oströmische Digestenkommentare und die Entstehung der Digesten, Leipzig 1913

Riccobono Salvatore, Punti di vista critici e ricostruttivi a proposito della dissertazione di Lodovico Mitteis, Annali del Seminario giuridico di Palermo, XII (1929), 500–637

Sommer, Otakar, Dies cedens v právu římském [Dies cedens im römischen Recht], Praha 1913

ders., Dies cedens, SZ (RA), 34 (1913), 394–401

ders., Ručení za zřízence v právu římském [Haftung für Bedienstete im römischen Recht], Sborník věd právních a státních, XVI (1916), 121–136

ders., Novější směry v romanistice [Neuere Richtungen in der Romanistik], in: Kallab, Jaroslav (Hrsg.), Památník spolku českých právníků Všehrd [Gedenkschrift der Vereinigung tschechischer Juristen Všehrd], Praha 1918, 75–84

ders., Právo římské a dnešní civilistika [Römisches Recht und heutige Zivilistik], Prúdy, IX (1925), 109–114

ders., Stupecky ucitel – Josef Stupecký in memoriam [Stupecký als Lehrer – Josef Stupecký in memoriam], Sbornik pravnické fakulty university Komenského v Bratislave, 3 (1928), 13–21

ders., Prameny soukromého práva římského. [Quellen des römischen Privatrechts], 2. Druhé přepracované vydání [überarbeitete Edition], Praha 1932

ders., Texty ke studiu soukromého práva římského [Texte zum Studium des römischen Privatrechts], Praha 1932

ders., Učebnice soukromého práva římského [Lehrbuch des römischen Privatrechts], Teil I: Obecné nauky [Allgemeine Lehren], Praha 1933

ders., Učebnice soukromého práva římského [Lehrbuch des römischen Privatrechts], Teil II: Právo majetkové [Besitzrecht], Praha 1935

Urfus, Valentin, Právní romanistika na české univerzitě v Praze před sto lety. K zakladatelskému dílu Leopolda Heyrovského [Juristische Romanistik an der Tschechischen Universität in Prag vor hundert Jahren. Zum Gründungswerk von Leopold Heyrovský], Acta Universitatis Carolinae – Historia Universitatis Carolinae Pragensis, 22 (1982), 113–121

Vážný, Jan, rec: O. Sommer: Prameny soukromého práva římského [Quellen des römischen Privatrechts], Bratislava, 2 (1928), 793–799

ders., rec: O. Sommer: Prameny soukromého práva římského, 2. vydání. [Quellen des römischen Privatrechts, 2. Auflage], Bratislava, 7 (1933), 481–482

ders., Sommrova učebnice římského práva [Lehrbuch des römischen Rechts von Sommer], in: Boháček, Miroslav (Hrsg.), Otakar Sommer: 7.6.1885–15.8.1940, Turnov 1941, 71–92

Der Grosschmid-Effekt – oder ein Paradigmenwechsel in der ungarischen Romanistik

Gergely Deli

ABSTRACTS

The hypothesis of the present study is that one of the main reasons for the methodological paradigm shift in Hungarian Romance studies in the first third of the 20th century was the search for a "genuine" national private law. While Lajos Farkas and others had previously dealt with Pandectism in a substantial way, it fell out of view as a "German" doctrine, harmful to the national interests due to the influence of Béni Grosschmid. Subsequently, following Géza Marton's lead, the approach of viewing Roman law in a narrower sense as a set of general principles of private law became widespread in Roman law textbooks and literature.

W rozdziale postawiono hipotezę, że jedną z głównych przyczyn zmiany paradygmatu metodologicznego w romanistyce węgierskiej w pierwszej połowie XX wieku było poszukiwanie „prawdziwego" narodowego prawa prywatnego. Podczas gdy Lajos Farkas i inni stosowali we właściwy sposób metodę pandektystyczną, to pod wpływem Béniego Grosschmida została ona usunięta jako doktryna „niemiecka", szkodliwa dla interesu narodowego. Następnie, za Gézą Martonem, w podręcznikach i literaturze prawa rzymskiego upowszechniło się postrzeganie prawa rzymskiego w węższym znaczeniu – jako zbioru ogólnych zasad prawa prywatnego.

I. Einleitung

In diesem Beitrag argumentiere ich, dass einer der Hauptgründe für den methodologischen Paradigmenwechsel in der ungarischen Romanistik zu Beginn des 20. Jahrhunderts die Suche nach einem „echten" nationalen Recht war. Dank des starken Einflusses von Béni Grosschmid[1] in diesem Sinne „verwaiste" die Pandektistik[2] und geriet aus dem Fokus des Interesses sowohl der Zivilrechtler

---

[1] *Szladits*, Jogászegyleti Szemle, 1948, 1 (6); *Weiss*, in: Hamza (Hrsg.), Magyar jogtudósok, vol. III, 2006, 99 (101).

[2] Zu Grosschmids kritischer Arbeit gegen das deutsche Pandektenrecht siehe *Szladits*, Jogászegyleti Szemle, 1948, 1 (5, 7); *Peschka*, Állam- és Jogtudományi Intézet Értesítője, 1959, 37 (60); *Asztalos*, A civilisztika oktatásának és tudományának fejlődése a budapesti egyetemen 1945–1970, 1973, 75. Es ist notwendig, diese Ansichten insofern zu nuancieren, als Grosschmid in vielen Fällen und nicht nur kritisch auf die Werke der großen pandektischen Juristen verweist.

als auch der römischen Juristen, nicht zuletzt, weil viele Juristen seine Pflege als schädlich für das nationale Interesse betrachteten.

Um meine Hypothese zu untermauern, skizziere ich zunächst den Paradigmenwechsel in der Praxis des römischen Rechts in den ersten Jahrzehnten des 20. Jahrhunderts. Anschließend stelle ich zwei typische methodische Versuche vor, das „echte" nationale Recht zu finden. Ich erörtere zunächst die Suche von Lajos Farkas nach einem grundlegend historischen Ansatz und stelle dann die einflussreichen Reformbemühungen des Zeitgenossen Béni Grosschmid vor. Abschließend fasse ich am Beispiel seines Schülers Géza Marton zusammen, welche Wirkungen Grosschmids Werk auf die ungarische römische Rechtswissenschaft hatte, d. h. worin der „Grosschmid-Effekt" besteht. Die drei genannten Juristen sind dadurch miteinander verbunden, dass sie sich sowohl mit dem römischen Recht als auch mit dem ungarischen Privatrecht befasst haben. Während Béni Grosschmid jedoch *ex asse* als Zivilist angesehen werden kann, wird Lajos Farkas eindeutig unter die Romanisten eingeordnet. Das Werk von Géza Marton teilt sich gleichmäßig auf die beiden Disziplinen auf.[3]

II. Methodologischer Paradigmenwechsel in der ungarischen Romanistik

Oberflächlich betrachtet folgte die ungarische Romanistik[4] zu Beginn des 20. Jahrhunderts dem Beispiel westlicher akademischer Tendenzen. Um die Jahrhundertwende wurde die historische und philosophische Rechtswissenschaft in den Hintergrund gedrängt und neue Richtungen wie die Interpolationenkritik[5] und die juristische Papyrologie[6] tauchten auf. In der Vermittlung des

---

Siehe den Antrittsvortrag von András Földi für die MTA-Mitgliedschaft, dessen Manuskript der Autor dem Verfasser der vorliegenden Arbeit zur Verfügung gestellt hat.

[3] Dass Marton in der Tat sowohl Romanist als auch Privatrechtler war, wird von Csehi gut veranschaulicht: „Es ist kein Zufall, dass Károly Szladits statt der vielen anderen renommierten theoretischen und praktischen Juristen den Romanisten Marton bat, in dem umfangreichen Werk zum ungarischen Privatrecht die Schadenersatzpflicht und die deliktische Haftung zu erörtern" (*Csehi*, Iustum Aequum Salutare [abbrev.: IAS], 2016, 155 [160 f.]).

[4] Gleichzeitig hat sich auch der Bereich der Privatrechtswissenschaft stark verändert, wobei die kritisch-teleologische Ausrichtung verstärkt wurde. Für weitere Einzelheiten siehe *Vékás*, Fejezetek a magyar magánjogtudomány történetéből, 2019, 71 f.

[5] Die erste ungarische Zusammenfassung und Kritik dieser Methode findet sich bei *Személyi*, Az interpolatios kutató módszer, 1929. In diesem Werk sind die Ausführungen, die Wieackers Textstufentheorie vorwegnehmen, besonders zukunftsweisend, siehe *Személyi*, Az interpolatios, 18 ff. Eine der wichtigsten Errungenschaften der interpolationskritischen Methode ist das von Géza Marton erläuterte Konzept der objektiven Verantwortung, siehe *Kornis*, Tudós fejek, 1942, 51. Für einen allgemeineren Kontext siehe *Avenarius/Baldus/Lamberti/Varvaro*, Gradenwitz, Riccobono und die Entwicklung der Interpolationenkritik, 2018, 303 ff.

[6] *Kiss*, Jogállam 1910, 343 ff.

römischen Rechts traten die Institutionen[7] in den Vordergrund, sowie der abstrakte dogmatische Zugang zum klassischen römischen Recht, der weniger von Raum und Zeit abhängig war. In der Juristenausbildung beschränkte sich die Rolle des römischen Rechts auf die Darstellung der universellen Grundsätze des Privatrechts, um die Studenten auf die Kultivierung des geltenden ungarischen Rechts vorzubereiten. In der monographischen Literatur wurde das römische Recht zum Sammelbecken für Argumente, die zur Kritik und Weiterentwicklung des geltenden Rechts dienten. Dies ist vergleichbar mit dem Prozess, der in Deutschland mit dem Inkrafttreten des BGB stattfand.[8] Wenn wir uns jedoch eingehender mit den Geschehnissen befassen, können wir feststellen, dass die Veränderungen nicht ausschließlich und vielleicht nicht einmal in erster Linie darauf zurückzuführen sind, dass die ungarischen Juristen dem universellen wissenschaftlichen Fortschritt sklavisch gefolgt wären.

Meiner Meinung nach wurde die Entwicklung des ungarischen Rechts in dieser Zeit im Einklang mit den Kodifizierungsbemühungen von einer Hauptaufgabe bestimmt, und das war die Schaffung eines „echten" nationalen Rechts. Dafür gab es im Wesentlichen drei Gründe. Erstens verursachten erst die revolutionäre Gesetzgebung von 1848 und dann die oktroyierte Herrschaft des österreichischen Rechts nach dem Scheitern des Freiheitskrieges eine schwerwiegende Verzerrung in der Entwicklung des nationalen Rechts.[9] Zweitens machte der wirtschaftliche Aufschwung nach dem Österreichisch-Ungarischen Ausgleich die Rechtsreformen und die Kodifizierung des Privatrechts immer dringlicher. Drittens schürten die verheerenden Auswirkungen der Friedensverträge nach dem Ersten Weltkrieg das Nationalgefühl und das Bedürfnis nach einem „echten" ungarischen Recht.

Im Folgenden stelle ich zwei konkurrierende Wege vor, die darauf ausgerichtet waren, ein „echtes" nationales Recht zu schaffen. Der erste wird von Lajos Farkas vertreten,[10] der sich als Savignyaner[11] bei seiner Suche nach den richtigen juristischen Lösungen stark auf die Erfahrungen stützte, die im Laufe der Geschichte und des Fortlebens des römischen Rechts gesammelt wurden. Der Vertreter des zweiten Wegs war Béni Grosschmid, der als echter Einzelgänger eingestuft werden kann.[12] Für ihn war das römische Recht in erster Linie

---

[7] *Móra*, Revue internationale des droit de l'antiquité, 1964, 409 (419); *Pólay*, Acta Universitatis Szegediensis, 1972, 1 ff.

[8] Siehe hierzu *Koschaker*, Europa und das römische Recht, 1958, 342.

[9] Auch die österreichische Reform der juristischen Ausbildung, die den nationalen Charakter des Landes nicht berücksichtigte, rief heftigen Widerstand hervor, siehe *Eckhart*, A Királyi Magyar Pázmány Péter Tudományegyetem története, 1936, 419.

[10] Zu seiner Person und seinem Werk siehe *Kenyeres*, Magyar életrajzi lexikon, 1967, 470 f.; *Hamza*, Magyar Tudomány 2005, 467 ff.; ders., Jogtörténeti Szemle, 2005, 78 ff.; ders., Jogtörténeti Szemle, 2006, 82 ff.

[11] Bestätigend *Kolosváry*, Az MTA elhunyt tagjai fölött tartott emlékbeszédek [abbrev.: MTA], 1 (8).

[12] Vékás verwendet diesen Ausdruck nicht, aber er bestätigt Grosschmids ursprüngliche,

eine Fundgrube für zeitlose und abstrakte juristische Argumente. Farkas versuchte, das „echte" ungarische Recht auf eine Weise zu erreichen, dass es sich in die universellen Tendenzen der Rechtsentwicklung integrieren würde. Grosschmid wollte das „echte" nationale Recht wiederherstellen, indem er das alte mittelalterliche ungarische Recht wiederbeleben und an die Erfordernisse der Zeit anpassen würde.[13] In den Augen von Farkas galt das nationale Recht als „echt", weil es aus wissenschaftlicher Sicht das beste sei. Nach dem Urteil von Grosschmid war es „echt", weil es aus den ungarischen nationalen Merkmalen abgeleitet wurde.

Schauen wir uns nun die Arbeitsmethoden dieser beiden hervorragenden Juristen einzeln genauer an.

III. Die Methodik von Lajos Farkas

Die beiden wichtigen Werke von Lajos Farkas, „A becsület általános jelentősége a mai és római jogrendben" [Die allgemeine Bedeutung der Ehre in dem heutigen und dem römischen Rechtssystem], das als Rektoratsrede gehalten wurde, und „A római obligatio fogalmilag véve a közép- és újkori jogi elméletben" [Die römische *obligatio* als Begriff in der mittelalterlichen und neuzeitlichen Rechtstheorie], Gegenstand der Lehrstuhlantrittsrede war, folgen im Wesentlichen demselben Schema und haben dieselbe wissenschaftliche Methodik. In beiden Fällen steht je eine Quelle von größter Bedeutung im Mittelpunkt. Im Werk über die Ehre ist diese ein Fragment von Callistratus,[14] bei der Abhandlung über die Obligationen dienen die Institutionen und die entsprechenden Definitionen von Paulus als Ausgangspunkt.[15] Es ist auch typisch, dass sich Farkas nicht bemühte, alle einschlägigen Quellen vollständig zu erforschen, wie es einige[16] Romanisten getan hätten, sondern eine Auswahl aus dem antiken Material traf. Neben der Identifikation der grundlegenden Quellen führte er umfangreiche allgemein- und rechtsphilosophische Untersuchungen durch. In seinem Werk zur Ehre analysierte er die Lehren von Aristoteles, Kant und Pufendorf ausführlich; ebenso in der Arbeit über die Obligationen, wo er unter anderem die Ansichten

---

unabhängige wissenschaftliche Betrachtungsweise, die frei von fremden Einflüssen ist. Siehe *Vékás*, Fejezetek, 32.

[13] Dies zeigt sich in *Zsögöd (Grosschmid)*, Öröklött s szerzett vagyon, 1897, 232, 235, wo Grosschmid das Festhalten an rechtsgeschichtlichen Vorläufern mit der Forderung nach Fortschritt verbindet.

[14] Call. D. 50.13.5.1.

[15] Inst. 3.13pr und Paul. D. 44.7.3.

[16] Ein gutes Beispiel dafür ist die Studie von Radin, der behauptet, die Digestenstellen, die den Ausdruck „*eleganter*" enthalten, vollständig identifiziert zu haben, und der auch eine bewertende Darstellung dieser Stellen gibt. Siehe *Radin*, Law Quarterly Review [abbrev.: LQR], 1930, 311 ff., für den dieses Verfahren das Ziehen allgemeiner Schlussfolgerungen legitimierte. Siehe *Radin*, LQR, 1930, 311 (319).

von Savigny und Wolf erörterte. In beiden Fällen stellte er auch die einschlägigen Erkenntnisse der ungarischen Rechtsliteratur in verständlicher Form dar. Ein weiteres wichtiges Merkmal seiner Methodik ist die Untersuchung, welche Auswirkungen diese rechtsgeschichtlichen und philosophischen Vorläufer auf die „enger gefasste Zivilistik" der damaligen Zeit hatten.[17] Abschließend formulierte er auf dieser Grundlage seinen eigenen Standpunkt.

Es lohnt sich, seine Arbeitsmethode anhand eines konkreten Beispiels kurz darzustellen. Gehen wir von einem Fragment von Callistratus aus:

„*Existimatio est dignitatis inlaesae status, legibus ac moribus comprobatus, qui ex delicto nostro auctoritate legum aut minuitur aut consumitur.*" [Die Ehre ist der Zustand unverletzter Würde, den Gesetz und Sitten billigen, und der auf Grund gesetzlicher Vorschrift durch unser schuldhaftes Handeln entweder gemindert oder gar beseitigt wird.][18]

Farkas stützte sich auf diesen Text, um Karl Bindings sogenannte Verunehrungstheorie zu kritisieren.[19] Der große deutsche Strafrechtler sah den Unterschied zwischen dem moralischen und dem juristischen Ehrbegriff darin, dass, während ersterer im Werturteil gute und schlechte menschliche Taten addieren könne, das Recht in einer objektiven Weise verfahren müsse; es dürfe keine schlechte Tat durch frühere gute Taten kompensieren. Aus rechtlicher Sicht werde erwartet, dass jeder dem anderen die Achtung entgegenbringe, die ihm aufgrund des Umfangs seiner Pflichterfüllung und seines freiwilligen, gesellschaftlich wertvollen Engagements zustehe. Wer sich weigere, so zu handeln, gehe mit dem anderen ungerechtfertigt so um, als ob er der Unehrlichkeit bezichtigt worden wäre. Für Binding ist daher das entscheidende Kriterium des Rechts nicht der Grad der Ehrlichkeit, sondern der Grad des Fehlens von Unehrlichkeit. Die Kritik von Farkas richtet sich vor allem dagegen, dass zu seiner Zeit weder auf der theoretischen Ebene noch in der Rechtsanwendung die objektive Grundlage der Ehrlichkeit gesucht würden. Dies würde eine positive Einstellung voraussetzen, d. h. es müsste gesagt werden, welche Verhaltensweisen wertvoll seien und welche nicht. Stattdessen werde von Fall zu Fall in negativer Weise geprüft, ob die untersuchte Handlung die Ehre des anderen beeinträchtige. Aus dieser Haltung heraus definiere die moderne Rechtsprechung nicht die Ehre, sondern die Verleumdung. Das heißt: nach moderner Auffassung spiele das Recht keine Rolle bei der objektiven Bestimmung des Inhalts und des Ausmaßes der Ehre, sondern könne nur das jeweilige Subjekt vor Verleumdung schützen. Farkas ist der Meinung, dass die Erkenntnisse der zeitgenössischen Psychologie[20] und Soziologie sein objektives und gemeinschaftsbezogenes Menschenbild untermauerten, das

---

[17] *Farkas*, A római obligatio fogalmilag véve a közép- és újkori jogi elméletben, 1913, 313.
[18] Deutsche Übersetzung: *Düll* (Hrsg.), Corpus iuris, 2014.
[19] *Binding*, Die Ehre im Rechtssinne und ihre Verletzbarkeit, 1890, 28.
[20] Hier zitiert Farkas Wundt (*Wundt*, Ethik, 1886, 26 ff.), siehe *Farkas*, A becsület általános jelentősége a mai és római jogrendben, 1896, 21.

sich auf das römische Recht stütze, und bezeichnet das moderne juristische Menschenbild als „den rigidesten[21] Egoismus". Poetisch fragt er Binding, ob „das christliche Menschenbild mit dem demokratischen Egalitarismus [von Binding] in den Institutionen der modernen Rechtsordnung lebendig sei und ob es keinen menschlichen Zustand mehr gebe, in dem das Hauptgebot des Christentums nicht durchgesetzt werde".[22] Damit macht er deutlich, dass für ihn das christliche Wertesystem das Ideal ist, nach dem er Rechtsinstitutionen und Ehrentheorien beurteilt.

Es ist bemerkenswert, dass das Problem, ob der Ausdruck *existimatio* in dem zitierten Text von Callistratus als Vorläufer der Menschenwürde im modernen Sinne angesehen werden kann, d. h. ob es sich um einen subjektiven, individuellen oder einen objektiven, gemeinschaftlichen Begriff handelt, in der neueren Romanistik fortbesteht. Jacob Giltaijs Lesart konzentriert sich auf die zweite Hälfte des Textes, die er so interpretiert, dass die „Menschenwürde" des Individuums vom Staat nur durch eine im Rahmen eines Gerichtsverfahrens verhängte Strafe verletzt werden kann.[23] Bei diesem Ansatz ist die *existimatio* eine Art Anspruch. Im Gegensatz dazu stützt sich Farkas auf die folgende Wendung des Callistratus-Textes: *„legibus ac moribus comprobatus"*. Dies legt nahe, dass der Inhalt der Ehre durch Gesetze und Moral konsolidiert werden müsse. Auf dieser Grundlage fordert Farkas, dass das Recht die Entwicklung des öffentlichen Lebens, d. h. des allgemeinen Ehrgefühls, beeinflussen solle. Für ihn ist die *existimatio* eine objektive Norm, nach der sich das Individuum richten müsse.

Greenidge, mit dessen Arbeiten Farkas vertraut gewesen sein muss und dessen Ergebnisse zum Hauptkonzept er ohne nähere Begründung ablehnte,[24] zog eine Parallele zwischen *caput* und *existimatio*.[25] Dies ist für uns insofern von Interesse, als es eine Brücke zwischen einem gemeinschaftlichen oder pflichtorientierten Ansatz zur Ehre einerseits und einem individuellen oder anspruchsorientierten Ansatz andererseits schlagen kann. In der Tat waren die soziale Stellung (*caput*) und die Reputation (*existimatio*) des römischen Bürgers eng miteinander verbunden, und die beiden Begriffe bedingen sich gegenseitig. Die Stellung des römischen Bürgers in der Gesellschaft verlieh ihm ein Selbstwertgefühl, und eine Beschädigung seiner Reputation wirkte sich auch auf seinen gesellschaftlichen Status aus. Kasers Kritik an Greenidge ist daher keine Kritik an Farkas. Denn Kasers Angriff auf die Analogie zwischen *caput* und *existimatio* war nicht konzeptionell, sondern dogmatisch. Er argumentierte, dass es sich bei der *capitis deminutio* eindeutig um eine rechtliche Sanktion handelt, bei

---

[21] *Farkas*, A becsület, op. cit., 42.
[22] *Farkas*, A becsület, op. cit., 41 f.
[23] *Giltaij*, Fundamina 2016, 232 ff.
[24] *Farkas*, A becsület, op. cit., 18.
[25] *Greenidge*, Infamia, 1894, 5 ff.

der *infamia* (auf die sich das Ende des Callistratus-Textes zu beziehen scheint) jedoch nicht zwingend.[26] Farkas ging es nicht um diesen Aspekt, sondern um die Wiederherstellung des Verhältnisses zwischen der Reputation des Einzelnen und dem Wertesystem der Gemeinschaft.

In einer anderen Studie über die Obligationen missbilligte Farkas, dass aus dem Begriff der *obligatio* das Subjekt allmählich gestrichen würde, und die Tatsache, dass viele das Wesen der Obligation in seinem Vermögensaspekt sahen.[27] Auch hier sind die römischen Rechtsfragmente der Ausgangspunkt für seine Analyse. Einerseits die berühmte Definition von Justinian:[28]

„*Obligatio est iuris vinculum, quo necessitate adstringimur alicuius solvendae rei secundum nostrae civitatis iura.*"[29] [Die Obligation ist ein Band des Rechts, mit dem wir uns mit Notwendigkeit zur Leistung einer Sache verpflichten, gemäß dem Recht unseres Staates.][30]

Andererseits die Definition von Paulus:

„*Obligationum substantia non in eo consistit, ut aliquod corpus nostrum aut servitutem nostram faciat, sed ut alium nobis obstringat ad dandum aliquid vel faciendum vel praestandum.*"[31] [Das Wesen von Obligationen besteht nicht darin, dass sie uns einen Besitz oder eine Dienstbarkeit verschaffen, sondern darin, dass sie eine andere Person dazu verpflichten, uns etwas zu geben, etwas für uns zu tun oder zu leisten.]

Bei diesen beiden grundlegenden Definitionen geht es Farkas in erster Linie um die Person, um das Subjekt. Im ersten Fall sehen wir das Wesen der Obligation aus der Sicht des Schuldners, im zweiten Fall aus der Sicht des Gläubigers. Um zu illustrieren, „wo die Theorie heute in die Irre gegangen ist",[32] zitiert Farkas Stammler: „Schuldverhältnisse sind rechtliche Sonderverbindungen unter Privaten zu bestimmten socialen Zusammenwirken (sic!)."[33] Die Akzentverschiebung ist in der Tat auffällig: Während die antiken Definitionen den Schwerpunkt eindeutig auf das Subjekt und seine individuellen Rechte und Pflichten legen, hebt Stammler das Rechtsverhältnis zwischen den Parteien und die Auswirkungen auf die Gemeinschaft hervor. Farkas betont die Bedeutung des Subjekts unter anderem, damit der Grund für die Schuldverhältnis oder die Verpflichtung, der Kredit, nicht nur in seinem wirtschaftlichen Wert, sondern auch in seiner individuellen, ethischen Bedeutung betrachtet wird.[34]

---

[26] *Kaser*, SZ (RA), 1956, 220 (266 [22]).
[27] *Farkas*, A római obligatio, op. cit., 62.
[28] Ich folge der Reihenfolge von Farkas, indem ich den justinianischen Text vor der Definition des Paulus präsentiere. Siehe *Farkas*, A római obligatio, op. cit., 363.
[29] Inst. 3, 13pr.
[30] Deutsche Übersetzung: *Honsell*, Römisches Recht, 2002, 81.
[31] Paul. D. 44.7.3pr.
[32] *Farkas*, A római obligatio, op. cit., 356.
[33] *Stammler*, Das Recht der Schuldverhältnisse in seinen allgemeinen Lehren, 1897; zitiert in: *Farkas*, A római obligatio, op. cit., 357.
[34] *Farkas*, A római obligatio, op. cit., 360.

Es ist nicht zu übersehen, dass Farkas im Wesentlichen auf demselben moralischen Boden steht wie in seinem früheren großen Werk über die Ehre. Wie er selbst ausdrücklich betont: „Die Idee des Kredits in ihrem unindividualistischen Charakter: contradictio in adjecto: wirtschaftlicher Wert ohne individuelle relatio, mit der Zwischenschaltung des Kredits; unvorstellbar. Denken wir hier an die römische existimatio".[35] Mit anderen Worten: Farkas argumentiert so, dass die Ehre auf der Achse Individuum – Gemeinschaft unter dem Einfluss moderner Rechts(fehl-)vorstellungen ihre gemeinschaftliche Dimension und die Obligation ihren individuellen Aspekt verlieren. Daraus lässt sich schließen, dass die begrifflichen Veränderungen, die das moderne Recht mit sich bringt, nicht methodisch oder inhaltlich, sondern ideologisch und teleologisch determiniert sind. Moderne Juristen interessieren sich nicht dafür, ob und wie sie die antike Rechtsauffassung verändern, sondern nur für das Ziel, das nach Farkas Lesart darin besteht, die wirtschaftlichen Aspekte so stark wie möglich durchzusetzen.

Es ist erwähnenswert, dass Farkas in seiner Analyse der ungarischen Fachliteratur Grosschmids Hauptwerk, die „Kapitel", als ein Werk beschreibt, das, abgesehen von seinem aufdringlichen Charakter, wertschätzend sei und „unsere innere Verbindung mit unseren älteren Schriftstellern" wiederherstelle.[36] Der wichtigste Unterschied in den Ansichten von Farkas und Grosschmid über die Obligation besteht darin, dass, während Letzterer die Unterscheidung zwischen Gegenstand und Inhalt der *obligatio*, d. h. zwischen der Leistung und der Verpflichtung selbst, für eine nützliche Unterscheidung hält, Ersterer versucht, diese Unterscheidung so weit wie möglich zu vermeiden, indem er dem subjektiven Aspekt und dem Grund der Verpflichtung begriffliche Bedeutung beimisst.[37] Grosschmid geht in den Kapiteln[38] kurz auf die einschlägige Arbeit von Farkas ein. Er hebt nur das Problem hervor, wie der Begriff *obligatio* auf Ungarisch heißen sollte. Farkas würde die *obligatio* im Gegensatz zu dem damals weit verbreiteten Ausdruck *kötelem* [Schuldverhältnis] mit dem Wort *kötelezés* [Verpflichtung] wiedergeben, das an das römische Recht erinnert. Grosschmid ist damit nicht einverstanden und bleibt „mit einigem Zögern" bei *kötelem* [Schuldverhältnis]. Seine Hauptgründe dafür sind zum einen, dass der Ausdruck *kötelem* [Schuldverhältnis] den bilateralen Charakter der betreffenden Beziehung am besten widerspiegele, im Gegensatz zum Ausdruck *kötelezés* [Verpflichtung], der sich mehr auf die Position des Schuldners beziehe. Außerdem – so Grosschmid – habe sich auch im deutschen BGB das *Schuldverhältnis* gegenüber der *Verpflichtung* durchgesetzt. Grosschmid versteht das eigentliche Argument von Farkas für das Wort *kötelezés* [Verpflichtung] nicht oder geht jedenfalls nicht

---

[35] *Farkas*, a. a. O., ebd.
[36] *Farkas*, a. a. O., 350 ff.
[37] *Farkas*, a. a. O., 360.
[38] *Grosschmid*, Fejezetek kötelmi jogunk köréből, 1899, 1243 ff.

darauf ein. Und dieser Hauptgrund ist nichts anderes als die Betonung des subjektiven Aspekts im Gegensatz zum objektiven, also dem Eigentumsaspekt. Farkas möchte auf der Grundlage des römischen Rechts daran erinnern, dass im Falle der *obligatio* der Schuldner verpflichtet sei, seine Schuld zu begleichen, und dass es nicht einfach darum gehe, dass der Schuldner mit seinem Vermögen für die Schuld hafte.[39] Der Ausdruck *kötelezés* [Verpflichtung] betone, dass der Schuldner an diese Verpflichtung gebunden sei, während der Ausdruck *kötelem* [Schuldverhältnis] sich auf den materiellen Aspekt konzentriere, auf das, woran der Schuldner gebunden sei, nicht auf das Warum.

Dieser leichte Kontrast charakterisiert die Arbeitsmethoden der beiden Rechtswissenschaftler Farkas und Grosschmid sehr gut. Farkas versucht im Wesentlichen, den moralischen Aspekt zu betonen und besteht vornehmlich auf der römischen Rechtsauffassung. Er tut dies selbst dann, wenn das römische Recht der Verpflichtung des Schuldners aus ganz anderen Gründen Vorrang einräumt als aufgrund der christlichen Werte, die Farkas so konsequent verteidigt. Grosschmid sucht nach der am wenigsten schlechten Lösung, auch wenn *kötelem* [Schuldverhältnis] „kein Wort ist, das der Seele unserer Sprache entspringt".[40] Mit anderen Worten schiebt er nationalsprachliche Erwägungen zugunsten der objektiven Korrektheit beiseite.

Zusammenfassend lässt sich sagen, dass Farkas vom römischen Recht ausging, mit Hilfe einer stark historischen Perspektive und sprachlichen Analyse verallgemeinerte und mit den so gewonnenen Konzepten versuchte, das nationale Recht auf einer christlich-moralischen Grundlage zu entwickeln.[41] In beiden Werken übte er schließlich Kritik an der damaligen deutschen Lehre und versuchte, das ungarische Recht durch das Aufzeigen von Fehlentwicklungen in die „richtige" Richtung zu lenken. Dass die anspruchsvolle Haltung gegenüber der universellen Wissenschaft und das Nationalgefühl in Farkas Werk so eng miteinander verbunden waren, wird durch sein nachstehendes berufliches Credo deutlich: „[...] im Wissen um die ganz abnormale Veränderung in der Entwicklung des Rechtslebens in unserem Land, die uns dazu zwingt, die Institutionen fremder Völker sozusagen mit einem Schlag in unser öffentliches Leben zu integrieren, obwohl ihre historische Entwicklung mit unserer eigenen Vergangenheit nicht zusammenhängt, und mit ihnen zu arbeiten, als hätten wir nur das abgenutzte Rad einer Maschine ersetzt; mich hat immer der Wunsch und das Pflichtgefühl getrieben, meine berufliche Arbeit so auszurichten, dass ihre Ergebnisse nicht nur für die Vergangenheit, sondern auch für die Gegenwart von Nutzen sind; meine Talente im Einklang mit meiner Berufung zu nutzen, nicht um Kontroversen von vorübergehender Bedeutung oder unfruchtbare

---

[39] Farkas, A római obligatio, op. cit., 357.
[40] Grosschmid, Fejezetek, op. cit., 1245.
[41] Farkas, A római obligatio, op. cit., 322.

Theorien fortzusetzen, sondern um grundlegende Fragen der Wissenschaft von wirklichem und dauerhaftem Nutzen zu lösen."[42]

IV. Die Methodik von Béni Grosschmid

Unser anderer Protagonist wählte einen vollkommen anderen Weg. Im Grunde genommen führte er vergleichende Untersuchungen durch und legte weniger Wert auf eine historische Betrachtungsweise. Kennzeichnend für seine Arbeitsmethode ist die folgende Aussage: „Das heutige englische [Recht] in seinem institutionellen, besonders in seinem juristischen Bildungscharakter hat mehr von Werbőczy, als unser [Recht]."[43] Mit anderen Worten: Er ignoriert die Tatsache, dass es keinen signifikanten, dokumentierbaren Zusammenhang zwischen der Entwicklung des mittelalterlichen ungarischen und des englischen Rechts gibt, und es kann nur in seinem abstrakten Ansatz legitim sein, wenn er im englischen Recht nach Spuren von Werbőczy sucht, der das mittelalterliche ungarische Gewohnheitsrecht zusammenfasste. Für ihn war die „geistige Verwandtschaft"[44] der Rechtsinstitutionen wichtig, weniger die historische, chronologische Wirkungsgeschichte und Entwicklung. Er verglich Lösungen, die zeitlich und räumlich weit voneinander entfernt waren, und konnte daher Aussagen treffen wie: „Das alte römische Erbrecht in seiner Art steht also unserer Erbfolge nach Linien näher als den modernen Gesetzen".[45] Unter geistiger Verwandtschaft verstand er Gemeinsamkeiten in Stil, Formensprache, Begriffsökonomie und System der Rechtsinstitute.[46] Er interessierte sich nicht für das Problem des *cui bono*, sondern nur für „die von einem historischen Gefühl durchdrungene patriotische Seele".[47]

Unser konkretes Beispiel von Grosschmid ist der Gedankengang, in dem der Autor den Vorläufer der altungarischen Erbfolge nach Linien im römischen Recht sucht.[48] Er meint dies in einem Dekret des Kaisers Theodosius[49] gefunden zu haben, dessen erste Zeilen wie folgt lauten:

„Cretionis o[bser]vantiam praecipimus removeri, per qua[m filii pa]triae potestati subiecti res ex materna h[ereditate] vel ex diversis successionibus ad se devo[lutas ante]hac his, in quorum potestate fuerant, [adquirebant et] ut intra [s]extum annum [... (defunctis quae ex m]aterna hereditate vel gene[ris materni] devoluta sunt, ad proximos [veniant iubemus,]

---

[42] Farkas, A római obligatio, op. cit., 299.
[43] Grosschmid, Werbőczy és az angol jog, 1928, 1.
[44] Grosschmid, a. a. O., 2.
[45] Zsögöd (Grosschmid), Öröklött s szerzett vagyon, op. cit., 214.
[46] Grosschmid, Werbőczy, op. cit., 2.
[47] Grosschmid, a. a. O., 3.
[48] Zum Verhältnis von Grosschmid zum römischen Recht siehe Bíró, Jogtörténeti Tanulmányok 1968, 313 ff.
[49] CTh. 8.18.1.4.

quoniam priorem nostram iussi[onem] quae sine temporis distinctione filorum successiones ad patres iusserat pertinere, aequitatis ratio corrigi persuasit. [...]"⁵⁰ [Wir beschließen, dass die feierliche Annahmeerklärung (cretio) entfällt, durch die die Söhne, die der väterlichen Autorität unterstehen, das aus dem mütterlichen Nachlass oder einer anderen Erbschaft stammende Vermögen zuvor denjenigen erworben haben, die Macht über sie hatten. Wir ordnen an, dass das, was denjenigen, die vor ihrem sechsten Lebensjahr gestorben sind, aus dem Nachlass ihrer Mutter oder aus der mütterlichen Linie zugefallen ist, an die ihnen am nächsten Stehenden (d. h. an ihre Verwandten mütterlicherseits) übergehen soll, denn unsere frühere Ordnung, die das Erbe der Söhne ohne Rücksicht auf ihr Alter den Vätern zuwies, war durch den Grundsatz der Gerechtigkeit zu korrigieren.]

Nach Grosschmids Interpretation wollte der Kaiser erreichen, „dass das Vermögen eines Elternteils nicht an den anderen Elternteil übergehen, sondern an die Verwandtschaft des verstorbenen Elternteils zurückfallen soll, wenn ein Erbe vor dem sechsten Lebensjahr stirbt."⁵¹ Er erkennt zwar die bedeutenden Unterschiede zwischen der ungarischen Erbfolge nach Linien und diesem Dekret, aber konzentriert sich trotzdem nur auf den abstrakten Grundsatz, dass dieses Dekret das Eigentum an den elterlichen Zweig zurückgebe, von dem es geerbt wurde. Dieser Sichtweise von Grosschmid, die die Ähnlichkeit betont, kommt die von Marongiou am nächsten, der in dem Dekret von 339 n. Chr. die erste, wenn auch nur teilweise Anwendung des Grundsatzes *paterna paternis, materna maternis* sieht.⁵² Grosschmid war sich jedoch aufgrund seiner Kenntnis der einschlägigen ausländischen Literatur⁵³ bewusst, dass es dem kaiserlichen Dekret wohl weniger um die Erhaltung des Patrimonialgutes als um die Institution der *cretio* ging.

Die *cretio* war eine alte, feierliche Form der Annahme eines Erbes.⁵⁴ Der Rechtsakt konnte nicht von *infantes* (die laut Dekret unter sechs Jahren alt waren) realisiert werden, die entgegen dem Leitprinzip der römischen Eigentumseinheit das ihnen zugefallene Erbe für ihren Vater, der *patria potestas* über sie hatte, nicht erwerben konnten. Das Vermögen der Mutter blieb also im Besitz der Mutter oder des mütterlichen Zweigs. Es sei jedoch darauf hingewiesen, dass einige Autoren dem Text zuvor eine völlig entgegengesetzte Bedeutung beigemessen hatten, nämlich dass der Vater das dem *filius* zugefallene Vermögen ohne die *cretio* erwerben würde.⁵⁵ Obwohl diese Lesart schon früh von der *communis opinio doctorum* aufgegeben wurde,⁵⁶ ist ein wichtiger Aspekt, den

---

⁵⁰ Die Rekonstruktion des lateinischen Textes folgt der Ausgabe von Mommsen und Meyer. Siehe *Mommsen/Meyer* (Hrsg.), Theodosiani libri XVI, 1905.
⁵¹ *Zsögöd (Grosschmid)*, Öröklött s szerzett vagyon, op. cit., 231.
⁵² *Marongiu*, Beni parentali e acquisti nella storia del diritto italiano, 1937, 16.
⁵³ *Zsögöd (Grosschmid)*, Öröklött s szerzett vagyon, op. cit., 231, in der ersten Fußnote zitiert er *Leist*, Die Bonorum possessio, 1844, 131.
⁵⁴ Siehe *Buckland*, Tijdschrift voor Rechtsgeschiedenis, 1922, 239.
⁵⁵ Zum Beispiel: *Löhr*, Übersicht der das Privatrecht betreffenden Constitutionen der Römischen Kaiser, 1811, 34.
⁵⁶ So bereits *Schilling*, Bemerkungen über römische Rechtsgeschichte, 1829, 395.

Grosschmid zu übersehen scheint, dass der Anwendungsbereich des zitierten Fragments nicht notwendigerweise auf die gesetzliche Erbfolge beschränkt ist, sondern auch für die testamentarische Erbfolge hätte gelten können.[57] Dies halte ich für einen entscheidenden Punkt, denn ich kann mir vorstellen, dass selbst Grosschmid, der sich sonst so weit von historischen und kulturellen Zwängen zu abstrahieren wagte, die Parallele zwischen der ungarischen Intestaterbfolge nach Linien und dem betreffenden kaiserlichen Dekret nicht so stark wahrgenommen hätte. Ich begründe dies damit, dass Grosschmid, der sonst mit den Quellen des römischen Rechts bestens vertraut war, in seiner Erörterung die Digestenstelle, die eine sehr offensichtliche Parallele zur Idee der Erbfolge nach Linien aufweist und in die zudem seine geliebte Heimat Pannonia involviert war, nicht zitiert hat:

„*Qui non militabat, bonorum maternorum, quae in Pannonia possidebat, libertum heredem instituit, paternorum, quae habebat in Syria, Titium: iure semisses ambos habere constitit* [...]"[58] [Jemand, der kein Soldat war, setzte für das mütterliche Vermögen, das er in Pannonien besaß, einen Freigelassenen als Erben ein und für das väterliche Vermögen, das er in Syrien hatte, Titius. Es stand fest, dass sie von Rechts wegen je die Hälfte (der Erbschaft) erhalten hatten (...)][59]

Hier geht es eindeutig um testamentarische Vererbung und ich vermute stark, dass dies der Grund ist, weshalb Grosschmid das Fragment nicht als Argument für die Idee der Intestaterbfolge nach Linien verwendete. Wenn er in seinen vergleichenden Erörterungen nach Parallelen suchte, war er bereit, von kulturellen Unterschieden (z. B. der väterlichen Autorität) und von bestimmten Rechtsakten (z. B. der feierlichen Annahmeerklärung, der *cretio*) abzusehen, aber er hätte eine so grundlegende dogmatische Grenze wie die zwischen der testamentarischen und der Intestaterbfolge nicht überschritten. Auch das römische Rechtsempfinden ließ nicht viel zu: Das obige Fragment zeigt, dass man es so betrachtete, als wäre das Vermögen der beiden Zweige gerade gleichwertig gewesen, und der Nachlass wurde einfach halbiert; auch wenn die Wahrscheinlichkeit, dass das Vermögen der einzelnen Zweige genau gleich groß ist, sehr gering ist. Mit anderen Worten: Die testamentarische Aufteilung nach Linien wurde durch die Betrachtungsweise „*in capita*" des gesetzlichen Erbrechts außer Kraft gesetzt. Dies ist eine starke Vereinfachung, aber eine ähnliche Lösung in der Institution der *fente* ist im ursprünglichen Artikel 733 (im jetzt geltenden Artikel 736) des *Code civil* enthalten, die den Nachlass zwischen dem Vater und der Mutter oder ihren Zweigen halbiert, wenn keine Nachkommen und Geschwister vorhanden sind.[60] Eine ähnliche Regelung gab es in den mittelalterlichen Niederlanden mit

---

[57] *Danz*, Lehrbuch der Geschichte des römischen Rechts, 1840, 29 ff.
[58] Pap. D. 28.5.79.
[59] Deutsche Übersetzung: *Knütel/Kupisch/Rüfner/Seiler* (Hrsg.), Corpus Iuris Civilis, 2012.
[60] Code Civil, Art 733: „Toute succession échue à des ascendants ou à des collatéraux, qu'ils

dem *droit d'échevinage*, einem Gerichtssystem mit laienhaften Elementen,[61] wodurch das Ideal bewahrt wurde, dass das Eigentum in bestimmten Fällen an den Ort zurückfallen sollte, von dem es stammte.

Um auf das zitierte kaiserliche Dekret zurückzukommen, nimmt auch Sicard in der neueren Fachliteratur eine Analogie zur Erbfolge nach Linien wahr, die er aber auch nicht als das wesentliche Element ansieht, sondern die Regelung der *cretio*.[62] Interessant für unseren Grosschmid aus der Studie von Sicard ist, dass dieselbe altrömische Grundinstitution, die Agnatenerbfolge, von den beiden Juristen unterschiedlich bewertet wird. Grosschmid sieht in der Agnatenerbfolge im Wesentlichen eine Erbfolge nach Linien, deren zentrales Prinzip die väterliche Macht ist und die auf männlichen Zweig beschränkt ist, die aber dennoch den Ursprung des Eigentums im Auge behält. Sicard hingegen sieht das Wesen der Agnatenerbfolge in der Idee der Einheit des Reichtums, und stellt sie in scharfen Gegensatz zur Idee der Erbfolge nach Linien, die den Reichtum nach seiner Herkunft aufteilt.[63] Ich glaube, dass Grosschmids Ansicht die richtige ist. Die Einheit des Vermögens und die Erbfolge nach Linien schlossen sich bei den Römern nämlich nicht gegenseitig aus. Da die Vorschriften eine Vermischung des Vermögens der Eheleute verhinderten, ist das Agnatenvermögen im Wesentlichen ein der Linie gehörendes Vermögen, wenn auch nur väterlicherseits. Zwar erbt eine Ehefrau, die unter *manus*-Macht steht, anstelle ihrer Tochter *filiae loco* von ihrem Ehemann, doch ist dieses Vermögen selbst im Falle ihres Todes nicht vom Anwendungsbereich der *agnatio* ausgeschlossen.[64]

Nach der Meinung von Grosschmid untergräbt die in den westlichen Rechtssystemen der damaligen Zeit weit verbreitete, der Erbfolge nach Linien entgegenstehende Lösung die ewige Ordnung der Natur,[65] wonach so, wie das Blut von den Eltern auf die Kinder übergeht, auch die Vererbung von den Eltern auf die Kinder übergehen soll und nicht umgekehrt.[66] Es lohnt sich, hier einige kleinere Kritikpunkte zu formulieren. Es stimmt zwar, dass der Gedanke der Erbfolge nach Linien bereits im antiken griechischen Recht stark präsent war,[67] und er in römischer Zeit im lokalen Gewohnheitsrecht weit verbreitet gewesen zu sein

---

soient légitimes ou naturels, se divise en deux parts égales: l'une pour les parents de la ligne paternelle, l'autre pour les parents de la ligne maternelle."

[61] Siehe zum Beispiel das Gründungsdokument von dem niederländischen Groote Waard von 1314. Für weitere Einzelheiten siehe *Meijers*, Revue historique de droit français et étranger, 1932, 129 (134).

[62] *Sicard*, in: Mélanges Germain Sicard, 2000, 237 (296) [Rn. 51 in der Online-Fassung]

[63] *Sicard*, in: Mélanges Germain Sicard, 2000, 237 (296) [Rn. 58–59 in der Online-Fassung].

[64] *Benedek*, Die „conventio in manum" und die Förmlichkeiten der Eheschließung im römischen Recht, 1978, 88.

[65] *Zsögöd (Grosschmid)*, Öröklött s szerzett vagyon, op. cit., 228.

[66] „Die gute alte römische Erbfolge kannte die aufsteigende Erbfolge nicht, sondern beruhte auf der absteigenden Erbfolge". Siehe *Zsögöd (Grosschmid)*, Öröklött s szerzett vagyon, op. cit., 232.

[67] *Marongiu*, Beni parentali, op. cit., 4 ff.; *Beauchet*, Histoire du droit privé de la République

scheint,[68] doch ist angesichts des römischen Rechts und seines Fortbestands nicht klar, welche Lösung der „ewigen Ordnung der Natur" entspricht.[69] Darüber hinaus stellt Grosschmid an anderer Stelle zwei Bedingungen für die Richtigkeit einer bestimmten Rechtsnorm auf: Erstens muss sie mit der nationalen Rechtsgeschichte vereinbar sein, und zweitens muss sie eine angemessene Antwort auf die damaligen Herausforderungen geben.[70] Zusammenfassend behauptet Grosschmid nichts anderes, als dass die ungarische Institution der Erbfolge nach Linien eine uralte, universelle und natürliche Wahrheit bewahrt habe,[71] im Gegensatz zu der späten Entwicklung des römischen Rechts und den darauf basierenden Regeln der westlichen Rechtssysteme sowie der inländischen „Anti-Linien"[72]-Richtung [vertreten durch diejenigen Juristen, die sich gegen die Erbfolge nach Linien aussprachen],[73] die vom richtigen Weg abgewichen seien.[74]

Im Gegensatz zu Farkas kritisiert Grosschmid das klassische römische Recht beziehungsweise die daraus hervorgegangene Lehre. Seiner Ansicht nach habe das *senatus consultum Tertullianum*, welches die ersten Schritte in Richtung einer Erbfolge der Mutter nach dem Kind unternahm,[75] eine lange Entwicklung eröffnet, bei der die alten Grundlagen des gesetzlichen Erbrechts[76] völlig verändert worden seien. Mit diesem Senatsbeschluss habe sich die Erbfolge nach oben – d. h. nach den Eltern – in die Erbfolge nach unten – d. h. nach den Kindern – eingeschlichen.

„Die in den Novellen Justinians konzipierte gesetzliche Erbfolge, die den heutigen ausländischen Erbfolgeregelungen als Vorbild diente, ist hier in der Tat der kleine Keim, aus dem das umfängliche Erbfolgesystem von Hadrian bis Justinian, also vier Jahrhunderte lang, erwuchs. Aber was für eine ungesunde Vorstellung, was für eine auf den Kopf gestellte Welt ist das, das in den Maßnahmen des *senatus consultum Tertullianum* enthalten ist."[77]

Er war der Ansicht, dass die Entwicklung des Rechts auf der Grundlage des römischen Rechts, insbesondere der Gesetzgebung der christlichen Kaiser und vor

---

athénienne, 1897, 24 ff.; *Castelli*, in: Albertario (Hrsg.), Scritti giuridici, 1923, 215; *Collinet*, La papyrologie et l'histoire du droit, 1934, 218 f.

[68] *Sachau*, Syrische Rechtsbücher, 1907, 102.
[69] *Zsögöd (Grosschmid)*, Öröklött s szerzett vagyon, op. cit., 232.
[70] *Zsögöd (Grosschmid)*, a. a. O., 235.
[71] Ähnlich sieht es Károly Szladits in seiner Rede, die er am 15. November 1931 anlässlich des achtzigsten Geburtstags von Béni Grosschmid auf der feierlichen Generalversammlung des Ungarischen Juristenvereins hielt. Siehe *Szladits*, A magyar magánjog vázlata, 1933, 16.
[72] Zur Kontroverse zwischen der nationalkonservativen und der bürgerlich-radikalen Richtung siehe *Balogh*, in: Zsögöd, Öröklött s szerzett vagyon, 2008, ix.
[73] István Teleszky war einer der führenden Vertreter dieser Richtung. Siehe *Teleszky*, Örökösödési jogunk törvényhozási szabályaihoz, 1876, 286.
[74] Auch das geltende Erbrecht wurde im Sinne Grosschmids konzipiert, siehe *Vékás*, Magyar Jog, 2013, 257 (258); ders., Fejezetek, 51.
[75] *Gardner*, Family and Familia in Roman Law and Life, 1998, 231.
[76] *Zsögöd (Grosschmid)*, Öröklött s szerzett vagyon, op. cit., 214.
[77] *Zsögöd (Grosschmid)*, a. a. O., 228.

allem der 118. Novelle des Kaisers Justinian, eine falsche Richtung eingeschlagen habe.[78] Die Rezeption dieser rechtlichen Lösung in Deutschland hielt er nicht für „das Ergebnis einer objektiven Erwägung im Interesse der Erbfolge", sondern für einen Nebeneffekt der vollständigen Übernahme des römischen Rechts:

„Wir glauben, dass die justinianische Erbfolgeordnung und die aus ihr entstandenen gegenwärtigen Institutionen eine unglückliche Zugabe des Schicksals für den sonst so heilsamen Einfluss des römischen Rechts sind, und dass es ein tausendfacher Segen für unser Land ist, dass es sich, wenn es will, von ihr fernhalten kann."[79]

V. Vergleich der beiden Ansätze

Eine wichtige Gemeinsamkeit zwischen Farkas' und Grosschmids Sichtweise ist, dass beide das mittelalterliche ungarische Recht als ein originäres, nationales, wahrhaft ungarisches Kulturprodukt betrachteten.[80] Davon zeugen Farkas' wunderbar berührende Zeilen:

„In dem Maße, wie die jahrhundertealten Landnahmekämpfe nachlassen, wird die geistige Kultur des ungarischen Volkes mit den Nachbarkulturen des Ostens und des Westens verbunden, als wäre sie aus ihnen erwachsen und wollte sie nur fortsetzen; sie tastet sich nicht heran, sondern steht als Erbe in ihnen".[81]

Grosschmid, der die Rechtssysteme in unabhängige, d. h. planetengleiche, und kopierende, d. h. satellitenartige, Rechtssysteme unterteilt, betrachtet das mittelalterliche ungarische Recht vor der Schlacht von Mohács (1526) als planetarisch. Er vergleicht den „kulturellen Satellitismus" mit einer auf einen Frack genähten Husarenuniformverzierung,[82] erklärt aber auch beruhigend, dass „das Rechtssystem von Dulcis Pannonia sozusagen bis zum Hals mit nationaler Originalität im Sinne des Planetismus gefüllt ist".[83] Auch sein Schüler Károly Szladits[84] schließt sich dieser Ansicht an:

„Das ungarische Recht, wie es auf Werbőczy zurückgeht – mit den Institutionen des Donationssystems, der Avitizität und des Urbariums – gehört zwar zur Familie des mittelalterlichen Feudalrechts, ist aber ein völlig eigenständiger Zweig davon, der sowohl in seinen einzelnen Institutionen als auch in ihrer Gesamtwirkung das Bild eines national etablierten und in diesem Sinne originellen Rechtssystems zeigt."[85]

---

[78] *Zsögöd (Grosschmid)*, a. a. O., 214.
[79] *Zsögöd (Grosschmid)*, a. a. O., 233.
[80] *Grosschmid*, Werbőczy, op. cit., 432.
[81] *Farkas*, A római obligatio, op. cit., 331.
[82] *Grosschmid*, Werbőczy, op. cit., 434.
[83] *Grosschmid*, a. a. O., 432 f.
[84] Mehr über Szladits siehe die Gedenkausgabe von Gábor Hamza und István Sándor: *Hamza/Sándor*, Szladits Károly, 2014 [online].
[85] *Szladits*, A magyar magánjog, op. cit., 7.

Farkas und Grosschmid sind auch durch ihr tiefes Nationalgefühl[86] und ihre antideutsche und antiösterreichische Gesinnung miteinander verbunden, die sich bei Farkas in der Kritik an der zeitgenössischen deutschen Rechtsprechung, bei Grosschmid in der Marginalisierung des Pandektenrechts manifestierte. Die Niederschlagung der Revolution von 1848/49 und des Unabhängigkeitskrieges mögen der wichtigste nicht-berufliche Grund für ihre geteilte Abneigung gewesen sein. Farkas hatte ein persönliches Motiv, das „österreichisch-deutsche Joch" zu hassen, da sein Vater während des Unabhängigkeitskrieges von rumänischen Bewaffneten ermordet worden war.[87] Dennoch spricht er in Bezug auf die Vorrangstellung der deutschen Rechtswissenschaft in seinem Land recht objektiv, wenn er schreibt, dass „die deutsche Wissenschaft unser juristisches Denken in weit größerem Maße beeinflusst hat, als sie sollte".[88]

Grosschmid ist ein Spross einer assimilierten sächsischen Adelsfamilie,[89] der sogar seinen uralten Namen eine Zeit lang in den ungarisch klingelnden Zsögöd veränderte, und der „der schärfste Kritiker derjenigen ist, für die die Gesetzgebung einfach die Übersetzung der deutschen Gesetze bedeutet".[90] Den Unabhängigkeitskrieg von 1848 betrachtete er als einen katastrophalen Wendepunkt, als „Graben, Graben, tiefen Graben", in Anlehnung an das Bild eines ungarischen Volksliedes.[91] Er zitierte[92] zustimmend aus einer zeitgenössischen politischen Studie: „Die Ereignisse des achtundvierzigsten Jahres haben das alte und das neue Ungarn so entzweit, dass, auf den beiden Ufern des Grabens stehend, keiner sich im anderen wiedererkennt."[93] Ein bisschen später erklärte Szladits den Bruch in der Kontinuität der Rechtsentwicklung mit dem revolutionären Eifer des ungarischen Gesetzgebers von 1848:

„Durch das klaffende Loch, das durch den Abriss [d. h. die Gesetze von 1848] entstanden war, drang das fremde Rechtssystem mit einem raschen Strom ein, das durch die Überschwemmung unseres gesamten Rechtslebens das Weiterbauen auf den alten Fundamenten weitgehend unmöglich machte."[94]

Auf jeden Fall ist es dem tragischen Ende des Unabhängigkeitskrieges zu verdanken, dass Ungarn in der Zeit von 1853 bis 1861 das österreichische Bürgerliche Gesetzbuch (ABGB) aufgezwungen wurde, was Szladits als „einen kurzen,

---

[86] *Kolosváry*, MTA, 1 ff.
[87] *Szinnyei*, Magyar írók élete és munkái, 1894, 181 f.
[88] *Farkas*, A római obligatio, op. cit., 300.
[89] *Görög*, Acta Universitatis Szegediensis – Acta Juridica et Politica, 2020, 227.
[90] Zitiert von *Veress*, Erdélyi jogászok, 2022, 13.
[91] *Grosschmid*, Werbőczy, op. cit., 430.
[92] *Grosschmid*, a. a. O., ebd.
[93] *Hegedűs*, A magyarság jövője a háború után, 1916, 3, zitiert in: *Grosschmid*, Werbőczy, op. cit., 430.
[94] *Szladits*, A magyar magánjog, op. cit., 15.

aber fatalen Übergang"⁹⁵ bezeichnete. Grosschmid zitiert⁹⁶ mit einer für ihn charakteristischen Offenheit folgende Wendungen: „Wir wurden der Herrschaft einer anderen Kultur unterworfen", „wir wurden in den Herrschaftsbereich der einseitigen österreichischen Rechtskultur verwickelt", und schließlich, dass unser Recht „unter österreichisches Joch geriet". Er macht die Ansichten der großen deutschen Koryphäe Otto von Gierke bekannt, wonach die Kultur unseres Landes nur eine Sonderkultur sei, im Vergleich zur deutschen Universalkultur, und „auf diese Weise ist sie nur ein Büchtlein im pangermanischen Kulturozean":⁹⁷ „So wird denn das mit uns eng verbündete große Reich (Österreich-Ungarn), dessen Zerfall so oft von geschichtsunkundigen Propheten vorausgesagt wurde, in seinem äußerlich und innerlich gekräftigten Beständen seine Aufgabe, deutsche Kultur in den Osten zu tragen, immer siegreicher erfüllen."⁹⁸

Wie wir sehen konnten, suchten sowohl Farkas als auch Grosschmid nach dem „echten" ungarischen Recht, aber auf zwei sehr verschiedene Weisen. Farkas arbeitet auf der Grundlage eines historischen Ansatzes mit Hilfe des römischen und des Pandektenrechts, während Grosschmid auf einer abstrakten begrifflichen Grundlage im Gegensatz zu dem klassischen römischen und dem Pandektenrecht argumentiert.⁹⁹ Farkas kritisierte, wie wir gesehen haben, die deutschen juristischen Lösungen, die er als zu materialistisch ansah, auf der Grundlage der katholischen Moral, deren Werte er für universell hielt, die aber für ein externes, unparteiisches Gericht nur partikulare Werte seien. Gleichzeitig verteidigte er den Geist der klassischen römischen Rechtsinstitutionen, die keineswegs als katholisch bezeichnet werden könnten. Sein Beitrag zur Schaffung eines „echten" ungarischen Rechts war weniger kreativ als negativ, da er versuchte, die von ihm verurteilten ausländischen Einflüsse abzuwehren. Grosschmid versuchte ebenfalls, ein universelles Fundament zu finden, um auf diesem das neue und glorreiche Gebäude des „echten" ungarischen Rechts zu errichten. Dieses feste Fundament glaubte er im Ideal der universellen Gerechtigkeit und der dogmatischen Richtigkeit zu finden. Er entfernte die anachronistischen Elemente aus einigen Institutionen des mittelalterlichen ungarischen Gewohnheitsrechts, bis er sie in das Prokrustesbett des zeitgenössischen Gerechtigkeitsideals zwang. Auf diese Weise leistete er einen konstruktiven Beitrag zur Schaffung des modernen ungarischen Privatrechts. Kurz gesagt: Für Farkas musste das Recht in erster Linie moralisch sein, für Grosschmid musste es vor allem gerecht sein.

---

⁹⁵ *Szladits*, a. a. O., 7.
⁹⁶ *Grosschmid*, Werbőczy, op. cit., 439.
⁹⁷ *Grosschmid*, Werbőczy, op. cit., 445.
⁹⁸ *Gierke*, Deutsche Reden in schwerer Zeit 2, 1914, 20.
⁹⁹ Vladár hebt in seiner Gedenkrede auch unter anderem den Lehrer hervor, der auf die Fehler des Pandektenrechts hingewiesen hat. Siehe *Vladár*, Magyar Jogi Szemle, 1938, 325.

VI. Schlussfolgerungen

Grosschmids Einfluss war sowohl bei Zivilisten[100] als auch bei Romanisten[101] äußerst stark und seine Autorität ist aus gutem Grund noch immer beträchtlich.[102] Dennoch ist es offensichtlich, dass der Niedergang des Pandektenrechts nicht allein auf seine Arbeit zurückzuführen ist, sondern er lediglich einen Trend verstärkte, der vermutlich unabhängig von ihm stattfand. Allerdings lässt sich der Schatten dieses gigantischen Geistes der römischen Rechtswissenschaft sowohl in Lehrbüchern als auch in der akademischen Literatur nachverfolgen. Der Grosschmid-Schüler[103] Géza Marton[104] beispielsweise sah die Aufgabe der Unterrichtung des römischen Rechts „nur" in der Darstellung der allgemeinen Grundsätze des Privatrechts durch die Lehre der Institutionen: „Das in unserem Lehrplan fehlende Studium des pandektischen Rechts soll durch das vertiefte Studium des lebendigen ungarischen Privatrechts ersetzt werden".[105] Martons Lehrbuch,[106] das diesem Konzept folgt, bestimmt noch immer die Betrachtungsweise der führenden ungarischen Lehrbücher des römischen Rechts.

Was das wissenschaftliche Werk von Marton anbelangt, so ist es aufschlussreich, dass er in seinem Hauptwerk,[107] das sich mit der Verantwortungslehre befasst,[108] die Geschichte ihrer Entwicklung von den Glossatoren bis zu den Pandektisten ausließ. Als er im Sommer 1944 erkannte, dass er die geplante 40–50 Bögen große Monografie unter den sich schnell verschlechternden Kriegsumständen nicht würde beenden können, entschied er, nur die wichtigsten Teile auszuarbeiten.[109] So verfasste er die Abschnitte des römischen Rechts und begann

---

[100] Siehe z. B. *Sándorfalvi Pap*, in: Szladits (Hrsg.), Magyar magánjog, 1939, 42 (78). Er wurde aber auch von den Gelehrten des öffentlichen Rechts bewundert, siehe *Bölöny*, Magyar Közigazgatás, 1938, 1 f. Darüber hinaus erkannten auch Persönlichkeiten des öffentlichen Lebens seine Größe an, siehe z. B. *Szende*, Nemzeti jog és demokratikus jogfejlődés, 1911, 265 ff., 280 ff.
[101] In Übereinstimmung mit *Szabó*, in: Stolleis (Hrsg.), Juristen, 2001, 264 f.
[102] Siehe z. B. *Weiss*, Jogtudományi Közlöny, 1999, 475 und 479.
[103] *Zlinszky*, in: Hamza (Hrsg.), Magyar jogtudósok, 1991, 97 ff.
[104] *Gulyás/Viczián* (Hrsg.), Magyar írók élete és munkái, 1999, 577 f.; *Markó* (Hrsg.), Új magyar életrajzi lexikon, 2002, 549 f.; *Brósz*, in: Hamza (Hrsg.), Tanítványok Marton Gézáról, 1981, 27; *Zlinszky*, Jogtudományi Közlöny 1981, 47 ff.; *Zlinszky*, in: Hamza (Hrsg.), Magyar jogtudósok, 1991, 97 (98 ff.); *Asztalos*, in: Hamza (Hrsg.), Tanítványok Marton Gézáról, 1981, 9 (19); *Visky*, in: Hamza (Hrsg.), Tanítványok Marton Gézáról, 1981, 37 ff.; *Csehi*, in: Diké kísértése, 2005, 315 (317 f.); *Szabó*, Ernyedetlen szorgalommal, 2014, 345 (424 f.). Nekrologe: *Kádár*, Felsőoktatási Szemle, 1958, 122 ff.; *Szabó*, Magyar Tudomány, 1958, 133 ff.
[105] *Marton*, A római magánjog elemeinek tankönyve, 1937, 2.
[106] Sein Lehrbuch wurde zu seinen Lebzeiten sechsmal aufgelegt, und vier weitere Auflagen erschienen zwischen 1957 und 1963. Generationen von Juristen studierten das römische Recht anhand dieses Buches.
[107] *Marton*, A polgári jogi felelősség, 1993.
[108] Eine kurze Zusammenfassung dieser Lehren kann gefunden werden in *Zlinszky*, in: Hamza (Hrsg.), Magyar jogtudósok, 1991, 97 (103).
[109] *Marton*, A polgári, op. cit., 12.

sodann, die ausländischen Theorien seiner Zeit (Binding, Venezian, Exner und Rümelin etc.) und die allgemeinen theoretischen Lehrsätze (Interessensprinzip, Prävention, Schadenteilung, Schuldhaftigkeit etc.) zu erörtern. Er widmete auch einen eigenen Abschnitt der bewertenden Darstellung des ungarischen Vergütungsrechts und ging auf die Probleme der zivilrechtlichen Verantwortung und des Schadenersatzes im sozialistischen Recht ein, *de lege ferenda*. Auffällig ist die Lücke, die durch die komplette Missachtung der Pandektenwissenschaft entstand,[110] was jedoch vollkommen mit seiner schon beschriebenen Auffassung übereinstimmt, wonach im römischen Recht die Wiege der Grundsätze des Privatrechts liege und die Pandektistik durch die Erörterung des gültigen ungarischen Rechts abgelöst werde.

Insgesamt lässt sich sagen, dass der Grosschmid-Effekt einen grundlegenden und langanhaltenden[111] Paradigmenwechsel nicht nur im ungarischen Privatrecht,[112] sondern auch in der ungarischen Romanistik bewirkte.[113] Das Lebenswerk von Grosschmid trug aktiv dazu bei, dass die frühere Bedeutung des Pandektenrechts sowohl im Bereich des Privatrechts als auch in der römischen Rechtswissenschaft verloren ging. Wie so oft erwiesen sich die unbeabsichtigten Nebeneffekte – aus einer größeren historischen Perspektive betrachtet – als stärker als die ursprüngliche Hauptrichtung der Auswirkungen. Systematische und praxisorientierte Forschungen, die das mittelalterliche ungarische Recht unmittelbar mit dem geltenden Recht verknüpfen, betreiben heute nur wenige, obwohl dies sicherlich die Hauptintention von Grosschmid war.[114] Auch das Pandektenrecht als dogmatische und nicht als historische Disziplin, die Grosschmid bei seiner Suche nach dem ungarischen Nationalrecht natürlich in den Hintergrund rückte, findet heute wenig Beachtung.[115] Die große Lehre: Die unvergleichlich starke Ausstrahlung der einzelnen großen Genies[116] wird oft

---

[110] Marton erwähnt die pandektistischen Doktrinen nur am Rande auf etwas mehr als einer halben Seite. Siehe *Marton*, A polgári, op. cit., 74.

[111] Angyal spricht sogar von einer ewigen Wirkung, siehe *Angyal*, Magyar Jogi Szemle, 1938, 323 (324).

[112] Grosschmid hat das ungarische Schuldrecht nicht auf deutscher Grundlage, sondern quasi aus dem Nichts geschaffen. Siehe *Pólay*, Kísérlet a magyar öröklési jog önálló kodifikációjára a XIX. század végén, 1974, 8.

[113] Ähnlich *Csehi*, IAS, 2012, 17 (18).

[114] Die Forschungen zur Rechtsgeschichte sind natürlich vielfältig und von hoher Qualität, man denke nur an das wissenschaftliche Lebenswerk von Péter Bónis, Mária Homoki-Nagy, Barna Mezey und anderen.

[115] Natürlich gibt es einige erfrischende Ausnahmen, siehe z. B. *Földi*, A jóhiszeműség és tisztesség elve, 2001, Teil III, in dem auch das Pandektenrecht ausführlich erörtert wird, wobei das Ziel der Diskussion im Grunde genommen darin besteht, ein tieferes Verständnis des geltenden Rechts zu vermitteln.

[116] Siehe *Nizsalovszky*, Grosschmid és a kereskedelmi jog, 1937, 5. Auch Sándor unterstreicht die Schwierigkeit der Argumentation von Grosschmid, siehe *Sándor*, in: Juhász (Hrsg.), Grosschmid gondolatai és az új magyar Ptk., 2013, 123 (136).

durch die ungeschliffenen Prismen einer Masse von unwürdigen Nachkommen gebrochen.[117]

Literaturverzeichnis

Angyal, Pál, Grosschmid Béni [Béni Grosschmid], Magyar Jogi Szemle, 8 (1938), 323-325
Asztalos, László, A civilisztika oktatásának és tudományának fejlődése a budapesti egyetemen 1945-1970 [Die Entwicklung der Lehre und Wissenschaft des Zivilrechts an der Universität Budapest 1945-1970], Budapest 1973
ders., Marton Géza tanainak hatása a magyar jogtudományra [Der Einfluss der Lehren von Géza Marton auf die ungarische Rechtswissenschaft], in: Hamza, Gábor (Hrsg.), Tanítványok Marton Gézáról [Schüler über Géza Marton], Budapest 1981, 9-25
Avenarius, Martin/Baldus, Christian/Lamberti, Francesca/Varvaro, Mario (Hrsg.), Gradenwitz, Riccobono und die Entwicklung der Interpolationenkritik: Methodentransfer unter europäischen Juristen im späten 19. Jahrhundert, Tübingen 2018
Balogh, Judit, Grosschmid Béni és a magyar öröklési jog [Béni Grosschmid und das ungarische Erbrecht], in: Zsögöd, Benő, Öröklött s szerzett vagyon [Geerbtes und erworbenes Eigentum], Budapest 2008, ix-xx
Beauchet, Ludovic, Histoire du droit privé de la République athénienne, Paris 1897
Benedek, Ferenc, Die „conventio in manum" und die Förmlichkeiten der Eheschließung im römischen Recht, Pécs 1978
Binding, Karl, Die Ehre im Rechtssinne und ihre Verletzbarkeit: Rectoratsrede gehalten am Reformationsfeste, Leipzig 1890
Bíró, János, A római jog hatásának jelei a dualizmus kötelmi jogában: Grosschmid tevékenysége a római jog alkalmazása tekintetében [Anzeichen für den Einfluss des römischen Rechts auf das Schuldrecht des Dualismus: Grosschmids Tätigkeit in der Anwendung des römischen Rechts], Jogtörténeti Tanulmányok, 2 (1968), 313-324
Bölöny, József, Grosschmid Béni mint közjogász [Béni Grosschmid als öffentlicher Anwalt], Magyar Közigazgatás, 48 (1938), 1-2
Brósz, Róbert, Marton Géza az ember és az oktató [Géza Marton, der Mensch und der Lehrer], in: Hamza, Gábor (Hrsg.), Tanítványok Marton Gézáról [Schüler über Géza Marton], Budapest 1981, 27
Buckland, William Warwick, Cretio and Connected Topics, Tijdschrift voor Rechtsgeschiedenis, 3 (1922), 239-276
Castelli, Guglielmo, I bona materna nei papiri greco-egizî, in: Albertario, Emilio (Hrsg.), Scritti giuridici, Milano 1923, 215-219
Collinet, Paul, La papyrologie et l'histoire du droit, München 1934
Csehi, Zoltán, Marton Géza munkássága 1907-1934 [Das Werk von Géza Marton 1907-1937], in: ders. (Hrsg.), Diké kísértése: Magánjogi és kultúrtörténeti tanulmányok [Die Versuchung von Dike: Studien zum Privatrecht und zur Kulturgeschichte], Budapest 2005, 315-375

---

[117] Papp spricht beispielsweise davon, dass die Lehrsätze von Grosschmid über die juristischen Personen aufgrund ihrer Abstraktheit und ihrer Schwierigkeit, sie in die Praxis umzusetzen, wenig Wirkung hatten. Siehe *Papp,* in: Juhász (Hrsg.), Grosschmid gondolatai és az új magyar Ptk., 2013, 53 (60).

ders., A jog és jogtudomány mai állásáról [= Über den heutigen Stand von Recht und Rechtswissenschaft], Iustum Aequum Salutare, 8 (2012), 17–40

ders., Marton Géza tudományos munkássága és hatása [Das wissenschaftliche Werk von Géza Marton und seine Wirkung], Iustum Aequum Salutare, 12 (2016), 155–168

Danz, Heinrich Aemilius August, Lehrbuch der Geschichte des römischen Rechts, vol. I, Leipzig 1840

Düll, Rudolf (Hrsg.), Corpus iuris: Eine Auswahl der Rechtsgrundsätze der Antike, Sammlung Tusculum, Berlin 2014

Eckhart, Ferenc, A Királyi Magyar Pázmány Péter Tudományegyetem története: A Jog- és Államtudományi Kar története 1667–1935 [Geschichte der Königlichen Ungarischen Péter-Pázmány-Universität: Geschichte der Fakultät für Rechts- und Staatswissenschaften 1667–1935], Budapest 1936

Farkas, Lajos, A becsület általános jelentősége a mai és római jogrendben [Die allgemeine Bedeutung der Ehre in dem heutigen und dem römischen Rechtssystem], Kolozsvár 1896

ders., A római obligatio fogalmilag véve a közép- és újkori jogi elméletben: Székfoglaló értekezés [= Die römische Obligatio als Begriff in der mittelalterlichen und neuzeitlichen Rechtstheorie: Lehrstuhlantrittsrede], Budapest 1913

Földi, András, A jóhiszeműség és tisztesség elve: Intézménytörténeti vázlat a római jogtól napjainkig [Der Grundsatz von Gutgläubigkeit und Ehrlichkeit: Eine Skizze der institutionellen Geschichte vom römischen Recht bis zur Gegenwart], Budapest 2001

ders., Grosschmid és az antik jogok: MTA székfoglaló előadás [Grosschmid und die Rechte der Antike: Antrittsvortrag für die MTA-Mitgliedschaft] (Manuskript), 2022

ders./Hamza, Gábor, A római jog története és intitúciói [Die Geschichte und die Institutionen des römischen Rechts], Budapest 2022

Gardner, Jane F., Family and Familia in Roman Law and Life, Oxford 1998

Gierke, Otto von, Deutsche Reden in schwerer Zeit 2: Rede am 18. September 1914, Berlin 1914

Giltaij, Jacob, Existimatio as "Human Dignity" in Late-Classical Roman Law, Fundamina (Pretoria), 22 (2016), [online], http://www.scielo.org.za/scielo.php?script=sci_arttext&pid=S1021-545X2016000200003 (01.05.2024)

Görög, Márta, Grosschmid Béni, 1851–1938 [Béni Grosschmid, 1851–1938], Acta Universitatis Szegediensis: Acta Juridica et Politica, 10 (2020), 227–240

Greenidge, A. H. J., Infamia: Its Place in Roman Public and Private Law, Oxford 1894

Grosschmid, Béni, Fejezetek kötelmi jogunk köréből [Kapitel aus unserem Schuldrecht], Budapest 1899

ders., Werbőczy és az angol jog [Werbőczy und das englische Recht], Budapest 1928

Gulyás, Pál/Viczián, János (Hrsg.), Magyar írók élete és munkái [Leben und Werk ungarischer Schriftsteller], Budapest 1999

Hamza, Gábor, Farkas Lajos, a római jogász 1841–1921 [Lajos Farkas, der römische Jurist 1841–1921], Jogtörténeti Szemle, 2 (2005), 78–81

ders., Farkas Lajos, a római jogász (1841–1921) [Lajos Farkas, der römische Jurist (1841–1921)], Magyar Tudomány, 50 (2005), 467–472

ders., Farkas Lajos, a római jogász 1841–1921 [Lajos Farkas, der römische Jurist 1841–1921], Jogtörténeti Szemle, 2 (2006), 82–85

ders./Sándor, István, Szladits Károly (1871–1956), a Magyar Tudományos Akadémia rendes tagja [Károly Szladits (1871–1956), ordentliches Mitglied der Ungarischen Akademie der Wissenschaften], Budapest 2014, [online], https://mta.hu/data/dokumentumok/

ix_osztaly/Jubileumi%20megemlekezesek/Szladits%20Karoly_Hamza_Sandor.pdf (01.05.2024)

Hegedűs, Lóránt, A magyarság jövője a háború után [Die Zukunft Ungarns nach dem Krieg], Budapest 1916

Honsell, Heinrich, Römisches Recht: Springer-Lehrbuch, Berlin/Heidelberg 2002

Kádár, Miklós, Marton Géza 1880–1957 [Géza Marton 1880–1957], Felsőoktatási Szemle, 7 (1958), 122–124

Kaser, Max, Infamia und ignominia in den römischen Rechtsquellen, SZ (RA), 73 (1956), 220–278

Kenyeres, Ágnes, Magyar életrajzi lexikon [Ungarisches biographisches Lexikon], vol. 1, Budapest 1967

Kiss, Géza, A római jogról [Über das römische Recht], Jogállam, 9 (1910), 262–270, 343–351

Knütel, Rolf/Kupisch, Berthold/Rüfner, Thomas/Seiler, Hans Hermann (Hrsg.), Corpus Iuris Civilis: Text und Übersetzung. Band V: Digesten 28–34, Heidelberg 2012

Kolosváry, Bálint, Farkas Lajos l. tag emlékezete [Gedenken an Lajos Farkas], Az MTA elhunyt tagjai fölött tartott emlékbeszédek [Reden zum Gedenken an verstorbene Mitglieder der Ungarischen Akademie der Wissenschaften], 20 (1928), 1–16

Kornis, Gyula, Tudós fejek [Gelehrte Köpfe], Budapest 1942

Koschaker, Paul, Europa und das römische Recht, München/Berlin 1958

Leist, Burkard Wilhelm, Die Bonorum possessio: Ihre geschichtliche Entwicklung und heutige Geltung, vol. II, Göttingen 1844

Löhr, Egid V. von, Übersicht der das Privatrecht betreffenden Constitutionen der Römischen Kaiser von Constantin I. bis auf Theodos II. und Valentinian III., Giessen 1811

Markó, László (Hrsg.), Új magyar életrajzi lexikon [Neues Ungarisches Biographisches Lexikon], vol. 4, Budapest 2002

Marongiu, Antonio, Beni parentali e acquisti nella storia del diritto italiano, Bologna 1937

Marton, Géza, A római magánjog elemeinek tankönyve [Lehrbuch der Elemente des römischen Privatrechts], Debrecen 1937

ders., A polgári jogi felelősség [Zivilrechtliche Haftung], Budapest 1993

Meijers, Eduard Maurits, Le droit ligurien de succession, Revue historique de droit français et étranger. Quatrième série, 11 (1932), 129–143

Mommsen, Theodor/Meyer, Paul Martin (Hrsg.), Theodosiani libri XVI cum constitutionibus Sirmondianis et leges novellae ad Theodosianum pertinentes, Berlin 1905

Móra, Mihály, Über den Unterricht des römischen Rechtes in Ungarn in den letzten hundert Jahren, Revue internationale des droit de l'antiquité, 11 (1964), 409–432

Nizsalovszky, Endre, Grosschmid és a kereskedelmi jog [Grosschmid und das Handelsrecht], Budapest 1937

Papp, Tekla, „Jogi és lénytani személyiség" – a Grosschmid-i jogi személy kategória elemzése a hazai jogfejlődés tükrében [„Juristische und ontologische Persönlichkeit": Grosschmids Kategorie der juristischen Person im Lichte der nationalen Rechtsentwicklung], in: Juhász, Ágnes (Hrsg.), Grosschmid gondolatai és az új magyar Ptk. [Die Ideen von Grosschmid und das neue ungarische Zivilgesetzbuch], Miskolc 2013, 53–62

Peschka, Vilmos, A magyar magánjogtudomány jogbölcseleti alapjai [Die philosophischen Grundlagen des ungarischen Privatrechts], Állam- és Jogtudományi Intézet Értesítője, 2 (1959), 37–74

Pólay, Elemér, A római jog oktatása a két világháború között Magyarországon (1920–1944) [Die Unterrichtung des römischen Rechts in Ungarn zwischen den beiden Weltkriegen (1920–1944)], Acta Universitatis Szegediensis: Acta Juridica et Politica, 19 (1972), 1–23

ders., Kísérlet a magyar öröklési jog önálló kodifikációjára a XIX. század végén [Versuch einer eigenständigen Kodifizierung des ungarischen Erbrechts am Ende des 19. Jahrhunderts], Szeged 1974

Radin, Max, Eleganter, Law Quarterly Review, 46 (1930), 311–325

Sachau, Eduard, Syrische Rechtsbücher, Berlin 1907

Sándor, István, Grosschmid és az angol jog [Grosschmid und das englische Recht], in: Juhász, Ágnes (Hrsg.), Grosschmid gondolatai és az új magyar Ptk. [Die Ideen von Grosschmid und das neue ungarische Zivilgesetzbuch], Miskolc 2013, 123–132

Sándorfalvi Pap, István, Törvényes öröklési jog [Das Erbrecht], in: Szladits, Károly (Hrsg.), Magyar magánjog: Bd. VI, Öröklési jog [Ungarisches Privatrecht: Bd. VI Erbrecht], Budapest 1939, 42–210

Schilling, Friedrich Adolph, Bemerkungen über römische Rechtsgeschichte: Eine Kritik über Hugo's Lehrbuch der Geschichte des römischen Rechts bis auf Justinian, Leipzig 1829

Sicard, Germain, Recherches sur les dévolutions fractionnées du patrimoine successoral dans le droit du bas empire et la législation wisigothique, in: Mélanges Germain Sicard, vol. 1, Toulouse 2000, 237–296

Stammler, Rudolf, Das Recht der Schuldverhältnisse in seinen allgemeinen Lehren: Studien zum Bürgerlichen Gesetzbuche für das Deutsche Reich, Berlin 1897

Szabó, Béla, Grosschmid (Zsögöd) Benő, in: Stolleis, Michael (Hrsg.), Juristen: Ein biographisches Lexikon von der Antike bis zum 20. Jahrhundert, München 2001, 264–265

ders., Ernyedetlen szorgalommal ... A Debreceni Tudományegyetem jogász professzorai (1914–1949) [Mit unermüdlichem Fleiß ... Rechtsprofessoren der Universität in Debrecen (1914–1949)], Debrecen 2014, 345–368

Szabó, Imre, Marton Géza 1880–1958 [Géza Marton 1880–1958], Magyar Tudomány, 3 (1958), 133–135

Személyi, Kálmán, Az interpolatios [sic!] kutató módszer [Die interpolative Forschungsmethode], Pécs 1929

Szende, Pál, Nemzeti jog és demokratikus jogfejlődés [Nationales Recht und die demokratische Rechtsentwicklung], Budapest 1911

Szinnyei, József, Magyar írók élete és munkái [Leben und Werk von Schriftstellern], vol. III, Budapest 1894

Szladits, Károly, A magyar magánjog vázlata: Első rész [Überblick über das ungarische Privatrecht: Erster Teil], Budapest 1933

ders., Zsögöd-Grosschmid Béni a magyar jogtudomány szabadságharcosa [Béni Zsögöd-Grosschmid, der Freiheitskämpfer der ungarischen Rechtswissenschaft], Jogászegyleti Szemle, 1–2 (1948), 1–8

Teleszky, István, Örökösödési jogunk törvényhozási szabályaihoz [Zu den Regeln unseres Erbrechts], Budapest 1876

Vékás, Lajos, Grosschmid szelleme és gondolatai az új Polgári Törvénykönyv öröklési jogi szabályaiban [Der Geist und die Ideen von Grosschmid in den Erbschaftsregeln des neuen Zivilgesetzbuchs], Magyar Jog, 60 (2013), 257–264

ders., Fejezetek a magyar magánjogtudomány történetéből [Kapitel aus der Geschichte des ungarischen Privatrechts], Budapest 2019

Veress, Emőd, Erdélyi jogászok: Jogászportrék II [Siebenbürgische Juristen: Juristenporträts II], Kolozsvár 2022

Visky, Károly, Marton Géza, a római jogász [= Géza Marton, der römische Jurist], in: Hamza, Gábor (Hrsg.), Tanítványok Marton Gézáról [Schüler über Géza Marton], Budapest 1981, 37–42

Vladár, Gábor, Búcsúbeszéde a tanítványok nevében [Abschiedsrede im Namen der Schüler], Magyar Jogi Szemle, 19 (1938), 325–326

Weiss, Emília, Grosschmid családjogi és öröklési jogi munkásságáról [Über Grosschmids Werk zum Familien- und Erbrecht], Jogtudományi Közlöny, 54 (1999), 475–479

dies., Grosschmid Béni (1851–1938) [= Béni Grosschmid (1851–1938)], in: Hamza, Gábor (Hrsg.), Magyar jogtudósok [Ungarische Juristen], vol. III, Budapest 2006, 99–116

Wundt, Wilhelm Max, Ethik: Eine Untersuchung der Thatsachen und Gesetze des sittlichen Lebens, Stuttgart 1886

Zlinszky, János, Marton Géza, a civilista [Géza Marton, der Zivilrechtler], Jogtudományi Közlöny, 36 (1981), 47–51

ders., Marton Géza (1880–1957) [Géza Marton (1880–1957)], in: Hamza, Gábor (Hrsg.), Magyar jogtudósok [Ungarische Juristen], vol. I, Budapest 1991, 97–104

Zsögöd, Benő (Grosschmid, Béni), Öröklött s szerzett vagyon [Geerbtes und erworbenes Eigentum], Budapest 1897

Methodenkonformität der ungarischen Romanistik?

Anhaltspunkte aus der ersten Hälfte des 20. Jahrhunderts in den Werken von Géza Kiss und Kálmán Személyi

Emese Újvári

ABSTRACTS

In the first half of the 20th century, the science of Roman law in Hungary was exposed to many-sided influences that shaped its development accordingly. On the one hand, the search for new paths – parallel to international trends (interpolation-focused research, papyrology, study of the influence of Christian ideas on Roman law, etc.) – was also characteristic of Hungarian science of Roman law. On the other hand, the romanists in Hungary also played a leading role in the codification attempts of Hungarian private law. A significant part of these processes and efforts was reflected in the scholarly activity of two important Hungarian romanists, Géza Kiss and Kálmán Személyi, who are presented in this article. In the relevant works of Géza Kiss, the influence of Jhering's critical-teleological method, the "Interessenjurisprudenz", can be seen, although he was later also influenced by the new current of papyrology. Kálmán Személyi can be seen as the leading figure of Hungarian interpolation-focused research, who later also successfully used the results of this trend to prove the influence of Christian ideas in Roman law.

W pierwszej połowie dwudziestego wieku nauka prawa rzymskiego na Węgrzech była poddana różnym wpływom, które kształtowały jej rozwój. Z jednej strony, w nauce węgierskiej szukano nowych dróg – adekwatnie do trendów międzynarodowych obejmujących badanie interpolacji, papirologię prawniczą, badanie wpływu chrześcijaństwa na prawo rzymskie itd. Z drugiej strony, romaniści węgierscy odgrywali wiodącą rolę w próbach kodyfikacji węgierskiego prawa cywilnego. Znacząca część tych procesów i starań znalazła odbicie w akademickiej aktywności dwóch przedstawionych w tym rozdziale, ważnych węgierskich romanistów: Gézy Kissa i Kálmána Személyi. W ważnych pracach Gézy Kissa można dostrzec wpływ skupionej na celu prawa metody Jheringa, choć później znalazł się pod wpływem nowego nurtu badań papirologicznych. Kálmán Személyi może być postrzegany jako postać wiodąca w węgierskich badaniach nad poszukiwaniem interpolacji. Następnie, korzystając z wyników tych badań, wykazywał wpływ chrześcijaństwa na prawo rzymskie.

I. Einleitung

In der ersten Hälfte des 20. Jahrhunderts war die ungarische Romanistik vielseitigen Einflüssen ausgesetzt, die ihre Entwicklung prägten.

Die westliche Kodifizierungswelle erreichte auch Ungarn. In Ermangelung eines gültigen Zivilgesetzbuches wurde die Kodifizierung des Privatrechts zu einem wichtigen Ziel, bei dem zwar die Notwendigkeit, das „echte" nationale Recht zu finden und zu erkennen,[1] von grundlegender Bedeutung war. In vielen Fällen spielte aber auch die Untersuchung der römischrechtlichen Wurzeln der betreffenden Rechtsinstitute oder der einschlägigen modernen Rechtsnormen anderer Nationen als Vorbereitung für die anstehenden Kodifizierungsarbeiten eine wichtige Rolle.

Nach Versuchen, für die verschiedenen Teilgebiete des Privatrechts Teilkodifikationen zu schaffen, beherrschen das ungarische Rechtsleben ab 1895 Bestrebungen, ein einheitliches Zivilgesetzbuch zu schaffen. Zwischen 1900 und 1928 wurden insgesamt fünf Entwürfe zur Diskussion gestellt.[2]

Unter den ungarischen Romanisten jener Zeit war man allgemein der Ansicht, dass die damaligen fragmentierten Quellen des Privatrechts und die Rechtsprechung ebenso viel römisches Recht aufweisen konnten, wie es für jedes andere westliche Land, dessen Kodifikation von römischem Recht geprägt worden war, charakteristisch sei. Es wurde auch angenommen, dass – da das ungarische Privatrecht überwiegend den deutschen und österreichischen Vorbildern folgte – das römische Recht in Ungarn aus zweiter Hand übernommen worden sei. Dort, wo es kein geschriebenes Recht gab, wandten die höheren Gerichte das römische Recht mit Verweis auf die „allgemeinen Gesetze" und die „Natur der Sache" an. Das römische Recht wurde in Ungarn als ein bestimmtes Ideal, als „das vollkommene Recht" angesehen.[3]

Es war daher selbstverständlich, dass bei der Kodifizierung des ungarischen Privatrechts die ungarischen Romanisten eine führende Rolle spielten. Sie nahmen durch die Analyse der Beispiele des römischen Rechts und des Pandektenrechts an Debatten über bestimmte Detailfragen des Privatrechts teil, kommentierten Gesetzentwürfe und formulierten Verbesserungsvorschläge. Zudem

---

[1] Weitere Informationen hierzu findet man in der Studie „Der Grosschmid-Effekt? oder ein Paradigmenwechsel in der ungarischen Romanistik" von Gergely *Deli* in diesem Band, 253–276..

[2] Die verschiedenen Entwürfe sind auf die Jahre 1900, 1913, 1914, 1915 und 1928 zu datieren; vgl. *Homoki-Nagy*, in: Máthé (Hrsg.), Die Entwicklung der Verfassung und des Rechts in Ungarn, 2017, 487 (492 ff.); *Hamza*, Die Entwicklung des Privatrechts auf römischrechtlicher Grundlage unter besonderer Berücksichtigung der Rechtsentwicklung in Deutschland, Österreich, der Schweiz und Ungarn, 2002, 135 ff.; *Hamza/Földi*, Annales Universitatis Scientiarum Budapestinensis de Rolando Eötvös nominatae, 1996, 5 (11 f.). *Földi/Hamza*, A római jog története és intézményei, 26. Aufl., 2022, 145.

[3] *Pólay*, SZ (RA), 1972, 378 (387); *Pólay*, Acta Universitatis Szegediensis de Attila József nominatae. Acta Juridica et Politica (kurz: Acta Jurid Pol), 1972, 3 (11).

untersuchten sie die verschiedenen Rechtsinstitute mit dem Ziel, zukünftige oder laufende Kodifizierungsbemühungen zu erleichtern und Kodifikationsvorschläge zu formulieren.[4]

Daneben spiegelten sich auch in der ungarischen Romanistik westliche akademische Strömungen wider (in der romanistischen Wissenschaft vor allem deutsche und in der Lehre des römischen Rechts österreichische Vorbilder). Die historische Schule von Savigny, die dogmatischen Tendenzen von Dernburg und Windscheid sowie die kritisch-teleologische Tendenz (Interessenjurisprudenz) von Jhering waren in Ungarn vertreten.[5]

Mit dem Inkrafttreten des BGB im Jahre 1900 hörte das Pandektenrecht in Deutschland bekanntlich auf, ein formal lebendiges Recht zu sein. Während die Romanistik in den deutschen Gebieten zuvor dem Zweck der praktischen Rechtsanwendung gedient hatte, entfiel dieser Zweck damit zwangsläufig und es entwickelten sich neue Tendenzen in der Romanistik. So wurde die Beschäftigung mit dem römischen Recht nach 1900 praktisch zu einer historischen Wissenschaft, in deren Zentrum die Interpolationenkritik stand. Neben der Interpolationenforschung traten auch die juristische Papyrologie von Mitteis sowie – in Verbindung mit Wengers Werk – ein neuer Trend der vergleichenden antiken Rechtsgeschichte in den Vordergrund.[6]

Die Suche nach einem neuen Weg – parallel zu den internationalen Trends – war auch für die ungarische Romanistik charakteristisch, da die „Krise" des römischen Rechts auch auf Ungarn übergegriffen hatte. Es gab daher Versuche, die Rolle des römischen Rechts als universitärer Disziplin zu verringern. Zum einen wurde die Bedeutung des römischen Rechts durch die Tatsache, dass das römische Pandektenrecht nach Inkrafttreten des BGB in Deutschland kein lebendiges Recht mehr war (auch wenn es das in Ungarn formell nie war), auch in Ungarn geringer. Zum anderen fanden die Bestrebungen der in Deutschland einige Jahrzehnte später an die Macht gekommenen nationalsozialistischen Partei, das römische Recht aus den Universitäten zu verbannen, bald auch in Ungarn Anklang, obwohl sie grundsätzlich nicht die Ansichten der damaligen ungarischen Juristenschaft widerspiegelten. Die ungarischen Romanisten versuchten entgegen diesen negativen Einflüssen und Bestrebungen, das römische Recht sowohl als universitäre Disziplin als auch als Wissenschaft zu verteidigen.[7]

---

[4] Vgl. *Hamza/Földi*, Annales Universitatis Scientiarum Budapestinensis de Rolando Eötvös nominatae, 1996, 5 (11 f.); *Földi/Hamza*, A római jog, op. cit., 145.

[5] Dazu detailliert: *Pólay*, A pandektisztika és hatása a magyar magánjog tudományára, 1976, 87 ff.; zusammenfassend: *Pólay*, Acta Jurid Pol, 1972, 3 (3 ff.); *Pólay*, SZ (RA), 1972, 378 (381 ff.).

[6] *Wieacker*, Privatrechtsgeschichte der Neuzeit, 2. Aufl., 1967, 420 ff.; *Személyi*, Az interpolatios kutató módszer, 1929, 5 f.; *Pólay*, Acta Jurid Pol, 1972, 3 (3); *Pólay*, SZ (RA), 1972, 378 (379).

[7] Vgl. *Pólay*, Acta Jurid Pol, 1972, 3 (7 ff.).

Die Folgen dieser Prozesse und die Bestrebung, das römische Recht zu bewahren, zeigten sich auch in der wissenschaftlichen Tätigkeit zweier bedeutender ungarischer Romanisten, Géza Kiss und Kálmán Személyi. In den einschlägigen Arbeiten von Géza Kiss ist der Einfluss von Jherings kritisch-teleologischer Methode, der Interessenjurisprudenz, zu erkennen,[8] obwohl er später auch von der neuen Strömung der Papyrologie beeinflusst wurde.[9] Kálmán Személyi kann als Leitfigur der ungarischen Interpolationenforschung angesehen werden, der die Ergebnisse dieser Strömung später auch erfolgreich nutzte, um den Einfluss christlicher Ideen im römischen Recht nachzuweisen.

II. Das Werk von Géza Kiss

Die ungarische Privatrechtstheorie wurde im 19. Jahrhundert – neben der langanhaltenden Wirkung von Naturrechtsgedanken – maßgeblich von der historischen Rechtsschule Savignys beeinflusst, zu deren Anhängern auch Ignác Frank (1788–1850)[10] – der führende Privatrechtler der Zeit – gezählt wird, der sich (noch) konsequent gegen die Kodifizierung aussprach.[11] In den letzten Jahrzehnten des 19. Jahrhunderts übte die Interessenjurisprudenz von Jhering, insbesondere durch Gusztáv Szászy-Schwarz (1858–1920),[12] schon einen zunehmenden Einfluss auf die ungarische Rechtswissenschaft aus. Die Interessenjurisprudenz wurde auch von Géza Kiss[13] vertreten, der zunächst Professor an der Rechtsakademie in Nagyvárad (Großwardein) und später Professor für römisches Recht an der Universität Debrecen war.

---

[8] *Kiss*, A jogalkalmazás módszeréről. Dogmatörténeti és kritikai tanulmány a magánjog köréből, 1909, 53 f.

[9] *Pólay*, Acta Jurid Pol, 1972, 3 (6); *Pólay*, SZ (RA), 1972, 378 (383).

[10] *Szabó*, in: Stolleis (Hrsg.), Juristen. Ein biographisches Lexikon, Von der Antike bis zum 20. Jahrhundert, 2001, 221 (221 f.).

[11] *Stipta*, in: Máthé (Hrsg.), Die Entwicklung der Verfassung und des Rechts in Ungarn, 2017, 597 (598 ff.).

[12] *Gönczi*, in: Stolleis (Hrsg.), Juristen. Ein biographisches Lexikon, Von der Antike bis zum 20. Jahrhundert, 2001, 616 (616 f.).

[13] Géza Kiss (1882–1970) wurde am 26. April 1882 in Nagyszeben (Hermannstadt) geboren. Er absolvierte sein Studium in Kolozsvár (Klausenburg), danach studierte er im Studienjahr 1903/04 in Bonn. Ab dem Studienjahr 1905/1906 lehrte er öffentliches Recht an der Rechtsakademie in Nagyvárad (Großwardein). Er habilitierte sich im Römischen Recht an der Universität von Kolozsvár und bekleidete ab Anfang 1912 die Professur für Römisches Recht an der Rechtsakademie. 1914 wurde er zum ordentlichen Professor des Lehrstuhls für Römisches Recht an der damals neu gegründeten Universität Debrecen ernannt, bald darauf zum Dekan gewählt. Im Alter von 36 Jahren wurde er im akademischen Jahr 1918/19 zum Rektor der Universität gewählt. Seine Karriere an der Universität in Ungarn ging dann – unter ungewöhnlichen Umständen – zu Ende, als ihm 1920 aus politischen Gründen die Professur entzogen wurde. Er verbrachte den Rest seines Lebens in Rumänien, wo er römisches Recht und Zivilrecht lehrte; vgl. *Madai*, in: Szabó (Hrsg.), Ernyedetlen szorgalommal, 2014, 257 (257 ff.); *Madai*, Gerundium – Egyetemtörténeti közlemények, 2013, 3 (3 ff.).

1. Methodologische Annäherungsversuche zum Verhältnis von Gesetz und Richter und zum Verhältnis zwischen Gesetz und Gewohnheitsrecht

Ein zentrales Thema der Forschung von Géza Kiss war die Frage der Rechtsanwendung. Er schaltete sich in eine wichtige Debatte seiner Zeit ein, die zwischen der historischen Rechtsschule und der damit verbundenen Begriffsjurisprudenz, der Interessenjurisprudenz, sowie der Freirechtsschule über das Verhältnis von Gesetz und Richter geführt wurde.[14] In Zusammenhang damit, beschäftigte er sich auch mit dem Verhältnis von Gesetz und Gewohnheitsrecht.

a) Das Verhältnis von Gesetz und Richter

Bei der Prüfung der Frage der Rechtsanwendung versucht Kiss, ein Gleichgewicht zwischen dem Prinzip des „Vorrangs des Gesetzes" und der „richterlichen Freiheit" zu finden.[15]

Gleichermaßen lehnt er die Theorie der Buchstabenjurisprudenz (oder Konstruktionsjurisprudenz) über die Lückenlosigkeit und die logische Geschlossenheit des Rechts (sowie die Doktrin der *„école des interprètes"* über die Geschlossenheit des Code Civil) ab wie auch die Idee, dass Rechtslücken durch „Konstruktion", d. h. durch technische Ableitungen aus bestehenden Rechtsvorschriften, geschlossen werden könnten.[16]

Kiss weist die Auffassung, dass man mithilfe der formalen Logik die Entscheidung in jedem Fall eindeutig aus dem Gesetzestext ableiten könne, mit der Begründung zurück, dass sie die Tatsache aus den Augen verliere, dass das Recht eine Wissenschaft des Lebens sei, und die Phänomene des Lebens sich nicht nach *a priori* festgelegten logischen Kategorien entwickelten, sondern von den Gesetzen des sozialen Prozesses abhingen.[17]

Andererseits ist er mit der extremen Richtung der Freirechtsschule auch nicht einverstanden, die es dem Richter erlauben würde, gegen das Gesetz zu entscheiden, wenn er es für ungerecht, unbillig oder zur bestehenden Wirtschaftsordnung im Widerspruch stehend hält.[18] Er lehnt die „Ausbrüche" der Freirechtsschule gegen den Positivismus klar ab. Er meint, dass das Prinzip des Vorrangs des Gesetzes eine Voraussetzung dafür sei, dass die Rechtsanwendung im Einklang mit dem Wesen des modernen Staates stehe.[19]

---

[14] Dazu *Szabadfalvi*, Kísérlet az „új magyar jogfilozófia" megteremtésére a 20. század első felében, 2014, 26.
[15] *Szabadfalvi*, a. a. O., 26 f.
[16] *Kiss*, Jogállam 1907, 649 (651 f.).
[17] *Kiss*, Magyar Társadalomtudományi Szemle, 1909, 627 (635 ff.).
[18] *Kiss*, Jogállam 1907, 649 (649).
[19] *Kiss*, Erdélyi Múzeum, 1908, 123 (128); *Kiss*, Jogállam, 1907, 649 (649); *Kiss*, Magyar Társadalomtudományi Szemle 1909, 627 (630 ff.); dazu *Szabadfalvi*, Kísérlet, op. cit., 26 f.

Kiss ist der Meinung, dass es im Gesetz Lücken geben könne, die aber nicht durch Konstruktion, sondern frei durch den Richter, aber im Sinne des Gesetzes zu füllen seien.[20] Er weist auch darauf hin, dass auch schon „die Alten" gewusst hätten, dass der Zweck des Gesetzes, die *ratio legis* oder das Werturteil, das mit den Interessen der Gemeinschaft und den wirtschaftlichen Bedingungen übereinstimmen müsse, nicht durch bloße wörtliche oder grammatische Rechtsauslegung bestimmt werden könne. Eine korrekte Auslegung des Gesetzes sei nur dann möglich, wenn man die Interessen verstehe, um die es gehe.[21]

In einem seiner Werke schreibt er Folgendes: „Wenn auch nicht die Buchstaben des Gesetzes, so sind doch seine Werturteile unbedingt und ausnahmslos verbindlich, also sind sie im obigen Sinne indirekt verbindlich, selbst wenn man die Lücken ausfüllt".[22] Für die Durchsetzung des Gesetzes gebe es zwei Kriterien: Die im Gesetz zum Ausdruck kommenden Werturteile müssten bei der Entscheidung des konkreten Falles zum Tragen kommen, aber in einer Weise, die den besonderen Umständen des Einzelfalles auch Rechnung trage.[23]

Géza Kiss lehnt damit die Thesen der Konstruktionsjurisprudenz grundsätzlich ab und will dem Richter die Freiheit geben, die Gesetzeslücke auszufüllen. Gleichzeitig erlaubt er dem Richter aber nicht, gegen das Gesetz zu urteilen. Der Richter habe das Recht, die Gesetzeslücke zu füllen, aber er müsse dies im Sinne der Gesetze tun, und zwar durch Verständnis und Berücksichtigung der betroffenen Interessen.

Im Zusammenhang mit den vorgestellten Thesen soll hier ein interessantes (und leider auch in unseren Tagen aktuelles) Beispiel aus seiner Argumentation angeführt werden:

Das BGB regelt, ebenso wie der ungarische Entwurf des Zivilgesetzbuches von 1900, die Haftung von Tierhaltern. Danach haftet derjenige, der ein Tier hält, verschuldensunabhängig für den Schaden, den das Tier einer anderen Person zufügt. Auf dem Kieler Juristentag (1906) wurde die Frage aufgeworfen und heftig diskutiert, ob diese Regel auch auf Menschen mit Tuberkulose insofern angewandt werden könne, als diese in Bezug auf die in ihnen enthaltenen Tuberkulosebakterien als „Halter" von Tieren gelten könnten, wenn sie andere anstecken.[24]

Géza Kiss beschreibt, dass die Haftung der Tuberkuloseerkrankten richtigerweise, aber mit einer falschen Begründung abgelehnt würde. Einige hätten so argumentiert, dass die hochgehusteten Bakterien nicht den *animus revertendi* hätten, d. h. die Absicht, zum Wirt zurückzukehren, sodass der Lungenkranke kein „Halter" seiner Bakterien mehr sei. Andere hätten angeführt, dass der Scha-

---

[20] Kiss, Jogállam, 1907, 649 (652 ff.).
[21] Kiss, a. a. O., 653.
[22] Kiss, Erdélyi Múzeum, 1908, 123 (128).
[23] Kiss, a. a. O., 132.
[24] Kiss, Magyar Társadalomtudományi Szemle, 1909, 627 (641 f.).

den auf die Muskeltätigkeit des Tieres zurückzuführen sein müsse. Sie hätten die Haftung der Tuberkuloseerkrankten auch mit der Begründung ausgeschlossen, dass das Bakterium kein Tier sei.[25]

Nach Ansicht von Géza Kiss sind diese Argumente jedoch fehlerhaft, da sie den Zweck dieser Rechtsvorschriften missverstünden. Es sei zwar richtig, dass ein Tuberkulosepatient auf dieser Grundlage nicht haftbar gemacht werden könne. Allerdings könne seiner Meinung nach, wenn ein Arzt oder Forscher in seinem Labor Bakterien züchtet und diese freigesetzt werden und Infektionen verursachen, der Forscher oder Wissenschaftler, der sie züchtet, dennoch nach dem Gesetz haftbar gemacht werden, auch wenn diesen Bakterien sowohl der *animus revertendi* als auch die Funktion eines Tiermuskels fehle. Auch wenn der Gesetzgeber die Bakterien nicht im Sinn gehabt habe, so ergebe sich doch aus dem Zweck des Gesetzes, dass

„derjenige, der zu seinem eigenen Nutzen solche Kräfte einsetzt und benutzt, die er nicht so zügeln und seiner eigenen Kontrolle unterwerfen kann, dass sie für andere nicht gefährlich werden, für die Gefahr verantwortlich gemacht werden muss, die er trotz aller seiner Sorgfalt und seines Fleißes anderen gegenüber tatsächlich eingeht".[26]

b) Das Verhältnis zwischen Gesetz und Gewohnheitsrecht

Die andere zentrale Frage der Untersuchungen von Kiss ist das Verhältnis zwischen Gesetz und Gewohnheitsrecht.

Im ersten Teil seines 243 Seiten umfassenden Werks mit dem Titel „*A jogalkalmazás módszeréről*" (Über die Methode der Rechtsanwendung) kommt Kiss zu dem Schluss, dass die (richtige) Rechtsanwendung dem Grundgedanken des geschriebenen Rechts nur dann getreu folge, wenn sie die Rechtsnormen nach der Lebensanschauung auslege. Er ist der Ansicht, dass die Auslegung des geschriebenen Rechts in allen Rechtssystemen auf der *aequitas* beruhen und die korrekte Rechtsanwendung das geschriebene Recht mit dem ungeschriebenen Recht ergänzen solle, das der *aequitas* gegebenenfalls einen konkreten Inhalt gebe.[27]

Im zentralen Teil seines Werkes untersucht er (wie auch in seinen anderen Studien zum gleichen Thema) in drei Kapiteln das Verhältnis zwischen Gesetz und Gewohnheitsrecht, die Merkmale des Gewohnheitsrechts als Rechtsquelle und seine Rolle im Rechtssystem.

In seinem Buch beschreibt Kiss – überwiegend Puchta[28] folgend – detailliert die Merkmale des Gewohnheitsrechts nach der vorherrschenden Auffassung,

---

[25] *Kiss*, Magyar Társadalomtudományi Szemle, 1909, 627 (641 f.).
[26] Indokolás a magyar általános polgári törvénykönyv tervezetéhez, IV, 1902, 624; *Kiss*, Magyar Társadalomtudományi Szemle, 1909, 627 (641 f.).
[27] *Kiss*, A jogalkalmazás módszeréről, 81 f.
[28] *Puchta*, Das Gewohnheitsrecht I., 1828, 92 ff.; *Puchta*, Das Gewohnheitsrecht II., 1837, 24 ff.

die auch von der „historischen Schule" vertreten wird, wie folgt: (1) Die einzige konstitutive Grundlage des Gewohnheitsrechts ist die Überzeugung des Volkes („Überzeugungstheorie"). Die lange Praxis ist nicht die Grundlage für seine Entstehung, sondern macht es nur erkennbar. (2) Eine Gewohnheit wird erst dann zum Gewohnheitsrecht, wenn die Rechtsüberzeugung des Volkes in ihr zum Ausdruck kommt. (3) Das Gewohnheitsrecht ist ein objektives Recht, kein *„factum"*, und muss daher von Amts wegen dem Gericht bekannt sein. (4) Seine Existenz hängt nicht von der Tätigkeit des Gesetzgebers ab, sodass dieser das Gewohnheitsrecht auch nicht verbieten kann.[29]

Nach der älteren „Gestattungstheorie"[30] hingegen sei „Gewohnheitsrecht das Ergebnis einer langen Praxis, die wiederkehrende Handlungen mit Erlaubnis des Gesetzgebers zu einer objektiven Rechtsnorm macht". Das heißt: (1) Die lange Praxis ist ein materielles Element bei der Entstehung des Gewohnheitsrechts. (2) Es wird nicht unterschieden, ob das Gewohnheitsrecht Ausdruck eines objektiven Rechts oder lediglich ein Hilfsmittel zur Erkundung des Parteiwillens ist. (3) Es ist lediglich ein in einem Rechtsstreit zu beweisendes *„factum"*. (4) Da es nur mit der (auch stillschweigenden) Erlaubnis des Gesetzgebers durchgesetzt werden kann, kann es auch vom Gesetzgeber verboten werden.[31]

Nach Géza Kiss seien die Erkenntnisse der historischen Schule über das Gewohnheitsrecht nur theoretisch fassbar. Er meint, dass im Rechtsanwendungssystem seiner Zeit faktisch eher die von der „alten Schule" vertretene „Gestattungstheorie" vorherrschen würde.[32]

Kiss versucht, diese Behauptung auch in Bezug auf das deutsche und österreichische Privatrecht zu untermauern. Hinsichtlich des ungarischen Rechts weist er darauf hin, dass zwar die neueren ungarischen Autoren, die meist Anhänger der historischen Rechtsschule seien, zumindest von der Gleichwertigkeit des Gewohnheitsrechts mit dem Gesetz ausgingen. Bei der Anerkennung des Gewohnheitsrechts als Rechtsquelle würden jedoch viel mehr die Aussagen der Gesetze die entscheidende Rolle spielen. So würde in Ungarn der Artikel 19 des Gesetzes IV von 1869[33] als allgemeine Grundlage für die Verbindlichkeit des Gewohnheitsrechts herangezogen.[34]

Géza Kiss ist der Ansicht, dass von Gewohnheitsrecht nach der vorherrschenden Auffassung (als auf der Überzeugung des Volkes und der langjährigen

---

[29] Kiss, A jogalkalmazás módszeréről, 90 ff.
[30] Nach Kiss geht diese Bezeichnung auf seinen Lehrer Zitelmann zurück.
[31] Kiss, a. a. O., 89 f.
[32] Kiss, a. a. O., 92 ff.
[33] „*Der Richter handelt und urteilt nach dem Gesetz, nach den auf Grund des Gesetzes erlassenen und verkündeten Verordnungen und nach der Gewohnheit mit Gesetzeskraft*" [übersetzt nach der Ausgabe im Internet: https://net.jogtar.hu/ezer-ev-torveny?docid=86900004.TV&searchUrl=/ezer-ev-torvenyei?keyword%3D1869.%2520 (03.02.2023)].
[34] Kiss, A jogalkalmazás módszeréről, 101 ff.

Praxis beruhendes und ohne richterliche Funktion bereits *a priori* existierendes und eine vollkommene Rechtsverbindlichkeit besitzendes Gewohnheitsrecht)[35] nur in der Zeit, als es noch keine Gesetze gab, gesprochen werden könne. Als Beispiel erwähnt er Rom vor der Entstehung des Zwölftafelgesetzes.[36] Nach Ansicht des Autors könne das Gewohnheitsrecht „in den Nationen, die unter der Herrschaft der Gesetze leben", nicht als mit dem Gesetz gleichrangige, eigenständige und explizite Rechtsquelle anerkannt werden. In diesen Nationen könne sich ungeschriebenes Recht nur bei der Auslegung der bestehenden Rechtsnormen durchsetzen.[37]

Durch das Anführen von Beispielen aus dem römischen Recht versucht er zu beweisen, dass sich alle Erscheinungsformen des Gewohnheitsrechts in der Praxis in zwei Kategorien einteilen lassen: Volksgewohnheiten und richterliches Gewohnheitsrecht. Erstere entstünden dadurch, dass eine Regel, die beispielsweise in der Handels- oder Vertragspraxis üblich ist, im Laufe der Zeit durch wiederholte Anwendung eine objektive Grundlage erhalte und zu einer dispositiven Rechtsnorm werde, während letzteres durch die Auslegung der Juristen entstünde.[38]

Das Gewohnheitsrecht oder das ungeschriebene Recht sei mit der Anwendung des Gesetzes verbunden: Entweder (1) durch Erweiterung des gesetzlichen Rechts (richterliches Gewohnheitsrecht) – in diesem Fall würden die Gesetzeslücken im technischen Sinne ausgefüllt (z. B. *mancipatio – emancipatio, testamentum per aes et libram*, etc.) – oder (2) durch Ausfüllung des allgemeinen Rahmens des Gesetzes mithilfe der gesellschaftlichen Gewohnheiten (*mos, consuetudo*). Im zweiten Fall sei die gesellschaftliche Gewohnheit als indirekter Inhalt des Gesetzes zu betrachten, mit dem der Richter den im allgemeinen Rahmen gegebenen direkten Inhalt des Gesetzes ausfülle.[39]

Das Hauptmerkmal der Arbeitsmethode von Kiss besteht darin, dass er zur Untermauerung seiner Schlussfolgerungen hauptsächlich Beispiele aus dem römischen Recht (und dem angelsächsischen Recht) heranzieht.

Die Theorie von Géza Kiss ist insbesondere auch deswegen interessant, weil es in dieser Zeit (bis 1959) in Ungarn kein verabschiedetes Zivilgesetzbuch gab. Stattdessen fällten die Gerichte ihre Urteile im Wesentlichen auf Grundlage des Gewohnheitsrechts. Sie hielten an der traditionellen Doktrin fest, dass das Gewohnheitsrecht eine privilegierte Rolle unter den Rechtsquellen habe. Gleichzeitig wies aber das Gesetz IV von 1869 über die richterliche Gewalt den Richter selbst an, sein Urteil nach dem Gesetz, den ordnungsgemäß erlassenen und ver-

---

[35] *Kiss*, Interpretatio és szokásjog a római magánjogban, 1909, 18.
[36] *Kiss*, a. a. O., 10 ff.
[37] *Kiss*, a. a. O., 22.
[38] *Kiss*, A jogalkalmazás módszeréről, 148 ff.
[39] *Kiss*, a. a. O., 207 ff.

kündeten Verordnungen sowie dem Gewohnheitsrecht, das Gesetzeskraft hatte, zu fällen – worauf Géza Kiss selbst aufmerksam macht.[40]

So lässt sich der scheinbare Widerspruch zwischen der Theorie von Géza Kiss und der zeitgenössischen ungarischen Rechtslage auflösen, da die Anwendung des Gewohnheitsrechts durch die Rechtssprechung auf einer gesetzlichen Ermächtigung beruhte.

In seiner deutschsprachigen Arbeit „*Gesetzesauslegung und »ungeschriebenes« Recht*" nimmt Kiss ebenfalls Stellung zu dem unter Zivilisten geführten Methodenstreit um die Frage der Rechtsanwendung, genauer gesagt um die Frage der Bindung des Richters an das Gesetz. In Verbindung damit schildert und bewertet er die Bestrebungen der damaligen Freirechtsbewegung.[41]

In der Studie stellt er die Geschichte der traditionellen Hermeneutik und der Rechtsquellentheorie dar. Dabei beschreibt er die Charakteristika der römischen *interpretatio* in der Zeit nach dem Zwölftafelgesetz. Danach erörtert er, wie die späteren kaiserlichen Restriktionen zunächst durch die Glossatoren, dann durch die Kommentatoren und am Ende des Entwicklungsprozesses durch die Lehren der historischen Rechtsschule schließlich zur Entartung der römischen Lehre geführt hätten. Als Kontrapunkt dazu beschreibt er die Theorie von Gény und der Freirechtsbewegung und kritisiert auch deren „Auswüchse".[42]

Im dritten Teil des Aufsatzes erläutert Kiss den Kern seiner Theorie, wonach es in der Rechtsordnung zwangsläufig Gesetzeslücken gebe. Einige davon seien Gesetzeslücken im engeren (technischen) Sinne. Sie entstünden außerhalb der Intention des Gesetzgebers. Die andere Art von Gesetzeslücken bildeten die unausgefüllten Rahmen des Gesetzestextes. Diese müssten aufgrund von ausdrücklichen oder stillschweigenden Hinweisen auf eine andere Rechtsquelle ausgefüllt werden. Eine ausdrückliche Verweisung könne dadurch erfolgen, dass das Gesetz selbst auf ein anderes Gesetz oder auf richterliches Ermessen verweist, es könne aber auch einen Verweis auf ein ungeschriebenes, aber objektiv feststellbares Recht enthalten. Ein Beispiel für Letzteres seien die §§ 157 und 242 BGB (Treu und Glauben mit Rücksicht auf die Verkehrssitte). Dieser implizite Inhalt sei für den Richter bindend. Eine stillschweigende Verweisung liege vor, wenn das Gesetz zwar keine offensichtliche Gesetzeslücke aufweise, aber Wertausdrücke verwende, deren konkreter Inhalt aus dem Gesetz nicht ersichtlich sei (z. B. Notlage, Leichtsinn, Unerfahrenheit usw.). Es sei Aufgabe des Richters, diese Ausdrücke zu konkretisieren, er dürfe sie aber nur nach objektiven Kriterien und nicht nach seiner subjektiven Willkür ausfüllen.[43]

---

[40] Vgl. *Hamza*, Entstehung und Entwicklung der modernen Privatrechtsordnungen und die römischrechtliche Tradition, 2009, 377; *Kiss*, A jogalkalmazás módszeréről, op. cit., 101 ff.
[41] *Kiss*, JherJb, 1911, 413 (414 ff.).
[42] *Kiss*, a. a. O., ebd.
[43] *Kiss*, a. a. O., 465 ff.

Kiss' Werk wurde im Wesentlichen sehr positiv aufgenommen. In einer Rezension wurde geschrieben, dass es eines der besten Werke sei, die bisher zu diesem Thema im Rahmen des zivilistischen Methodenstreites verfasst worden sei.[44] Es wurde aber von den Vertretern der Freirechtsbewegung auch kritisiert.[45]

In einer anderen Studie „*Soziologische Rechtsanwendung im Römischen Recht*" reagiert Kiss auf die Kritik Sternbergs,[46] der zufolge sich Kiss dadurch selbst widerspreche, dass er als Gegner der Freirechtslehren die Rolle der Volksgewohnheiten, der Verkehrssitten oder der Natur der Sache in seinem früheren Werk[47] doch anerkannt habe. Sternberg glaubt, dass die Unterscheidung zwischen *intra* und *praeter legem* in Kiss' Theorie lediglich ein Streit der Wörter sei.[48]

Kiss erklärt, dass er zwar diejenigen Lehren der Freirechtsbewegung ablehne, die eine subjektive Rechtsanwendung befürworten, er jedoch der Ansicht sei, dass die Situation anders zu bewerten sei, wenn die Ergebnisse der soziologischen Forschung im Rahmen des Gesetzes angewendet würden. Das Gesetz enthalte oft Werturteile oder Rahmenbestimmungen, die mit ausdrücklicher oder impliziter Erlaubnis des Gesetzes durch ungeschriebene Regeln auszufüllen seien. Dies sei eine rechtssoziologische Anwendung des Gesetzes. Kiss stellt auch fest, dass das Gesetz immer auf objektive Grundlagen hinweise, sodass die Volksgewohnheiten, die Verkehrssitte usw. ein Rohmaterial darstellen würden, das den Richter bei der Anwendung des Gesetzes binde, da es sich um den (indirekten) Inhalt des Gesetzes handele.[49]

In seiner Studie merkt er auch an, dass die Freirechtsschule oft gegen das römische Recht, die romanistische Begriffsbildung und Unterrichtsmethode Stellung beziehe. Kiss argumentiert jedoch, dass „diese Anschauungen auf einem Verkennen der römischen Rechtsgeschichte beruhen". Die römische Rechtswissenschaft sei aber „geradezu ein Musterbild einer richtig aufgefaßten soziologischen Methode",[50] wie er in der zweiten Hälfte des Aufsatzes anhand einer Reihe von Beispielen aus dem römischen Recht zu beweisen versucht.[51]

2. Seine papyrologische Arbeit

Neben der Jhering'schen Interessenjurisprudenz wurde Géza Kiss auch von anderen wissenschaftlichen Richtungen beeinflusst. Er berücksichtigte nicht nur die Ergebnisse der Interpolationenkritik, sondern sah vorwiegend in der

---
[44] Siehe *Kl*, J.A. Seuffert's Blätter zur Rechtsanwendung, 1911, 409.
[45] Vgl. *Sternberg*, Einführung in die Rechtswissenschaft, 2. Aufl., 1912, 142.
[46] Sternberg, a.a.O., 142.
[47] *Kiss*, JherJb, 1911, 413 (413).
[48] *Kiss*, ArchBürgR, 1913, 214 (219).
[49] *Kiss*, a.a.O., 214 ff.
[50] *Kiss*, a.a.O., ebd.
[51] *Kiss*, a.a.O., 214 f., 222 ff.

Papyrologie das Potenzial für eine Erneuerung des römischen Rechts. Im zweiten Teil seines Werkes „*A római jogról*" (Über das römische Recht) erklärt er, dass die Papyrologie zwei wesentliche positive Aspekte aufweise: Zum einen biete sie einen direkten Einblick in die Rechtsanwendung der damaligen Zeit, zum anderen liefere sie viel neues Material für die Rechtsgeschichte und Rechtsvergleichung.[52]

Die ägyptischen Papyri hätten den Vorteil, dass die in ihnen enthaltenen Verträge, Testamente, Grundbucheinträge und anderen Rechtsdokumente das rechtliche, kommerzielle und wirtschaftliche Leben der damaligen Zeit offenbaren würden.[53]

Der Autor mahnt die Papyrologen jedoch zur Vorsicht. Seiner Meinung nach komme es oft vor, dass „viele sich sehr kühn auf äußerst fragmentarische Daten stützen". So enthielten viele Arbeiten kaum eindeutige Thesen oder realistische Ergebnisse, sondern seien voller Hypothesen, die auf Fantasie oder „wortspielartigen philologischen Analogien" beruhen würden.[54]

Er gibt in seinem Werk auch ein Beispiel für dieses Phänomen, als er von einem Fall berichtet, in dem die kleinere Hälfte eines in zwei Teile gerissenen Papyrus in der Grenfell-Sammlung (P. Grenf. 1.17.) deponiert, während die andere, noch unveröffentlichte Hälfte des Papyrus in der Bibliothek der Universität Heidelberg aufbewahrt worden sei. Auf der Grundlage des Grenfell-Papyrusfragments habe ein Romanist, Naber (in Unkenntnis der anderen, noch nicht veröffentlichten Hälfte des Dokuments), aus dem fragmentarischen Teil des Dokuments einen öffentlich-rechtlichen Kampf zwischen zwei Richtern (*laokrites* und *themistes*) herausgelesen, der aber in dem Dokument überhaupt nicht erwähnt worden sei.[55] Géza Kiss habe dies deswegen gewusst, da er in Heidelberg die Erlaubnis erhalten hatte, die andere (noch nicht veröffentlichte) Hälfte des Dokuments einzusehen. So habe er feststellen können, dass es gar nicht um die öffentlich-rechtlichen Kämpfe gegangen sei, die Naber aus dem ersten Teil des Papyrus gefolgert habe.[56] Kiss warnt auch aufgrund dieses Beispiels davor, sich auf Fantasie statt auf realistische Forschung zu verlassen, denn es bestehe immer die Möglichkeit, dass ein neuer urkundlicher Beleg gefunden werde, der frühere spekulative Annahmen widerlegen könne.[57]

In einer weiteren Studie, „*Ius distrahendi és lex commissoria*", untersucht Géza Kiss den Entwicklungsprozess der *lex commissoria* im römischen Recht

---

[52] *Kiss*, Jogállam, 1910, 343 (345).
[53] *Kiss*, a. a. O., 345 f.
[54] *Kiss*, a. a. O., 349.
[55] *Naber*, Archiv für Papyrusforschung, 1906, 6 (6 ff.).
[56] Er erwähnt diese Entdeckung, die auf seinen eigenen Forschungen in Heidelberg beruht, ein Jahr bevor Gerhards Arbeit veröffentlicht wurde; siehe *Gerhard*, Ein gräko-ägyptischer Erbstreit aus dem zweiten Jahrhundert vor Chr., 1911.
[57] *Kiss*, Jogállam, 1910, 343 (350 f.).

und in den ägyptischen Papyri.[58] Bei der Untersuchung der relevanten Stellen der Digesten berücksichtigt er auch die Möglichkeit von Interpolationen, er kommt aber zu dem Schluss, dass sich die mit dem Pfand verbundene *lex commissoria* nicht aus dem bedingten Verkauf entwickelt habe (wie einige Forscher behaupteten). Stattdessen habe sie sich entsprechend den Bedürfnissen des Verkehrs als Ergebnis eines Prozesses entwickelt: Während zuvor beim Pfandrecht im Falle des Verzugs des Schuldners lediglich ein Zurückbehaltungsrecht gewährt worden sei, sei daraufhin zuerst das *ius distrahendi* und später auch die Möglichkeit für den Gläubiger entstanden, das Eigentum an der verpfändeten Sache zu erwerben.[59]

In der zweiten Hälfte des Werkes (Kapitel III) kommt der Autor durch die Untersuchung der griechischen Urkunden Ägyptens zu dem Schluss, dass das ägyptische Pfandrecht ein System des Verfallspfandes beinhaltet habe. Die verfügbaren Dokumente würden darauf hindeuten, dass der Verfall des Pfandes immer eingetreten sei, wenn der Schuldner seinen Verpflichtungen nicht nachkam, unabhängig von der Art des Pfandes (*hypothek, hypallagma*) und unabhängig davon, ob die Urkunde eine Klausel enthalten habe, die die Anwendung der *lex commissoria* vorgesehen habe oder nicht. Der einzige Unterschied habe darin bestanden, dass der Verfall der verpfändeten Sache bei Fehlen der Klausel das Ergebnis eines längeren Verfahrens und bei Vorhandensein einer Klausel das Ergebnis eines beschleunigten und für den Schuldner strengeren Verfahrens gewesen sei.[60]

Géza Kiss kommt nach der Untersuchung der verfügbaren Papyri – die Theorien anderer Autoren widerlegend – zu dieser Schlussfolgerung. Er macht darauf aufmerksam, dass die meisten Dokumente nicht den Text des Pfandvertrags selbst enthielten, sondern sie nur von dem auf der Grundlage des Vertrags eingeleiteten Verfahren berichten würden. Das Fehlen der *lex commissoria* in einem solchen Dokument bedeute also nicht unbedingt, dass sie nicht im Vertrag selbst enthalten gewesen sei.[61]

Der später tätige, bedeutende Romanist Elemér Pólay[62] stellt hinsichtlich dieser Studie anerkennend fest, dass sie „zu ihrer Zeit von großem Wert war".[63]

---

[58] Auch seine nachstehende Studie stützt sich auf Ergebnisse aus der Papyrologie: *Kiss*, Telekkönyv az ó-korban, 1911.
[59] *Kiss*, Ius distrahendi és lex commissoria. Adalékok a római és görög-egyiptomi zálogjog történetéhez, 1912, 222 ff.
[60] *Kiss*, Ius distrahendi, op. cit., 245 ff.
[61] *Kiss*, Ius distrahendi, op. cit., 245 ff.
[62] *Jakab*, Acta Facultatis Politico-iuridicae Universitatis Scientiarum Budapestinensis, 2015, 17 (17 ff.).
[63] *Pólay*, SZ (RA), 1972, 378 (383 f.).

3. Die Verteidigung des römischen Rechts als Disziplin

Laut Géza Kiss kann die Papyrologie dem römischen Recht auch als Disziplin neue Impulse geben. Er meint, der didaktische Nutzen dieser neuen Forschungsmethode liege darin, dass die Dokumente den Studenten der Rechtswissenschaft einen Einblick in das rechtliche, soziale und wirtschaftliche Leben der damaligen Zeit vermitteln würden.[64] Laut Pólay stellte die Einführung der juristischen Papyrologie an den juristischen Fakultäten, die in Ungarn erstmals von Géza Kiss angedeutet worden sei, einen Versuch dar, die Stabilität des römischen Rechts im Klima der „Krise des römischen Rechts" zu fördern.[65]

In Bezug auf die Angriffe auf das römische Recht als Disziplin verweist Kiss darüber hinaus auch auf den Prozess, der mit dem Inkrafttreten des BGB begonnen und auch solche Tendenzen ermöglicht habe, die die Existenz des römischen Rechts selbst infrage stellten. Er macht aber darauf aufmerksam, dass das Inkrafttreten des BGB zwar formal die Existenz des Pandektenrechts als lebendiges Recht beendet habe, das Recht der Pandektistik aber faktisch im BGB (als dessen „Mutterrecht") wiederbelebt worden sei und so die Kodifizierung des Privatrechts praktisch keinen materiellen Methoden- oder Systemwechsel bewirkt habe.[66]

Im ersten Teil seines Werkes mit dem Titel „A római jogról" (Über das römische Recht) verteidigt Géza Kiss das römische Recht auch gegen die neuen soziologischen und Freirechtsbewegungen. Er weist darauf hin, dass die Vertreter dieser Richtungen dem römischen Recht typischerweise vorwürfen, dass es in seinen positiven Rechtssätzen, seiner Methode und seiner Begriffsbildung veraltet sei.[67]

Nach Kiss seien jedoch nicht die einzelnen positiven Sätze des römischen Rechts als immerwährende *ratio scripta* zu betrachten, sondern diene das römische Recht mit seiner vorbildlichen Begriffsbildung und Rechtsanwendungsweise als immerwährendes Beispiel. Die „Raison d'être" der Disziplin sei demnach die propädeutische Bedeutung des römischen Rechts. Es ermögliche die Aneignung einer juristischen Denkweise, das Erlernen der allgemeinen Rechtsgrundsätze und die Gewinnung wertvoller Grundkategorien durch seine Begriffsbildung. Diese trügen dazu bei, die geltenden Rechtsinstitute richtig zu verstehen und zu beherrschen, und seien somit von praktischem Nutzen. Darüber hinaus habe die römische *interpretatio* bei der Anwendung des Rechts als „Vermittler zwischen den Worten des Gesetzes und den Bedürfnissen des

---

[64] *Kiss*, Jogállam, 1910, 343 (347 f.).
[65] *Pólay*, Acta Jurid Pol, 1972, 3 (17); *Pólay*, SZ (RA), 1972, 378 (397 f.).
[66] *Kiss*, Jogállam, 1910, 262 (262 f.).
[67] Kiss erwähnt hier als Beispiel Fuchs' Werk; vgl. *Fuchs*, Die Gemeinschädlichkeit der konstruktiven Jurisprudenz, 1909. Vgl. *Kiss*, a. a. O., 263 f.

Lebens" gedient, und diese Methode könne bei der Anwendung aller Rechtssysteme als Modell dienen.[68]

4. Seine Arbeit an der Privatrechtskodifikation

Es ist auch zu erwähnen, dass Géza Kiss in einer Phase seines Lebens selbst Mitglied des Kodifikationsausschusses war, der das ungarische Zivilgesetzbuch vorbereitete. Wahrscheinlich verfasste er im Zusammenhang mit dieser Funktion (auch) die Studien, in denen er bestimmte Rechtsinstitute vertieft untersuchte.[69]
So untersucht er z. B. in seiner Studie zum wechselseitigen Testament (*„Viszonos végrendeletek"*) zunächst die römischen Rechtsquellen zur Frage des gemeinschaftlichen Testaments, wobei er feststellt, dass das römische Recht die Möglichkeit gemeinschaftlicher letztwilliger Verfügungen nicht gekannt habe. Dann vergleicht er die Lösungen des BGB und des ungarischen Entwurfs und kommt nach langen dogmatischen Analysen zu dem Ergebnis, dass der ungarische Entwurf im Vergleich zum BGB eine sinnvolle Weiterentwicklung des Rechtsinstituts darstelle.[70] Die methodische Besonderheit seiner Studien zur Privatrechtskodifikation besteht darin, dass der Autor bei der Beurteilung der vorgeschlagenen Regelung des jeweiligen Rechtsinstituts sowohl die Methode der vertikalen (römische und germanische Rechtsgeschichte) als auch der horizontalen (BGB) Rechtsvergleichung anwendet.

Wie bereits erwähnt, beteiligte sich Géza Kiss mit seinen in den ersten Jahrzehnten des 20. Jahrhunderts in deutscher und ungarischer Sprache veröffentlichten Studien aktiv an den methodologischen und dogmatischen Debatten seiner Zeit zum Privatrecht, zur Rechtstheorie und zum römischen Recht. Sein Werk zeugt von einer sehr breiten und gründlichen Kenntnis der internationalen wissenschaftlichen Strömungen seiner Zeit sowie der Arbeiten ihrer führenden Vertreter. In vielen seiner Werke äußert er sich kritisch und setzt sich oft mit verschiedenen Theorien auseinander. Dabei ist aber bei Kiss nicht nur die Darstellung der unterschiedlichen Standpunkte und ihrer Kollision miteinander zu beobachten, sondern er formuliert im Zusammenhang mit den untersuchten Problemen häufig auch neue Perspektiven und eigene Theorien.[71]

---

[68] *Kiss*, a. a. O., 262 ff.
[69] Siehe z. B. *Kiss*, Zeitschrift für das Privat- und öffentliche Recht der Gegenwart, 1914, 315 (315 ff.); *Kiss*, Jogállam, 1903, 490 (490 ff.); *Kiss*, Magyar Jogászújság, 1903, 184 (184 ff.).
[70] *Kiss*, Jogállam, 1905, 121 (121 ff.).
[71] *Pólay*, Acta Jurid Pol, 1972, 3 (6); *Pólay*, SZ (RA), 1972, 378 (383 f.); vgl. *Madai*, in: Szabó (Hrsg.), Ernyedetlen szorgalommal, op. cit., 263.

III. Das Werk von Kálmán Személyi

Die erwähnten internationalen und ungarischen Einflüsse haben auch die Arbeit Kálmán Személyis[72], eines anderen prominenten Professors für Römisches Recht und besonders bekannten ungarischen Vertreters der Interpolationenforschung,[73] beeinflusst.[74]

1. Die Methode der Interpolationenforschung

Kálmán Személyis im Jahre 1929 erschienene Monografie *„Az interpolatios kutató módszer"* (Die Methode der Interpolationenforschung) galt als eines der aktuellsten Werke über die Möglichkeiten und Probleme der Interpolationenforschung der damaligen Zeit. Er stellt diese Forschungsrichtung in einem klaren, übersichtlichen Stil und in einer logischen Systematik dar.[75]

In der Einleitung schildert Személyi kurz den Prozess, durch den – in engem Zusammenhang mit dem Inkrafttreten des BGB im Jahre 1900 – das römische Recht von einem lebendigen Recht in eine historische Wissenschaft verwandelt worden sei. Nach dem Jahre 1900 habe sich die Forschung des römischen Rechts fast ausschließlich mit Interpolationsproblemen befasst.[76]

---

[72] Interessante Informationen über Leben und Werk von Kálmán Személyi finden sich in der hervorragenden Studie von Pozsonyi: *Pozsonyi*, Acta Universitatis Szegediensis – FORUM – Acta Juridica et Politica (kurz: FORUM – Acta Juridica et Politica), 2020, 719 (719 ff.).

[73] Dazu jüngst *Avenarius/Baldus/Lamberti/Varvaro* (Hrsg.), Gradenwitz, Riccobono und die Entwicklung der Interpolationenkritik, 2018.

[74] Kálmán Személyi (1884–1946) wurde am 19. Januar 1884 in Nagyvárad (Großwardein) geboren. Nach dem Besuch des Gymnasiums in Nagyvárad studierte er Rechtswissenschaft an der Pázmány Péter Universität in Budapest und schloss das Studium 1906 ab. Das Studienjahr 1906/07 verbrachte er mit einem Staatsstipendium in Berlin, wo er Vorlesungen über Privatrecht und Römisches Recht bei den Professoren Kipp und Seckel besuchte. 1908 legte er die Anwaltsprüfung ab und arbeitete anschließend als Rechtsanwalt in Budapest, bis er 1915 als außerordentlicher Professor an die Königliche Katholische Rechtsakademie in Nagyvárad berufen wurde. Im Jahr 1920 (nach Abschluss des Vertrags von Trianon) kehrte er nach Budapest zurück und setzte seine Tätigkeit als Rechtsanwalt bis 1938 fort. Trotz dieser Tätigkeit ließ sein Interesse am römischen Recht nicht nach, was sich darin zeigte, dass er sich 1921 an der Pázmány Péter Universität in Budapest im Römischen Recht habilitierte und beginnend mit dem akademischen Jahr 1923/24 an derselben Universität auch Vorlesungen und Seminare im Römischen Recht abhielt. Im akademischen Jahr 1928/29 wurde er zum stellvertretenden Professor für Römisches Recht an der Rechtswissenschaftlichen Fakultät in Budapest ernannt. Im Jahr 1938 wurde er zum ordentlichen Professor ernannt, und vom ersten Semester des Studienjahres 1938/39 an war er als Professor an der Rechtswissenschaftlichen Fakultät der Universität Szeged tätig. Infolge des Zweiten Weltkriegs wurde die Fakultät im Oktober 1940 nach Kolozsvár (Klausenburg) verlegt. Nach Kriegsende kehrte die Fakultät im November 1945 nach Szeged zurück, doch hatte sich der Gesundheitszustand von Személyi bis dahin erheblich verschlechtert. Vgl. *Pozsonyi*, FORUM – Acta Juridica et Politica, 2020, 719 (719 ff.); *Pólay*, Jogtudományi Közlöny 1986, 569 (569 f.).

[75] *Személyi*, Az interpolatios kutató módszer, 1929.

[76] *Személyi*, a. a. O., 3 ff.

In seinem Werk stellt er die modernsten Methoden und Ergebnisse der Interpolationenforschung seiner Zeit vor, wobei er die aktuelle Literatur verarbeitet und zitiert.

Zu Beginn der Arbeit definiert er die Begriffe der Interpolation im engeren und im weiteren Sinne, wobei unter ersterem nur die von den Kompilatoren Justinians bewusst vorgenommenen Änderungen und unter letzterem alle nachträglichen Änderungen am Originaltext zu verstehen seien. Személyi verwendet den weiter gefassten Begriff der Interpolation.[77] Ausführlich wird auch der Unterschied zwischen Interpolationenforschung und Textkritik erläutert. Die Hauptaufgabe letzterer bestehe darin, unbeabsichtigte Änderungen an den Handschriften während ihrer späteren Reproduktion durch die Kopisten aufzuspüren, um so post-justinianische „Interpolationen" und Textänderungen zu eliminieren und den wahren Text (der mit dem Originaltext – auf welchen kein Zugriff mehr möglich sei – übereinstimme) zu finden, der dann der Ausgangspunkt für die Interpolationenforschung sein könne.[78]

Es ist erwähnenswert, dass Személyi die Frage der vorjustinianischen Interpolationen als eines der aktuellsten Probleme der zeitgenössischen romanistischen Literatur betrachtet. Er geht in Anerkennung ihrer Bedeutung ausführlich auf ihre Klassifizierung und Darstellung ein, wobei er zwischen den verschiedenen Arten von Textänderungen folgenderweise unterscheidet: Transkriptionsoder Kopierfehler, die sich aus der Abschrift klassischer Texte ergeben; Fehler, die sich aus der Fehlinterpretation von Abkürzungen ergeben; in klassische Texte eingefügte Glossen; bewusste Änderungen des Textes vor Justinian.[79]

Személyi kommt zu dem Schluss, dass die Kommentare der nachklassischen Juristen zu den klassischen Texten als Glossen in die Originaltexte eingeflossen sein könnten. Er nimmt weiterhin an, dass die nachklassischen Juristen manchmal veraltete Texte an die seitdem erschienenen *constitutiones* oder an die zeitgenössische Rechtspraxis angepasst haben könnten, um sie nutzbar zu machen.[80] Zudem beschreibt er, dass die Anzeichen einer postklassischen Überarbeitung auch schon in den vorjustinianischen Rechtsbüchern zu erkennen seien.[81] Zur Frage, wer diese Arbeit geleistet haben könnte, berichtet er von zwei gegensätzlichen Auffassungen: Riccobono vertrete die Auffassung, dass es im Wesentlichen die Praktiker gewesen seien, die den Stoff in den Werken der klassischen Autoren überarbeitet hätten, um ihn für die nachklassische Praxis nutzbar zu machen, und dass diese Materie auch bei der Erstellung der Digesten von Bedeutung gewesen sei.[82] Die andere Ansicht geht hingegen davon aus, dass

---

[77] *Személyi*, a. a. O., 9; vgl. *Pozsonyi*, FORUM – Acta Juridica et Politica, 2020, 719.
[78] *Személyi*, a. a. O., 12 ff.
[79] *Személyi*, a. a. O., 18 ff.
[80] *Személyi*, a. a. O., 20 f.
[81] *Személyi*, a. a. O., 20 f.
[82] *Személyi* verweist hier auf folgende Arbeiten: *Riccobono*, Archiv für Rechts und Wirt-

die byzantinischen Juristen, insbesondere die Rechtsschule von Berytos, eine wichtige Rolle bei der nachklassischen Rechtsentwicklung und folglich auch bei den Interpolationen vor Justinian gespielt hätten (Collinet, Partsch, Pringsheim).[83] Személyi weist darauf hin, dass die Spuren dieser Tätigkeit der letztgenannten Schule bereits im *Codex Theodosianus* zu finden seien.[84]

In Bezug auf die Interpolationen im justinianischen Codex macht er darauf aufmerksam, dass bereits Theodosius II., 100 Jahre vor Justinian, dem mit der Zusammenstellung der Konstitutionssammlung beauftragten Komitee die Vollmacht erteilt hätte, bei der Erstellung des *Codex Theodosianus* Interpolationen (ohne inhaltliche Änderungen) vorzunehmen. Dies bestätige Személyis Meinung nach, dass es schon vor Justinian möglich gewesen sei, die Texte der Konstitutionen zu ändern, und zwar auf der Grundlage einer kaiserlichen Genehmigung. Er stellt außerdem fest, dass die Verfasser des *Codex Iustinianus* bei der Klassifizierung des Materials das System der älteren *codices* zugrunde gelegt hätten.[85]

Von den Theorien, die die Zusammenstellung der Digesten in relativ kurzer Zeit zu erklären suchten, hält Személyi – entgegen der vorherrschenden Meinung seiner Zeit, die sich auf die Massentheorie von Bluhme stützte – die Prädigestenlehre von Peters, die er in seinem Werk ausführlich beschreibt, für die wahrscheinlichere. Nach dieser Theorie habe es *praedigesta* gegeben, d. h. eine vor den Digesten entstandene Kompilation, deren Gliederung und Inhalt von den Kompilatoren bei der Bearbeitung der Digesten zugrunde gelegt worden sei. Diese Theorie steht in engem Zusammenhang mit der Interpolationenforschung, da nach Személyi immer dann, wenn in den Digesten eine Interpolation entdeckt werde, die nicht durch eine Reform Justinians gerechtfertigt sei, geprüft werden müsse, ob die Kompilatoren der Digesten einen Grund für die jeweilige Textänderung gehabt hätten. Wenn sich kein objektiver Grund für die vorgenommene Textänderung feststellen lasse, sei zu prüfen, ob tatsächlich sie die Änderung vorgenommen hätten oder ob der zuvor geänderte Text lediglich unverändert (und damit ohne Wiederherstellung des ursprünglichen Zustands) in die Digesten übernommen worden sei.[86]

Bei der Beschreibung der Methode der Interpolationenforschung spricht sich Személyi klar gegen die Interpolationenjagd aus und weist darauf hin, dass die Erforschung von Interpolationen kein Selbstzweck sein könne, sondern nur

---

schaftsphilosophie, 1922–23; *Riccobono*, in: Studi Perozzi, 1925; *Riccobono*, in: Mélanges Cornil II., 1926.

[83] Die hier herangezogenen Werke: *Collinet*, Études historiques sur le droit de Justinien II. Histoire de l'école de droit de Beyrouth, 1925; *Pringsheim*, in: FS für Otto Lenel, 1921; *Partsch*, P. de Francisci Συνάλλαγμα, Storia e dottrina die cosidetti contratti innominati. Vol I., 1913. Mattei & C. Editori (rec.), SZ (RA), 1914, 335 (339).

[84] *Személyi*, Az interpolatios kutató módszer, op. cit., 26 f.

[85] *Személyi*, a. a. O., 29 ff.

[86] *Személyi*, a. a. O., 32 ff.

dann interessant sei, wenn sie helfe, die Entwicklung des römischen Rechts zu studieren, was die Hauptaufgabe der Romanistik sei.[87]

Innerhalb des Instrumentariums zur Aufdeckung von Interpolationen unterscheidet er zwischen externen und internen Beweisen. Erstere seien Beweise außerhalb des zu untersuchenden Textes, während letztere aus dem Text selbst stammten. Der Originaltext, der sich in unveränderter Form in einer anderen Quelle finde, sei also ein externer Beweis. Auch Zwillingsfragmente könnten externe Beweise sein, nämlich wenn die Digesten denselben Text in verschiedenen Fragmenten wiedergeben und ein Fragment im Verhältnis zu dem anderen verändert worden sei. In bestimmten Fällen könnten auch die Basiliken und ihre Scholien als externe Beweise für eine Interpolation herangezogen werden. Személyi hält die folgenden externen Beweise für keine direkten Beweise, sondern eher für Indizien: Wenn der Text der Institutionen dem Text der Digesten widerspreche sowie wenn verschiedene Fragmente der Digesten verschiedene Aussagen desselben Autors zu derselben Rechtsfrage enthielten, die aus verschiedenen Werken desselben Autors stammten.[88]

Interne Belege könnten sprachliche Merkmale sein wie z. B. die Charakteristika des Lateins von Justinian und seiner Kompilatoren, bestimmte bei Justinian oft vorkommende Wörter oder Ausdrücke, stilistische Merkmale sowie Unebenheiten und „Unterbrechungen" im Satzbau oder in der logischen Kohärenz. Darüber hinaus könnten auch logische und faktische Argumente aus der Exegese des Textes (typischerweise zusammen mit anderen Gründen, die sich aus sprachlichen Merkmalen ergäben) interne materielle Beweise für die Interpolation des Textes liefern.[89]

Unter den Folgen der Interpolationenforschung erwähnt Személyi die Veränderung des Verhältnisses und der Ausrichtung der Pandekten- und der Institutionenwerke: Während erstere zu einer allgemeinen Privatrechtsdogmatik geworden seien, die auch die moderne Zivilrechtsdogmatik umfasse, stellten letztere nun vor allem die Entwicklungsgeschichte des römischen Rechts dar.[90]

Auch die Einstellung der Forscher zu den Quellentexten habe sich geändert, da sie sich weder sicher sein könnten, dass ein Text von den Kompilatoren Justinians stamme, noch dass er von der Person stamme, die als Verfasser des Textes angegeben wurde.[91]

Die Interpolationenforschung habe auch die Art und Weise, wie Exegese betrieben wird, verändert. Während im 19. Jahrhundert die dogmatische Exegese charakteristisch gewesen sei, mit dem Ziel, widersprüchliche Quellen miteinander in Einklang zu bringen, sehe die Interpolationenforschung Widersprüche

---

[87] Személyi, a. a. O., 55.
[88] Személyi, a. a. O., 55 ff.
[89] Személyi, a. a. O., 64 ff.
[90] Személyi, a. a. O., 78.
[91] Személyi, a. a. O., 79.

zwischen den Quellen heute als Warnzeichen an: In einem solchen Fall handele es sich entweder um eine Kontroverse zwischen klassischen Juristen oder um eine Interpolation eines der Texte.

Személyi ist der Ansicht, dass es ein Fehler wäre, alles, was klassisch sei, als fehlerfrei und alles, was scholastisch oder postklassisch sei, als schlecht zu betrachten, auch wenn der neue wissenschaftliche Trend versuche, das klassische Recht von der „scholastischen Politur" zu befreien.[92]

Er weist auch darauf hin, dass die Ergebnisse der Interpolationenforschung von Fall zu Fall bewertet und in Bezug auf die Geschichte des römischen Rechts als Ganzes untersucht werden müssten.

Schließlich stellt er im letzten größeren Kapitel seines Buches einige wichtige Ergebnisse der Detailforschungen vor.

Es ist bemerkenswert, dass Személyi in seinem Werk von 1929 dem Leser ein umfassendes, vollständiges und nuanciertes Bild vermittelt, das selbst dem Vergleich mit den späteren Werken der wichtigen deutschen Autoren über diese Forschungsmethode standhält.[93] Es handelt sich also um ein methodisches Werk, das dem an diesem Forschungsgebiet des römischen Rechts interessierten Leser auch heute noch ein nützliches und breit gefächertes Wissen vermittelt.[94]

Seine Arbeit wurde von seinen Zeitgenossen und späteren Romanisten mit großer Anerkennung aufgenommen.[95] Gyula Buday kritisierte – trotz grundsätzlicher Anerkennung des Wertes der Monografie[96] – aber die Ansicht von Személyi, laut derer im klassischen Recht eher rechtspolitische Aspekte dominiert hätten und erst durch die nachklassischen Interpolationen rechtsdogmatische Erklärungen in die Quellen eingeführt worden seien.[97] Buday war besorgt über die Richtung der Interpolationenforschung, „die beginnt, die dogmatische Konstruktion des römischen Rechts abzubauen".[98]

---

[92] *Személyi*, a. a. O., 80.

[93] Neben dem von Személyi gesammelten und systematisierten Wissen bietet selbst der Artikel „Interpolationsforschung" des Neuen Pauly aus den 2000er Jahren wenig Neues zum Thema der Interpolationenkritik (abgesehen von einer Auflistung der neueren Literatur zum Thema); vgl. *Backhaus*, in: Landfester/Cancik/Schneider (Hrsg.), Der Neue Pauly 14, 2000, 619.

[94] Vgl. *Pozsonyi*, FORUM – Acta Juridica et Politica, 2020, 719 (729).

[95] Vgl. *Pólay*, Acta Jurid Pol, 1972, 3 (14).

[96] Buday weist darauf hin, dass Személyis Monografie auch deswegen von besonderer Bedeutung sei, weil seit Gradenwitz nur Appleton ein zusammenfassendes Werk über die Interpolationskritik geschrieben habe; vgl. *Buday*, Jogállam, 1931, 204 (206).

[97] Vgl. *Személyi*, Az interpolatios kutató módszer, 81.

[98] *Buday*, Jogállam, 1931, 204 (204 ff.); *Pozsonyi*, FORUM – Acta Juridica et Politica, 2020, 719 (730).

2. Untersuchung des Einflusses der christlichen Ideen auf das römische Recht und Verteidigung der Disziplin

In seiner Arbeit mit dem Titel „*Keresztény eszmék hatása a római kötelmi jog kifejlődésére*" (Der Einfluss christlicher Ideen auf die Entwicklung des römischen Schuldrechts), die 1939 in Szeged veröffentlicht wurde, reflektiert Személyi über die bereits erwähnte Befürchtung von Buday, dass „die Interpolationenforschung den Wert der Dogmatik des römischen Rechts angreifen würde, der seit Jahrhunderten anerkannt ist".[99] Személyi weist diese Kritik mit der Begründung zurück, dass das römische Recht gerade durch die Interpolationenforschung von einer Dogmatik des toten Rechts zu einer Dogmatik des lebendigen Rechts geworden sei, da diese Forschungsmethode die statische Sichtweise der Rechtsnormen durch eine dynamische Annäherungsweise ersetzt habe.[100]

Nach der Meinung von Személyi liege die Bedeutung der Interpolationenforschung darin, dass sie die Aufmerksamkeit der Forscher auf das Studium der Entwicklung einzelner Rechtsnormen gelenkt habe und so „die Wissenschaft des römischen Rechts von einem Reich geschlossener Dogmen in einen heißen Ofen der Erforschung der sich entwickelnden Rechtsnormen verwandelt wurde".[101] Darüber hinaus „rehabilitierte" diese Methode auch Justinian, da sich herausgestellt habe, dass er und seine Kompilatoren nicht für alle Änderungen im klassischen Text verantwortlich gewesen seien und dass die justinianischen Interpolationen die Originaltexte nicht immer verschlechtert hätten.[102]

Der Schwerpunkt seines im Jahre 1939 erschienenen Werkes liegt jedoch, wie der Titel schon sagt, auf der Untersuchung der Auswirkungen des Christentums auf das römische Schuldrecht.[103] Der Autor nutzt in vielen Fällen die Ergebnisse der Interpolationenforschung, um die christlichen Einflüsse aufzuzeigen, die sich in den Textänderungen nachweisen lassen.

Személyi spricht von der Erforschung christlicher Einflüsse als einer neuen Forschungsrichtung, die sich wesentlich auf die Ergebnisse der Interpolations- und Papyrusforschung stützen könne, aber auch auf die Ergebnisse der Patristik und der mittelalterlichen Rechtsgeschichte. Als Vertreter dieser neuen Richtung nennt er insbesondere die italienischen Romanisten Riccobono, Albertario, Roberti und Bussi.[104]

---

[99] Vgl. *Buday*, Jogállam, 1931, 204 (204); *Személyi*, Keresztény eszmék hatása a római kötelmi jog kifejlődésére, 1939, 7.

[100] Vgl. *Személyi*, a. a. O., 7 ff.

[101] *Személyi*, a. a. O., 7.

[102] *Személyi*, a. a. O., 7 ff.

[103] Ein weiterer zeitgenössischer ungarischer Vertreter dieser Forschungsrichtung war Nándor Óriás; vgl. *Pólay*, Acta Jurid Pol, 1972, 3 (17 f.); *Pólay*, SZ (RA), 1972, 378 (398).

[104] *Személyi*, Keresztény eszmék, op. cit., 11; wegweisend waren für Személyi die Studien in folgendem Band: *Roberti/Bussi/Vismara* (Hrsg.), Cristianesimo e diritto romano, Pubblicazioni della Università Cattolica del Sacro Cuore 43, 1935.

Nach einer Einführung in den Bedeutungswandel des *humanitas*-Begriffs untersucht der Autor den christlichen Einfluss im Zusammenhang mit bestimmten Rechtsinstituten des Schuldrechts.

Während zu Ciceros Zeiten *humanitas* nicht Menschlichkeit, sondern „Gebildetheit" oder Handeln nach erhobenen Prinzipien bedeutet habe, wie z. B. „männliche Leidensfähigkeit", habe sich die Bedeutung des Begriffes unter den neuen christlichen Kaisern geändert und sei im Sinne von Menschlichkeit verstanden worden. Személyi stellt die Begriffe *aequitas* und *humanitas* einander gegenüber und betrachtet die *aequitas* als einen dem Recht innewohnenden Faktor, der bei der Rechtsentwicklung und Interpretation zur Geltung komme und eine wichtige Rolle für die Rechtsprechung spiele. *Humanitas* hingegen sei im christlichen Sinne ein außergesetzlicher Aspekt, der dazu diene, die Strenge des Gesetzes abzumildern.[105]

Im Schuldrecht[106] hätten christliche Werte Einfluss auf die Schaffung bestimmter Normen gehabt, die die Position des Schuldners erleichterten. Beispielhaft seien die sogenannte „Schonfrist" während der Trauerzeit, die Möglichkeit der Ratenzahlung, die Möglichkeit, Eigentum anstelle der Leistung anzubieten, das *beneficium divisionis* für die Gesamtschuldner, das *beneficium ordinis* für die Bürgen, aber auch das Verbot der Abtretung an den *potentior* oder die Bestimmung des *iustum praetium* oder der *iusta aestimatio* zu nennen. Személyi zufolge stamme die Regel der *laesio enormis* jedoch nicht aus der Zeit von Diocletian, sondern sei erst später von den Kompilatoren Justinians in die früheren Quellen interpoliert worden. Der Autor ist der Ansicht, dass eine gewisse Einschränkung der Schadensersatzpflicht auch dem Schutz der Schuldner gedient habe, die Reduzierung der Haftung des Schuldners auf *diligentia quam in suis rebus* hingegen nicht auf christlichen Einfluss zurückgeführt werden könne, da die christliche Moral zwar Nachsicht zugunsten des Schuldners fordere, aber keine Verantwortungslosigkeit akzeptiere.[107]

Személyi weist auch darauf hin, dass in der christlichen Ära die Entwicklung zur Erfüllung von formfreien Versprechen (vor allem im Fall des *pactum donationis*) erfolgt sei, da Versprechen eine große moralische Kraft zugeschrieben worden sei.[108]

Der Autor macht darauf aufmerksam, dass der moralische Gehalt von Verträgen bereits in der klassischen Epoche, dem Erfordernis der *bona fides* ent-

---

[105] Személyi, Keresztény eszmék, op. cit., 12 ff.
[106] Das Schuldrecht war eines seiner bevorzugten Forschungsgebiete. Zwei seiner anderen bedeutenden Studien befassten sich auch mit diesem Thema: Személyi, A solutio jogi természetéről, 1917 und Személyi, Vétkességi fokozatok értékelése a római jogban, 1943, vgl. Pólay, Jogtudományi Közlöny, 1986, 569 (570).
[107] Személyi, Keresztény eszmék, op. cit., 17 ff.
[108] Személyi, a. a. O., 26 ff.

sprechend, so hoch gewesen sei, dass die christliche Moral im Vergleich dazu keine wesentliche Änderung erfordert habe.[109]

Személyi stützt sich auf mehrere Quellen, um seine Behauptung zu untermauern, dass die römischen Juristen in der nachklassischen Zeit, um dem Schuldner oder einem Dritten bei der Schadensvermeidung helfen zu können, sogar die dogmatische Konsequenz durchbrochen hätten, wenn es nötig gewesen sei.[110] Személyi ist aber nicht ganz sicher, ob dies direkt auf den Einfluss christlicher Ideen zurückzuführen sei. Er meint aber, dass, auch wenn der Prozess der Schonung der Schuldner schon früher angefangen habe, dieser aber sicherlich durch den christlichen Einfluss verstärkt worden sei.[111]

Der Einfluss des christlichen Gedankenguts zeige sich seiner Meinung nach noch stärker in der Anerkennung der Gültigkeit von zugunsten Dritter abgeschlossener Geschäfte und im Verbot des Rechtsmissbrauchs.[112]

Er betont, dass es seiner Ansicht nach die durch den christlichen Einfluss herbeigeführten Veränderungen gewesen seien, die es dem so umgeformten klassischen Recht ermöglicht hätten, über Jahrtausende hinweg als Grundlage für die Entwicklung des Privatrechts zu dienen.[113]

Személyi folgte aber wahrscheinlich nicht nur dem neuen Trend der italienischen Romanistik und war während seiner Forschungen nicht nur von wissenschaftlichem Interesse getrieben. Es ist vielmehr anzunehmen, dass seine Arbeit über die christlichen Einflüsse auf das römische Recht ein sehr wichtiges indirektes Ziel verfolgt hat, nämlich die Verteidigung des römischen Rechts gegen Angriffe. Solche Angriffe stellten insbesondere die nationalsozialistischen Bestrebungen dar, die in deutschen politischen Äußerungen zum Ausdruck kamen und die auch in Ungarn erhebliche Auswirkungen hatten.[114] Pólay ist der Ansicht, dass Személyi trotz der Tatsache, dass der Nationalsozialismus neben dem römischen Recht auch das Christentum ablehnte, der Meinung gewesen sein könnte, dass die Betonung des christlichen Einflusses im römischen Recht die Angriffe auf das römische Recht erschweren würde.[115]

Im letzten Kapitel seines Werkes schreibt Személyi selbst über die politischen Einflüsse, die sich nach der Jahrhundertwende auf die römische Rechtswissen-

---

[109] *Személyi*, a. a. O., 35 ff.
[110] Z. B. im Falle der Fiktion, dass der zahlende Bürge vom Gläubiger dessen Klage gegen den Hauptschuldner gekauft habe. Es wurde also die Klagenkonsumptionswirkung der Leistung des Fideiussors im Interesse der Durchsetzung seines Regressanspruches gegen den Hauptschuldner „wegfingiert"; zum Thema siehe: *Újvári*, Journal on European History of Law, 2013, 52 (60 ff.); *Ujvári*, Miskolci Jogi Szemle, 2010, 113 (113 ff.).
[111] *Személyi*, Keresztény eszmék, op. cit., 45 ff.
[112] *Személyi*, a. a. O., 55 ff.
[113] *Személyi*, a. a. O., 67 ff.
[114] Vgl. *Pólay*, A német nemzeti szocialista jogfelfogás és a római jog, 1939; *Jakab*, FORUM – Acta Juridica et Politica, 2020, 570 (570 ff.).
[115] Vgl. *Pólay*, Acta Jurid Pol, 1972, 3 (18), *Pólay*, SZ (RA), 1972, 378 (398); *Pozsonyi*, FORUM – Acta Juridica et Politica, 2020, 719 (730).

schaft – in vielen Fällen leider auf negative Weise – auswirkten. Einerseits hebt er den (aus Sicht des römischen Rechts eher positiven) Prozess hervor, in dem, parallel zur Entfaltung des „Italienischen Reiches", die Italiener das Römische Reich mit nationalem Stolz betrachtet hätten und in Folge des gesteigerten Interesses am römischen Recht („Renaissance des römischen Rechts") die italienischen Romanisten im Vergleich zu den deutschen Romanisten in den Vordergrund getreten seien.[116]

Auf der anderen Seite sei in Deutschland der umgekehrte Prozess zu beobachten gewesen, der auf den Bruch mit dem römischen Recht gerichtet gewesen sei. Der Prozess habe bereits begonnen, als die Bedeutung der Pandektistik mit dem Inkrafttreten des BGB stark abgenommen habe. Danach habe die deutsche Rechtswissenschaft nach Ansicht von Személyi die Interpolationenkritik eher zur Dekonstruktion angewandt. Die exzessive Interpolationenjagd habe das Vertrauen in das *Corpus Iuris Civilis* und in die jahrhundertealten römischen Rechtswerte erschüttert. Mit der Machtübernahme durch die Nationalsozialisten habe sich die Rassenpolitik, die das römische Recht als ein dem deutschen Volk fremdes Element betrachtet habe, gegen dieses und darüber hinaus auch gegen das Christentum gewandt.[117]

Személyi skizziert, dass die NSDAP die Rezeption des römischen Rechts als große Sünde gegen die Entwicklung des germanischen Nationalrechts angesehen habe. Személyi meint aber, dass diese Annahme schon deswegen falsch sei, weil nicht die Rezeption selbst, sondern die großen deutschen Rechtswissenschaftler des 19. Jahrhunderts der römischen Rechtswissenschaft einen wichtigen Dienst erwiesen hätten. Andererseits habe das römische Recht in den Ländern, in denen keine Rezeption stattgefunden habe (vermutlich meint er die fehlende formale Rezeption), die Entwicklung des Privatrechts mindestens ebenso stark beeinflusst wie in Deutschland, da die Übernahme des römischen Rechts als Element eines allgemeinen kulturellen Prozesses (die Überlieferung der Werte der griechischen und römischen Kultur) die Rechtsentwicklung in allen modernen europäischen Ländern direkt oder indirekt beeinflusst habe.[118]

Trotz der negativen Entwicklungen in Deutschland ist Személyi der Ansicht, dass Koschaker (den er übrigens sehr schätzte) zu Unrecht nicht nur von einer Krise der deutschen Rechtswissenschaft, sondern von einer Krise des römischen Rechts im Allgemeinen gesprochen habe,[119] da seiner Meinung nach das römische Recht gerade in den vergangenen Jahrzehnten in vielen europäischen und außereuropäischen Ländern in den Vordergrund getreten sei.[120]

---

[116] *Személyi*, a. a. O., 68.
[117] *Személyi*, a. a. O., 68.
[118] *Személyi*, a. a. O., 3 ff.
[119] *Koschaker*, Die Krise des römischen Rechts und die romanistische Rechtswissenschaft, 1938; dazu jüngst *Beggio*, Paul Koschaker (1879–1951). Rediscovering the Roman Foundations of European Legal Tradition, 2. Aufl., 2018, 173 ff.
[120] *Személyi*, Keresztény eszmék, op. cit., 69.

Zur Situation des römischen Rechts in Ungarn hebt er als positiv hervor, dass sich auf dem Budapester Hochschulkongress 1936 die bedeutendsten ungarischen Juristen und auch einige Politiker dafür ausgesprochen hätten, dass das römische Recht wegen seines didaktischen Wertes und seiner wichtigen Rolle bei der Entwicklung des Privatrechts weiterhin eine relevante Rolle in der juristischen Ausbildung spielen sollte.[121]

3. Seine Arbeit an der Privatrechtskodifikation und sein Lehrbuch

Wie Géza Kiss hatte auch Kálmán Személyi einen Bezug zu den laufenden Kodifikationsarbeiten. Dies gilt insbesondere für seine beiden ersten Monografien.[122]

Sein 180 Seiten umfassendes Werk „*A névjog. Tanulmány a személyiségi jogok köréből*" (Das Namensrecht. Eine Studie über die Persönlichkeitsrechte), das 1915 erschien, behandelt die Frage der Persönlichkeitsrechte auf der Grundlage der römischen und ungarischen Rechtsgeschichte[123] sowie der einschlägigen ungarischen und ausländischen (deutschen, französischen, italienischen, schweizerischen und amerikanischen) Literatur.[124]

Da Személyi dem rechtlichen Schutz der Persönlichkeit, den er als Ausgangspunkt der gesamten Rechtsordnung ansah, eine „fundamentale Bedeutung" beimaß,[125] bestand das klare Ziel seiner Monografie darin, den theoretisch-dogmatischen Boden für den einschlägigen Regelungsbereich der Privatrechtskodifikation vorzubereiten.[126]

Laut Pólay bezeugt der Autor bereits in dieser Monografie von 1915 „seine große Kenntnis des römischen Rechts, der ungarischen Rechtsgeschichte und des Privatrechts sowie seine ausgezeichnete theoretische und praktische juristische Ausbildung".[127]

Ebenfalls im Zusammenhang mit den Vorarbeiten zur Kodifizierung steht das Werk „*Elidegenítés és rendelkezés. Római jogtörténeti és magánjogi tanulmány*" (Veräußerung und Verfügung. Eine römischrechtliche und privatrechtliche Studie). In seiner 217 Seiten umfassenden Monografie untersuchte er das Problem des Verfügungsrechts, das bei der Eigentumsübertragung eine wichtige Rolle spielt, dessen römischrechtliche Wurzeln und dessen Regelung in modernen Kodifikationen sowie im ungarischen Kodifikationsentwurf. In seiner Arbeit verglich er die aus dem römischen Recht bekannte *alienatio* mit dem Ver-

---

[121] *Pólay*, Acta Jurid Pol, 1972, 3 (8); *Pólay*, SZ (RA), 1972, 378 (385 f.); *Vladár*, in: Mártonffy (Hrsg.), Magyar felsőoktatás II., 1937, 258 ff.
[122] Vgl. *Pozsonyi*, FORUM – Acta Juridica et Politica, 2020, 719 (727 ff.).
[123] *Személyi*, A névjog, Tanulmány a személyiségi jogok köréből, 1915, 9 ff.
[124] *Személyi*, a. a. O., 59 ff.
[125] *Személyi*, a. a. O., 3 f.
[126] *Pólay*, Jogtudományi Közlöny, 1986, 569 (569).
[127] *Pólay*, a. a. O. 569.

fügungsrecht im modernen Recht und kam zu dem Schluss, dass der Ausdruck zwar sowohl in der Wissenschaft als auch in der Kodifikation erscheine, er aber weder im römischen Recht noch bei den Pandektisten oder im ungarischen Privatrecht zu einem eigenständigen Begriff oder Rechtsinstitut geworden sei. Ziel des Autors war es daher, einen einheitlichen Verfügungsbegriff für die Kodifizierung des ungarischen Privatrechts zu schaffen.[128]

Als Mitarbeiter des Handbuchs „*Magyar magánjog*" (Ungarisches Privatrecht), herausgegeben von Károly Szladits,[129] schrieb Személyi die Kapitel über die ungerechtfertigte Bereicherung und die Feststellungsklage. Darin kommentierte er die einschlägigen Bestimmungen des Gesetzentwurfs von 1928 und die dazugehörige Rechtsprechung, wobei er sich vom römischen Recht ausgehend auf eine breite vergleichende Grundlage stützte.[130] Diese Methode kennzeichnete auch sein zweibändiges Lehrbuch des römischen Rechts.[131]

Das wichtigste Anliegen seines Lehrbuches ist es, die Ergebnisse der Interpolationenforschung zu präsentieren. Obwohl es als Lehrbuch gedacht war, konnte es auch als Handbuch verwendet werden, da es deutlich die historische Schichtung des römischen Rechts zeigte. Durch die reichhaltigen Literaturhinweise und die vielen Quellenangaben, die er zu jedem Thema machte, leistete es einen wirkmächtigeren Beitrag zur wissenschaftlichen Forschung als andere Lehrbücher der damaligen Zeit.[132] Das Buch zeichnet sich dadurch aus, dass es bei der Erörterung eines bestimmten Rechtsinstituts dieses – vorzugsweise die justinianische Konstruktion – stets mit den entsprechenden Regelungen des ungarischen Gesetzesentwurfes von 1928 sowie mit dem ABGB, dem deutschen BGB, dem französischen Code Civil und dem italienischen Codice Civile vergleicht.[133]

Wie bereits erwähnt, legte auch Személyi großen Wert darauf, das römische Recht als Disziplin gegen Angriffe von außen zu verteidigen. Im Gegensatz zu Géza Kiss oder zu anderen ungarischen Romanisten sah er jedoch den Hauptzweck der Lehre des römischen Rechts nicht darin, eine Propädeutik für das Privatrecht zu liefern, d. h. eine Einführung in das Studium des geltenden Privatrechts zu geben, sondern vielmehr darin, einen rechtshistorischen Ansatz zu

---

[128] *Személyi*, Elidegenítés és rendelkezés. Római jogtörténeti és magánjogi tanulmány, 1918, 3 ff.; *Pólay*, Jogtudományi Közlöny, 1986, 569 (569); *Pozsonyi*, FORUM – Acta Juridica et Politica, 2020, 719 (728 f.).
[129] Das sechsbändige Handbuch wurde Ende der 1930er, Anfang der 1940er Jahre veröffentlicht, als Kommentar zu einem „nicht existierenden Privatrechtsgesetzbuch" betrachtet und hatte großen Einfluss auf die Rechtsprechungstätigkeit der Gerichte; vgl. *Szladits* (Hrsg.), Magyar magánjog I–VI., 1939–1942.
[130] *Személyi*, in: Szladits (Hrsg.), Magyar magánjog IV., 1942, 747 (747 ff.); *Személyi*, in: Szladits (Hrsg.), Magyar magánjog IV., Budapest 1942, 774 (774 ff.).
[131] *Személyi*, Római jog I–II, 1942.
[132] *Pólay*, Acta Jurid Pol, 1972, 3 (14). Vgl. *Pólay*, Jogtudományi Közlöny, 1986, 569 (570).
[133] *Pólay*, Acta Jurid Pol, 1972, 3 (15).

entwickeln,[134] den Személyi als eine der wichtigsten Grundlagen der juristischen Ausbildung ansah.[135]

Seine Lebensumstände[136] erlaubten es ihm wahrscheinlich nicht, sich persönlich mit bedeutenden ausländischen Vertretern der Interpolationenforschung zu beraten. So konnte er z. B. nicht an dem *Congresso internazionale di diritto romano* teilnehmen[137], der 1933 in Italien stattfand. Trotz dieser Umstände haben ihn seine Sprachkenntnisse, seine umfassende Literaturkenntnis und sein herausragendes Fachwissen zu Recht in die Reihe der bedeutendsten Persönlichkeiten der ungarischen Romanistik erhoben. Seine internationale Anerkennung wurde durch die Tatsache behindert, dass alle seine Werke auf Ungarisch veröffentlicht wurden. In Ungarn wurde er von seinen Zeitgenossen und der Nachwelt wegen seines ungebrochenen beruflichen Engagements und seines Werks, das sein umfassendes Fachwissen widerspiegelt, aber stets hoch geschätzt.[138] Pólay betont: „Bei der Darstellung der Figur von Kálmán Személyi können wir nicht umhin, die Verflechtung aller positiven Eigenschaften des Rechtswissenschaftlers, des praktizierenden Juristen, des Humanisten in der Person dieses herausragenden Wissenschaftlers und Didaktikers zu betonen".[139]

IV. Fazit

Für die ungarischen Romanisten der ersten Hälfte des 20. Jahrhunderts war charakteristisch, dass sie von Beginn ihrer Karriere an alle methodischen Bestrebungen verfolgten, die in der Arbeit der europäischen Romanisten erkennbar waren. Soweit es ihnen möglich war, suchten sie Gelegenheiten, sich in die internationale Wissenschaft der damaligen Zeit einzubinden. Im Vorstehenden hatten wir die Gelegenheit, zwei typische Vertreter der ungarischen Romanistik kennenzulernen, die zwar teilweise unterschiedliche methodische Ansätze (rechtstheoretische Annäherung, Papyrologie sowie Berücksichtigung der Interpolationen) verfolgten, aber in ihren Arbeiten als wichtigstes Merkmal – wie auch ihre Zeitgenossen – die enge Verbindung zwischen dem römischen Recht und der Pflege des lebendigen ungarischen Privatrechts teilten.

---

[134] *Személyi*, Parthenon, 1932, 31 (31 ff.); *Pólay*, Acta Jurid Pol, 1972, 3 (10).
[135] *Pozsonyi*, FORUM – Acta Juridica et Politica, 2020, 719 (723).
[136] Als Vater von sechs Kindern lebte er in ärmlichen Verhältnissen; vgl. *Pozsonyi*, FORUM – Acta Juridica et Politica, 2020, 719 (720).
[137] *Seidl*, SZ (RA), 1933, 481 (481 ff.).
[138] Vgl. *Sztehlo*, Magyar Jogi Szemle, 1940, 149 (149 ff.); *Molnár*, Acta Universitatis Szegediensis de Attila József nominatae. Acta Juridica et Politica, 1999, 4 (5 f.).
[139] *Pólay*, Jogtudományi Közlöny, 1986, 569 (570).

Literaturverzeichnis

Avenarius, Martin/Baldus, Christian/Lamberti, Francesca/Varvaro, Mario (Hrsg.), Gradenwitz, Riccobono und die Entwicklung der Interpolationenkritik. Gradenwitz, Riccobono e gli sviluppi della critica interpolazionistica, Tübingen 2018

Backhaus, Ralph, Interpolationsforschung, in: Landfester, Manfred/Cancik, Hubert/ Schneider, Helmuth (Hrsg.), Der Neue Pauly. Rezeptions- und Wissenschaftsgeschichte, Band 14, Fr–Ky, Stuttgart/Weimar 2000, 617–620

Beggio, Tommaso, Paul Koschaker (1879–1951). Rediscovering the Roman Foundations of European Legal Tradition, 2. Aufl., Heidelberg 2018

Buday, Gyula, Személyi Kálmán „Az interpolátiós kutató módszer" [Kálmán Személyi „Die Methode der Interpolationenforschung"], Jogállam, 30 (1931), 204–206

Collinet, Paul, Études historiques sur le droit de Justinien II. Histoire de l'école de droit de Beyrouth, Paris 1925

Földi, András/Hamza, Gábor, A római jog története és intézményei [Geschichte und Institutionen des römischen Rechts], 26. Aufl., Budapest 2022

Fuchs, Ernst, Die Gemeinschädlichkeit der konstruktiven Jurisprudenz, Karlsruhe 1909

Gerhard, G. A., Ein gräko-ägyptischer Erbstreit aus dem zweiten Jahrhundert vor Chr., Heidelberg 1911

Gönczi, Katalin, Szászy-Schwarz, Gusztáv, in: Stolleis, Michael (Hrsg.), Juristen. Ein biographisches Lexikon, Von der Antike bis zum 20. Jahrhundert, München 2001, 616–617

Hamza, Gábor, Die Entwicklung des Privatrechts auf römischrechtlicher Grundlage unter besonderer Berücksichtigung der Rechtsentwicklung in Deutschland, Österreich, der Schweiz und Ungarn, Budapest 2002

ders., Entstehung und Entwicklung der modernen Privatrechtsordnungen und die römischrechtliche Tradition, Budapest 2009

ders./Földi, András, Über die verschiedenen Formen der Einflüsse des römischen Rechts in Ungarn, Annales Universitatis Scientiarum Budapestinensis de Rolando Eötvös nominatae, Sectio Iuridica, 1996, 5–14

Homoki-Nagy, Mária, Geschichte der zivilrechtlichen Kodifikation, in: Máthé, Gábor (Hrsg.), Die Entwicklung der Verfassung und des Rechts in Ungarn, Budapest 2017, 451–500

Jakab, Éva, Tudós és kora: Pólay Elemér életútjáról [Der Wissenschaftler und seine Zeit: das Leben von Elemér Pólay], Acta Facultatis Politico-iuridicae Universitatis Scientiarum Budapestinensis de Rolando Eötvös Nominatae, 52 (2015), 17–32

dies., Pólay Elemér. Acta Universitatis Szegediensis – FORUM – Acta Juridica et Politica, 10 (2020), 570–579

Kiss, Géza, A harmadik javára kötött szerződések visszavonhatóságáról [Zur Widerrufbarkeit von Verträgen, die zugunsten Dritter geschlossen wurden], Jogállam, 2 (1903), 490–504

ders., A haszonbérelengedésről [Über den Erlass des Pachtzinses], Magyar Jogászújság, 2 (1903), 84–186

ders., Viszonos végrendeletek [Wechselseitige Testamente], Jogállam, 4 (1905), 121–137

ders., Szabad jog és szabad jogtudomány [Freies Recht und Freirechtsbewegung], Jogállam, 6 (1907), 649–655

ders., A jog alkalmazása elméletéről [Über die Theorie der Rechtsanwendung], Erdélyi Múzeum, 3 (25)/2 (1908), 123-133

ders., A jogalkalmazás módszeréről. Dogmatörténeti és kritikai tanulmány a magánjog köréből [Über die Methode der Rechtsanwendung. Dogmengeschichtliche und kritische Studie auf dem Gebiet des Privatrechts], Budapest 1909

ders., Sociologia és jogalkalmazás, I, II [Soziologie und Rechtsanwendung, I, II], Magyar Társadalomtudományi Szemle, 2 (1909), 627-643, 736-755

ders., Interpretatio és szokásjog a római magánjogban [Interpretatio und Gewohnheitsrecht im römischen Privatrecht], Budapest 1909

ders., Billigkeit und Recht: mit besonderer Berücksichtigung der Freirechtsbewegung, Archiv für Rechts- und Wirtschaftsphilosophie, 3 (1909-1910), 536-550

ders., A római jogról, I, II [Über das römische Recht, I, II,], Jogállam, 9 (1910), 262-270, 343-351

ders., Gesetzesauslegung und „ungeschriebenes" Recht. Kritische Beiträge zur Theorie der Rechtsquellen, Jherings Jahrbücher für die Dogmatik des bürgerlichen Rechts, 58 (1911), 413-486

ders., Telekkönyv az ó-korban [Grundbuch im Altertum], Kolozsvár 1911

ders., Ius distrahendi és lex commissoria. Adalékok a római és görög-egyiptomi zálogjog történetéhez [Ius distrahendi und lex commissoria. Beiträge zur Geschichte des römischen und griechisch-ägyptischen Pfandrechts], Kolozsvár 1912

ders., Soziologische Rechtsanwendung im römischen Recht, Archiv für bürgerliches Recht, 38 (1913), 214-235

ders., Über das sogenannte Rückfallsrecht der Verwandten im Entwurfe eines ungarischen bürgerlichen Gesetzbuches, Zeitschrift für das Privat- und öffentliche Recht der Gegenwart, 38 (1914), 315-330

Kl, Dr. Géza Kiss, ord. Prof an der Königlich. Ung. Rechtsakademie Nagyrárad [sic.] (Großwardein), Gesetzauslegung und „ungeschriebenes" Recht, kritische Beiträge zur Theorie der Rechtsquellen, J. A, Seuffert's Blätter zur Rechtsanwendung, 76 (1911), 409

Koschaker, Paul, Die Krise des römischen Rechts und die romanistische Rechtswissenschaft, München/Berlin 1938

Madai, Sándor, Kiss Géza, a „damnatio memoriae"-vel sújtott rektor [Géza Kiss, der mit „damnatio memoriae" bestrafte Rector], Gerundium – Egyetemtörténeti közlemények, 4/1-2 (2013), 3-10

ders., Kiss Géza, in: Szabó, Béla (Hrsg.), „Ernyedetlen szorgalommal ...". A Debreceni Tudományegyetem jogász professzorai (1914-1949) [„Mit unerbitterlichem Fleiß ...". Rechtsprofessoren der Universität Debrecen (1914-1949)], Debrecen 2014, 257-276.

Molnár, Imre, A római jog professzorai a szegedi egyetemen [Professoren für Römisches Recht an der Universität Szeged], Acta Universitatis Szegediensis de Attila József nominatae. Acta Juridica et Politica, 57/6 (1999), 4-16

Naber, Jean Charles, Observatiunculae ad papyros juridicae, Archiv für Papyrusforschung und verwandte Gebiete, 3 (1906), 6-21

Partsch, Josef, P. de Francisci Συνάλλαγμα, Storia e dottrina dei cosidetti contratti innominati. Vol I. Pavia 1913. Mattei & C. Editori (rec.), SZ (RA), 35 (1914), 335-342

Pólay, Elemér, A német nemzeti szocialista jogfelfogás és a római jog [Die deutsche nationalsozialistische Rechtsauffassung und das römische Recht], Miskolc 1939

ders., A római jog oktatása a két világháború között Magyarországon (1920-1944) [Das Studium des römischen Rechts in Ungarn in der Zeit zwischen den beiden Weltkriegen

(1920-1944)], Acta Universitatis Szegediensis de Attila József nominatae. Acta Juridica et Politica, 19/2 (1972), 3-23

ders., Das Studium des römischen Rechts in Ungarn in der Zeit zwischen den beiden Weltkriegen (1920-1944), SZ (RA), 89 (1972), 378-399

ders., A pandektisztika és hatása a magyar magánjog tudományára [Die Pandektistik und ihre Auswirkungen auf die ungarische Privatrechtswissenschaft], Szeged 1976

ders., Személyi Kálmán emlékezete (1884-1946) [In memoriam Kálmán Személyi (1884-1946)], Jogtudományi Közlöny, 41 (1986), 569-570

Pozsonyi, Norbert, Személyi Kálmán. Acta Universitatis Szegediensis – FORUM – Acta Juridica et Politica, 10 (2020), 719-732

Pringsheim, Fritz, Beryt und Bologna, in: Festschrift für Otto Lenel zum fünfzigjährigen Doctorjubiläum am 16. Dezember 1921, Leipzig 1921, 204-285

Puchta, Georg Friedrich, Das Gewohnheitsrecht I, Erlangen 1828

ders., Das Gewohnheitsrecht II, Erlangen 1837

Riccobono, Salvatore, La fusione del „ius civile" e del „ius praetorium" in unico ordinamento, Archiv für Rechts und Wirtschaftsphilosophie, 16 (1922-23), 503-522

ders., Formazione del domma della trasmissibilità all'erede dei rapporti sotto condizione, in: Studi in onore di Silvio Perozzi nel XL anno del suo insegnamento, Palermo 1925, 351-368

ders., Fasi e fattori dell'evoluzione del diritto romano, in: Mélanges de droit romain dédiés à Georges Cornil II, Paris 1926, 237-309

Roberti, Melchiorre/Bussi, Emilio/Vismara, Giulio (Hrsg.), Cristianesimo e diritto romano, Pubblicazioni della Università Cattolica del Sacro Cuore 43, Milano 1935

Seidl, Erwin, Bericht über den Internationalen Kongreß für römisches Recht zu Bologna und Rom (17.-27. April 1933), SZ (RA), 53 (1933), 481-486

Sternberg, Theodor, Einführung in die Rechtswissenschaft, 2. Aufl., Leipzig 1912

Stipta, István, Die ungarische Rechtswissenschaft zur Zeit des Dualismus, in: Máthé, Gábor (Hrsg.), Die Entwicklung der Verfassung und des Rechts in Ungarn, Budapest 2017, 597-618

Szabadfalvi, József, Kísérlet az „új magyar jogfilozófia" megteremtésére a 20. század első felében [Der Versuch, in der ersten Hälfte des 20. Jahrhunderts eine „neue ungarische Rechtsphilosophie" zu schaffen], Debrecen 2014

Szabó, Béla, Frank, Ignác, in: Stolleis, Michael (Hrsg.), Juristen. Ein biographisches Lexikon, Von der Antike bis zum 20. Jahrhundert, München 2001, 221-222

Személyi, Kálmán, A névjog. Tanulmány a személyiségi jogok köréből [Das Namensrecht. Eine Studie über die Persönlichkeitsrechte], Budapest 1915

ders., A solutio jogi természetéről [Über die Rechtsnatur der Solutio], Nagyvárad 1917

ders., Elidegenítés és rendelkezés. Római jogtörténeti és magánjogi tanulmány [Veräußerung und Verfügung. Eine römischrechtliche und privatrechtliche Studie], Nagyvárad 1918

ders., Az interpolatios kutató módszer [Die Methode der Interpolationenforschung], Pécs 1929

ders., Római jog I-II [Römisches Recht I-II], Nyíregyháza 1932

ders., Jogászképzés és klasszikus műveltség [Juristenausbildung und klassische Bildung], Parthenon, 5 (1932), 31-42

ders., Keresztény eszmék hatása a római kötelmi jog kifejlődésére [Der Einfluss christlicher Ideen auf die Entwicklung des römischen Schuldrechts], Szeged 1939 *ders.,* Alaptalan gazdagodás [Ungerechtfertigte Bereicherung], in: Szladits, Károly (Hrsg.), Magyar magánjog IV. [Ungarisches Privatrecht IV], Budapest 1942, 747–774

ders., Dolgok felmutatása [Vorweisung von Sachen], in: Szladits, Károly (Hrsg.), Magyar magánjog IV. [Ungarisches Privatrecht IV], Budapest 1942, 774–780

ders., Vétkességi fokozatok értékelése a római jogban [Bewertung der Verschuldensgrade im römischen Recht], Kolozsvár 1943

Szladits, Károly (Hrsg.), Magyar magánjog I.-VI. [Ungarisches Privatrecht I–VI], Budapest 1939–1942

Sztehlo, Zoltán, Személyi Kálmán: Keresztény eszmék hatása a római kötelmi jog kifejlődésére [Kálmán Személyi: Der Einfluss christlicher Ideen auf die Entwicklung des römischen Schuldrechts], Magyar Jogi Szemle, 21 (1940), 149–154

Újvári, Emese, A hitelező kereseteinek engedményezése a teljesítő fideiussorra [Abtretung der Klagen des Gläubigers an den leistenden Fideiussor], Miskolci Jogi Szemle, 5/1 (2010), 113–131

dies., Mitbürgschaft im römischen Recht, Journal on European History of Law, 4/1 (2013), 52–64

Vladár, Gábor, Az igazságügyi igazgatás és a bíráskodás kívánalmai a jog egyetemi tanítása tekintetében [Die Erwartungen der Justizverwaltung und der Rechtsprechung hinsichtlich der universitären Juristenausbildung], in: Mártonffy, Károly (Hrsg.), Magyar Felsőoktatás II [Ungarisches Hochschulwesen II], Budapest 1937, 249–268

Wieacker, Franz, Privatrechtsgeschichte der Neuzeit, 2. Aufl., Göttingen 1967

URL-Verzeichnis

https://net.jogtar.hu/ezer-ev-torveny?docid=86900004.TV&searchUrl=/ezer-ev-torvenyei?keyword%3D1869.%2520 (03.02.2023)

Autorenverzeichnis

Prof. Dr. Martin Avenarius, ORCID: 0000-0002-3352-0630
Insititut für Römisches Recht der Universität zu Köln

Prof. Dr. Christian Baldus, ORCID: 000-0002-4740-0410
Insitut für geschichtliche Rechtswissenschaft, Romanistische Abteilung, Ruprecht-Karls-Universität, Heidelberg

Prof. Dr. Wojciech Dajczak, ORCID: 0000-0002-1565-0319; CIÊNCIA ID: 1513-FA36-17ED
Department of Roman Law, Legal Traditions and Cultural Heritage Law, Adam Mickiewicz University, Poznań

Prof. Dr. Gergely Deli, ORCID: 0000-0002-8093-801X
National University of Public Service, Budapest

Dr. Joanna Kruszyńska-Kola, ORCID: 0000-0001-8012-5417
Department of Roman Law, Legal Traditions and Cultural Heritage Law, Adam Mickiewicz University, Poznań

Prof. Dr. Janis Lazdins, ORCID: 0000-0002-5166-2587
Faculty of Law, University of Latvia, Riga

Prof. Dr. Franciszek Longchamps de Bérier, ORCID: 0000-0002-1485-0976
Department of Roman Law, Jagiellonian University, Kraków

Prof. Dr. Marju Luts-Sootak, ORCID: 0000-0002-6299-0180
Faculty of Law, University of Tartu

Prof. Dr. Sanita Osipova, ORCID: 0000-0001-8508-0799; WoS Researcher: AHA-5779-2022
Faculty of Law, University of Latvia, Riga

Prof. (Associate) Dr. Mihnea-Dan Radu
Department of Private Law, Cluj-Napoca Faculty of Law, Dimitrie Cantemir Christian University, Bucharest

Prof. (Associate) Dr. Hesi Siimets-Gross, ORCID: 0000-0002-6568-8200
Faculty of Law, University of Tartu

Dr. Jakub Razim, ORCID: 000-0001-5806-4785
Faculty of Law, Palacky University, Olomouc; Institute of History of the Czech Academy of Sciences, Prague

Prof. (Associate) Dr. P. Salák jr., ORCID: 0000-0001-7848-7902
Faculty of Law, Masaryk University, Brno

Prof. (Associate) Dr. Konstantin Tanev, ORCID: 0000-0002-0639-9222
Juridical Faculty, University of National and World Economy, Sofia

Dr. Emese Újvári, ORCID: 0000-0002-8294-099X
Faculty of Law, University of Debrecen

Namensregister

Albertario, Emilio 184, 297
Aleksiev, Vladislav 57 f., 63
Alexandrescu, Dimitrie 177
Andreev, Mikhail 65
Angelov, Simeon 57 f., 63 f.
Antoninus Pius 176
Arangio-Ruiz, Vincenzo 96, 247
Aristo, Titius 177
Aristoteles 256
Arndt, Karl Ludwig 83, 239

Bachofen, Johann Jakob 122
Bacon, Francis 60
Balogh, Elemer 4, 13, 23
Balzer, Oswald 44
Baron, Julius 48, 84
Basanov, Ivan 5 f., 14 f., 24 f., 57 ff., 64 f.
Basanov, Vsevolod 64
Belov, Vadim A. 197, 203 ff.
Beseler, Gerhard von 65, 93, 133
Binding, Karl 257 f., 271
Biondi, Biondo 93
Bluhme, Friedrich 245, 294
Bob, Mircea Dan 182
Bobčev, Stefan 5 f., 14 f., 24 f., 57 ff.
Boháček, Adolf 216
Boháček, Miroslav 7 f., 17, 38, 49, 51, 52, 134, 213 ff., 233, 235 f., 239 f., 244, 248, 250
Bonfante, Pietro 7 f., 17, 27, 71, 73, 83, 85 f., 88 ff., 94 ff., 99, 101, 130 f., 183, 245 f., 249
Bossowski, Franciszek 7 f., 16 f., 38, 48, 51, 52, 127 ff.
Boyadzhiev, Christo 57 f., 66 f.
Brinz, Alois von 238
Brugi, Biagio 220
Bruns, Karl Georg 67, 238
Buday, Gyula 296 f.
Budil, Václav 38, 248
Bukovskij, Vladimir Iosifovich 123
Bumanis, Aleksandrs 123

Bussi, Emilio 142, 297

Čáda, František 226
Callistratus 256 ff.
Casso, Leon/Kasso, Lev 79
Cassius Longinus, Gaius 176, 185
Cătuneanu, Ioan 39, 50, 174
Celsus (filius), Iuventius 164
Charmont, Joseph 193
Chekhov, Anton 160
Chlamtacz, Marceli 36, 38, 47
Chvostov, Veniamin M. 153
Cicero, M. Tullius 116, 159, 164, 166 f., 201 f., 219, 298
Collinet, Paul 65, 90, 139, 222, 294
Commodus (Kaiser) 176
Comte, Auguste 61
Corodeanu, Nicolae 174, 179
Coroi, Ion 39
Costa, Emilio 220
Cujas, Jacques 64, 178
Cuq, Edouard 178, 183
Cuza, Gheorghe 39, 174
Cvetler, Jiří 250
Chvostov, Veniamin M. 153

Danielopol, George 178
Dernburg, Heinrich 64, 76 f., 83 f., 113, 122, 178, 195, 279
Di Marzo, Salvatore 214, 218 f.
Dimitrescu, Grigore 174
Diocletianus (Kaiser) 222, 298
Doneau, Hugues 178
D'Ors, Alvaro 145
Dumitriu, George 39, 174
Dušan, Stefan 62

Eck, Ernst 76, 113, 178, 195
Ein, Ernst 7, 17, 38, 51, 52, 71, 73 f., 85, 87 ff., 96 f., 101 ff.
Engels, Friedrich 150

Esmarch, Karl 238
Exner, Adolf 63, 271

Fadenhecht, Josif 58 f.
Farinacci, Prosper 180, 185
Farkas, Lajos 5, 15, 25, 253 ff., 266 ff.
Fehr, Hans 122
Felsberg, Janis Ernest Theodor 118
Fiedorowicz, Jerzy 38, 48
Filsak, Bedřich 236, 244, 248
Flejšic, Ekaterina A. 191, 197 f.
Flor, Helena Julija 113
Fłorinsky, Timofiej 62
De Francisci, Pietro 65
Frank, Ignác 280
Freeman, Edward 60
Frese, Benedict Cornelius Georg 5 f., 16, 25, 38, 51, 52, 109 ff., 113 ff., 121 f., 124
Fuchs, Ernst 290

Gaius 49, 99, 116, 122, 176 f., 185, 219, 246
Gallo, Filippo 66
Gallus, Gaius Aquilius 201 f.
Georgescu, Valentin 39, 51, 52, 174 f.
Geremek, Bronisław 155
Gerhard, Gustav A. 288
Gessen, Vladimir 193
Gierke, Otto von 269
Giffard, Andre 65, 184
Girard, Paul Federic 178, 183, 185
Goll, Jaroslav 233, 238
Gradenwitz, Otto 3, 8, 12, 18, 178, 296
Grimm, David 5 f., 14, 16, 24 f., 38, 48 f., 51, 61, 71 ff., 78 ff., 91 ff., 96 ff., 101 f.
Grimm, Wilhelm 61
Grimm, Jacob 61
Grosschmid, Béni 6, 15, 25, 253 ff., 260 ff., 270 ff.

Hácha, Emil 249
Hadrianus (Kaiser) 136, 176, 266
Hegel, Georg Wilhelm Friedrich 122
Helle, Károly 39
Heyrovský, Jaroslav 240
Heyrovský, Leopold 6, 16, 38, 48 f., 216 f., 233 ff., 244 f., 250
Hrozný, Bedřich 250
Humboldt, Wilhelm von 234

Insadowski, Henryk 38

Jakovlevič, Michail 198
Jesus Christus 157, 159
Jhering, Rudolf von 61, 121, 153, 178, 279 f., 287
Jörs, Paul 66
Johannes, Stadtschreiber 225 f.
Justinian (Kaiser) 60 ff., 64 f., 84, 138, 157 f., 181, 213, 220, 238, 240, 259, 266 f., 293 f., 295, 297

Kalninsch, Voldemars 7, 16, 109, 113, 120 ff.
Kantorovič, Jakov Abramovič 189 f., 197 ff.,
Kantorowicz, Hermann 194
Kapras, Jan 213, 216 f., 225 f.
Karski, Jan 43
Kazhdan, Aleksandr 62
Kelsen, Hans 223
Kipp, Theodor 292
Kisch, Guido 249
Kiss, Géza 7, 16, 39, 277, 280 ff., 301 f.
Kiss, Mór 39
Kiss, Albert 39
Kiss, Barnabás 39
Klíma, Josef 217, 250
Kodrębski, Jan 161
Kohler, Josef 247
Kolańczyk, Kazimierz 150, 163
Kolbinger, Florian 75 f., 80
Koranyi, Karol 44
Koschaker, Paul 3, 13, 18, 127, 132, 142 f., 145, 243, 249, 300
Koschembahr-Łyskowski, Ignacy 38, 45, 47, 51, 128, 153
Kovalevskij, Maksim 61
Kozielewski, Jan 43
Kozubski, Włodzimierz 38, 47
Král, Josef 233, 238
Krasnokutskij, Vasilij A. 204
Krüger, Paul 66
Kübler, Bernhard 243 f.
Kupiszewski, Henryk 163

Łapicki, Andrzej 154, 168
Łapicki, Antoni 154
Łapicki, Borys 5, 7, 14, 17, 26, 38, 46, 52, 149 ff.

Namensregister

Łapicki, Hektor 152
Lauterpacht, Hersch 43
Leesment, Leo 38, 47, 49, 96 f.
Lefort, Jacques 62
Leibniz, Gottfried Wilhelm 60
Lemerle, Paul 62
Lemkin, Rafał 43 f.
Lenel, Otto 65, 134
Lenin, Vladimir 150
Leontovič, Fedor 61
Lipschitz, Yelena 62
Lisowski, Zygmunt 32, 36, 38, 44, 48, 51, 129
Livius, Titus 167
Lombardi, Gabrio 249 f.
Longinescu, Ștefan 6, 15, 25, 39, 173 ff., 185
Łoposzko, Tadeusz 155
Lupu, Vasile 180

Maine, Henry 61
Makarewicz, Juliusz 44
Makovskij, Aleksandr 208
Malickij, Aleksandr L. 202 f., 206
Marongiou, Antonio 263
Marton, Géza 39, 50, 51, 253 f., 270 f.
Marx, Karl 150
Mârzescu, George 178
Masaryk, Tomáš Garrigue 237
Maxentius (Kaiser) 222
Maynz, Charles 178
Mazzarelle, Giuseppe 247
Meyer, Paul M. 263
Meykow, Ottomar 78
Mitteis, Ludwig 9, 18, 28, 136, 139, 233, 242, 244 ff., 279,
Moșoiu, Tiberiu 39, 174
Mucius Scaevola, Quintus 201
Muromcev, Sergej A. 199

Naber, Jean Charles 288
Nero (Kaiser) 176
Nicolau, Matei 39, 51, 174
Nocera, Gugliemo 249
Notter, Antal 39, 46, 50
Novickij, Ivan B. 197

Óriás, Nándor 39, 297

Osuchowski, Wacław 38, 51, 52

Palacký, František 235
Papinianus, Aemilius 64, 116, 166
Partsch, Joseph Aloys August 294
Patrikios 222
Paulus, Iulius 116, 122, 165, 256, 259
Pavolini, Alessandro 91
Pázmány, Zoltán 39, 50
Pekař, Josef 238
Pelagius 159 f.
Pereterskij, Ivan Sergeevič 197
Pernice, Alfred 76, 113, 178, 195
Perozzi, Silvio 65, 131
Peters, Hans 194, 244 f.
Petrażycki, Leon 112, 149, 153, 163, 168, 193, 195, 199
Picard, Edmond 178
Pictet, Adolphe 61
Piłsudski, Józef 35, 144
Piniński, Leon 38, 44, 47, 137
Plinius d. Jüngere 219
Pobedonoscev, Konstantin P. 195
Pokrovskij, Iosif Alekseevič 48, 112, 121 f., 189 ff., 197 ff., 207 ff.
Pólay, Elemér 289 f., 299, 301, 303
Popescu-Spineni, Ilie 174
Potemkin, Gregor Alexandrowitsch 201
Pringsheim, Fritz Robert 95, 294
Puchta, Georg Friedrich 48, 60, 121, 241, 283
Pufendorf, Samuel von 256

Rabel, Ernst 65
Radbruch, Gustav 193
Rădulescu, Andrei 174
Randa, Antonín 238
Rebro, Karol 248
Regelsberger, Ferdinand 178
Réthey, Ferenc 52
Riccobono, Salvatore 3, 7 f., 12 f., 17 f., 22 f., 26 f., 85, 95, 127, 130 ff., 142 ff., 214, 218 ff., 241, 246, 248 f., 293, 297
Rivier, Alphonse 178
Robbe, Ubaldo 249
Roberti, Melchiore 297
Roth, Paul 238
Ruberts, Janis Fridrich Julius 118

Rümelin, Max von 271

Sabinus 165
Saleilles, Raymond 193
San Nicolò, Mariano 38, 41, 52, 217, 248f.
Sargenti, Manlio 249
Sauser-Hall, Georges 247
Saussure, Ferdinand de 61
Savigny, Carl Friedrich von 60 f., 66, 67, 111, 121, 201, 241, 255, 257, 279 f.
Scaloja, Vittorio 131
Schmidt, Eberhard 225
Schulz, Fritz 220
Schwabe, Arved 119
Seckel, Emil 292
Seeler, Karl Wilhelm von 5 f., 14 f., 24 f., 38, 48 f., 51, 71 f., 74 ff., 78, 80, 83 ff., 87 ff., 98, 101
Seneca, L. Annaeus 167
Sergeevič, Vasilij 61
Shershenevitch, Gabriel F. 153
Sicard, Germain 265
Simonius, August 244
Sinaiska, Natalija 117, 120
Sinaisky, Vassily 5, 7, 14, 16, 24, 26, 38, 49, 51, 52, 109 ff., 116 ff., 124
Sohm, Rudolf 47, 48, 121
Sokolowski, Paul 74 f., 76
Solazzi, Siro 96
Sommer, Otakar 4, 9, 13, 18, 23, 28, 38, 48, 49, 213 ff., 221 ff., 233 ff., 236 ff.
Spuller, Eugene 184
Stammler, Rudolf 195, 244, 259
Stefko, Kamil 44
Stein, Ludwig 66
Sternberg, Theodor 287
Stoicescu, Constantin 7, 16, 26, 50, 173 ff., 180 ff.
Stoll, Heinrich 247
Stupecký, Josef 236, 242, 244
Suchanov, Jevgenij 118, 208
Suciu, Petru 178
Szászy-Schwarz, Gusztáv 280
Személyi, Kálmán 7, 8 f., 16 f., 27 f., 39, 50, 277 f., 280, 292 ff.
Szentmiklósi (Kajuch), Márton 39
Szladits, Károly 253 f., 266 ff., 302

Sztehlo, Zoltán 39, 50

Tanon, Louis 178
Tarde, Gabriel 178
Taubenschlag, Rafał 38, 46 ff., 51, 52, 129, 162 f., 168
Thaine, Hippolyte 61
Theodosius II. (Kaiser) 262, 294
Thun-Hohenstein, Leo von 234
Trajan (Kaiser) 176 f.
Tribonianus 83
Tjutrjumov, Igor 78

Ulmanis, Karlis 110, 121 f.
Ulpianus, Domitius 63, 122, 164, 200, 220
Uluots, Jüri 75, 91
Uspensky, Fyodor 62

Vančura, Josef 38, 216 f., 236 ff., 245
Vangerow, Karl Adolph von 84
Varro, M. Terentius 167
Vasilievsky, Vasily 62
Vassalli, Filippo 221
Vážný, Jan 38, 48 f., 51, 52, 239, 245, 248, Venedikov, Petko 7, 16, 26, 57 f., 65 f.
Vinogradov, Pavel Gavriilowich 122
Všehrdy, Viktorin Kornel ze 237

Weiss (Weiß), Egon 38, 41, 249
Welzel, Hans 193
Wenger, Leopold 240 f., 249,
Werbőczy, István 262, 267
Weyr, František 223 ff.
Wieacker, Franz 195
Wilamowitz-Moellendorf, Ulrich von 243
Windscheid, Bernhard 64, 83, 178, 183, 279
Wolf, Christian 257
Wróblewski, Stanisław 38, 47, 49, 128, 131, 142 f.

Zachariä von Lingenthal, Karl Eduard 62
Zelenka, István 39
Ziber, Nikolaj 61
Zitelmann, Ernst 284
Zoll, Fryderyk 47 f.
Zsögöd siehe Grosschmid 256, 268

Sachregister

actio
- *ad exhibendum* 133 ff., 139
- *aquae pluviae arcendae* 92
- *confessoria* 92
- *ficticia* 241
- *finium regundorum* 92
- *Negatoria* 92
- *negotiorum gestio* 182
- *praescriptis verbis* 65 f.
- *rei vindicatio* 92, 129, 134 f.

ademptio tacita 248
aequitas 141, 149, 164 ff., 263, 283, 298
Ägyptologie 114 f., 247, 288 f.
allgemeine Theorie des Privatrechts
Allgemeiner Teil des Zivilrechts 98, 100, 121
Antisemitismus 197 f.
Anwaltstätigkeit 113, 117, 128, 197, 292
Arbeitgeberhaftung 243
Asia minor 62
Assyrologie 137, 250
audientia episcopalis 137, 141
Autokratie 122 f., 194 f.

Balkan Near-East Institute 59
beneficium 298
Bereicherung 78, 180, 302
Berytus, Rechtsschule 222 f., 294
Besitz 46, 66 f., 85, 117, 135 f.
Böhmen 215 f., 225, 235
Bolschewismus 5, 7, 33, 59, 118, 149, 151, 153 f., 189 ff., 198 f., 206
bona fides 87, 237, 298 f.
Brünner Rechtsbuch 216, 220, 225 f.
Byzantinistik 59, 60 ff., 97, 141, 175, 180, 182, 247

caput 258
cautio damni infecti 92
České Budějovice 235
Christentum *siehe* Methode

Codex 222, 294
communio 92 f., 96
condicio 221
condominium 89, 91 f., 96, 99, 220
consortium 137
Conventionalstrafe 76
Corpus iuris civilis siehe Kompilation
cretio 263 ff.
custodia 217
Den Haag 247
depositum 177, 217
didaktische Literatur *siehe* Lehrbücher
dies cedens 244
diligentia 298
dingliche Klagen 223 ff.

Dogmengeschichte *siehe* Methode
droit d'échevinage 264 f.

Ediktskommentar 63 f., 242
Ehre, *existimatio* 256 ff.
Ehrendoktorwürde 131
Eigentum 88, 155 f., 301 f.
eleganter 256
Erbrecht 121, 137 f., 151, 179, 262 f., 285, 288, 291
Ersitzung, *usucapio*
Ethik, Moral 166 f.
Eviktionshaftung 175
evocatio 64

Faschismus 33, 91, 143, 151
Februarrevolution 75, 79, 191
Feststellungsklage 302
Feudalherrschaft 62, 267
fideiussio 299
fiducia 64
Focșani 175
formula arbitraria 181
Freilassung 166, 174
Führerkult 33

Garoza, Kurland 120
Gemeines Recht siehe Mittelalter, Rezeption
Genossenschaft 61 f.
Geschichtswissenschaft siehe Methode
Gesetz zur Abschaffung der Stände 98
Gewohnheitsrecht 281, 283 ff.
Glossatoren, Kommentatoren 220, 226, 270, 286
Griechische Rechte 114 f., 137, 139 f., 265

Habsburgermonarchie 1, 33, 128, 139, 174, 234, 255, 269
Halterhaftung 282 f.
Hebräisch 207
Helsinki 79
Historische Rechtsschule 6, 58, 60, 81, 241, 245, 255, 279 ff., 283 f., 286
Humanismus 162 ff.
humanitas 158 ff., 298

Index Interpolationum 90, 95, 244
infamia 259
iniuria 181
Institutiones 164, 176 f., 219, 246
Interdikte 92
Interpolation siehe Methode
interpretatio 164, 286, 290 f.
Irrtumslehre 201
Islamisches Recht 141
ius 64, 132
iustum praetium, iusta aestimatio 298

Judentum 197 f., 217
Jüdisches Recht 136 f., 141, 143
Justinianisches Recht, Byzantinisches Recht siehe Kompilation

Kanonistik 58, 101, 216
Kieler Juristentag 282
Klassenunterschied 36, 202
klassische Bildung 183 f.
klassisches römisches Recht siehe Interpolationsforschung
Kodifikation
- deutsches BGB 2, 75, 77, 138, 190, 255, 259, 279, 282 ff., 286, 290 ff., 300, 302
- brasilianisches ZGB 100

- Entwurf estnisches ZGB 86 f., 98, 100
- Entwurf französisch-italienisches Obligationenrecht 100, 102
- Entwurf russisches ZGB 76, 196
- Entwurf ungarisches ZGB 278, 282 ff., 291 ff., 301 ff.
- französischer Code civil 71, 138, 182, 264, 281, 302
- italienischer Codice civile 100, 102, 302
- LECP (Liv-, Est- und Kurländishces Privatrecht) 76 f., 97 ff., 123
- Österreichisches ABGB 138, 268 f., 284, 302
- rumänischer ZGB 182
- russisches Bürgerliches Gesetzbuch 76, 198, 207
- Schweizer ZGB 75, 138, 194
- Svod Zakonov 207
Kommunismus 9
Kompilation, justinianische 64, 84, 92, 101, 131, 139, 157, 183, 219, 241, 244 f., 247, 266 f., 293 ff.
Korporatismus 91
Korrealobligation, Solidarobligation 242
Kosaken 118
Krasnoyarsk, Sibirien 152
Krieg
- Bürgerkrieg, russischer 192, 199
- Freiheitskrieg, ungarischer 255, 268
- Polnisch-sowjetischer Krieg 192
- Unabhängigkeitskrieg, estnischer 72
- Weltkrieg, Erster 1, 32 f., 38 f., 71, 110, 161, 167, 182, 191 f., 255
- Weltkrieg, Zweiter 9, 32, 43 f., 129, 145, 151, 154, 160 f., 167 f., 175, 215, 244, 270, 292
- Kurland 75, 110, 120

laesio enormis 298
Landgesetz 98
Lawrow 116
leges privatae 175
leges regiae 152
Lehrbücher 47 ff., 64, 80 ff., 97 f., 173 f., 177 ff., 182 f., 186, 208, 238 f., 241, 302
Leningrad 197 f., 202
Leninismus 122, 154 f.

Sachregister

lex commissoria 288 f.
Liberalismus 153, 161, 195 f.
Livland 109 f.

Magie 181
Mähren 215, 235
mancipatio 77, 99, 285
Marxismus 122, 149 ff., 201 ff., 204, 215
Mazedonien 62
Medizinstudium 117
Methode
- Anthropologie 5, 60 ff.
- Archäologie 182, 186
- Begriffsjurisprudenz 67, 94 f., 162
- Brünner normative Schule 223 f.
- Christliche 8, 132, 140 f., 143 ff., 156 f., 162, 258, 260, 266, 277, 280, 297 ff.
- dogmatische 59, 80 f., 97, 142, 168, 239, 279, 295
- école des interprêtes 281
- entwicklungsorientiert
- Ethnologie 186
- Freirechtsschule 194, 281, 286 f., 290
- Gerechtigkeit 281
- Historische 64 f., 173, 177 ff., 238
- historisch-kritisch 57, 67, 97, 277
- historisch-soziologisch 149 ff., 168
- Interessenjurisprudenz, kritisch-teleologisch 153, 277, 279 ff., 287
- Interpolationenforschung 2 f., 6, 7 f., 65 f., 71, 83, 92, 95 f., 99, 101, 130 ff., 158, 166, 218 ff., 233, 239, 243, 245, 254, 277, 279 f., 287, 289, 292 ff., 300, 302 f.
- Kommunistisch 150 ff., 196 f., 201 f., 204
- Konstruktionsjurisprudenz, Buchstabenjurisprudenz 281 f.
- Linguistik, Philologie 59 ff., 174 f., 182, 186, 238, 246
- Mathematisch 175 f., 179
- moralisch 152, 261, 269
- naturalistisch-evolutionistisch 71, 88 f.
- Naturrecht 193 f.
- Philosophie 59, 66 f., 122, 153 ff., 204, 256 f.
- Positivismus 57, 60, 67, 153, 162, 194 f., 223, 239
- praktische Rechtsanwendung 279
- Rechtsvergleichung; vergleichende Rechtswissenschaft 7, 59 ff., 97, 122, 136 ff., 182, 186, 192, 199 ff., 246 f., 262, 266, 279, 288, 291
- romanistisch-zivilistisch 2
- Soziologie; Rechtssoziologie 85, 153, 155, 257, 287, 290
- Sozio-Ökonomie 5, 245
- subjektive Rechtsanwendung 287
- wirtschaftlich 281
Miete 89, 225
Militarismus 151 f.
Militärverwaltung 114
misericordia 152, 157
Miteigentum *siehe* condominium
Mittelalter 82 f., 97, 115, 138, 150, 157, 182, 216, 220, 225 ff., 241, 262, 265, 267, 269 f., 297
Mitteleuropa, Begriff 1, 33 f.
Moldau 185
Musik 243

Namensrecht, Persönlichkeitsrecht 301
Nationalgefühl 261 f., 268, 300
Nationalsozialismus 9, 33, 122, 141, 143, 145, 151, 215, 237, 249, 279, 299 f.
Nationalstaat 57
Naturrecht *siehe* Methode
Naturwissenschaften 175
Noxalhaftung 92 f., 179, 243
nuntiatio 92

obligatio 256 f., 259 f.
öffentliches Recht 84, 119, 132, 195, 200, 205 f., 270, 280, 288,
Oktoberrevolution *siehe* Bolschewismus
Orientalistik 88, 141, 222 f., 250

Pacht 224
pactum 179, 201, 298
Pandektenwissenschaft 2, 6, 58, 64, 71, 81, 84 ff., 93, 98, 100 ff., 121, 129, 150, 163, 173, 179, 190, 224, 238, 244, 269 f., 278 f., 290
Papyrologie 88, 97, 163, 217, 220, 239, 243 f., 247, 254, 279 f., 287 ff., 303
patria potestas 77, 84, 263
Patronat 84

peculium 92, 155
Pelagianismus 160
Periodisierung 245
Philosophie *siehe* Methode
pignus, Pfand, Hypothek, hypallagma 64, 121, 129, 177, 179, 289
Politische Karriere 58, 71, 78, 91, 115, 122 f., 143 f., 152 f., 181, 198, 236 f.
pomerium 64
Pönalstipulation 76
Pravila 180
Praxis et theoricae criminalis siehe Strafrecht
Příbram 236
Privatautonomie 189 f., 195, 200 f.
publicianisches Edikt 76

Quittung 113

Rassentheorie 300
Realkontrakte 177, 179
Rechtsgeschäft 79, 238
Rechtsgewohnheiten 100
Rechtspraxis 253 f., 257
Rechtsstellung der Frau 198
Rechtsterminologie 234, 259 f.
regifugium 64
Religion 64, 66
res 219
- *extra commercium* 132 f.
Revolution *siehe* Bolschewismus
Rezeption, Rezeptionsgeschichte 96, 100, 124, 140, 189, 215 f., 220, 225 ff., 241, 267, 300
Richteramt 175, 281 ff.

Sachsenhausen 9, 145 f.
Saturnalia 155 f.
Schatzfund 133, 136 f.
Schlacht von Mohács 267
Scholastik 155
Sejm (polnisches Parlament) 168
Senatusconsultum
- Macedonianum 113
- Orfitianum 176
- Tertullianum 176, 266
- Vellaeanum 176
Sklaverei 77, 83, 85

slawisches Recht 60 ff.
societas 85, 91 ff.
Soziologie *siehe* Methode
Staatsduma 79
Staatsgründung 33 ff., 109 ff., 128
Stalinismus 154 ff., 200
Stipulatio 132, 179, 220
Störer 224
Strafrecht 219, 220, 222, 257
System des römischen Rechts 73 ff., 78 ff., 97, 101, 239

Tambow 116
Testament *siehe* Erbrecht
Textkritik *siehe* Interpolationenforschung
Theologie 116 f.
Thomismus 160
Thun'sche Reform 234
Tierhalterhaftung 282 f.
Totalitarismus 9, 157, 161, 200

Universität
- Athen 57 f.
- Berlin, Russisches Seminar für Römisches Recht 71, 74 ff., 78 ff., 85, 88, 101, 111 ff., 175, 195, 235 f., 238, 243 f., 249
- Bratislava 38, 40, 213, 221, 234 ff., 248
- Brünn 38, 40, 234 f., 250
- Brüssel, Universität 175
- Budapest 38, 46, 292, 301
- Bukarest, București 38, 173 ff., 180 f.
- Cernăuți 38, 173 f.
- Charkiv, Char'kov 74, 79
- Claremont 97
- Cluj 38, 173 f., 183 f.
- Debrecen 38, 280
- Dorpat *siehe* Riga
- Eger 38
- Gießen 57 f.
- Heidelberg 175, 288
- Herder Institut *siehe* Riga Universitäten
- Iași 38, 173 ff.
- Institut für Wissenschaften der Russischen Universität *siehe* Riga
- Jaroslawl 113 f., 153
- Kaunas 3 f.
- Kecskemét 38

Sachregister

- Kiew, Kiev, Kyjiw 59, 74, 76, 81, 114, 118
- Kolozsvár (Klausenburg) 292
- Krakau 32, 38, 39, 45 f., 47, 128 f., 145
- Leipzig 57 f., 66, 85, 236, 244 f., 248
- Lemberg 37, 38, 43 f., 45 f., 47, 128, 137
- Lettland siehe Riga Universitäten Łódź 154 ff.
- Lublin 38, 39, 40, 45,48
- Miskolc 38
- Montpellier 117
- Moskau 57 f., 61, 114, 152 f., 191
- München 85, 235, 238, 249
- Nagyvárad (Großwardein) 280, 292
- Palermo 7, 85, 127, 130 ff., 213, 218 ff.
- Paris 57 f., 64, 79, 90, 174 f., 180
- Pécs 38, 40
- Poznań, Posen 32, 38, 40, 45
- Prag 38, 39, 41, 46, 57 f., 79, 81, 134, 213, 215 ff., 221 ff., 233 ff., 248 f.
- Pressburg siehe Bratislava
- Riga 38, 40, 45, 80 f., 109 ff., 113 ff., 118 ff., 121, 154
- Rom 7 f., 64, 75, 88, 130, 145, 249
- Sankt Petersburg, Petrograd 75, 78, 81, 153, 191
- Sofia 38, 58 ff., 63 ff., 66 f.
- Straßburg 85
- Szeged 38, 40, 292, 297

- Tartu/Jurjev/Dorpat 38, 40, 71 ff., 78 ff., 87 ff., 109 ff., 117
- Tomsk 59, 63 f., 75, 114
- Tübingen 58 f.
- Universität
- Vilnius, Wilno 34 f., 38, 40, 46, 47, 127, 129 ff.
- Warschau 38, 45 f., 47, 114, 118, 128, 153 f.
- Wien 175
Universitätsreform 36
Usus modernus 9, 141 ff.

Verantwortungslehre 63, 270 f.
Verfügung, Veräußerung, alienatio 301 f.
vertragliche Haftung 179, 247
vis maior 63
Viva vox iuris civilis 116
Volksrat Lettlands 110 f.
Volksrecht 60 f.
Volkswirtschaft 45

Walachei 180
Warenverkehr 201 f.
widerrechtliche Drohung 63
Witebsk 109 f.
Wrocław (Breslau) 151

Zarenreich 1, 5, 34, 71 f., 101, 111, 149, 152 ff., 190 ff., 204, 207